现代竹结构建筑体系研究与应用

郝际平　田黎敏　著

中国建筑工业出版社

图书在版编目（CIP）数据

现代竹结构建筑体系研究与应用 / 郝际平，田黎敏著. — 北京：中国建筑工业出版社，2022.12

ISBN 978-7-112-28085-8

Ⅰ. ①现… Ⅱ. ①郝… ②田… Ⅲ. ①竹结构-建筑设计-研究 Ⅳ. ①TU366.1

中国版本图书馆 CIP 数据核字（2022）第 200423 号

竹材具有轻质高强、塑性韧性好、耐磨损、绿色环保等优点，是建筑行业的理想材料。为推进原竹在建筑结构中的应用，将一种轻质复合砂浆喷涂在原竹结构上，经过一段时间养护后形成具有一定强度，并兼有良好保温、隔热以及耐火性能的喷涂复合砂浆-原竹组合结构体系。本书通过对该组合结构体系中所涉及的竹材、复合砂浆、竹构件（墙、梁、柱、楼板）、竹节点的力学性能进行研究，提出了相应的计算理论及设计方法，为低多层、村镇宜居建筑提供了新的绿色结构体系，也为居住模式及绿色建材开发等提供了新的思路和方法，符合国家经济、社会可持续发展需要。

本书可供高等院校土木工程及相关专业师生使用，也可供结构工程领域的科研人员和工程技术人员参考。

责任编辑：刘婷婷
责任校对：赵　菲

现代竹结构建筑体系研究与应用

郝际平　田黎敏　著

*

中国建筑工业出版社出版、发行(北京海淀三里河路 9 号)

各地新华书店、建筑书店经销

北京鸿文瀚海文化传媒有限公司制版

北京君升印刷有限公司印刷

*

开本：787 毫米×1092 毫米　1/16　印张：17¾　字数：440 千字

2022 年 11 月第一版　2022 年 11 月第一次印刷

定价：**68.00** 元

ISBN 978-7-112-28085-8

（40069）

前 言

竹材具有轻质高强、塑性韧性好、耐磨损、绿色环保等优点，是建筑行业的理想材料。

我国是最早使用竹作为建筑材料的国度，迄今已有两千多年的历史。传统竹结构存在防火、防虫、保温、隔声、防腐性能差等缺点，使其往往与简易、临时等形象联系在一起。21 世纪以来，绿色建筑的大力推广，使竹材这一低碳环保的可再生资源以改性竹材的形式再次广泛应用于桥梁、校舍、村镇住宅中。但是一方面，改性竹材需要对原竹进行二次加工和处理，改性过程中使用的化学胶粘剂对人居环境有一定污染；另一方面，改性竹材将原竹加工为竹胶合板，虽然解决了原竹结构尺寸、外形分布不均的缺点，但也放弃了原竹截面本身的良好受力特性。

为了改进上述不足，将一种轻质复合砂浆（由灰浆组合料、聚苯乙烯颗粒和矿物黏合剂等组成）喷涂在原竹结构上，经过一段时间养护后形成具有一定强度，并兼有良好保温、隔热以及耐火性能的喷涂复合砂浆-原竹组合结构体系。该体系可代替传统砖混结构，在乡镇、农村低层房屋建筑中推广应用。本书通过对喷涂复合砂浆-原竹组合结构体系中所涉及的竹材、竹构件、节点的力学性能进行研究，提出了相应的计算理论及设计方法，为低多层、村镇宜居建筑提供了新的绿色结构体系，也为居住模式及绿色建材开发等提供了新的思路和方法，符合国家经济、社会可持续发展需要。

全书共 8 章：第 1 章介绍现代竹结构的基本概念和发展应用。第 2 章以 4 年生浙江毛竹为对象，选取同一批次的原竹材进行了抗拉、抗压、抗剪、抗弯等一系列力学性能试验，分析了竹材形式（圆竹/竹片）、竹节对力学性能的影响，得出竹材强度标准值，形成了完整的数据链。基于上述数据，采用设计验算点逆算法建立适合竹材的功能函数，在满足可靠度要求下给出原竹材对应的强度设计值。总结竹材含水率随时间的变化规律，给出能使喷涂复合砂浆与原竹有效粘结的最优含水率范围。在此基础上，研究喷涂复合砂浆与原竹界面的滑移过程、破坏模式、粘结机理及影响粘结强度的因素。为保证界面间协同工作，分析原竹表面处理后的多种构造做法，最终提出既可显著增强粘结性能，破坏后承载力也不会急剧下降的最优构造措施。第 3 章~第 7 章分别开展喷涂复合砂浆-原竹组合结构体系中关键构件（梁、柱、楼板、墙体等）及节点的力学性能研究，提出上述构件及节点的计算理论与设计方法，主要包括原竹/组合梁（楼板）抗弯承载力计算方法、原竹-组合柱截面强度与稳定承载力计算方法、原竹-组合墙体抗压承载力与抗震性能化设计方法、基于销连接的节点计算理论等，为该组合结构体系设计提供基本理论依据。第 8 章汇总本书研究成果，实施了喷涂复合砂浆-原竹组合结构体系的工程示范，为今后的应用提供参考。

在本书即将付梓之际，向田黎敏、寇跃峰、靳贝贝、魏建鹏、许昆、赵淋伟、孙桂桂、田珂、王冰、申国臣、罗亚男等表示感谢，他们均参与了喷涂复合砂浆-原竹组合结构课题的研究工作，在攻读硕士或博士学位期间的成果对推动原竹结构发展具有较高的价值。同时，本书的研究工作还得到科技部国家重点研发计划项目（2017YFC0703502）、陕西省科技统筹创新工程计划项目（2016KTZDSF04-02-02）的支持，在此一并致谢。此外，还要感谢CRUPE International（China）Limited，以及Carrie Yuen、赵秋利等对研究提供的技术支持。

现代竹结构是一门正在快速发展的学科，正经历着结构形式的变革和分析设计方法的创新。作为现代竹结构中的一种，喷涂复合砂浆-原竹组合结构有效地利用了原竹自身的优点，施工过程无污染，真正做到了从选材、施工、使用到拆除的全过程绿色化，符合人类可持续发展方向，这种结构体系及其形成的建筑物应该被更多的人认可、使用，从而为“双碳”目标贡献一点力量。本书的某些论点和方法必会随着科学的不断进步和研究的深入而进一步深化。作者期待本书对我国竹结构的发展起到一定的推动作用，若能对从事竹结构的同仁有所裨益将是作者极大的欣慰。限于认知水平，书中难免存在疏漏和不妥之处，敬请读者批评指正。

2022年5月于西安

目 录

第1章　绪论

木、竹材资源是世界上为数不多的可再生资源。中国木材资源比较匮乏，但竹类资源丰富（约有39属500多种），竹种植面积和蓄积量均居世界首位。

传统的建筑业是一个资源利用率低、能源消耗大、环境污染严重的行业。与当前常用的传统建筑材料（如砖、混凝土等）相比，竹材不仅生长周期短、能在生长过程中改善自然环境，而且加工过程中能耗低，废弃后可自然降解，堪称天然绿色建材。同时，竹材较木材具有强度高、塑性好等优良的结构性能，被结构工程师们誉为“植物钢筋”。此外，竹材的强重比高，变形能力好，能够吸收和耗散地震中的大量能量，是建筑行业的理想材料。

近年来，世界各国越来越注重生态环境的保护并提倡低碳生活。在全球节能减排的大环境下，党中央、国务院出台了一系列方针政策以推进新型城镇化的建设。在此背景下，全生命周期（从选材、施工到使用直至废弃）均可实现与生态环境协调共存的竹结构成为研究热点。合理发展竹结构符合国家“绿色化”发展需要，具有重要的理论意义与工程应用价值。

1.1　竹材在建筑工程中的应用与发展

1.1.1　传统竹材建筑

我国是最早使用竹作为建筑材料的国度。采用原竹［指保留了圆形竹材初始性状的原始竹（主要包括圆竹与竹片）］建造房屋已有两千多年的历史。至今，我国南方地区住房仍有不少采用竹材建造。云南吊脚楼、傣家竹楼、景颇族竹楼都是我国南方地区传统竹结构的代表。传统的原竹建筑大多造型单一、设施简陋、安全性差，存在防火、防虫、保温、隔声、防腐性能差等缺点，且缺乏完整的理论体系，使其往往与简易、临时等形象联系在一起，多见于拉丁美洲、非洲、南亚、东南亚以及我国云南、四川、福建等地区。

1867年，法国人蒙尼亚提出采用竹筋增强混凝土，使得竹材在建筑结构中有了新的应用方式。随着一系列尝试和研究，竹筋混凝土这一结构体系于20世纪40年代在日本得到推广。20世纪50年代中期，我国经济困难，钢材短缺，此类结构也被大量应用于民用建筑中（图1.1-1），仅广州就曾有100余栋竹筋楼。随后，经济和社会的发展使得竹筋混凝土结构逐渐退出历史舞台，被钢筋混凝土结构所代替。

(a) 广州王广昌寄宿舍

(b) 武汉青山区竹筋混凝土公寓

图 1.1-1 竹筋楼

1.1.2 现代竹材建筑

1. 改性竹材结构体系

进入 21 世纪，绿色建筑的大力推广，使竹材这一低碳环保的可再生资源以改性竹材的形式再次广泛应用于桥梁、校舍、村镇住宅中，国际竹藤组织、中国林业科学院木材工业研究所、湖南大学等单位均在此方面有实际应用，见图 1.1-2（a）、（b）。此外，由于改性竹材构件的规格统一、节点构造简单、工业化程度高，特别适合于灾后重建工作。例如，由南京林业大学和东南大学联合开发的现代竹结构抗震安居房、湖南大学提出的装配式竹材房屋等，均在“5.12”汶川地震后的临时安置及灾后重建中起到了积极作用，见图 1.1-2（c）、（d）。

(a) 竹结构桥梁

(b) 竹结构别墅

(c) 竹结构抗震安居房

(d) 装配式竹材房屋

图 1.1-2 改性竹材结构体系的应用

2. 纯原竹结构体系

随着原竹处理技术的完善、建筑师想象力的丰富、社会经济的发展，造型美观、风格独特的现代纯原竹建筑应运而生（图 1.1-3）。其中，2010 年上海世博会印度馆、“德中同行之家”展馆是现代原竹建筑领域的代表之作。2011 年，越南永福省大来旅游景点的鸟翼竹结构设计被芝加哥科学博物馆评为国际建筑奖，该建筑向公众展示了纯原竹结构体系的绿色美，成为使用环境友好型材料的典型范例。

(a) 上海世博会印度馆

(b) “德中同行之家”展馆

(c) 巴厘岛生态度假村

(d) 台中竹迹馆

(e) 哥斯达黎加海滩度假村

(f) 越南Vedana餐厅

(g) 墨西哥库埃纳瓦卡餐厅

(h) 莫干山Anadu酒店

(i) 龙泉国际竹建筑村落

图 1.1-3 现代纯原竹结构

3. 喷涂复合砂浆-原竹组合结构体系

为改善传统竹结构防腐防火性能差，改性竹结构工艺复杂、化学胶粘剂有污染等不足，作者将一种轻质复合砂浆（主要由灰浆组合料、聚苯乙烯颗粒和矿物黏合剂等组成）喷涂在原竹骨架上，经过一段时间养护后形成具有一定强度，并兼有良好保温、隔热以及耐火性能的喷涂复合砂浆-原竹组合结构体系（图 1.1-4）。该体系可代替传统砖混结构，为低多层村镇宜居建筑提供了新的结构体系，也为居住模式及绿色建材开发等提供了新的思路和方法，推广了原竹结构在工程中的直接应用，符合国家经济、社会可持续发展需要。

(a) 喷涂过程

(b) 原竹骨架

(c) 喷涂完成

图 1.1-4 喷涂复合砂浆-原竹组合结构体系

1.2 竹结构的研究现状

1.2.1 竹材力学性能

1. 原竹材力学性能

1932 年，竹内叔雄就已经开始对原竹材进行研究。随后，我国梁希、余仲奎、清华大学工程材料教研组等均对不同竹材构造、物理性能、力学性能等开展了研究工作，特别是南京林产工业学院竹类研究室，给出了竹材、木材和钢材的强度比较如表 1.2-1 所示。

竹材、木材、钢材的强度比较 表 1.2-1

种类		抗拉强度(kg/cm^2)		抗压强度(kg/cm^2)	
		强度	平均	强度	平均
竹材	毛竹	1948.2	2082.2	640.0	487.2
	刚竹	2833.5		540.6	
	淡竹	1821.8		359.6	
	麻竹	1951.2		411.3	
木材	杉木	772	1073.3	406	444.0
	红松	981		328	
	麻栎	1432		577	
	檫木	1108		465	
钢材	软钢	3780~4250	5170~5563 以上	—	—
	半软钢	4400~5000		—	
	半硬钢	5200~6000		—	
	硬钢	7300 以上		—	

由表 1.2-1 可知，竹材的抗拉强度约为木材的 2 倍，抗压强度比木材高约 10%。此外，文献［33］提出钢材的抗拉强度为竹材的 2.5~3.0 倍，但由于钢材比重较高，若按单位重量计算，竹材单位重量的抗拉强度约为钢材的 3~4 倍。作者认为，虽然仅用单位

重量比较竹材与钢材之间的力学性能欠妥，毕竟二者在工程中的应用范围有较大区别，但是不可否认将竹材作为建筑结构承重材料是具备可行性的。

原竹材为三向异性材料，其物理、力学性能与自身微观结构密切相关。竹子主要由纤维厚壁细胞（即维管束）和纤维薄壁细胞（即基体）组成，由于它们承载力能力不同，导致毛竹顺纹抗拉弹性模量、顺纹抗拉强度和静曲强度沿径向变异较大：最外层竹材顺纹抗拉弹性模量与顺纹抗拉强度是最内层的 3~4 倍和 2~3 倍；静曲强度沿径向由内向外也呈现出逐渐增大的趋势。此外，立地条件、含水率、竹龄、部位均对竹材力学性能有所影响：立地条件越好，含水率越高（绝干条件除外），竹材的力学性能越差；6 年生毛竹各项力学性能总体在最高水平；竹杆上部比下部的强度大。国内外学者在该领域开展了大量研究工作，其中不仅包括基本力学性能的测试，还有圆竹开洞处抗劈裂、圆竹环向抗拉等性能的探讨，如图 1.2-1 所示。

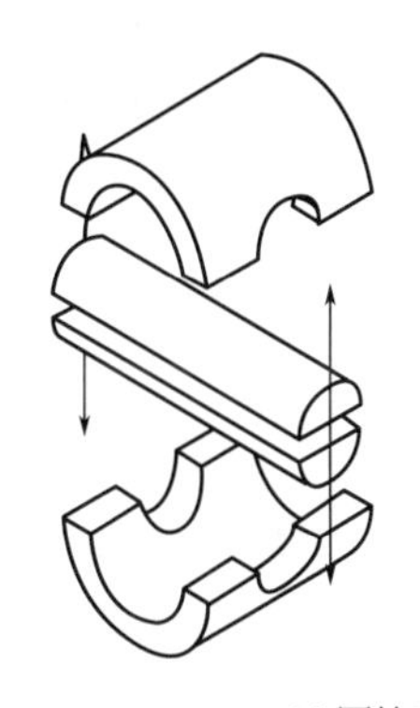

(a) 圆竹开洞处抗劈裂

(b) 圆竹环向抗拉

图 1.2-1　圆竹抗劈裂与环向抗拉性能试验

上述研究虽然为竹材力学性能认定提供了参考范围，但它们并不是对同一批次竹材进行的研究，其结论缺乏系统性。为此，作者参照现有国内外标准中的试验方法，以浙江安吉毛竹为研究对象，选取同一批次的原竹材进行了抗拉、抗压、抗剪、抗弯等一系列力学性能试验（图 1.2-2），形成了完整的数据链。

此外，作者统计了 22 篇文献中满足《建筑用竹材物理力学性能试验方法》JG/T 199—2007 的毛竹强度数据，通过变异系数分析验证数据有效后，根据《建筑结构可靠性设计统一标准》GB 50068—2018，采取材料强度概率分布的 0.05 分位值确定了毛竹强度标准值，对比发现概率密度分布函数为正态分布的参数法和次序统计法计算效果较优。在此基础上，基于强度标准值，依据设计验算点逆算求得了毛竹强度设计值。由于采用以概率理论为基础的可靠度设计法建立功能函数，因此该设计值更加可靠。

为了探究竹节对竹材力学性能的影响，曾其蕴等通过含竹节试件（刨平竹节）与不含竹节试件（节间材）的比较，给出竹节对竹材力学性能的影响。刨平竹节的处理虽然可以使含竹节试件与不含竹节试件具有相同的截面几何参数，但是刨平竹节会破坏节部，用此结论来说明竹节对材料强度的影响显然不妥。针对上述问题，邵卓平等通过不刨平竹节的竹材试验发现了不同的结果。由于竹材往往以自然状态使用，为最终明确竹节规律，于金光等进行了一系列的研究，认为竹节的紧箍作用对竹材的抗压强度、环刚度有利，但是对

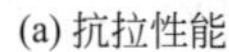
(a) 抗拉性能

(b) 抗剪性能

(c) 圆竹抗压性能

(d) 竹片抗压性能

(e) 环刚度

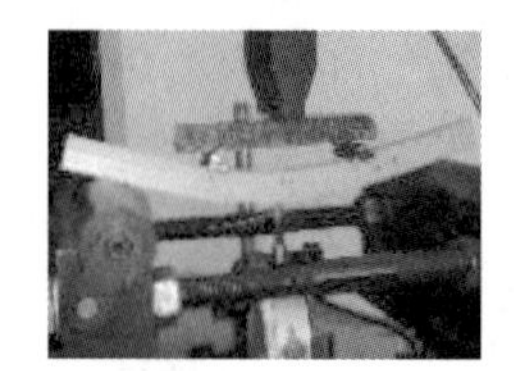
(f) 竹片抗弯性能

(g) 圆竹抗弯性能

图 1.2-2　原竹材力学性能试验

抗拉强度和抗剪强度有所削弱。这是由部分纤维管束在通过竹节处不连续，且竹节处某些纤维向外弯曲不齐造成的。

除了测试基本力学性能指标外，文献［53］将竹材在径向和弦向施压下的整个大变形过程分为线弹性阶段、屈服后弱线性强化阶段和幂强化阶段三个阶段。此外，任海青等对竹材抗压动态破坏过程进行了分析，建立了顺纹和横纹的抗压应力-应变关系曲线（图 1.2-3）。结果表明竹材的抗压本构关系、动态破坏过程以及试样的宏观断口形貌间表现出很好的相关性，为学者进行后续研究提供了理论基础。

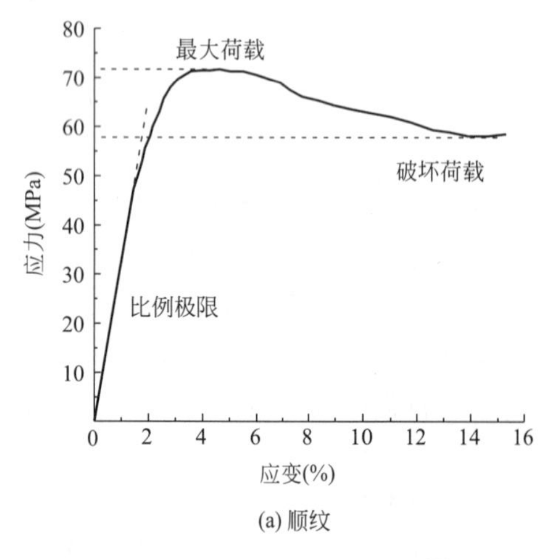

(a) 顺纹

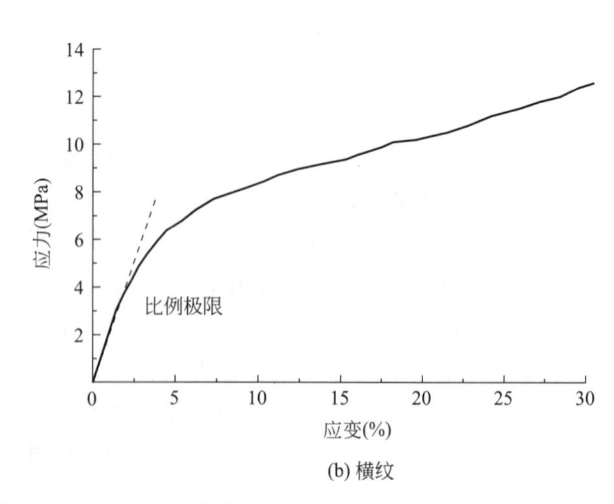

(b) 横纹

图 1.2-3　竹材抗压应力-应变曲线

竹材作为一种初始缺陷较明显的天然材料，部分学者已对其分级进行了相关研究。Trujillo 等对竹材进行了目测分级，特别是提出几何要求——锥度、初弯曲及初偏心的范围。但是上述具体数值与竹种相关，截至目前尚缺乏对竹材统一的分级方法及各主要竹种的分级范围，因此竹材的合理分级也是今后的一项重要研究工作。

2. 改性竹材力学性能

随着原竹材研究的不断深入，近年来出现了各种结构工程竹材类产品，如胶合竹、重组竹（竹集成材、竹层积材）、竹木复合材料等新型竹材。

胶合竹是一种具有特定纤维排列方式，且经过特殊工艺加工的天然竹纤维增强复合材料。肖岩等通过对Glubam胶合竹材的力学性能进行试验研究，得到其弹性模量、抗压强度、抗弯强度、抗剪强度等性能指标（表1.2-2），证明该竹材能够满足建筑结构的力学性能要求。

Glubam胶合竹主纤维力学性能指标 表1.2-2

试验类型	力学性能	数量	平均值(N/mm^2)
受拉	强度	16	83
	弹性模量	16	10344
受压	强度(有冷压胶合面)	26	35
	强度(无冷压胶合面)	26	51
受弯	强度	32	99
	弹性模量	32	9400
受剪	强度	25	16

重组竹是将原竹机械加工成规则的竹片（束），再将竹片（束）同纹理方向经特定条件压制、裁削，最终胶合成规则的方材或板材。盛宝璐、Sulastiningsih、李霞镇、江泽慧、李海涛、张秀华、Mahdavi、Lee等均对重组竹的力学性能进行了研究，给出不同形式重组竹的材性指标、破坏模式及本构模型，此处不再赘述。特别说明的是，文献[63]以木材强度设计值计算方法为基础，给出重组竹强度标准值与设计值的求解方法，为此类材料的工程应用提供了理论依据：

$$f_k = \mu_f - 1.645\sigma_f \tag{1.2-1}$$

$$f = (K_P K_A K_Q f_k)/\gamma_R \tag{1.2-2}$$

竹木复合材料是以木材和竹材为主要原料，按照木质单板层积材的组坯方式，将竹拼板和木单板按顺纹方向层积胶合而成的板材。蒋身学运用复合材料力学层合板理论对竹木复合层积材进行研究，推导出一般层合板应变随板厚变化的关系：

$$\begin{vmatrix} \varepsilon_x \\ \varepsilon_y \\ \varepsilon_{xy} \end{vmatrix} = \begin{vmatrix} \varepsilon_x^0 \\ \varepsilon_y^0 \\ \varepsilon_{xy}^0 \end{vmatrix} + z \begin{vmatrix} k_x \\ k_y \\ k_{xy} \end{vmatrix} \tag{1.2-3}$$

由式（1.2-3）可知，板内应力更多地发生在弯曲模量大的面层材料。因此，提高面层材料弯曲弹性模量是竹木复合材料能够承受静弯曲荷载大小的关键，上述成果至今仍是竹木复合材料的重要参考。

上述新型改性竹材发扬了竹材本身的优良特性，同时也克服了原竹几何变异性大、含糖高、易虫蛀、质地不均匀、耐久性较差等缺点，受到结构工程师的广泛青睐，但是对于竹之间、竹木之间组合性能的探索是个长期而复杂的课题。

通过以上分析发现，一方面目前原竹材及改性竹材的基本力学性能均是一维受力状态的研究，较少有关于二维，甚至三维应力状态及设计值的报道；另一方面，由于材性力学性能的离散性，目前仍缺乏最基本的统一材料本构。此外，目前还未见到关于防火、防腐处理对竹材力学性能影响的相关研究成果，该影响尚不明确。因此，仍需对竹材基本力学性能进行深入研究。

1.2.2 竹构件、节点力学性能

研究竹材构成的构件（如梁、柱、墙体及楼板等）是推广应用竹结构的前提。

1. 梁力学性能

（1）圆竹梁

对于圆竹简支梁来说，其受弯破坏模式已基本达成共识，即认为圆竹简支梁会发生纵向劈裂破坏或局部弯折破坏。虽然文献［70］已提出当含水率较低时，圆竹梁将发生纵向劈裂破坏，反之发生局部弯折破坏，但是不少试验却得到了相反的结论，如图 1.2-4 所示。实际上，作者认为圆竹简支梁的破坏模式与加载方式、竹杆局部横向承载力以及顺纹方向承载力密切相关。基于竹材力学性能的离散性，现有研究尚未给出两种破坏模式的量化分界点，该分界点的确定将成为未来圆竹梁研究的重点。此外，由于圆竹梁的抗弯刚度较低，工程中可直接按照挠度进行设计。Janssen 通过对圆竹梁进行蠕变试验还发现，与木材不同，圆竹梁在长期荷载作用下不会产生变形的增加，且在卸载后梁可以恢复到受力前的直杆状态，具有较好的整体性。

图 1.2-4　圆竹梁弯曲试验

（2）改性竹材梁

近年来，基于改性竹材梁的研究不断发展，唐卓等对 GluBam 胶合竹 I 形搁栅梁的破坏形态、破坏机理、截面刚度和承载力等进行了研究，认为梁跨中截面应变符合平截面假定，该梁具有良好的整体工作性能。苏毅、陈复明、周军文、张苏俊等均进行了不同类型重组竹梁受弯性能的研究，给出破坏模式并提出了相应的计算方法。此外，吴文清等对不同竹质复合 I 形梁进行了弯曲静载试验，研究其破坏机理、承载能力和变形性能，为此类结构设计提供了理论依据。总体而言，文献［74］提出的竹集成材顺纹单轴拉、压应力-应变简化模型及关系式可用于此类梁弯曲性能的分析：

$$\sigma(\varepsilon)=\begin{cases}E_{\mathrm{t}}\varepsilon & 0<\varepsilon\leqslant\varepsilon_{\mathrm{tu}}\\ E_{\mathrm{c}}\varepsilon & \varepsilon_{\mathrm{ce}}<\varepsilon\leqslant 0\\ k_{\mathrm{cp}}(\varepsilon-\varepsilon_{\mathrm{ce}})+\sigma_{\mathrm{ce}} & \varepsilon_{\mathrm{cp}}<\varepsilon\leqslant\varepsilon_{\mathrm{ce}}\\ f_{\mathrm{cu}} & \varepsilon_{\mathrm{cu}}\leqslant\varepsilon\leqslant\varepsilon_{\mathrm{cp}}\end{cases}\tag{1.2-4}$$

（3）组合梁

为了提高竹梁的力学性能，学者开始通过将竹材与其他材料相结合，提出了许多新型组合竹梁。其中，竹木复合是常见的形式，也有一定的性能提高效果。除上述组合外，单波等提出一种胶合竹-混凝土组合梁，见图 1.2-5（a），并对胶合竹的植筋锚固性能和组合试件的剪切滑移性能进行了研究，给出增强构件力学性能的构造措施。将纤维增强聚合物（FRP）、混凝土与竹材进行组合，形成 FRP-竹-混凝土组合梁，其极限荷载与截面刚度均得到了大大提高，整体受力性能取决于连接件的刚度及其荷载-滑移关系。不仅如此，沈玉蓉等提出碳纤维（CFRP）增强重组竹梁极限变形弹性理论的修正计算方法，并通过试验验证了该计算方法的准确性。此外，李玉顺等通过对冷弯薄壁型钢-竹胶板组合梁进行抗弯试验，见图 1.2-5（b），发现以上构造形式具有良好的整体性，并提出此类组合截面的弯曲刚度表达式（1.2-5）。钢-竹组合结构有效克服了薄壁型钢的过早屈曲，充分发挥钢、改性竹两种材料的强度。同时，钢-竹组合构件大多为空腔结构，内部可埋设管线或填充保温材料以满足建筑要求，具有较好的功能性。

$$EI = E_b^f I_b^f + E_b^w I_b^w + E_s I_s \tag{1.2-5}$$

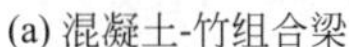

(a) 混凝土-竹组合梁

(b) 钢-竹组合梁

图 1.2-5　混凝土/钢-竹组合梁弯曲试验

在此特别指出的是，作者所提出的喷涂复合砂浆-原竹组合梁，不仅可以提高原竹梁的极限承载力，更重要的是使原竹梁刚度得到了较大的改善（图 1.2-6）。以双根原竹连接梁为例，在加载初期，组合梁的抗弯刚度约为双根原竹连接梁刚度的 5.7 倍，且极限承载力可提高 50%左右，组合效应显著。

(a) 组合梁初始状态

(b) 组合梁破坏状态

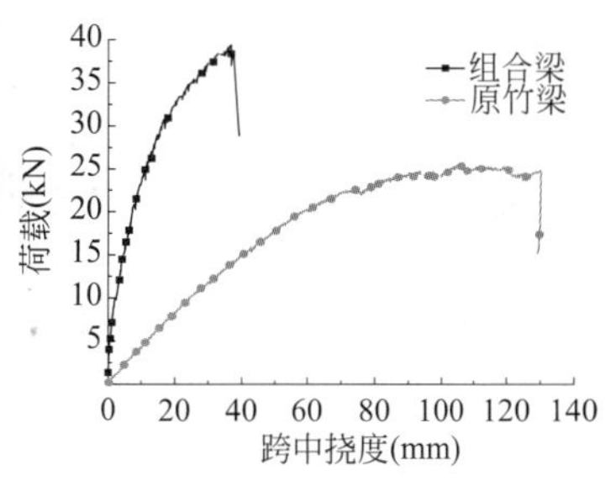

(c) 荷载-跨中挠度曲线

图 1.2-6　喷涂复合砂浆-原竹骨架组合梁弯曲试验

2. 柱力学性能

(1) 圆竹柱

同钢柱相似，圆竹长柱的破坏主要由稳定控制，而短柱破坏主要由材料强度控制，且轴心受压构件的承载力会随着长细比增大反而降低。早在 1957 年，陈肇元已对圆竹杆的轴心受压性能进行了深入研究，获得了稳定影响系数 φ 的理论计算方法，并提出了轴心受压圆竹杆件的计算公式。

从竹材在建筑结构的早期应用出发，研究脚手架中的圆竹柱也是较为直接的处理方法。Yu W K 等通过竹脚手架中立柱的轴向屈曲试验，确定了圆竹立柱典型的失效模式：整体失稳和局部失稳，并考虑侧向约束布置和荷载分布的影响，最终提出圆竹柱的屈曲设计准则。此外，Richard 等通过单、多根圆竹柱的轴压试验（图 1.2-7），分析其屈曲行为和特征，为圆竹柱设计提供理论依据。

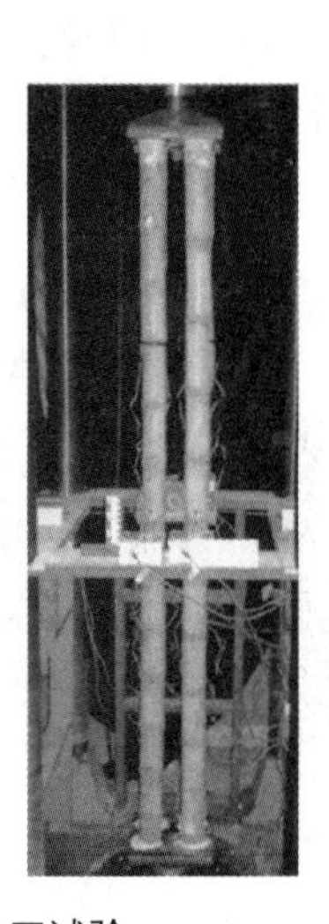

图 1.2-7 圆竹柱轴压试验

(2) 改性竹材柱

改性竹材柱的轴心受压破坏模式与竹材间粘结性能密切相关，粘结性能弱则粘结面会提前发生破坏，从而影响柱的承载力。基于良好的粘结性能，GluBam 胶合竹柱轴心受压时与原竹柱具有相同的力学表现（短柱强度破坏，长柱稳定破坏），同时，文献［90］也提出重组竹柱的轴心受压承载力计算公式：

$$N_{ul} = \varphi f_c A \quad (1.2\text{-}6)$$

$$\varphi = 0.000106(l_0/h)^2 - 0.0298(l_0/h) + 1.1 \quad (1.2\text{-}7)$$

(3) 组合柱

考虑到工程应用的耐久性，文献［91］对钢-竹组合柱轴心受压性能进行了研究，揭示了受力破坏机理。研究表明，钢-竹组合柱在轴心受压过程中整体受力性能良好。为防止钢竹界面间的开胶失效，赵卫锋等提出了一种新型带横向约束拉杆的方形薄壁钢管-竹胶合板组合空芯柱（SBCCB），重点分析横向约束拉杆对试件破坏特征的影响，发现后者改变了原有的极限破坏模式（图 1.2-8），显著提高了极限承载力。

此外，作者提出的喷涂复合砂浆-原竹骨架组合柱提高了竹杆的稳定性和变形能力

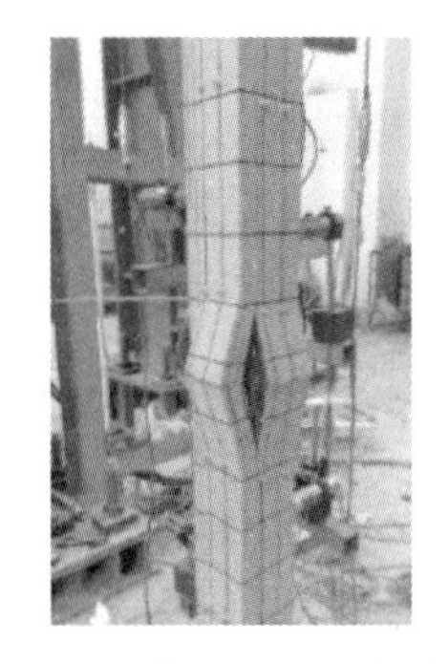

图 1.2-8　SBCCB 典型轴压破坏模式

(图 1.2-9)。作者通过组合柱的轴压试验，发现组合柱失稳时端部复合砂浆被压碎，此时端部铰受到偏心荷载作用发生转动，导致承载力下降。

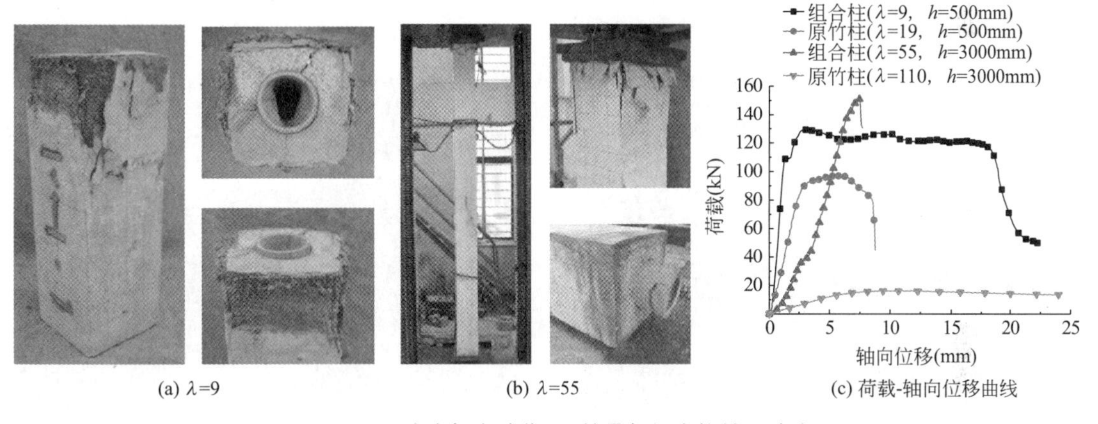

图 1.2-9　喷涂复合砂浆-原竹骨架组合柱轴压试验

3. 楼板力学性能

(1) 原竹楼板

基于竹材的楼板力学性能同样值得关注。原竹楼板方面，将小直径毛竹代替钢筋应用于混凝土单向板内，不仅可以达到减轻板自重、节约成本的目的，而且其隔热、隔声、保温效果明显。柏文峰等以原竹（密排铺在楼面格栅上）为承重层，提出一种新型原竹承重楼板技术，并将其成功应用于西双版纳南糯山新型竹建筑中，起到原竹楼板技术的展示和示范作用。此外，为了明确当作楼板使用时原竹的受力情况，本书分别对正常使用和承载能力极限状态下的原竹楼板进行抗弯性能试验研究。结果表明，原竹楼板在破坏前跨中挠度已超过规范要求，基本处于弹性阶段。随着荷载的增加，楼板纵向原竹开裂、支座处原竹碎裂，最终发生弯曲破坏。

(2) 组合楼板

上一小节中原竹楼板做法，将小直径毛竹代替钢筋的混凝土板承载力有限，而大直径原竹楼板的耐久性问题比较突出。为此，作者通过喷涂复合砂浆-原竹骨架组合楼板抗弯性能试验发现，组合楼板在正常使用阶段的整体抗弯刚度约为原竹骨架楼板的 17 倍，其极限承载力约为原竹骨架楼板的 2 倍（图 1.2-10）。该组合楼板不仅能够满足抗弯承载力和挠曲变形的要求，而且耐久性得到较大改善，可以作为建筑楼板使用。

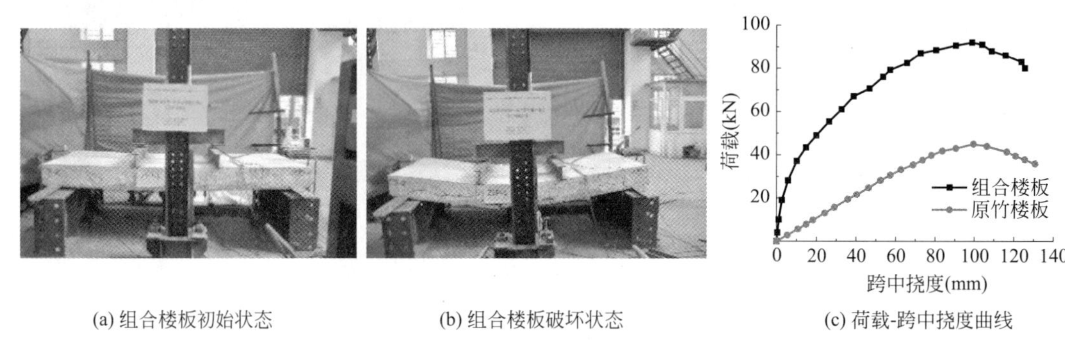

(a) 组合楼板初始状态　　(b) 组合楼板破坏状态　　(c) 荷载-跨中挠度曲线

图 1.2-10　喷涂复合砂浆-原竹骨架组合楼板弯曲试验

此外，基于改性竹材的组合楼板也具有较好的抗弯性能。比较典型的是李玉顺等将竹胶板与压型钢板用结构胶粘结成为压型钢板-竹胶板组合楼板（图 1.2-11），该楼板具有优良的整体工作性能、较高的承载力和刚度。

图 1.2-11　钢-竹组合楼板弯曲试验

4. 墙体力学性能

将原竹材作为建筑材料用于墙体在技术上是可行的。单波等设计了基于墙板模数的圆竹墙体单元，并对两片墙体进行了抗侧力试验，结果表明圆竹墙体的抗侧力约为同类型轻型木结构墙体的 65%。Ganesan 等将混凝土浇筑在竹条网格上，形成一定厚度的墙体（图 1.2-12），通过分析提出了此类墙体平面内极限荷载的求解方法。上述两种方式分别在耐

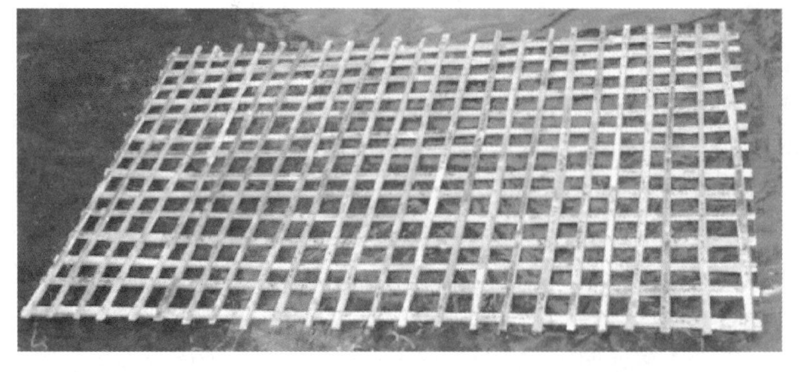

图 1.2-12　竹条竹筋混凝土墙体

久性和承载力方面存在一定的局限性，目前在东南亚和非洲地区，已有利用以上方式建造的试验性或地震棚等临时性建筑。

基于改性竹材的组合墙体和喷涂复合砂浆-原竹骨架组合墙体可解决上述不足，其力学性能、隔声性能、保温传热系数均可以达到我国对建筑墙体的要求，适用于现代多层竹结构中。特别是喷涂复合砂浆-原竹骨架组合墙体，其具有较高的受剪承载力、抗侧刚度以及良好的抗震性能（与同尺寸的喷涂复合砂浆-冷弯薄壁型钢组合墙体接近），组合墙体的抗侧承载能力较原竹骨架提高了1.9倍（图1.2-13）。

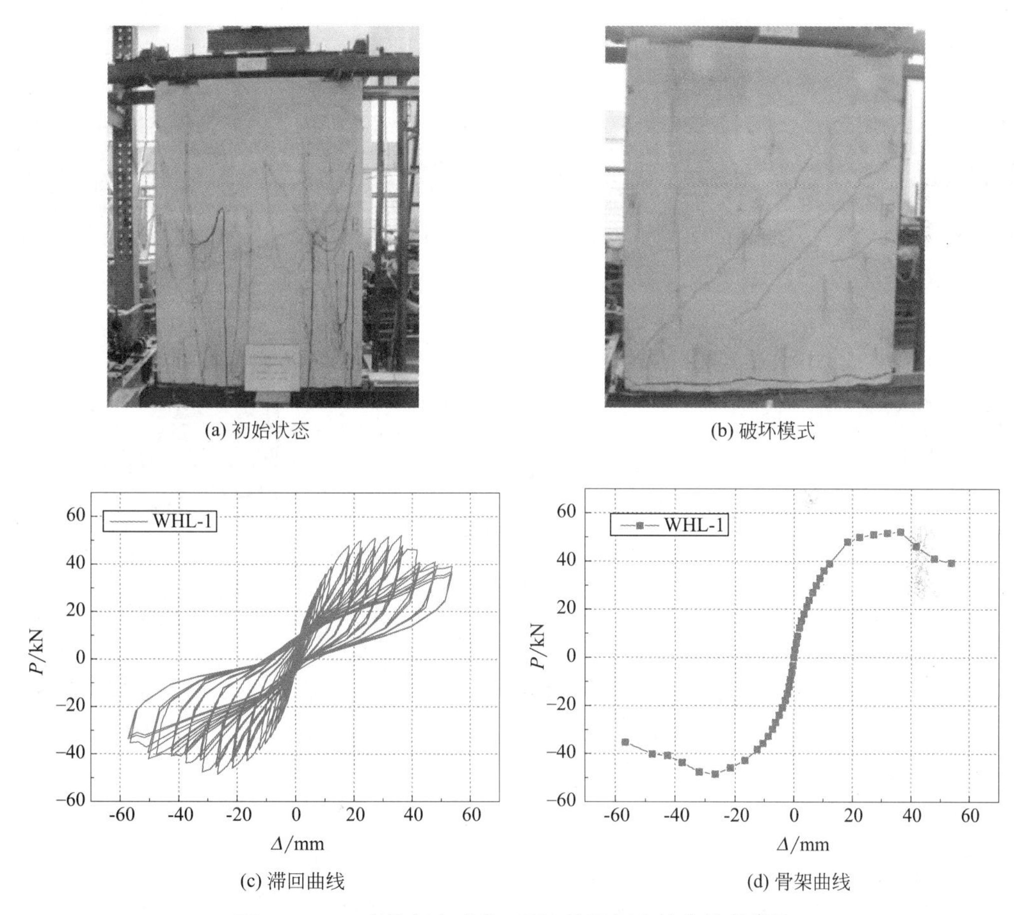

图1.2-13　喷涂复合砂浆-原竹骨架组合墙体抗剪试验

如前所述，虽然国内外学者对竹柱进行了大量研究，但是，实际工程中却是以竹墙体承重的表现形式居多，竹框架结构较少，这主要是由竹柱承载力有限所导致的。

5. 节点力学性能

（1）原竹连接节点

我国对原竹连接节点性能的研究起步较早。总结国内外原竹建筑的节点，其构造形式大致可分为八类：棕绳（篾笆）捆绑节点、穿斗式节点、灌浆节点、螺栓连接节点、钢构件连接节点、钢板连接节点、烧弯结合节点及槽齿结合节点等。基于上述节点形式，学者开始对其进行改进，出现了一些新型原竹连接节点形式，如防止竹材打孔处开裂的FRP-螺栓连接节点、可调节式螺杆节点、可增加强度的螺栓垫片节点等（图1.2-14）。

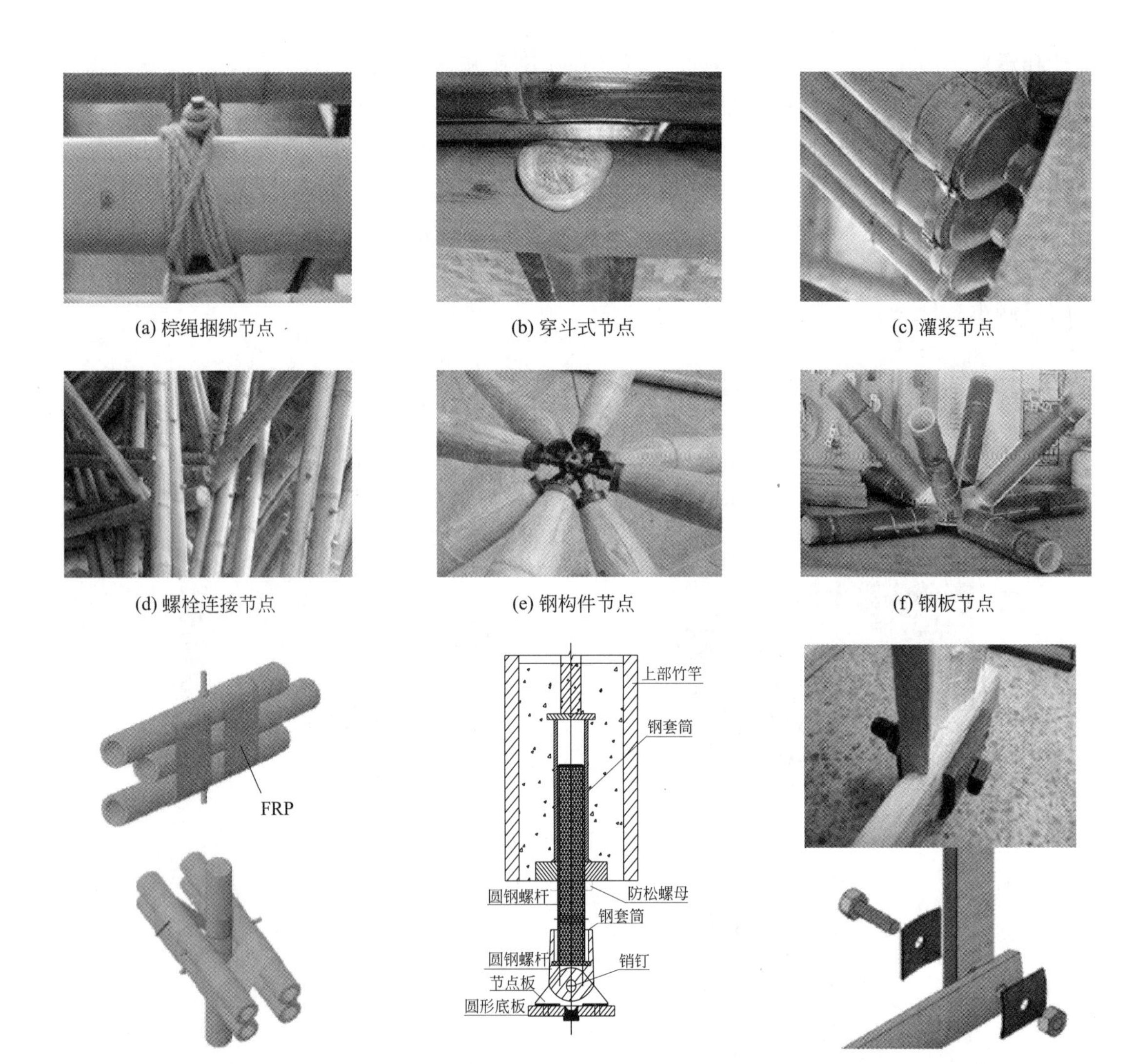

(a) 棕绳捆绑节点　(b) 穿斗式节点　(c) 灌浆节点
(d) 螺栓连接节点　(e) 钢构件节点　(f) 钢板节点
(g) FRP-螺栓节点　(h) 可调节节点　(i) 垫片节点

图 1.2-14　原竹连接节点

螺栓连接作为竹结构的传统连接方式，目前已有较多研究成果。早在 1957 年，陈肇元已对多种圆钢梢连接进行了较为详细的研究，得出各种结合方式下破坏荷载的计算公式。王家振分别按容许应力和破坏阶段对圆钢梢连接进行研究，针对对称双剪连接提出不同直径、不同相交角度的一般计算方法。Oka 等与 Awaludin 等分别对无、有填充材料的原竹螺栓连接节点进行了试验与理论分析，均提出四种破坏模式并给出最终破坏荷载。胡行等通过对装配式原竹螺栓节点进行试验，建立了力学模型，并推导出相应的理论解析公式，证明双螺栓节点与节点域高强砂浆可以明显提高节点承载力。由于螺栓连接需要在原竹上钻孔，从而降低其力学强度，Moran 等提出一种采用角钢和半环钢片连接梁柱的新型节点，通过分析发现该节点的承载力较传统螺栓连接节点有较大提高。

（2）改性竹材连接节点

对于改性竹材的连接，由于被连接竹构件的截面规则、密实，可借鉴钢木结构的节点连接方式，如钢夹板螺栓节点、钢连接件与螺栓组合节点、钢套筒连接节点等（图 1.2-15），

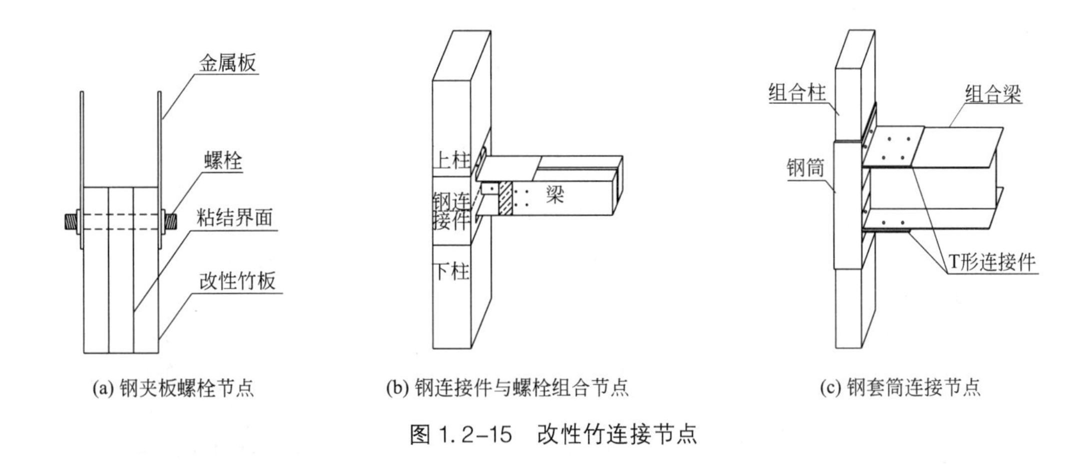

(a) 钢夹板螺栓节点　(b) 钢连接件与螺栓组合节点　(c) 钢套筒连接节点

图 1.2-15　改性竹连接节点

其节点性能也较原竹连接性能好。

但是总体而言，国内外学者对构件间节点连接性能的研究尚显不足，已有连接形式局限性较大，且基本受力机理仍未明晰，还需提出更具普遍适用性的新型连接节点，并对其进行深入研究，这对形成结构体系具有重要意义。

1.3　本书主要内容

本书对喷涂复合砂浆-原竹组合结构体系中所涉及的竹材、竹构件、节点的力学性能进行分析，具体内容包括：

（1）以 4 年生浙江毛竹为对象，选取同一批次的原竹材进行了抗拉、抗压、抗剪、抗弯等一系列力学性能试验，分析了竹材形式（圆竹/竹片）、竹节对力学性能的影响，得出竹材强度标准值，形成了完整的数据链。在此基础上，采用设计验算点逆算法建立适合竹材的功能函数，在满足可靠度要求下给出原竹材对应的强度设计值。

（2）总结竹材含水率随时间的变化规律，给出能使喷涂复合砂浆与原竹有效粘结的最优含水率范围。在此基础上，研究喷涂复合砂浆与原竹界面的滑移过程、破坏模式、粘结机理及影响粘结强度的因素。为保证界面间协同工作，分析原竹表面处理后的多种构造做法，最终提出既可显著增强粘结性能，破坏后承载力也不会急剧下降的最优构造措施。

（3）开展喷涂复合砂浆-原竹组合结构体系中关键构件（梁、柱、楼板、墙体等）及节点的力学性能研究，提出上述构件及节点的计算理论与设计方法，主要包括原竹/组合梁（楼板）抗弯承载力计算方法、原竹/组合柱截面强度与稳定承载力计算方法、原竹/组合墙体抗压承载力与抗震性能化设计方法、基于销连接的节点计算理论等，为喷涂复合砂浆-原竹组合结构体系设计提供基本理论依据。

（4）将上述研究成果推广到实际应用中，给出了关于喷涂复合砂浆—原竹组合结构体系的技术性建议。

参考文献

[1] 李正，顾正．竹材及其在建筑工程中的应用［M］．上海：科学技术出版社，1957：11-12.
[2] 徐斌，任海清，江泽慧，等．竹类资源标准体系构建［J］．竹子研究汇刊，2010，29（2）：6-10.
[3] Van der Lugt P，Van den Dobbelsteen A，Janssen J J A. An environmental，economic and practical assessment of bamboo as a building material for supporting structures［J］．Construction and Building Materials，2006，20：648-656.
[4] 刘可为，奥利弗·弗里斯．全球竹建筑概述—趋势和挑战［J］．世界建筑，2013（12）：27-34.
[5] 李霞镇，钟永，任海青．现代竹结构建筑在我国的发展前景［J］．木材加工机械，2011，22（6）：44-47.
[6] 中国共产党中央委员会，中华人民共和国国务院．国家新型城镇化规划（2014—2020 年）［Z］．2014.
[7] 中国共产党中央委员会，中华人民共和国国务院．关于加快推进生态文明建设的意见［Z］．2015.
[8] 中国共产党第十八届中央委员会第五次全体会议．五大发展理念［Z］．2015.
[9] 王慧英，赵卫锋，补国斌．竹筋混凝土技术在建筑结构中的应用［J］．建筑技术，2012，43（7）：605-607.
[10] 细田贯一．竹筋コンクリート工［M］．东京：修教社書院，1942：22-25.
[11] Tatumi Juniti. On the bending test of concrete beam reinforced with bamboo［J］．Institute of Architecture Papers，1939，13：184-193.
[12] 哈尔滨市工业先进经验展览馆，哈尔滨科学技术普及协会．先进生产技术 11：竹筋混凝土．哈尔滨，1957：15-18.
[13] 郝林．INTEGER 现代复合竹结构建筑［J］．世界建筑，2010（2）：64-69.
[14] 肖岩，李智，吴越，等．胶合竹结构的研究与工程应用进展［J］．建筑结构，2018，48（10）：84-88.
[15] 魏洋，吕清芳，张齐生，等．现代竹结构抗震安居房的设计与施工［J］．施工技术，2009，38（11）：52-54.
[16] 吕清芳，魏洋，张齐生，等．新型抗震竹质工程材料安居示范房及关键技术［J］．特种结构，2008，25（4）：6-10.
[17] 戴培琪，罗志远，何敏娟．上海世博会德中同行亭结构设计与研究［J］．结构工程师，2011，27（4）：6-11.
[18] 纳依都，刘可为．印度馆，2010 年上海世博会，中国［J］．世界建筑，2013，12：81-85.
[19] 西安建筑科技大学．一种基于原竹骨架的楼板：中国 201510507728.8，［P］．2018-01-16.
[20] 西安建筑科技大学．一种墙体立柱与楼板骨架的连接节点：中国 201410030213.9［P］．2017-02-01.
[21] 西安建筑科技大学．原竹骨架梁柱装配式节点：中国 201720917888.4，［P］．2018-02-06.
[22] 西安建筑科技大学．一种装配式原竹组合墙板与楼板的连接节点及竹建筑结构：中国 201811627399.0，［P］．2020-09-15.
[23] 西安建筑科技大学．一种尺寸可调节的竹杆接长结构：中国 201811627440.4，［P］．2020-09-15.
[24] 西安建筑科技大学．一种原竹矫直设备：中国 201810084936.5，［P］．2020-02-07.
[25] 西安建筑科技大学．一种打通竹内隔板的工具：中国 201822246675.0，［P］．2019-11-12.
[26] 西安建筑科技大学．一种竹节去除装置：中国 201822226780.8，［P］．2019-11-12.
[27] 西安建筑科技大学．一种原竹榫卯连接节点：中国 201920083093.7，［P］．2019-01-17.

[28] 西安建筑科技大学．一种竹木组合连接节点：中国 201920082453.1，[P]．2019-10-11.

[29] 竹内叔雄．竹の研究 [M]．东京：养賢堂，1932.

[30] 梁希，周光荣．竹材之物理性质及力学性质初步试验报告 [G]．原农林部中央林业实验所，1944.

[31] 余仲奎，沈兰根．川产楠竹性质之研究 [R]．航空委员会：航空研究院，1944.

[32] 工程材料教研组．北京市用毛竹性质研究 [J]．清华大学学报（自然科学版），1955（00）：139-170.

[33] 南京林产工业学院竹类研究室．竹林培育 [M]．北京：中国农业出版社，1974.

[34] 于文吉，江泽慧，叶克林．竹材特性研究及其进展 [J]．世界林业研究，2002，15（2）：50-55.

[35] 虞华强，费本华，任海青，等．毛竹顺纹抗拉性质的变异及与气干密度的关系 [J]．林业科学，2006，42（3）：72-76.

[36] 张晓冬，程秀才，朱一辛．毛竹不同高度径向弯曲性能的变化 [J]．南京林业大学学报（自然科学版），2006，30（6）：44-46.

[37] 周芳纯．竹材物理力学性质的研究 [J]．南京林业大学学报（自然科学版），1981（2）：1-32.

[38] 许敏敏，孙正军，武秀明，等．毛竹径向断裂韧性的研究 [J]．林业机械与木工设备，2014，42（12）：34-37.

[39] Awalluddin D，Ariffin M，Osman M，et al. Mechanical properties of different bamboo species [C]. MATEC Web of Conferences，2017，138：01024.

[40] 张丹，王戈，张文福，等．毛竹圆竹力学性能的研究 [J]．中南林业科技大学学报，2012，32（7）：119-123.

[41] Fei B H，Liu Z J，Jiang Z H，et al. Mechanical properties of moso bamboo treated with chemical agents [J]．Wood & Fiber Science，2013，45（1）：34-41.

[42] 马媛媛，朱松松．安吉毛竹主要力学性能的测定 [J]．实验科学与技术，2013，11（4）：22-24，86.

[43] Lee P H，Odlin M，Yin H M. Development of a hollow cylinder test for the elastic modulus distribution and the ultimate strength of bamboo [J]．Construction and Building Materials，2014，51：235-243.

[44] Moran R，Webb K，Harries K，et al. Edge bearing tests to assess the influence of radial gradation on the transverse behavior of bamboo [J]．Construction and Building Materials，2017，131：574-584.

[45] Mitch D，Harries K，Sharma B. Characterization of splitting behavior of bamboo culms [J]．Journal of Materials in Civil Engineering，2010，22（11）：1195-1199.

[46] 郝际平，秦梦浩，田黎敏，等．毛竹顺纹方向力学性能的试验研究 [J]．西安建筑科技大学学报（自然科学版），2017，49（6）：777-783.

[47] 建设部．建筑用竹材物理力学性能试验方法：JG/T 199—2007，[S]．北京：中国标准出版社，2007.

[48] 住房和城乡建设部．建筑结构可靠性设计统一标准：GB 50068—2018，[S]．北京：中国建筑工业出版社，2019.

[49] 郝际平，申国臣，田黎敏，等．毛竹力学强度标准值和设计值的确定方法 [J]．安徽农业大学学报，2020，47（1）：56-61.

[50] 曾其蕴，李世红，鲍贤镕．竹节对竹材力学强度影响的研究 [J]．林业科学，1992，28（3）：247-252.

[51] 邵卓平，黄盛霞，吴福社，等．毛竹节间材与节部材的构造与强度差异研究 [J]．竹子研究汇刊，2008，27（2）：48-52.

[52] 于金光，郝际平，田黎敏，等．圆竹的力学性能及影响因素研究 [J]．西安建筑科技大学学报（自然科学版），2018，50（1）：30-36.

[53] 邵卓平. 竹材在压缩大变形下的力学行为Ⅰ. 应力-应变关系 [J]. 木材工业，2003，17（2）：12-14+32.
[54] 任海青，张东升，潘雁红. 竹材抗压动态破坏过程分析 [J]. 南京林业大学学报（自然科学版），2007，31（2）：47-50.
[55] Trujillo D，Jangra S. Grading of Bamboo [J]. INBAR Working Paper 79，2016.
[56] 肖岩，杨瑞珍，单波，等. 结构用胶合竹力学性能试验研究 [J]. 建筑结构学报，2012，33（11）：150-157.
[57] Xiao Y，Wu Y，Li J，et al. An experimental study on shear strength ofglubam [J]. Construction and Building Materials，2017，150：490-500.
[58] 盛宝璐，周爱萍，黄东升. 重组竹的单轴与纯剪应力应变关系 [J]. 土木建筑与环境工程，2015，37（6）：24-31.
[59] Sulastiningsih I M，Nurwati. Physical and mechanical properties of laminated bamboo board [J]. Journal of Tropical Forest Science，2009，21（3）：246-251.
[60] 李霞镇，钟永，任海青，等. 毛竹基重组竹力学性能研究 [J]. 木材加工机械，2016，27（4）：28-32.
[61] 江泽慧，常亮，王正，等. 结构用竹集成材物理力学性能研究 [J]. 木材工业，2005，19（4）：22-24，30.
[62] Li H T，Zhang Q S，Huang D S，et al. Compressive performance of laminated bamboo [J]. Composites Part B，2013，54：319-328.
[63] 张秀华，鄂婧，李玉顺，等. 重组竹抗压和抗弯力学性能试验研究 [J]. 工业建筑，2016，46（1）：7-12.
[64] Mahdavi M，Clouston P L，Arwade S R. Development of laminated bamboo lumber：review of processing，performance，and economical considerations [J]. Journal of Materials in Civil Engineering，2011，23（7）：1036-1042.
[65] Lee C H，Chung M J，Lin C H，et al. Effects of layered structure on the physical and mechanical properties of laminated moso bamboo（Phyllosachys edulis）flooring [J]. Construction and Building Materials，2012，28（1）：31-35.
[66] 张文福，王戈，于子绚，等. 竹材单元形态对竹木复合层积材性能的影响 [J]. 南京林业大学学报（自然科学版），2012，36（5）：167-169.
[67] 蒋身学，朱一辛，张齐生. 竹木复合层积材结构及其性能 [J]. 南京林业大学学报（自然科学版），2002，26（6）：10-12.
[68] 单波，高黎，肖岩，等. 预制装配式圆竹结构房屋的试验与应用 [J]. 湖南大学学报（自然科学版），2013，40（3）：7-14.
[69] Nurmadina，Nugroho N，Bahtiar ET. Structural grading of Gigantochloa apus bamboo based on its flexural properties [J]. Construction and Building Materials，2017，157：1173-1189.
[70] Chung K F，Yu W K. Mechanical properties of structural bamboo for bamboo scaffoldings [J]. Engineering Structures，2001，24：429-442.
[71] Albermani F，Goh G Y，Chan S L. Lightweight bamboo double layer grid system [J]. Engineering Structures，2007，29（7）：1499-1506.
[72] Janssen J J A. Designing and building with bamboo [M]. The Netherlands：Technical Report，2000：21-24.
[73] 唐卓，肖岩. 胶合竹I形搁栅梁受力性能试验研究 [J]. 建筑结构学报，2017，38（9）：138-146.
[74] 苏毅，宗生京，徐丹，等. 竹集成材梁非线性弯曲性能试验研究 [J]. 建筑结构学报，2016，37

(10)：36-43.
[75] Chen F M, Jiang Z H, Wang G, et al. The bending properties of bamboo bundle laminated veneer lumber (BLVL) double beams [J]. Construction and Building Materials, 2016, 119: 145-151.
[76] 周军文，沈玉蓉．重组竹梁受弯承载力数值分析［J］．中国科技论文，2018，13（1）：83-86.
[77] 张苏俊，李晨，肖忠平，等．重组竹工字梁抗弯特性研究及模拟分析［J］．林业工程学报，2017，2（1）：125-129.
[78] 吴文清，吴忠振，马雪媛，等．竹质复合材料工字形梁的抗弯性能试验［J］．中国公路学报，2014，27（4）：69-78.
[79] 陈国，周涛，李成龙，等．竹木组合工字梁的静载试验研究［J］．南京林业大学学报（自然科学版），2016，40（5）：121-125.
[80] Shan B, Xiao Y, Zhang W L, et al. Mechanical performance of connections for glubam-concrete composite beams [J]. Construction and Building Materials, 2016, 847: 521-528.
[81] Wei Y, Ji X W, Duan M J, et al. Flexural performance of bamboo scrimber beams strengthened with fiber-reinforced polymer [J]. Construction and Building Materials, 2017, 142: 66-82.
[82] Shen Y R, Huang D S, Zhou A P, et al. An inelastic model for ultimate state analysis of CFRP reinforced PSB beams [J]. Composites Part B, 2017, 115: 266-274.
[83] Li Y S, Shan W, Shen H Y, et al. Bending resistance of I-section bamboo-steel composite beams utilizing adhesive bonding [J]. Thin-Walled Structures, 2015, 89: 17-24.
[84] Tian L M, Kou Y F, Hao J P. Flexural behavior of sprayed lightweight composite mortar-original bamboo composite beams: experimental study [J]. BioResources, 2019, 14 (1): 500-517.
[85] 郝际平，寇跃峰，田黎敏．喷涂复合材料-原竹组合梁受弯性能试验研究［J］．建筑结构学报，2018，39（12）：242-246.
[86] 陈肇元．中心受压的圆竹杆件［J］．哈尔滨工业大学学报，1957（4）：23-38.
[87] Yu W K, Chung K F, Chan S L. Axial buckling of bamboo columns in bamboo scaffolds [J]. Engineering Structures, 2005, 27: 61-73.
[88] Richard M J, Harries K A. Experimental buckling capacity of multiple-culm bamboo columns [J]. Key Engineering Materials, 2012, 517: 51-62.
[89] 肖岩，冯立，吕小红，等．胶合竹柱轴心受压试验研究［J］．工业建筑，2015，45（4）：13-17.
[90] Li H T, Su J W, Zhang Q S, et al. Mechanical performance of laminated bamboo column under axial compression [J]. Composites Part B, 2015, 79: 374-382.
[91] 刘涛，李玉顺，许科科，等．钢-竹组合箱形短柱力学性能研究［J］．工业建筑，2016，46（1）：25-29.
[92] 解其铁，张王丽，蒋天元，等．钢-竹组合柱轴心受压性能的试验研究［J］．工程力学，2012，29（S2）：221-225.
[93] Zhao W F, Chen Z S, Yang B. Axial compression performance of steel/bamboo composite column [J]. Procedia Engineering, 2017, 210: 18-23.
[94] Tian L M, Kou Y F, Hao J P. Axial compressive behaviour of sprayed composite mortar-original bamboo composite columns [J]. Construction and Building Materials, 2019, 215: 726-736.
[95] 祝明桥，王华，汪建群，等．竹芯竹筋混凝土单向板抗弯承载力试验研究［J］．工业建筑，2017，47（1）：79-83.
[96] 柏文峰，王修通，袁媛．干栏民居新型原竹承重楼板技术研究与实践［J］．世界竹藤通讯，2017，15（5）：30-33.
[97] 田黎敏，寇跃峰，郝际平，等．喷涂保温材料-原竹组楼板抗弯性能研究［J］．华中科技大学学报

（自然科工学版），2017，45（11）：41-45.

[98] Chithambaram SJ，Kumar S. Flexural behaviour of bamboo based ferrocement slab panels with flyash [J]. Construction and Building Materials，2017，134：641-648.

[99] Li Y S，Shen H Y，Shan W，et al. Flexural behavior of lightweight bamboo-steel composite slabs [J]. Thin-Walled Structures，2012，53：83-90.

[100] 李玉顺，张王丽，沈煌莹，等．复合胶结型压型钢板-竹胶板组合楼板受弯性能试验研究 [J]．建筑结构学报，2009，30（S2）：176-181.

[101] Ganesan N，Indira P V，Himasree P R. Strength and behaviour of bamboo reinforced concrete wall panels under two way in-plane action [J]. Advances in Concrete Construction，2018，6（1）：1-13.

[102] 江泽慧，王正，常亮，等．建筑用竹材墙体制造技术研究 [J]．北京林业大学学报，2006，28（6）：155-158.

[103] Li Y S，Yao J，Li R，et al. Thermal and energy performance of a steel-bamboo composite wall structure [J]. Energy and Buildings，2017，156，225-237.

[104] 田黎敏，郝际平，寇跃峰．喷涂保温材料-原竹骨架组合墙体抗震性能研究 [J]．建筑结构学报，2018，39（6）：102-109.

[105] 王振家．竹结构圆钢梢结合的设计 [J]．哈尔滨工业大学学报，1958，（1）：25-33.

[106] 张楠，柏文峰．原竹建筑节点构造分析及改进 [J]．科学技术与工程，2008，8（18）：5318-5322.

[107] Paraskeva T S，Grigoropoulos G，Dimitrakopoulos E G. Design and experimental verification of easily constructible bamboo footbridges for rural areas [J]. Engineering Structures，2017，143：540-548.

[108] Sinha A，Miyamoto B T. Lateral load carrying capacity of laminated bamboo lumber to oriented strand board connections [J]. Journal of Materials in Civil Engineering，2014，26（4）：741-747.

[109] Janssen J J A. Bamboo in building structures [D]. Eindhoven：Eindhoven University of Technology，1981.

[110] 黄熊．屋顶竹结构 [M]．北京：建筑工程出版社，1959.

[111] Awaludin A，Andriani V. Bolted bamboo joints reinforced with fibers [J]. Procedia Engineering，2014，95：15-21.

[112] 戴培琪，罗志远，何敏娟．上海世博会德中同行亭结构设计与研究 [J]．结构工程师，2011，27（4）：6-11.

[113] Villegas L，Morán R，García JJ. A new joint to assemble light structures of bamboo slats [J]. Construction and Building Materials，2015，98：61-68.

[114] 陈肇元．竹、木结构中圆钢梢结合的计算 [J]．哈尔滨工业大学学报，1957（8）：86-98.

[115] 王振家．按容许应力计算竹结构圆钢梢结合的研究 [J]．哈尔滨工业大学学报，1957（4）：62-71.

[116] 王振家．按破坏阶段计算竹结构圆钢梢结合的研究 [J]．哈尔滨工业大学学报，1957（4）：41-61.

[117] Oka G M，Triwiyono A，Awaludin A，et al. Experimental and theoretical investigation of bolted bamboo joints without void filled material [J]. Applied Mechanics and Materials，2015，776：59-65.

[118] Awaludin A. Aplikasi EYM model pada analisis tahanan lateral sambungan sistem morisco-mardjono：Sambungan tiga komponen bambu dengan material pengisi rongga [J] Proceedings of Nasional Rekayasa dan Budidaya Bambu Symposium，Yogyakarta. 2012.

[119] 胡行，杨健，王斐亮，等．装配式圆竹结构螺栓连接节点的力学性能 [J]．林业工程学报，2018，3（5）：128-135.

[120] Moran R，Muñoz J，Silvac H F，et al. A bamboo beam-column connection capable to transmit moment

[J]. 17th International Conference on Non-Conventional Materials and Technologies, 2017, 11.
[121] 钟永, 任海青, 张俊珍, 等. 竹层积材钢夹板螺栓节点的承压性能 [J]. 建筑材料学报, 2013, 16 (4): 642-648.
[122] 周军文, 赵风华, 齐永胜, 等. 新型竹木框架装配节点抗震性能试验研究 [J]. 工业建筑, 2017, 47 (9): 70-74+105.
[123] 冯立, 肖岩, 单波, 等. 胶合竹结构梁柱螺栓连接节点承载力试验研究 [J]. 建筑结构学报, 2014, 35 (4): 230-235.
[124] 李玉顺, 蒋天元, 单炜, 等. 钢-竹组合梁柱边节点拟静力试验研究 [J]. 工程力学, 2013, 30 (4): 241-248.

第2章　材料

在喷涂复合砂浆-原竹组合结构体系中，原竹与复合砂浆的力学性能、二者的有效粘结直接影响构件的变形和承载能力。本章重点介绍组合结构中材料的各种基本力学性能，以及原竹与喷涂复合砂浆粘结性能，以期为组合结构体系设计提供基本理论依据。

2.1　对原竹用材的要求

在喷涂复合砂浆-原竹组合结构体系中，用于承重构件（如梁、柱、楼板、墙体等）的原竹宜用4~6年生毛竹，并符合表2.1-1的要求。

原竹各项指标要求　　　　**表2.1-1**

项目		技术指标
几何尺寸	楔率	≤6mm/m
	弯曲	≤0.04长度
外观	腐朽	不允许
	裂缝	不允许
	虫蛀	容许表面有虫沟,不得有虫眼
物理性能	气干密度	0.6~0.8g/cm^3
	干缩率	弦向气干:2.00%~4.97% 弦向全干:4.82%~8.60%

原竹壁厚取直径两垂直方向四测点的平均值，原竹直径取截面两垂直方向测量值与周长反复计算值的最小值。使用前可采用国家标准《木结构工程施工质量验收规范》GB 50206—2012中规定的方法对原竹进行防腐、防虫处理，并放至气干状态方可使用（防腐、防虫药剂应为水溶性）。

2.2　竹材基本力学性能

本章参照现有国内外标准中的试验方法，以4年生浙江安吉毛竹为研究对象，从不少于100株样竹中选取胸径100mm以上、含水率为33%~45%、成熟无缺陷的同一批竹材，通过DNS电子万能试验机进行抗拉、抗压、抗剪、抗弯等力学性能试验，形成了完整的数据链。为考虑含水率的影响，试验完成后测定试件含水率，所有强度结果按照《建筑用竹材物理力学性能试验方法》JG/T 199—2007 转化为含水率 12%时的强度。

2.2.1 顺纹抗拉强度

本节按照《建筑用竹材物理力学性能试验方法》JG/T 199—2007 测量竹片的顺纹抗拉强度。试件尺寸为：330mm×15mm×$t$mm，中间有效部位尺寸为 60mm×4mm×$t$mm（t 为竹壁厚度），如图 2.2-1 所示。选用试件相对两个径面应平整并相互平行，两个弦面应保持竹青/黄原状，径面应与截面垂直。

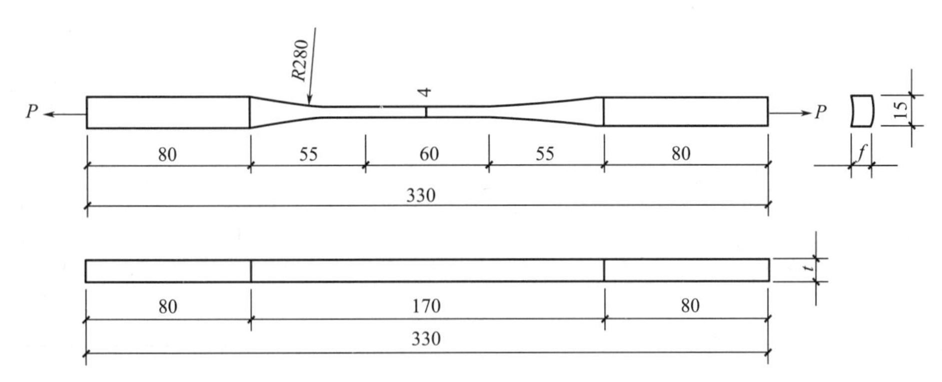

图 2.2-1 竹片顺纹抗拉强度试件

为考虑竹节对竹材顺纹抗拉强度的影响，试验分为有竹节（节隔位于中间）与无竹节 2 组，按每分钟 200N/mm^2 的速度均匀加荷，直至破坏。

1. 无竹节

无竹节竹片顺纹抗拉试件的破坏模式为撕裂破坏，主要表现为纤维的纵向撕裂。试件沿顺纹拉伸时，纵向纤维的变形不大，但在此过程中，纵向纤维在纤维结合处产生撕裂，导致纤维本身的抗拉强度不能充分发挥。试样断口首先出现在靠近竹黄一侧，且垂直于纤维方向。随着荷载的增加，断口处裂缝不断增大，最终产生纵向撕裂。竹材在拉伸过程中，纤维之间产生相对滑移，最终破坏断面参差不齐，呈针状撕裂，如图 2.2-2 所示。试验结果如表 2.2-1 所示。同时，测得竹材抗拉弹性模量如表 2.2-2 所示。

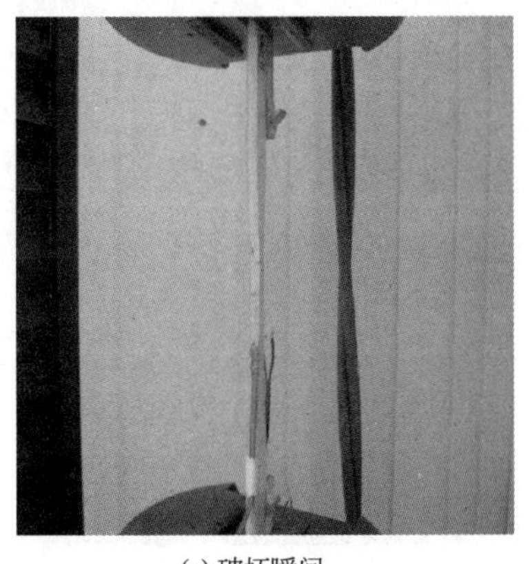

(a) 破坏瞬间

(b) 最终破坏

图 2.2-2 无竹节竹片顺纹抗拉试件破坏模式

无竹节竹片顺纹抗拉强度试验结果 表 2.2-1

试件编号	破坏荷载 P_{max}(N)	受拉面积 A (mm^2)	含水率 ω (%)	顺纹抗拉强度(N/mm^2)	
				试验时 $f_{c,\omega}$	含水率 12%时 $f_{c,12}$
1	10239	59.1	8.3	173.1	185.0
2	9807	53.9	9.2	181.9	190.2
3	6557	40.0	9.1	163.1	171.9
4	7943	46.4	9.6	171.0	177.4
5	8877	58.0	9.4	153.2	159.4
6	8827	53.7	8.9	164.3	172.9
7	6451	37.2	9.4	173.3	180.4
8	6620	45.5	8.9	145.6	153.3
9	6866	41.8	7.9	164.2	177.5
10	7108	48.8	8.7	145.7	153.9
11	8170	55.6	9.5	147.7	152.6
12	8206	58.8	8.8	139.7	147.4
13	8329	58.8	8.9	141.6	149.0
14	9152	64.9	8.5	141.1	149.9
15	7979	57.0	8.7	140.1	148.1
平均值	—	—	—	156.3	164.6

竹材顺纹抗拉弹性模量试验结果 表 2.2-2

试件编号	1	2	3	平均值
含水率 ω(%)	42.82	36.07	31.40	36.76
$E_{t,\omega}$(GPa)	11.63	11.61	11.71	11.65
$E_{t,12}$(GPa)	12.99	12.90	12.93	12.94

注：$E_{t,\omega}$ 为试验所得顺纹抗拉弹性模量；$E_{t,12}$ 为含水率为 12%时的顺纹抗拉弹性模量。

2. 有竹节

有竹节竹片顺纹抗拉试件的破坏模式与无竹节试件存在一定差异。有竹节试件的断口大多为竹节部位或靠近竹节部位，且断口平整，中部偶有纵向撕裂，破坏模式为脆性破坏，如图 2.2-3 所示。试验结果如表 2.2-3 所示。

(a) 破坏瞬间

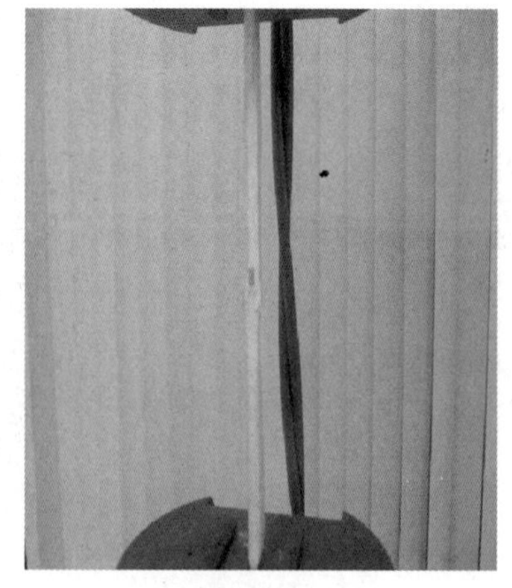

(b) 最终破坏

图 2.2-3 有竹节竹片顺纹抗拉试件破坏模式

有竹节竹片顺纹抗拉强度试验结果 表2.2-3

试件编号	破坏荷载 P_{max}(N)	受拉面积 A (mm^2)	含水率 ω (%)	顺纹抗拉强度(N/mm^2)	
				试验时 $f_{c,\omega}$	含水率12%时 $f_{c,12}$
1	8007	66.6	8.6	120.3	127.5
2	6965	65.4	8.7	106.6	112.6
3	7136	59.4	8.3	120.1	128.3
4	6301	59.9	8.5	105.2	111.7
5	4600	44.3	8.4	103.9	110.8
6	3674	33.4	8.6	109.9	116.7
7	4101	33.7	9.2	121.6	127.2
8	3820	28.9	8.7	132.2	140.0
9	3684	34.3	8.5	107.4	114.1
10	4142	33.5	7.9	123.5	133.3
平均值	—	—	—	115.1	122.2

2.2.2 顺纹抗压强度

1. 竹片

按照《建筑用竹材物理力学性能试验方法》JG/T 199—2007的规定，竹片顺纹抗压强度的试件尺寸为15mm×15mm×$t$mm（t为竹壁厚度），如图2.2-4所示。将试件放在试验机支座的中心，试验装置如图2.2-5所示。按每分钟80N/mm^2速度均匀加荷，直至试件破坏。

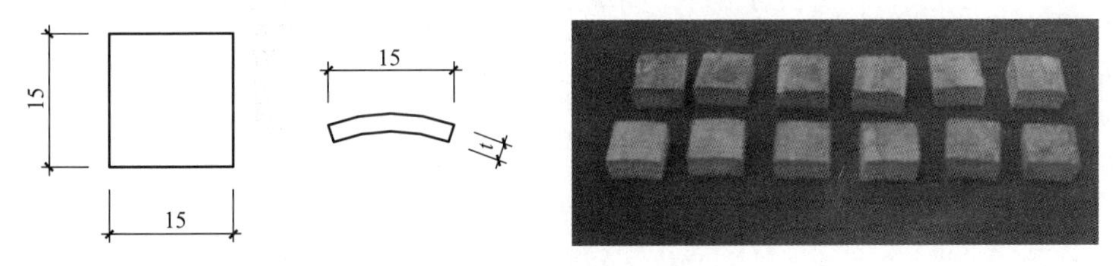

图2.2-4 竹片顺纹抗压强度试件

试件在加载初期没有明显变化。荷载继续增加，竹片靠近竹黄一侧发生细微弯曲，并随荷载的增加而增大。竹片的顺纹受压破坏主要出现在试件端部，扭曲也发生在靠近加载端一侧。竹片的最终破坏模式为受压截面整体向竹黄侧倾斜，靠近竹黄侧的竹材被压缩程度较靠近竹青侧大，如图2.2-6（a）所示。这主要是由截面维管束分布不均匀，靠近竹黄处维管束稀疏（从竹青至竹黄，维管束呈明显阶梯状，依次由密变疏），承载能力弱易压溃造成的。此外，随着荷载的增加，竹黄部位首先出现剪切破坏，随后竹青部位出现弯曲变形，导致竹青部位纤维撕裂，出现图2.2-6（b）所示的错层现象。试验结果见表2.2-4。

图2.2-5 竹片顺纹抗压强度试验装置

(a) 竹黄压溃

(b) 竹青撕裂

图 2.2-6 竹片顺纹抗压试件破坏模式

竹片顺纹抗压强度试验结果 表 2.2-4

试件编号	破坏荷载 P_{max} (N)	受压面积 A (mm^2)	含水率 ω (%)	顺纹抗压强度(N/mm^2)	
				试验时 $f_{c,\omega}$	含水率 12%时 $f_{c,12}$
1	5771	111.4	8.7	51.8	54.8
2	6335	115.4	8.5	54.9	58.8
3	6935	116.0	7.8	59.8	63.7
4	5645	111.6	8.39	50.6	53.9
5	5952	108.0	8.28	55.1	58.9
6	6873	139.5	45.2	49.3	62.3
7	6292	141.1	41.7	44.6	56.3
8	6288	139.5	50.5	45.1	57.0
9	6302	142.5	49.2	44.2	55.9
10	6587	138.0	48.3	47.7	60.4
平均值	—	—	—	50.3	58.2

此外，以 60mm×15mm×$t$mm（t 为竹壁厚度）的竹片试件测量竹材的顺纹抗压弹性模量，结果如表 2.2-5 所示。

竹材顺纹抗压弹性模量试验结果 表 2.2-5

试样编号	1	2	3	平均值
含水率 ω(%)	44.3	46.7	49.6	46.8
$E_{c,\omega}$(GPa)	11.3	11.6	11.2	11.3
$E_{c,12}$(GPa)	12.7	13.0	12.5	12.7

注：$E_{c,\omega}$ 为试验所得顺纹抗压弹性模量；$E_{c,12}$ 为含水率为 12%时的顺纹抗压弹性模量。

2. 圆竹

由于我国尚无测定圆竹力学性能的试验标准，本节按照 ISO 22157—1—2004（E）、

ISO 22157—2—2004（E）的方法测量圆竹的顺纹抗压强度。试件尺寸为：200mm×100mm×$t$mm（t为竹壁厚度）。为考虑竹节对竹材顺纹抗压强度的影响，试验分为有竹节（节隔位于中间）与无竹节2组，按每分钟80N/mm^{2}的速度均匀加荷，直至破坏。

（1）无竹节

试件在加载初期没有明显变化。随后竹壁发生细微的面外鼓曲，随着荷载的增加，鼓曲也不断增大。当面外鼓曲变形达到弦向极限变形时，沿顺纹方向出现裂纹，并逐渐沿纵向贯穿整个试件。由于加载端接触部位存在“环箍效应”，导致试件沿纵向劈裂破坏，裂纹将圆竹分成若干竹条，破坏模式如图2.2-7（a）所示。此外，由于圆竹存在初始缺陷，部分试件的竹壁还存在局部屈曲，如图2.2-7（b）所示。试验结果如表2.2-6所示。

(a) 劈裂破坏

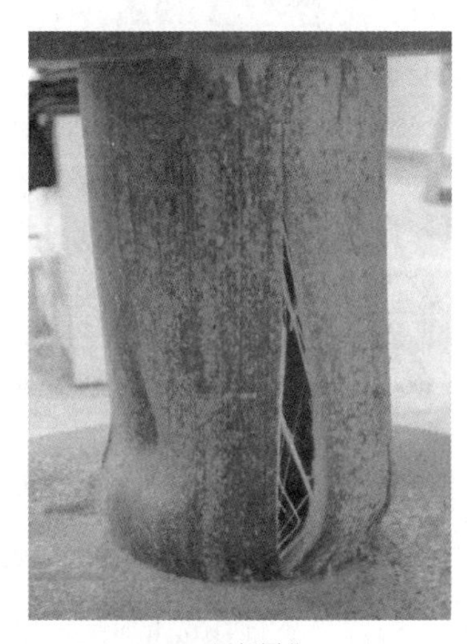
(b) 局部屈曲

图2.2-7　无竹节圆竹顺纹抗压试件破坏模式

无竹节圆竹顺纹抗压强度试验结果　　**表2.2-6**

试件编号	破坏荷载 P_{max}(N)	受拉面积 A (mm^2)	含水率 ω (%)	顺纹抗拉强度(N/mm^2)	
				试验时 $f_{c,\omega}$	含水率12%时 $f_{c,12}$
1	86424	1687.2	9.7	51.2	52.9
2	83002	1902.6	10.0	43.6	44.8
3	104924	1991.9	9.1	52.7	55.2
4	103459	2118.3	9.9	48.8	50.3
5	109682	2056.2	9.3	53.3	55.6
6	115374	2237.2	9.1	51.6	54.0
7	121824	2333.6	9.1	52.2	54.7
8	112024	2401.3	9.7	46.7	48.2
9	86792	2027.6	58.5	42.8	54.2
10	91621	2193.4	63.8	41.8	52.9
平均值	—	—	—	48.5	52.3

（2）有竹节

加载初期，有竹节试件的变形与无竹节试件相同，即竹壁发生向外鼓曲，呈鼓状。由于竹节对圆竹起加劲作用，鼓曲变形没有无竹节试件明显。随着荷载的增加，端部竹壁首先沿顺纹方向劈裂，但竹节在一定程度上约束了试件的开裂，如图 2.2-8（a）所示。达到极限承载力后，变形继续增加，直至竹节被完全撕裂，竹壁也劈裂成竹条状，如图 2.2-8（b）所示。试验结果见表 2.2-7。

(a) 劈裂破坏

(b) 竹节撕裂

图 2.2-8　有竹节圆竹顺纹抗压试件破坏模式

有竹节圆竹顺纹抗压强度试验结果　　表 2.2-7

试件编号	破坏荷载 P_{max}（N）	受压面积 A（mm^2）	含水率 ω（%）	顺纹抗压强度（N/mm^2）	
				试验时 $f_{c,\omega}$	含水率 12%时 $f_{c,12}$
1	72828	1440.4	8.5	50.6	53.8
2	86214	1710.6	9.3	50.4	52.5
3	110520	2025.1	9.6	54.6	56.6
4	101942	1790.4	10.2	56.4	57.8
5	89385	1856.4	8.9	48.2	50.6
6	101621	2045.2	9.8	54.6	56.5
7	116561	2200.9	40.1	49.0	54.6
8	131152	2491.5	40.3	52.6	66.4
9	127901	2412.2	47.7	53.0	67.1
10	89814	2177.6	77.8	41.2	52.2
平均值	—	—	—	51.1	56.8

2.2.3　横纹抗压强度

按照《建筑用竹材物理力学性能试验方法》JG/T 199—2007 的规定，竹片横纹抗压强度的试件尺寸为 15mm×15mm×$t$mm（t 为竹壁厚度）。将试件放在试验机支座的中心，按每分钟 80N/mm² 速度均匀加荷，直至试件破坏。

1. 弦向

试件在加载初期没有明显变化。随着荷载的增加，与试验设备接触的上表面竹黄部分首先出现挤压破坏，如图 2.2-9（a）所示，这主要是由于竹青部位较竹黄部分承载力高造成的。荷载继续增加，局部破坏的裂纹不断扩大，从竹黄部位向竹青斜向延伸，最终整个试件出现剪切破坏，如图 2.2-9（b）所示。试验结果见表 2.2-8。

(a) 初始破坏

(b) 最终剪切破坏

图 2.2-9　竹片弦向抗压试件破坏模式

竹片弦向抗压强度试验结果　　表 2.2-8

试件编号	破坏荷载 P_{max}(N)	受拉面积 A (mm²)	含水率 ω (%)	弦向抗压强度(N/mm²)	
				试验时 $f_{c,\omega}$	含水率 12%时 $f_{c,12}$
1	4331	137.0	5.5	31.6	22.4
2	4582	141.3	5.2	32.4	22.5
3	4401	136.7	5.7	32.2	22.6
4	3654	118.6	5.2	30.8	21.3
5	3270	111.8	5.2	29.2	20.3
平均值	—	—	—	31.3	21.8

2. 径向

随着荷载的增加，试件厚度方向产生压缩变形，竹材纤维间出现错层，两端竹黄部位发生局部破坏，此时试件达到破坏荷载，如图 2.2-10 所示。试验结果见表 2.2-9。

(a) 竹片径向抗压试件

(b) 最终破坏

图 2.2-10　竹片径向抗压试件及其破坏模式

竹片径向抗压强度试验结果 **表 2.2-9**

试件编号	破坏荷载 P_{max}(N)	受拉面积 A (mm^2)	含水率 ω (%)	径向抗压强度(N/mm^2)	
				试验时 $f_{c,\omega}$	含水率 12%时 $f_{c,12}$
1	5003	237.8	7.1	21.0	16.6
2	5410	242.9	5.0	22.2	15.2
3	4725	235.2	4.8	20.0	13.5
4	4932	238.7	5.0	20.5	14.1
5	5011	253.7	5.0	19.7	13.5
平均值	—	—	—	20.7	14.6

2.2.4 顺纹抗剪强度

按照 ISO 22157-1—2004（E）、ISO 22157-2—2004（E）的方法测量圆竹的顺纹抗剪强度。试件尺寸为：100mm×100mm×$t$mm（t 为竹壁厚度）。为考虑竹节对竹材顺纹抗剪强度的影响，试验分为有竹节（节隔位于中间）与无竹节 2 组，按每分钟 80N/mm^2 的速度均匀加荷，直至破坏。在圆竹两端交错放置两个三角垫块（上下边缘对齐），以保证试件沿垫块边缘面剪切破坏。

加载初期，两组试件均没有明显现象。随着荷载的增加，伴随着一声巨响，两组试件达到破坏荷载。此时，垫块边缘两侧的竹片均出现上下相对滑移，如图 2.2-11 所示。卸掉试验装置后，可观察到竹壁内侧的竹黄基体部分沿剪切面破裂。无竹节与有竹节试件的试验结果分别见表 2.2-10 与表 2.2-11。

(a) 无竹节顺纹抗剪

(b) 有竹节顺纹抗剪

图 2.2-11 圆竹顺纹抗剪破坏模式

无竹节顺纹抗剪试验结果 **表 2.2-10**

试件编号	破坏荷载 P_{max}(N)	抗剪面积 A (mm^2)	含水率 ω (%)	顺纹抗剪强度(N/mm^2)	
				试验时 $f_{c,\omega}$	含水率 12%时 $f_{c,12}$
1	44001	3244.4	12.9	13.7	20.2
2	48765	2903.5	11.5	16.8	25.1
3	47623	3292.0	16.9	14.5	21.6
4	48003	3173.9	13.7	15.1	22.6
5	56010	3272.3	9.4	17.1	25.5
平均值	—	—	—	15.4	23.0

有竹节顺纹抗剪试验结果 表 2.2-11

试件编号	破坏荷载 P_{max} (N)	抗剪面积 A (mm^2)	含水率 ω (%)	顺纹抗剪强度(N/mm^2)	
				试验时 $f_{c,\omega}$	含水率12%时 $f_{c,12}$
1	39832	3120.2	17.4	12.8	19.1
2	35334	2742.0	10.4	12.9	19.2
3	30912	3290.6	19.8	9.4	14.1
4	41983	3602.0	16.7	11.7	17.4
5	38871	3424.1	10.8	11.4	16.9
平均值	—	—	—	11.6	17.3

2.2.5 径向环刚度

环刚度是管状材料抗外压负载能力的综合参数。按照《热塑性塑料管材 环刚度的测试》GB/T 9647—2015 的试验方法，将竹材试件在两个平行板间垂直压缩，使竹材直径方向变形达到试件内径的3%。根据试验测定造成3%变形的力 F 计算环刚度，计算公式如式（2.2-1）所示。

$$S = (0.0186 + 0.025Y/d)\frac{F}{LY} \tag{2.2-1}$$

式中 F——相对于竹材内径3%变形时的力值（kN）；

L——试件长度（m）；

Y——变形量（m）；

d——竹材内径（m）。

为考虑竹节对竹材顺纹抗剪强度的影响，试验分为有竹节（节隔位于中间）与无竹节2组，按每分钟 $80N/mm^2$ 的速度均匀加荷，直至破坏。

无竹节环刚度试件首先在与两加压面平行的直径方向出现裂缝，裂缝出现在竹青一侧，如图2.2-12（a）所示。随着荷载增加，裂缝逐步向竹黄一侧扩散，直至贯通整个竹壁，试件破坏。有竹节试验试件，节隔中部垂直于加载面的方向首先出现竖向裂缝，逐渐扩展到竹黄至竹青方向。同时，类似无竹节试件，在与两加压面平行的直径方向出现裂缝，裂缝先出现在竹青一侧逐步向竹黄一侧扩散，直至贯通整个竹壁，如图2.2-12（b）所示。无竹节与有竹节试件的试验结果分别见表2.2-12与表2.2-13。

(a) 无竹节径向环刚度

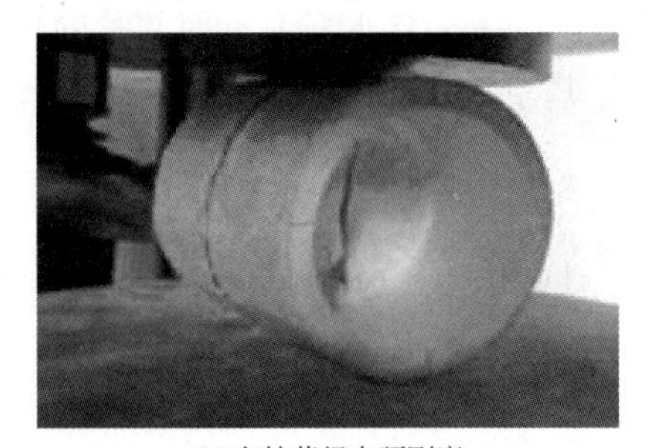
(b) 有竹节径向环刚度

图2.2-12 圆竹径向环刚度破坏模式

无竹节径向环刚度试验结果 表 2.2-12

试件编号	计算荷载 P_{max} (N)	变形值(mm)	含水率 ω (%)	环刚度 S (N/mm^2)
1	1371	2.1	10.1	126.2
2	1532	2.3	13.2	132.5
3	785	1.1	10.4	130.9
4	1132	2.1	14.6	105.0
5	1195	2.0	12.9	115.7
平均值	—	—	—	122.1

有竹节径向环刚度试验结果 表 2.2-13

试件编号	计算荷载 P_{max} (N)	变形值(mm)	含水率 ω (%)	环刚度 S (N/mm^2)
1	2611	2.6	26.7	196.6
2	2542	2.2	16.8	218.2
3	2620	2.1	10.4	243.5
4	2693	2.2	11.3	238.3
5	2402	1.7	14.1	265.2
平均值	—	—	—	232.4

2.2.6 抗弯强度

按照《建筑用竹材物理力学性能试验方法》JG/T 199—2007 的规定，竹片抗弯强度的试件尺寸为 220mm×15mm×$t$mm（t 为竹壁厚度），采用两点对称的方式加载。加载点距离支座各 50mm，加载点间距为 80mm 如图 2.2-13（a）所示，按每分钟 150N/mm² 的速度均匀加荷，直至破坏。试件的抗弯强度计算如式（2.2-2）所示。

$$f_{m,\omega} = \frac{150P_{max}}{th^2} \tag{2.2-2}$$

式中 $f_{m,\omega}$——含水率为 ω 时竹片的顺纹抗弯强度；

P_{max}——破坏荷载；

h——试件高度；

t——试件厚度。

试件破坏模式为纤维的纵向撕裂和横向剪切破坏。随着荷载的增加，试件的弯曲变形逐渐增大，当弯曲变形达到极限变形时，顺纹方向竹黄部分首先出现裂纹，之后裂纹不断增大，并沿径向逐渐向竹青部分延伸，最终导致整个试件的撕裂破坏，如图 2.2-13（b）所示。试验结果见表 2.2-14。

(a) 竹片抗弯试件

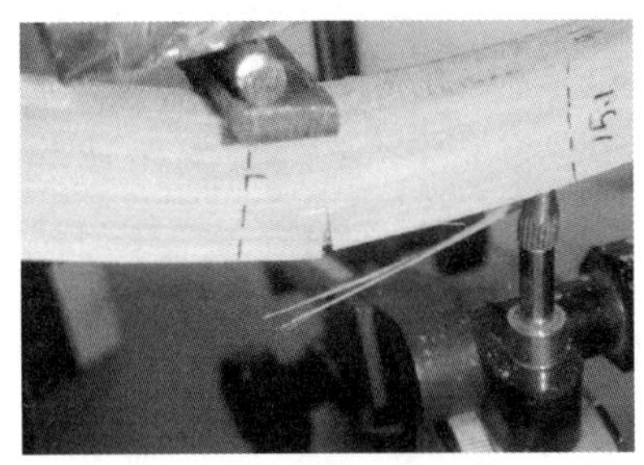

(b) 最终破坏

图 2.2-13　竹片抗弯试件及其破坏模式

竹片抗弯试验结果　　表 2.2-14

试件编号	破坏荷载 P_{max}（N）	含水率 ω（%）	抗弯强度（N/mm²）	
			试验时 $f_{c,\omega}$	含水率 12%时 $f_{c,12}$
1	1439	41.1	120.2	123.8
2	1102	38.6	94.2	97.0
3	1394	41.8	100.8	103.8
4	1203	36.8	105.6	108.8
5	1073	39.6	106.3	109.5
平均值	—	—	105.4	108.6

2.2.7　竹节对力学性能的影响

众所周知，竹材力学性能与竹种、竹龄、部位、立地条件及含水率等密切相关。立地条件越好，含水率越高（绝干条件除外），竹材的力学性能越差；4~6 年生毛竹各项力学性能总体较优；竹杆上部比下部的强度大。本节以 4 年生浙江安吉毛竹为研究对象，仅讨论竹节对竹材力学性能的影响。

由上述竹材力学性能试验可知，圆竹和竹片的抗压强度相差不大，可以采用更为简便的竹片测试结果代替。竹节的紧箍作用对竹材的抗压强度、环刚度有利，但是对抗拉强度和抗剪强度有所削弱。这是由于部分纤维管束在通过竹节处不连续，且竹节处某些纤维向外弯曲不齐造成的。

2.2.8　力学强度标准值和设计值

本节以毛竹为研究对象，首先采用次序统计法确定毛竹的强度标准值，然后用设计验算点逆算法建立适合竹材的功能函数，在满足可靠度的要求下得到毛竹的强度设计值，以期为竹材在结构工程中的应用提供依据。

1. 强度标准值

（1）数据的取用与处理

依据《建筑用竹材物理力学性能试验方法》JG/T 199—2007 和《竹材物理力学性质试验方法》GB/T 15780—1995，从文献［8］~［26］中获取了 569 个力学强度试验数据，

其竹材的来源如表 2.2-15 所示，可以看出数据的选取充分考虑了立地条件对毛竹力学性能的影响。

文献［8］~文献［26］中的竹材来源　　表 2.2-15

竹材来源地	对应文献	竹材来源地	对应文献
浙江省湖州市安吉县	[15],[16],[18],[20]	江西省宜春市宜丰县	[16]
浙江省温州市平阳县	[24],[27]	安徽省宣城市广德县	[16],[23]
浙江省丽水市遂昌县	[14]	安徽省池州市石台县	[10]
浙江省杭州市富阳区	[19]	安徽省黄山市	[12]
浙江省临安市	[15]	湖南省邵阳市新邵县	[8]
江西省吉安市	[11],[13],[25]	江苏省镇江市	[26]
江西省赣州市	[13]	湖北省咸宁市	[17]
江西省抚州市	[13],[22]	福建省建瓯市	[9],[16]

为确定选取数据合理有效，参考《建筑用竹材物理力学性能试验方法》JG/T 199—2007 对数据进行处理，得到判断指标变异系数 CV 和最小试样数量 n_{min}，结果如表 2.2-16 所示。

毛竹力学强度数据统计结果（MPa）　　表 2.2-16

类别	顺纹抗拉	顺纹抗压	抗弯	顺纹抗剪
统计个数 n	243	112	137	77
最小值	129.7	42.3	94	8.1
最大值	274.7	83.1	216.8	24.0
均值	190.4	60.8	145.6	14.7
标准差 S	27.8	8.4	22.3	3.1
平均值的标准差 S_t	1.8	0.8	1.9	0.4
试验准确指数 P	1.9%	2.6%	2.6%	4.8%
变异系数 CV	14.6%	13.8%	15.3%	20.9%
变异系数平均值 CV_0	20.0%	13.0%	15.0%	20.0%
结果可靠性指标 η	1.96	1.96	1.96	1.96
最小试样数 n_{min}	230.0	106.1	129.8	73.3

注：η 取 95%置信水平；最小试样数量 n_{min} 由式（2.2-3）确定：

$$n_{min}=\frac{CV^2\cdot\eta^2}{P^2} \tag{2.2-3}$$

由表 2.2-16 可知，选用数据的变异系数与《建筑用竹材物理力学性能试验方法》JG/T 199—2007 中给定的变异系数平均值相差较小，且数据取用满足 95%置信度下最小式样数要求，说明选取数据合理有效。

（2）强度标准值的确定

参考《建筑结构可靠性设计统一标准》GB 50068—2018 与《结构用规格材特征值的测试方法》GB/T 28987—2012，强度标准值 f_k 取强度在 75%置信度下的 5%分位值。分位值可用次序统计法（非参数统计法中的次序统计量方法）或参数法确定。

非参数法不依赖总体的分布形式，构造的统计量常与具体分布无关，对分布的实际形式并不敏感，具有较好的稳健性，因此建议采用次序统计法确定的毛竹强度标准值。

参数法中用于描述材料强度的概率密度分布函数主要有：正态分布、对数正态分布以及威布尔分布。用正态分布、对数正态分布以及威布尔分布求取强度标准值 f_k（强度的5%分位值）的公式分别为式（2.2-4）、式（2.2-5）、式（2.2-6）：

$$f_k = \mu - 1.645 \times \sigma \tag{2.2-4}$$

式中 μ、σ——正态分布的均值和标准差。

$$f_k = E(x)\exp\left(-1.645 \times \frac{\sqrt{D(x)}}{E(x)}\right) \tag{2.2-5}$$

式中 $E(x)$、$D(x)$——对数正态分布的均值和方差。

$$f_k = \lambda \times [-\ln(1-0.05)]^{1/k} \tag{2.2-6}$$

式中 λ、k——威布尔分布的比例参数和形状参数。

采用上述方法得到的强度标准值如表2.2-17所示。将表中次序统计法计算结果和参数法的三种拟合结果对比可知，正态分布具有较好的拟合效果，毛竹的抗压、抗弯强度宜采取威布尔分布拟合。因此若采取参数法求取标准值，可根据研究对象的不同选择拟合效果较好的函数进行计算。

标准值四种处理方法的结果（MPa） **表2.2-17**

类别	顺纹抗拉	顺纹抗压	抗弯	顺纹抗剪
次序统计法	145.3	45.6	104.3	9.5
正态分布	144.6	47.0	109.0	9.7
对数正态分布	151.4	48.9	113.5	10.6
威布尔分布	131.6	43.1	101.5	8.7

2. 强度设计值

截至目前尚无竹材力学强度设计值的计算标准，可参考木材的研究提出计算方法，木材的强度设计值 f_d 按式（2.2-7）确定：

$$f_d = (K_P K_A K_Q f_k)/\gamma_R \tag{2.2-7}$$

式中 K_P——方程精准性影响系数；

K_A——尺寸影响系数；

K_Q——材料强度折减系数，$K_Q = K_{Q1} \cdot K_{Q2} \cdot K_{Q3} \cdot K_{Q4}$，$K_{Q1}$ 为天然缺陷影响系数、K_{Q2} 为干燥缺陷影响系数、K_{Q3} 为长期荷载对强度折减系数、K_{Q4} 为尺寸影响系数；

γ_R——抗力分项系数。

式中 γ_R 由可靠度分析确定，即建立功能函数 g_X（含 γ_R），用设计验算点法或其他的可靠度计算方法求取可靠度指标 β，使 β 满足《建筑结构可靠性设计统一标准》GB 50068—2018的要求。对于木材，《木结构设计手册》已给出 γ_R 的具体数值，且给定数值满足木材的可靠度要求。若竹材计算时直接采用木材的 γ_R，会因功能函数的改变使得 β 无法满足要求。因此先取满足要求的 β，通过逆算求得 γ_R，方可满足可靠度要求，这就是设计验算点逆算法的思路，γ_R 的求解流程如图 2.2-14 所示。

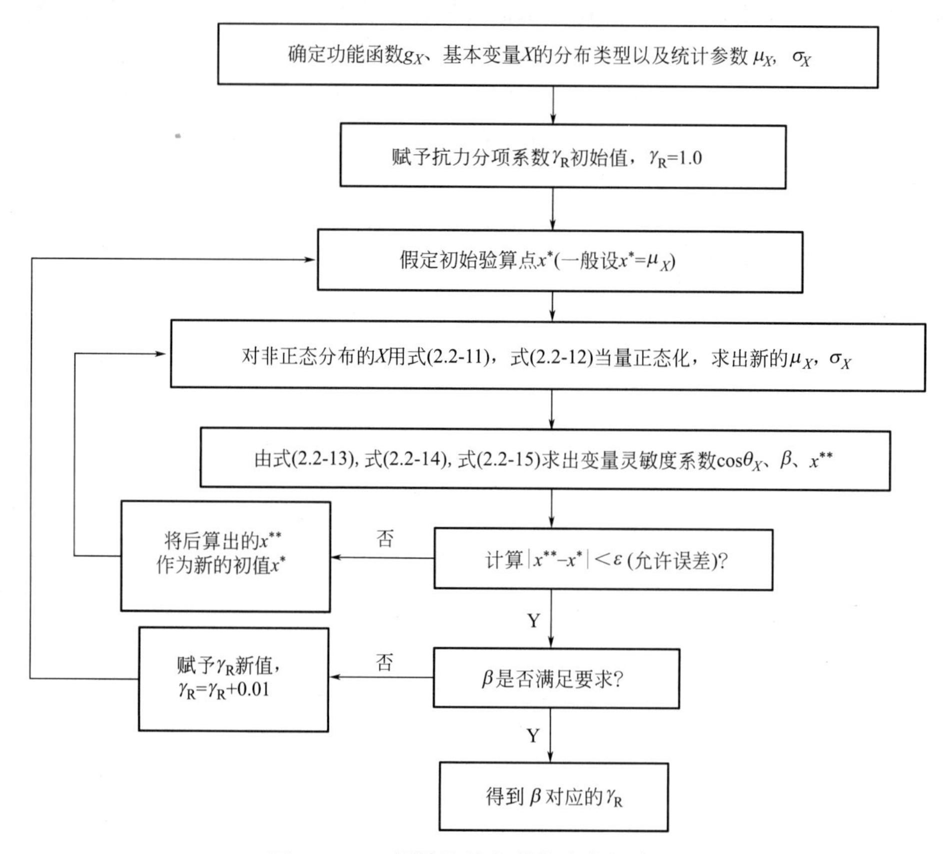

图 2.2-14 设计验算点逆算法求解过程

注：可靠度指标β按《建筑结构可靠性设计统一标准》GB 50068—2018 要求取β=3.7（二级安全等级，脆性破坏）。

对功能函数 g_X 及其参数的确定、当量正态化的处理以及变量灵敏度系数 $\cos\theta_X$、可靠度指标β、基本变量坐标 $x*$ 的计算公式说明如下：

1）竹材功能函数的确定：参考《木结构设计标准》GB 50005—2017 并考虑竹材的实际情况（竹材的天然缺陷影响、干燥缺陷影响以及尺寸影响不可忽略），确定设计值表达式以及功能函数：

竹材的强度设计值：

$$f_d=\frac{f_k K_{DOL}}{\gamma_R} \tag{2.2-8}$$

可变荷载效应控制组合的功能函数：

$$g_X=\frac{K_A K_P K_Q f}{f_k}-\frac{K_{DOL}(g+q\rho)}{\gamma_R(\gamma_G+\gamma_Q\rho)} \tag{2.2-9}$$

永久荷载效应控制组合的功能函数：

$$g_X=\frac{K_A K_P K_Q f}{f_k}-\frac{K_{DOL}(g+q\rho)}{\gamma_R(\gamma_G+\psi_c\gamma_Q\rho)} \tag{2.2-10}$$

式中 K_{DOL}——荷载持续时间影响系数的均值，取0.72；

f——构件材料强度，随机变量；

γ_G——恒载分项系数；

Ψ_c——组合系数；

γ_Q——可变荷载分项系数；

g——恒荷载与其标准值之比 G/G_K；

q——可变荷载与其标准值之比 Q/Q_K；

ρ——可变荷载与恒荷载的标准作用效应比 Q_K/G_K。

2）参数的确定：荷载统计参数见表2.2-18，构件抗力参数见表2.2-19。γ_G、Ψ_c、γ_Q 由 ρ 的取值依据文献［38］确定。其中，ρ 按《木结构设计标准》GB 50005—2017给定的基准线曲线取1.5。

荷载统计参数 **表2.2-18**

荷载种类	平均值/标准值	变异系数	分布类型
恒荷载	1.06	0.07	正态分布
办公室楼面活荷载	0.52	0.29	极值Ⅰ型分布
住宅楼面活荷载	0.64	0.23	极值Ⅰ型分布
风荷载(30年重现期)	1.00	0.19	极值Ⅰ型分布
雪荷载(50年重现期)	1.04	0.22	极值Ⅰ型分布

构件抗力参数 **表2.2-19**

类别	顺纹抗拉	顺纹抗压	抗弯	顺纹抗剪
K_{Q1}	0.52	0.64	0.60	0.80
δ_{Q1}	0.24	0.18	0.20	—
K_{Q2}	0.81	0.90	0.77	0.74
δ_{Q2}	0.05	—	0.05	0.11
K_{Q3}	0.72	0.72	0.72	0.72
δ_{Q3}	0.12	0.12	0.12	0.12
K_{Q4}	0.75	—	0.89	0.90
δ_{Q4}	0.07	—	0.06	0.06
K_A	0.96	0.96	0.94	0.96
δ_A	0.06	0.06	0.08	0.06
K_P	1.00	1.00	1.00	1.00
δ_P	0.05	0.05	0.05	0.05

注：表中参数是在《木结构设计标准》GB 50005—2017的基础上，考虑竹材易发生劈裂破坏以及受含水率影响较大的情况，分别对天然缺陷影响和干燥缺陷影响选择0.8、0.9作为折减系数。该处理方法与重组竹、格鲁斑胶合竹（glubam）类似。

3）当量正态化：基本变量 X_i 不符合正态分布时，需要在验算点 x_i^* 处进行当量正态化，设当量正态化后基本变量设为 X_i'。当量正态化的要求是在点 x_i^* 处 X_i 和 X_i'的累积分布函数和概率密度函数分别对应相等，即满足以下两个条件：

$$\sigma_{X_i'}=\frac{\varphi\{\Phi^{-1}[F_{X_i}(x_i^*)]\}}{f_{X_i}(x_i^*)},i=1,2,\cdots,n \tag{2.2-11}$$

$$\mu_{X_i'} = x_i^* - \Phi^{-1}[F_{X_i}(x_i^*)]\sigma_{X_i'}, i = 1,2,\cdots,n \tag{2.2-12}$$

式中 Φ（·）和Φ（·）$^{-1}$——标准正态分布函数及其反函数；

φ（·）——标准正态分布的概率密度函数。

4）变量灵敏度系数：

$$\cos\theta_{X_i} = -\frac{\frac{\partial g_X(x^*)}{\partial X_i}\sigma_{X_i}}{\sqrt{\sum_{i=1}^{n}\left[\frac{\partial g_X(x^*)}{\partial X_i}\right]^2\sigma_{X_i}^2}}, i = 1,2,\cdots,n \tag{2.2-13}$$

5）可靠度指标β：

$$\beta = \frac{\mu_{Z_L}}{\sigma_{Z_L}} = \frac{g_X(x^*) + \sum_{i=1}^{n}\frac{\partial g_X(x^*)}{\partial X_i}(\mu_{X_i} - x_i^*)}{\sqrt{\sum_{i=1}^{n}\left[\frac{\partial g_X(x^*)}{\partial X_i}\right]^2\sigma_{X_i}^2}}, i = 1,2,\cdots,n \tag{2.2-14}$$

6）基本变量坐标：

$$x_i^* = \mu_{X_i} + \beta\sigma_{X_i}\cos\theta_{X_i}, i = 1,2,\cdots,n \tag{2.2-15}$$

利用设计验算点逆算法得到的抗力分项系数 γ_R 以及强度设计值 f_d 如表 2.2-20 所示，并在表中给出毛竹强度设计值与重组竹、格鲁斑胶合竹的对比结果。

强度设计值的计算结果（MPa） **表 2.2-20**

类别	顺纹抗拉	顺纹抗压	抗弯	顺纹抗剪
f_k	145.3	45.6	104.3	9.52
K_{DOL}	0.72	0.72	0.72	0.72
γ_R	2.74	1.47	2.02	1.45
β	3.71	3.72	3.71	3.72
f_d	38.2	22.3	37.2	4.7
重组竹、胶合竹f_d	—	22.8	29.5	4.6

由表 2.2-20 中的强度设计值可知，毛竹的抗压强度设计值与重组竹接近，抗弯强度设计值略大于重组竹，抗剪强度设计值与胶合竹相近。对于抗弯强度设计值的差异，一方面是由于圆竹近圆形形状造成的，另一方面是重组竹强度设计值计算直接采用木材 γ_R 的结果。通过上述分析可知，设计验算点逆算法计算毛竹设计值是可行的。

2.3 喷涂复合砂浆力学性能

喷涂复合砂浆以石膏为基质，以聚苯乙烯颗粒为骨料，与矿物胶粘剂及抗裂纤维拌和而成，可粘结在竹材、钢材及混凝土等材料上。该复合砂浆是一种多微孔材料，具有较低的弹性模量，对震动冲击载荷有良好的吸收和分散作用；且可以长时间抵抗高温燃烧。该物料由喷涂机泵送喷涂在原竹骨架缝隙中，起到填充、防火、隔声、装饰效果，也可以现场人工抹灰，适合各种造型。该复合砂浆可直接用在室外，但须喷涂外用抹面砂浆。考虑到喷涂复合砂浆的特殊性，分别参考《混凝土力学性能试验方法标准》GB/T 50081—2019 和《建筑砂浆基本性能试验方法标准》JGJ/T 70—2009，完成对其抗压、抗折等力学性能试验，形成了完整的数据链。

2.3.1　立方体抗压强度

分别制作边长为 100mm 和 70.7mm 的立方体抗压强度试件，如表 2.3-1 所示。

试件尺寸、重量及密度　　表 2.3-1

试件编号	边长(mm)	重量(g)	密度(kg/m³)	平均密度(kg/m³)
C-70.7-1	70.7	263.43	745.43	743.46
C-70.7-2	70.7	262.91	743.96	
C-70.7-3	70.7	261.86	740.99	
C-100-1	100	803.81	803.81	806.27
C-100-2	100	805.29	805.29	
C-100-3	100	809.70	809.70	

在试验过程中连续均匀地加荷，按照位移加载，加荷速度取 0.5mm/min。可观察到，初始阶段试块没有变化，加载到 0.8 倍极限荷载时出现微小裂缝，试块表面有轻微起皮，加载至极限荷载时裂缝扩展，起皮分层明显，之后压缩变形增加较快，现象如图 2.3-1 所示。70.7mm 立方体与 100mm 立方体试验现象相同。试验结果如表 2.3-2 所示。

(a) 未加载

(b) 极限荷载时

(c) 最终破坏形态

图 2.3-1　立方体抗压加载过程中试件变化

试验结果及计算确定　　表 2.3-2

试件编号	破坏荷载(kN)	截面面积(mm²)	抗压强度(MPa)	平均抗压强度(MPa)
C-70.7-1	5.26	4998.49	1.05	1.09
C-70.7-2	5.79	4998.49	1.16	
C-70.7-3	5.31	4998.49	1.06	

续表

试件编号	破坏荷载(kN)	截面面积(mm^2)	抗压强度(MPa)	平均抗压强度(MPa)
C-100-1	13.21	10000	1.32	
C-100-2	13.54	10000	1.35	1.35
C-100-3	13.87	10000	1.39	

2.3.2 轴心抗压强度

制作 100mm×100mm×300mm 的棱柱体轴心抗压强度试件。为记录试件在加载压缩过程中的应变变化，在试件四个表面居中位置贴两个电阻应变片和两个混凝土应变计，电阻应变片和混凝土应变计的数据采集采用 TDS-602 数据采集仪，四个通道可以测量试件四个表面的应变变化，如图 2.3-2 所示。加载速度取 0.5mm/min。

图 2.3-2 应变测点与百分表布置

试验中观察到，初始阶段试件没有变化，加载到 0.8 倍极限荷载时出现微小裂缝，喷涂复合砂浆表面有轻微起皮，加载至极限荷载时裂缝扩展，起皮分层明显，开裂端部出现滑移，之后压缩变形增加较快，如图 2.3-3 所示。得到喷涂复合砂浆轴心抗压强度如表 2.3-3 所示。

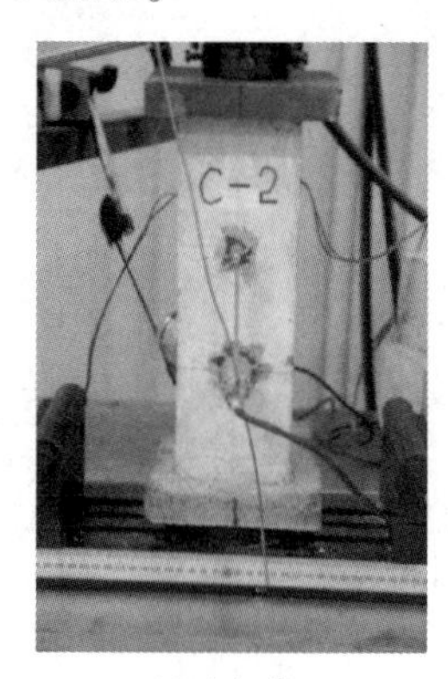

(a) 未加载

(b) 极限荷载时

(c) 最终破坏形态

图 2.3-3 轴心抗压加载过程中试件变化

轴心抗压强度试验结果 表 2.3-3

破坏荷载 (kN)	截面面积 (mm^2)	抗压强度 (MPa)	算术平均值 (MPa)	折减系数	平均抗压强度 (MPa)
17.31	10000.00	1.73	1.68	0.95	1.59
15.91	10000.00	1.59			
17.19	10000.00	1.72			
17.47	10000.00	1.75	1.66		
15.90	10000.00	1.59			
16.50	10000.00	1.65			

测得应力-应变曲线如图 2.3-4 所示。

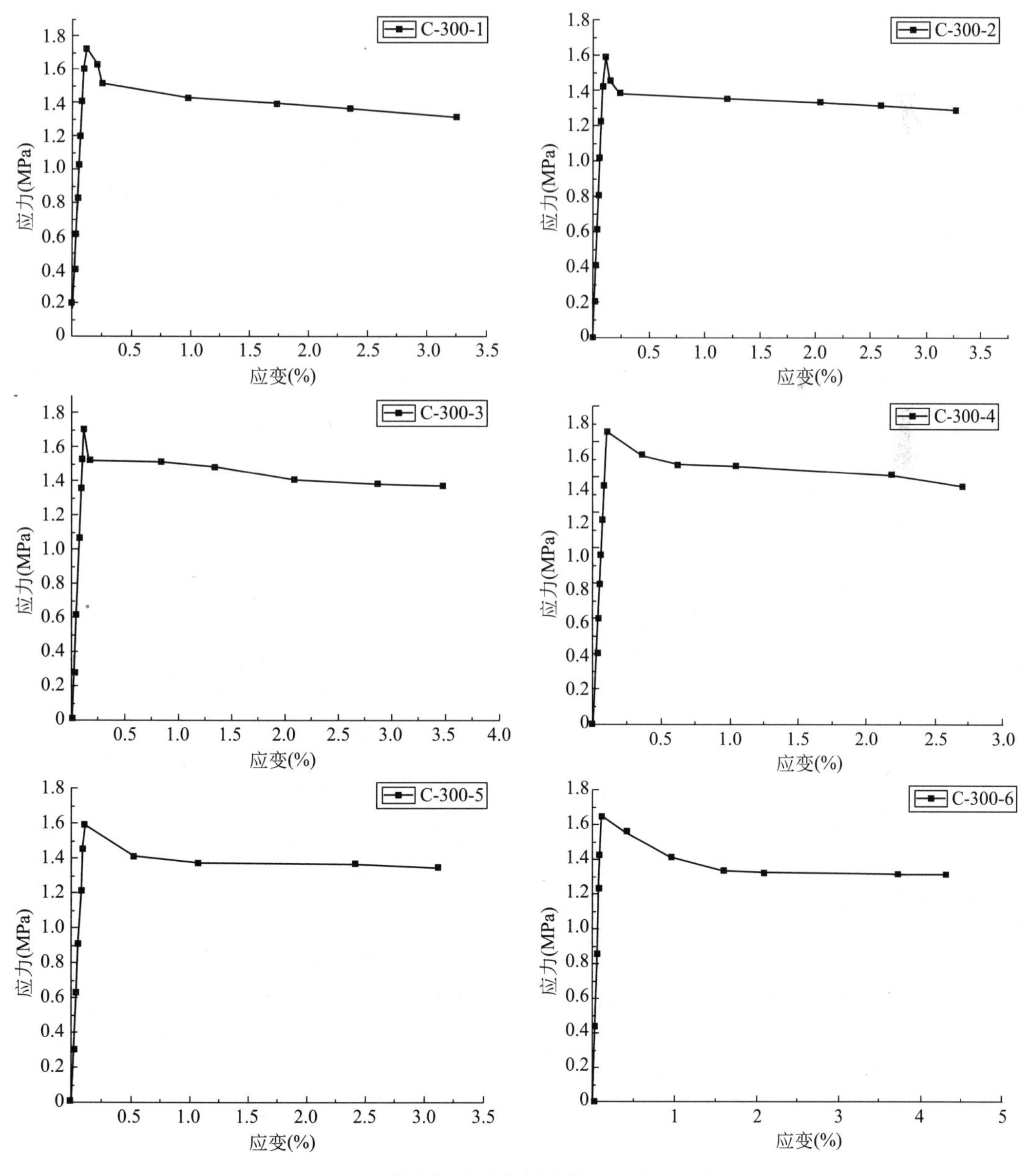

图 2.3-4　喷涂复合砂浆轴心抗压应力-应变曲线

2.3.3 静力受压弹性模量

制作 100mm×100mm×300mm 的棱柱体受压弹性模量试件，并加载测试。与轴心抗压强度试验相同，为记录试件在加载压缩变形过程中的应变变化，在试件四个表面居中位置贴两个电阻应变片和两个混凝土应变计，电阻应变片和混凝土应变计的数据采集采用 TDS-602 数据采集仪。最终整理数据得到复合砂浆弹性模量见表 2.3-4。

弹性模量计算结果 表 2.3-4

试件	应变计	ε_0	ε_a	$\varepsilon_a-\varepsilon_0$	均值	F_0 (N)	F_a (N)	F_a-F_0 (N)	弹性模量 (MPa)	均值 (MPa)
C-E-1	1	107	258	151	164	2030	5600	3570	2177	
	2	151	328	177						
C-E-2	1	142	347	205	198	2030	5600	3570	1803	
	2	96	287	191						
C-E-3	1	135	344	209	197.5	2060	5570	3510	1777	
	2	151	337	186						
C-E-4	1	131	338	207	192.5	2060	5570	3510	1823	
	2	118	296	178						
C-E-5	1	92	295	203	192.5	2010	5580	3570	1855	1857
	2	155	324	169						
C-E-6	1	128	310	182	186	2010	5580	3570	1919	
	2	108	311	203						
C-E-7	1	182	378	196	201	2110	5580	3440	1711	
	2	104	310	206						
C-E-8	1	124	326	202	195	2020	5580	3560	1826	
	2	137	325	188						
C-E-9	1	132	330	198	195	2020	5580	3560	1826	
	2	118	310	192						

2.3.4 抗折强度

制作 100mm×100mm×400mm 的棱柱体抗折强度试件，并加载。加荷速度取 0.5mm/min。加载中观察到，初始阶段试件没有变化，加载至极限荷载时跨中底部突然开裂，发生脆性破坏。继续加载，裂缝开展，但不会出现新裂缝。直至试件破坏，然后记录破坏荷载。试件试验现象如图 2.3-5 所示。最终得到的抗折强度见表 2.3-5。

(a) 未加载

(b) 极限荷载时

(c) 最终破坏形态

图 2.3-5　喷涂复合砂浆抗折加载中试件变化

抗折强度试验结果　　**表 2.3-5**

试件编号	破坏荷载（kN）	静跨（mm）	截面高（mm）	截面宽（mm）	抗折强度（MPa）	尺寸换算系数	平均抗折强度（MPa）
C-K-1	2.903	300	100	100	0.87	0.85	0.7
C-K-2	2.989				0.90		
C-K-3	2.898				0.87		

2.4　原竹与喷涂复合砂浆粘结性能

1. 喷涂复合砂浆后原竹直径的变化

依据喷涂复合砂浆时原竹的含水率将试件分为两组（35%~45%与15%~25%），每组3个试件。为接近实际，试验中原竹相应含水率均是由自然砍伐堆放的原竹中实测选取。选取直径为100mm的3节原竹段，在原竹表面喷涂30mm厚复合砂浆。

试验中采用外部机械测量的方法，以得到喷涂施工后原竹直径的变化规律。在第2节原竹中间段设置测量槽，并对测量槽内外露的原竹和复合砂浆进行防水处理，以保证试件仅沿横向与外界进行水分交换。在槽内原竹周向四等分点设置测点1~4，用精度为0.01mm的螺旋测微器定期测点1、2和测点3、4的原竹直径D_{1-2}、D_{3-4}，试件设计与测点布置以及实际试件和测量示意如图2.4-1所示。试件在室外条件下养护，避免阳关直射，环境温度、湿度如图2.4-2所示。

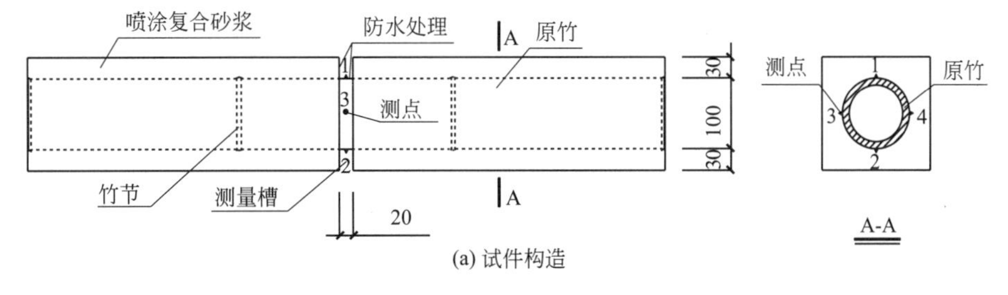

(a) 试件构造

图 2.4-1　试件设计与测点布置（一）

(b) 实际试件及测量示意

图 2.4-1 试件设计与测点布置（二）

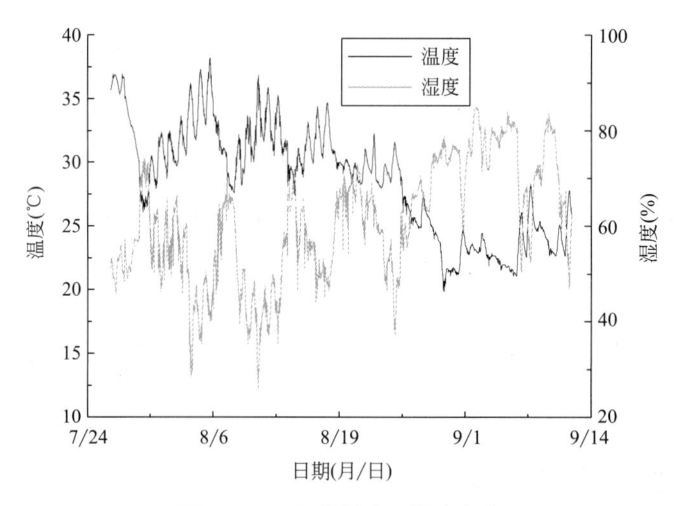

图 2.4-2 环境温度、湿度变化

根据测量结果，按照式（2.2-16）计算原竹直径变化率 η。

$$\eta = \frac{(D_{1-2} + D_{3-4})_i - (D_{1-2} + D_{3-4})_0}{(D_{1-2} + D_{3-4})_0} \quad (2.4-1)$$

式中 i 为施工后第 id，下标 0 表示施工前一天。

两组试件的原竹直径变化百分比如图 2.4-3 所示。由图可知：

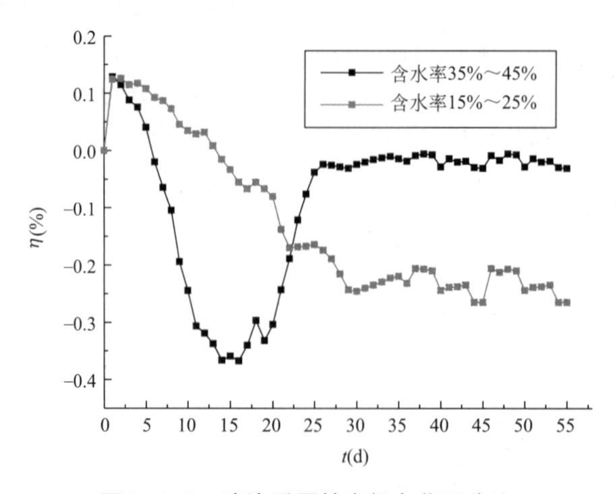

图 2.4-3 喷涂后原竹直径变化百分比

1）两种含水率下喷涂复合砂浆后，原竹直径均开始增大，1d后达到极值。随后原竹直径开始缩小，含水率为35%～45%的原竹，其直径缩小速度较含水率为15%～25%的原竹快（最大约为5倍）。

2）在达到极值之后的30d内，含水率为15%～25%的原竹直径不断缩小，直径变化率波动极差为3.9‰；而含水率为35%～45%的原竹直径呈先缩小后增大的趋势，直径变化率波动极差为4.9‰，说明含水率为20%的原竹直径变化更加稳定。同时，在此期间影响原竹直径变化的主要是施工因素，环境温度、湿度影响并不明显。

3）30d后两种含水率下的原竹直径变化处于稳定状态。此时环境温度、湿度对原竹直径变化的影响明显，温度上升、湿度下降时，原竹直径缩小，反之，增大。历经19.9～28.3℃温度变化、46.9%～85.0%湿度变化，直径变化率波动极差为0.6‰。相较喷涂后原竹直径变化，环境因素影响较小。

2. 原竹含水率对粘结性能的影响

（1）试件设计与制作

试验中实测原竹平均气干含水率为18%，因此以喷涂时原竹含水率为15%～25%作为基准（增量为20%），按照55%～65%、35%～45%、15%～25%分为A、B、C共3组（A、B、C组试件实测平均含水率分别为60.8%、40.2%、20.7%），每组3个试件。将复合砂浆喷涂在原竹周围，成矩形短柱状。其中，原竹直径为100mm，喷涂复合砂浆厚度为30mm，粘结长度为150mm，并在试件留置50mm原竹段用于加载。为忽略竹节影响，试件在粘结长度范围内设计无竹节，且复合砂浆端面与竹节间距不小于20mm（为忽略竹节附近原竹外凸影响）。试件几何尺寸及构造如图2.4-4所示。

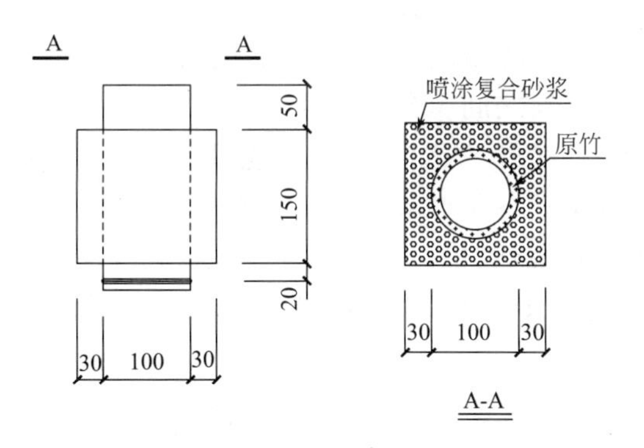

图2.4-4 含水率组试件

（2）加载方案

参考型钢与混凝土粘结滑移性能的方法，采用推出试验，设计了加载基座配合以试验机进行加载。考虑原竹尖削的影响，加载方向为自竹梢向竹根。试验按照位移控制进行连续单调加载直至原竹被推出，速率为3mm/min，设置百分表采集加载端原竹滑移量，如图2.4-5所示。

（3）试验结果及分析

试件经历15d养护后，A组试件的原竹和复合砂浆脱离，粘结失效。仅对B组、C组进行加载，试件均为推出破坏。开始加载时，荷载快速增长；随后荷载突然下降，伴有微弱响声，出现粘结破坏；继续加载，荷载逐渐减小，位移不断增大，直至达到试验所能测

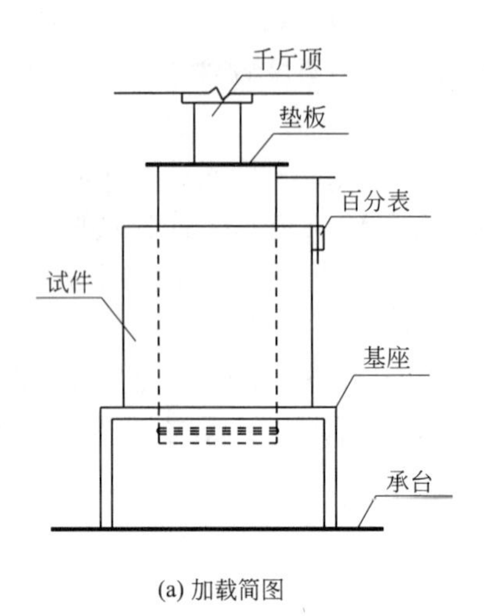

(a) 加载简图

(b) 加载现场

图 2.4-5　加载装置

得的最大位移。试验结束后观察，原竹与复合砂浆间有明显滑移，如图 2.4-6 所示。加载后实测 A、B、C 各组试件原竹含水率均在 15%~27%之间。

图 2.4-6　试件 C-2 破坏模式

试件的荷载-滑移（N-S）曲线，如图 2.4-7 所示。由图可知，加载初期，曲线呈线形增长，荷载迅速达到极限后骤降，此时试件的粘结界面已破坏，然后滑移快速发展。

对比各试件粘结承载力可知，含水率为 55%~65%的原竹与复合砂浆无法粘结；含水率为 35%~45%的原竹与复合砂浆的纵向粘结力在 0.25~0.40kN 之间；含水率为 15%~25%的原竹与复合砂浆的纵向粘结力在 3~6kN 之间。由此可见，原竹含水率直接影响二者粘结性能，含水率越高，粘结性能越差，这是由于高含水率的原竹在喷涂养护过程中尺寸变化较大，且当原竹含水率较高时（超过 65%），不能进行喷涂，宜将原竹含水率控制在 15%~25%进行施工。

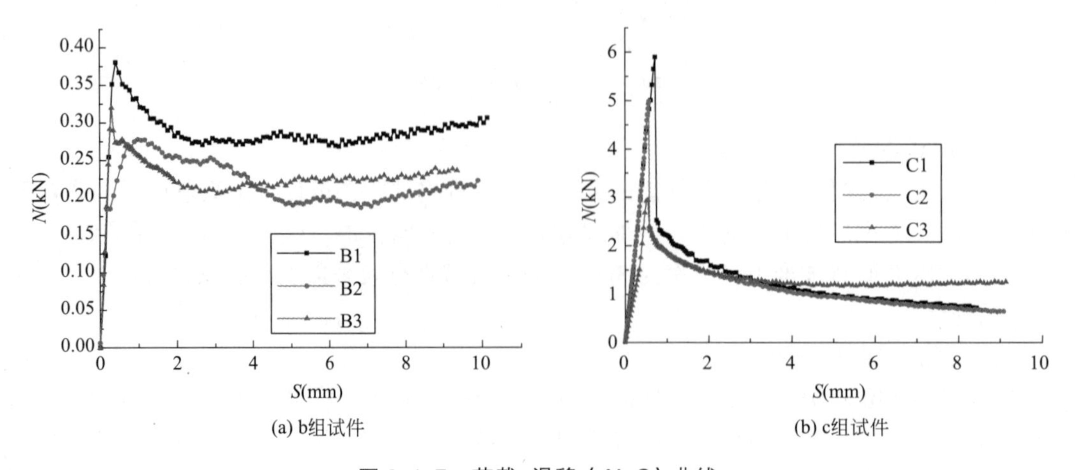

图 2.4-7　荷载-滑移（N-S）曲线

3. 原竹与喷涂复合砂浆的粘结强度

(1) 试件设计与制作

考虑原竹直径、原竹埋置长度、原竹表面形式三种因素（基于构造，复合砂浆保护层厚度 C_e 和强度的影响不予考虑，C_e 均为 40mm），设计了 4 组 12 个拉拔试件。其中，试件 4~6、10~12 为刻槽试件，是在不破坏竹材纤维束的前提下，在竹青表面增加凹槽。凹槽深度为 2mm，宽度为 1mm，间距为 20mm。试件详图如图 2.4-8 所示，具体尺寸见表 2.4-1。

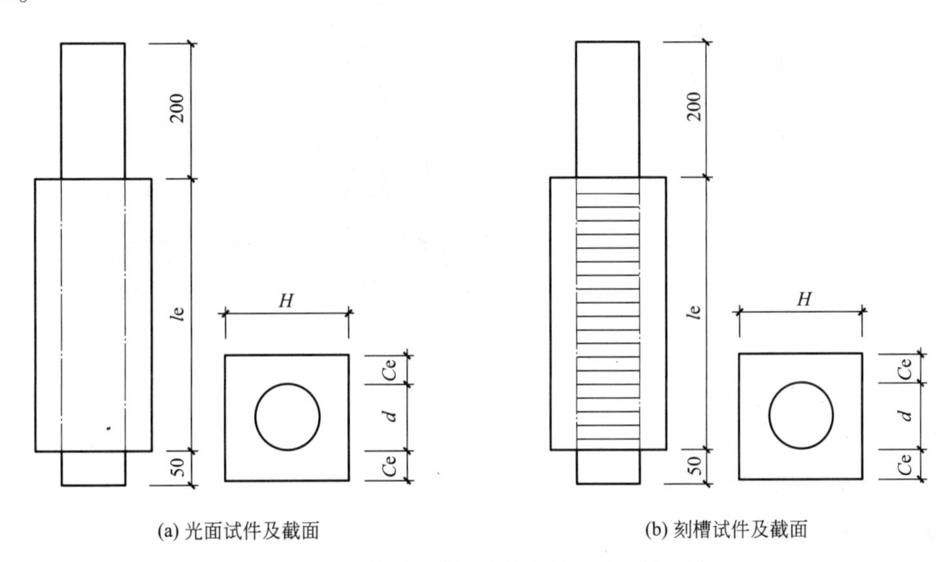

(a) 光面试件及截面　　(b) 刻槽试件及截面

图 2.4-8 复合砂浆-原竹龙骨组合拉拔试件

试件参数　　表 2.4-1

试件编号	1	2	3	4	5	6	7	8	9	10	11	12
埋置长度 l_e(mm)	150	250	350	150	250	350	150	250	350	150	250	350
周长 D(mm)	270	263	273	272	269	271	172	157	170	157	165	159

注：周长 D 以原竹上、下各端面的正交方向直径平均值 $\bar{d}$ 求得，试件 1~6 为大直径原竹（$\bar{d}$ = 90 ±5mm），试件 7~12 为小直径原竹（$\bar{d}$ = 50 ±3mm）。

(2) 加载方案及测试内容

拉拔试验在 DDL20 电子万能试验机上进行，并设计基座及夹头配合试验机进行加载（图 2.4-9），试件两端与加载板对中。试验采用程序控制分级加载，加载速度为 3mm/min，每级持荷时间为 180s，直至原竹被拔出。试验设置百分表采集原竹拔出位移量，如图 2.4-9 所示。

(3) 试验结果

由于原竹在埋置深度范围内粘结应力并不是均匀分布的，因此采用以最大拔出荷载对应的最大平均粘结应力作为试件的粘结滑移强度，按公式（2.4-2）计算，结果如表 2.4-2 所示。

$$\tau = \frac{N_u}{\pi \bar{d} l_e} \tag{2.4-2}$$

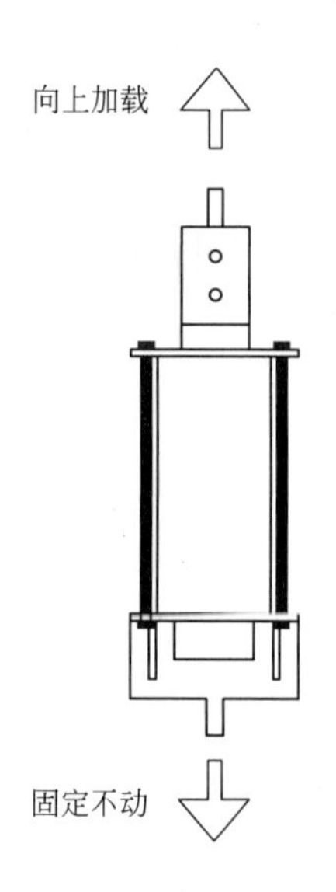

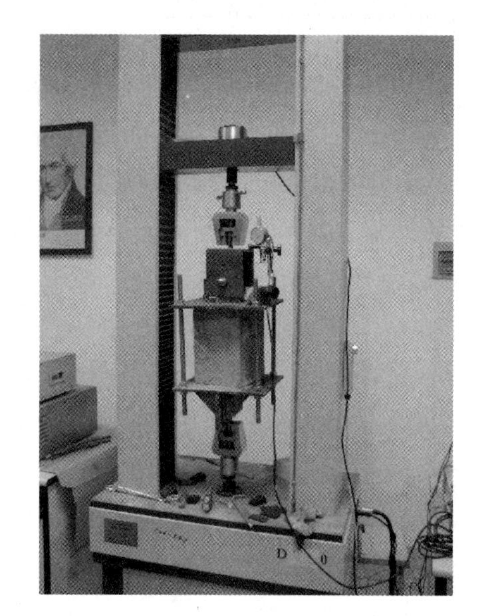

图 2.4-9 加载装置

式中 τ ——平均粘结应力；

N_u ——最大拔出荷载；

$\bar{d}$ ——原竹的平均直径；

l_e ——埋置长度。

试件参数 **表 2.4-2**

试件编号	1	2	3	4	5	6	7	8	9	10	11	12
拔出荷载 N_u（N）	4625	5048	6459	3878	6522	14279	2970	4416	6352	3303	5681	10100
平均强度 τ（N/mm^2）	0.12	0.08	0.07	0.10	0.10	0.15	0.12	0.11	0.11	0.14	0.14	0.18

（4）粘结滑移曲线

通过在加载端荷载传感器和电子百分表可以准确测量到拔出试件的荷载-滑移（N-S）曲线，如图 2.4-10 所示。

分析所有试件的 $N-S$ 曲线后，将试验的粘结滑移曲线归为图 2.4-11 中的两类典型情况：

1）第一类曲线具有明显峰值点。原竹与复合砂浆之间没有发生相对滑移时，外荷载由界面胶结力和咬合力共同承担，滑移后外荷载由摩擦力承担。当界面胶结力和咬合力之和大于初始摩擦力时，界面粘结破坏后，摩擦力不足以平衡之前的外荷载，曲线将会出现明显的峰值点及之后的下降段。

2）第二类曲线无明显峰值点。当胶结力和咬合力之和小于摩擦力时，粘结破坏后荷载由摩擦力承担，且呈增大趋势，故曲线无峰值点，曲线呈上升趋势。

（5）界面粘结破坏机理

与钢管和混凝土之间的粘结力相似，原竹与复合砂浆界面的粘结力可总结由化学胶结力、机械咬合力、摩擦力三部分组成。

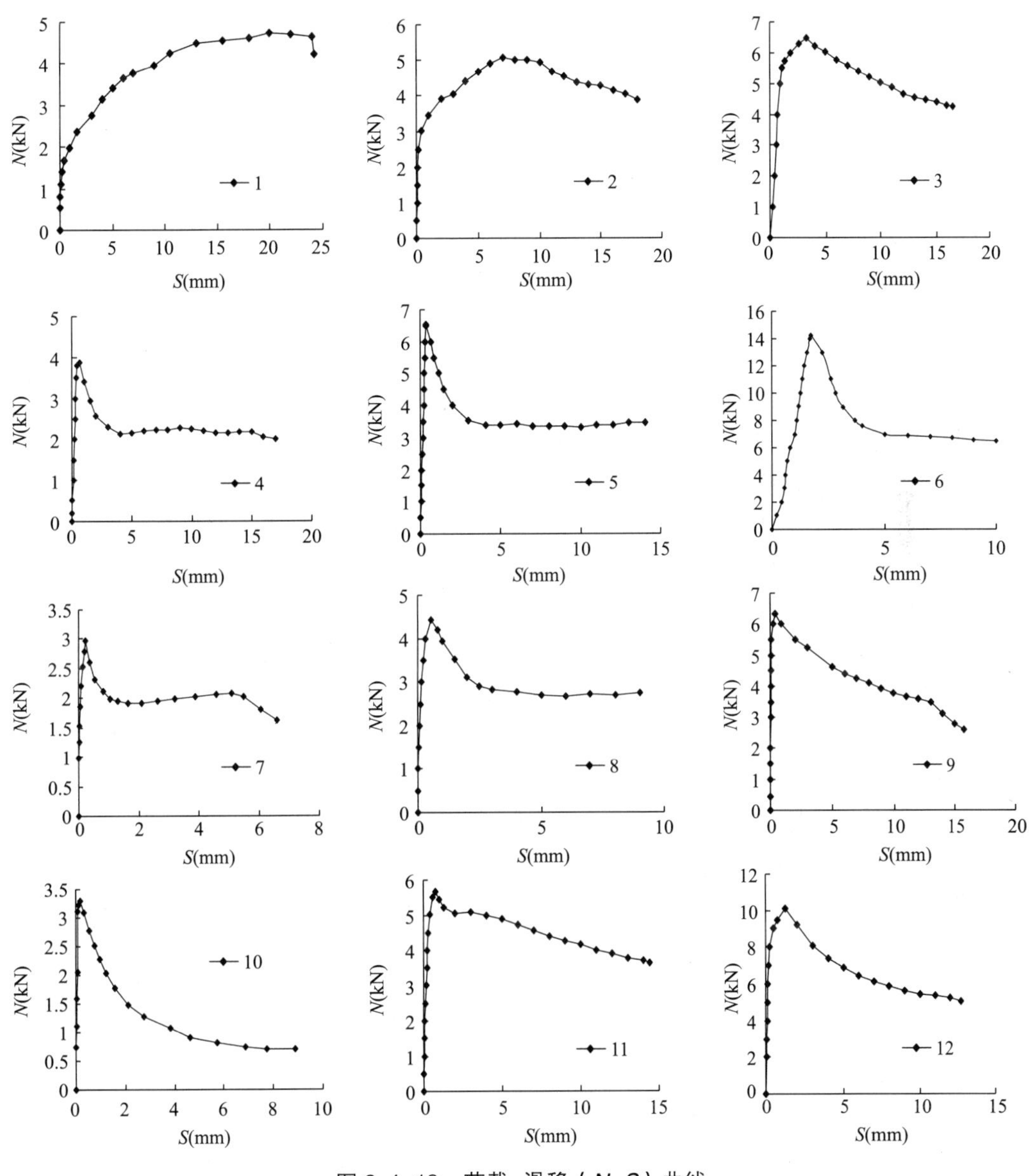

图 2.4-10　荷载-滑移（N-S）曲线

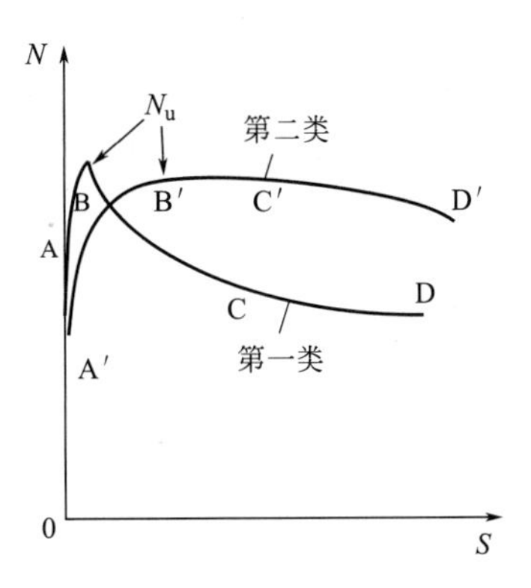

图 2.4-11　两种典型 N-S 曲线

原竹与复合砂浆的化学胶结力是复合砂浆结晶硬化时在二者接触面上形成化学吸附作用力。机械咬合力由原竹与复合砂浆的挤压力产生（类似带肋钢筋与混凝土咬合力），咬合力的大小取决于原竹表面的粗糙程度，当表面光滑时，机械咬合作用较小，反之则较大。机械摩擦力的大小与接触面摩擦系数及法向压力的大小成正比，摩擦系数与界面的粗糙度有关，而法向压力由复合砂浆对原竹的约束作用决定。

分析上述 $N-S$ 曲线，可将滑移过程分为四个受力阶段：

1）无滑移段（OA/OA′）：在加载初期，复合砂浆和原竹之间无滑移，化学胶结力承担主要荷载。

2）滑移段（AB/A′B′）：加载至极限荷载的30%，加载端出现滑移，滑移部分将丧失胶结作用，由原竹与复合砂浆之间的机械咬合力继续承载。随着荷载增加，滑移逐渐向自由端发展，此时主要由机械咬合力和未发生滑移界面上的化学胶结力承担荷载，直至达到极限荷载。

3）摩擦段（BC/B′C′）：荷载达到极值或拐点后，滑移快速增加，整个界面长度均发生滑移时胶结力失效，摩擦力和残余的机械咬合力将继续承担荷载。当胶结力与机械咬合力之和大于摩擦力时，$N-S$ 曲线便出现较明显的峰值点及其随后的下降趋势（试验中大多数试件具有此种特征曲线），反之便不会出现，具有这种特征的有1、2试件。

4）后滑移段（CD/C′D′）：当滑移达到一定值时，荷载下降缓慢，出现平台趋势。

（6）粘结性能影响因素分析

图2.4-12、图2.4-13分别给出极限粘结荷载、平均极限粘结滑移强度与原竹埋置深度的关系曲线。

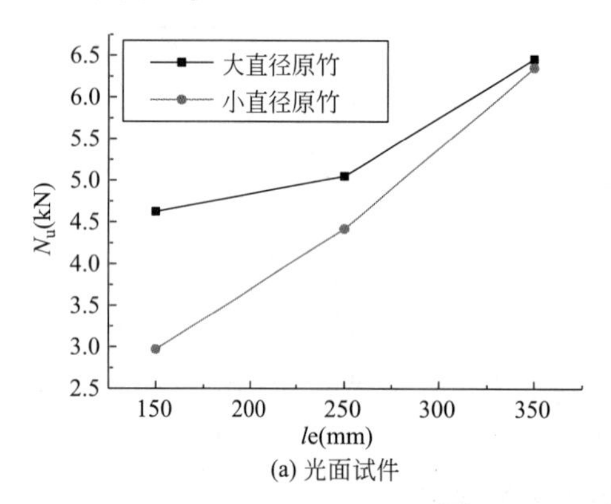

(a) 光面试件

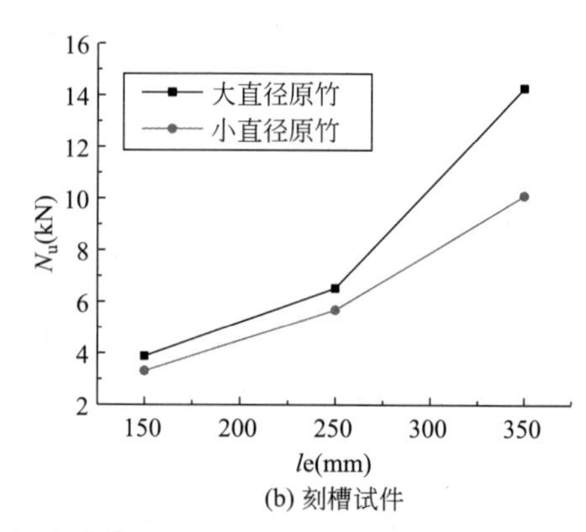

(b) 刻槽试件

图2.4-12 荷载-埋置深度曲线

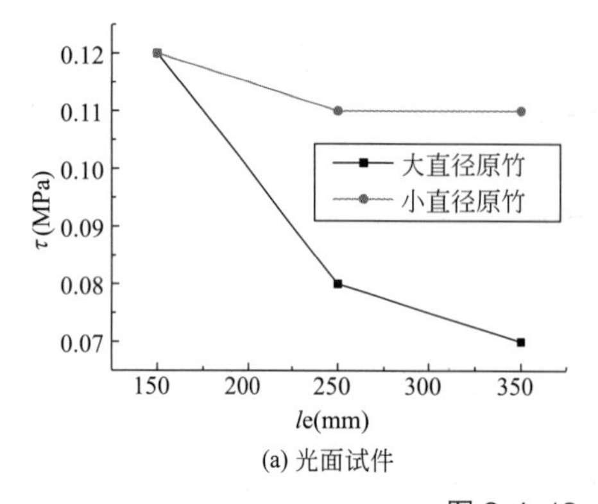

(a) 光面试件

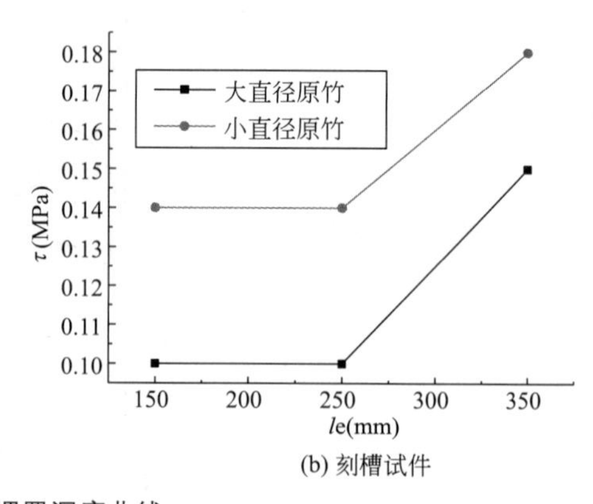

(b) 刻槽试件

图2.4-13 强度-埋置深度曲线

由图可知，随着埋置深度的增加，光面试件的极限粘结荷载增大，但平均极限粘结强度减小。这是由于沿受力方向的粘结强度不均匀，应力集中分布在加载端附近的长度范围内。一方面，当埋置深度超过某一限值，粘结应力趋于均匀，平均粘结强度减小的趋势趋于平缓；另一方面，刻槽试件的极限粘结荷载随埋置深度的增加呈增大趋势，但平均极限粘结强度在埋置深度较小时（<250mm）无明显变化，较大时（≥250mm）平均极限粘结强度有较快增长。

对原竹表面粗糙度进行分析后可知，在埋置深度为150mm，250mm，350mm时，原竹刻槽后，小直径原竹试件平均极限粘结强度分别提高了22.6%，22.3%，71.7%；大直径原竹试件的平均极限粘结强度分别提高了22.6%，27.6%，114.7%。

此外，分析原竹直径的影响时发现，随原竹直径的增加，试件的极限粘结荷载增大，但平均极限粘结强度减小。通常情况下，原竹直径越大，其表面包裹砂浆的泌水现象越严重，原竹表面会出现较大的空隙，对二者的粘结性能有较大的影响。

4. 原竹表面处理方式对粘结性能的影响

由于原竹表面光滑，粘结界面内竹节的抗滑移效果有限，因此应对原竹表面进行有效处理。试验共给出4种处理方式，试验材料以及加载、测量方案与第2节（原竹含水率对粘结性能的影响）一致，比较各处理方式的效果。

（1）试件设计与制作

综合考虑加工及原竹完整性等，原竹表面处理方式有包裹钢丝网、涂刷防水胶粘剂、增设竹栓杆、安装竹篾4种。按表面处理方式的不同，设计了6组共18个试件，具体见表2.4-3。

试件设计明细 **表2.4-3**

组别	原竹直径（mm）	喷涂复合砂浆厚度（mm）	含水率（%）	原竹表面处理方式	试件数量
BS-1	100	30	20	无	3
BS-2	100	30	20	包裹钢丝网	3
BS-3	100	30	20	涂刷防水胶粘剂	3
BS-4	100	30	20	安装竹篾	3
BS-5	100	30	20	包裹钢丝网+涂刷防水胶粘剂+安装竹篾	3
BS-6	100	30	20	增设竹栓杆	3

注：表中原竹直径及含水率为试验设计值。

上述4种处理方式的施工工艺分别为：

1）包裹钢丝网是指沿原竹周长包裹一层8mm×8mm×0.6mm的镀锌轧花钢丝网片，随后用细铁丝扎紧。

2）涂刷防水胶粘剂是指将普通硅酸盐水泥（PO 32.5）、聚丙烯酸酯乳液（固体含量40%）、水按质量比1∶1∶1混合搅拌后均匀涂刷3遍。每遍涂刷前，上一遍涂料凝固不黏手。

3）增设竹栓杆是指将直径为8mm竹条沿原竹直径方向对穿，两端各伸出竹身30mm，上下竹栓杆间距为60mm，按正交方向交叉布置。

4）安装竹篾是指在圆柱两侧安装竹篾（长×宽×高为160mm×10mm×30mm），两侧竹篾通过两根M4丝杆连接固定，竹篾间距为100mm，按正交方向交叉布置。

制作试件完成后，量取各试件实际几何尺寸，考虑竹节间距的随机性，试件粘结长度为300mm，每个试件在埋置段中间保留一个竹节。试件几何尺寸及构造如图2.4-14所示。各组内试件设计一致，为避免重复，图2.4-15给出了各组代表试件的原竹实际处理效果。

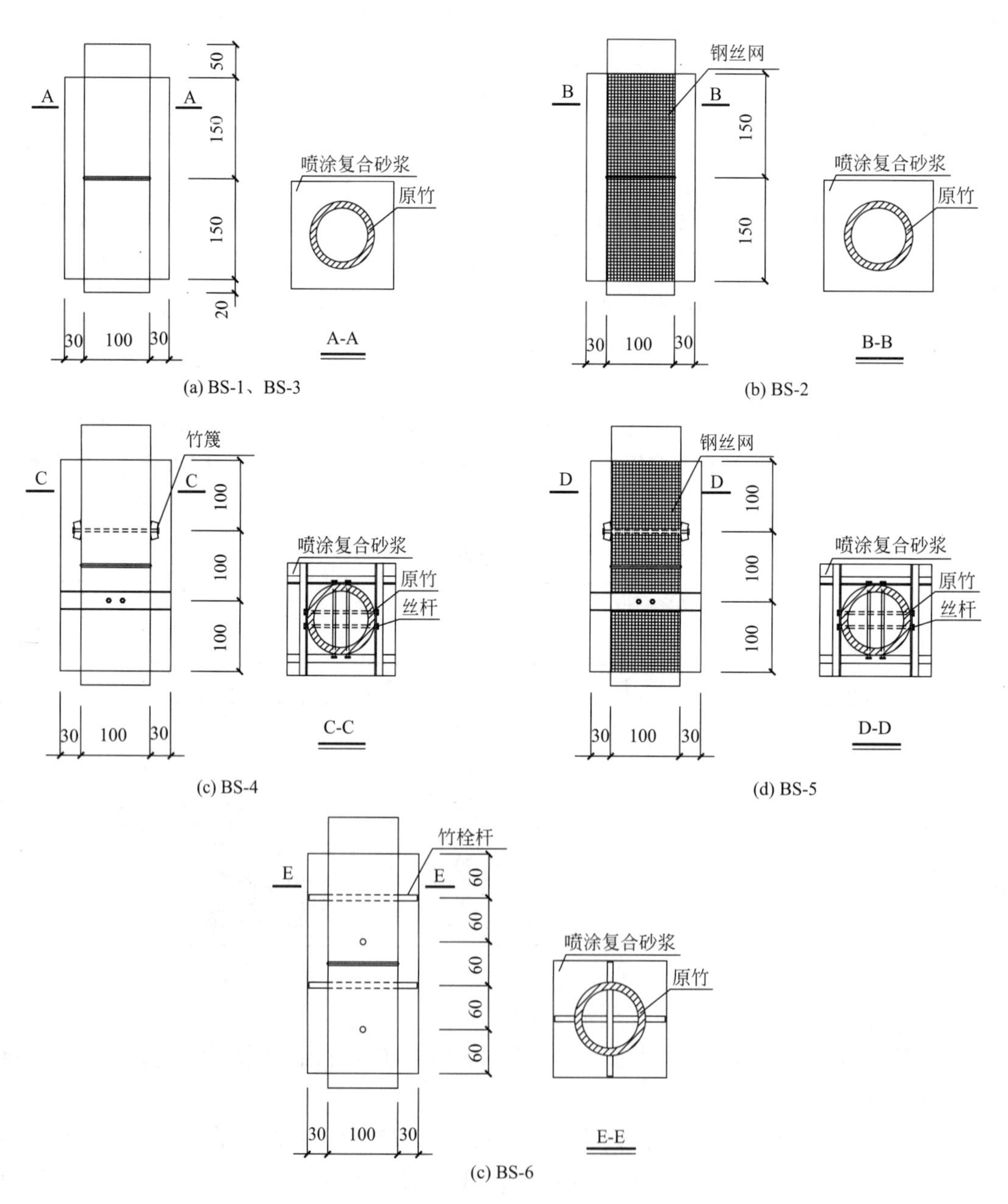

图2.4-14 原竹表面处理试件设计图（单位：mm）

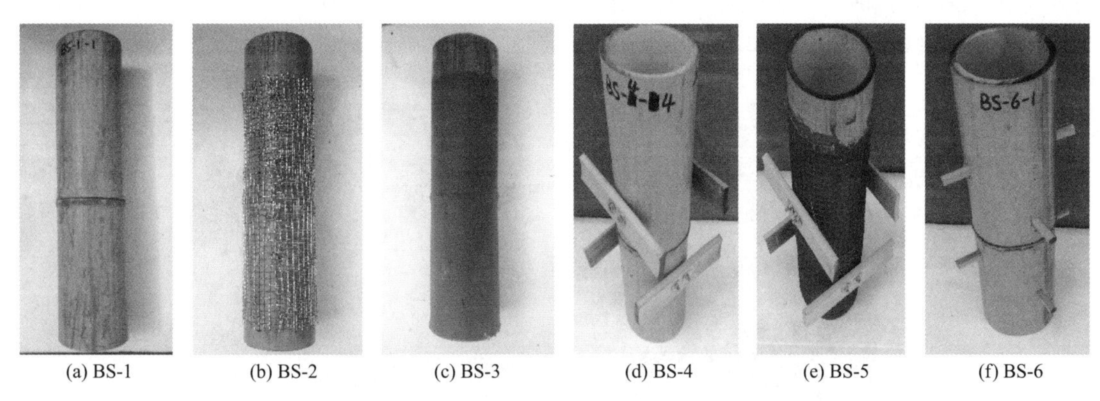

(a) BS-1 (b) BS-2 (c) BS-3 (d) BS-4 (e) BS-5 (f) BS-6

图 2.4-15 实际试件

注：原竹上标记的 BS-n-m，BS-n 表示 bond slip 组别，m 表示该组的第 m 个试件。其中图（d）中的 BS-4-4 是由于在试件制作中原竹劈裂，另外制作试件时标号顺延造成的。

（2）试验过程及结果分析

试验各组内 3 个试件的试验现象较为一致，在此以组为单位描述试验现象，组内不再逐一细述，特殊试件单独表示。同时，试验现象图片以组为单位，展示现象较为明显的试件破坏照。

1）BS-1。对于 BS-1 组试件，加载初期，荷载增加，但滑移不明显；当达到极限荷载后，荷载稍有下降并出现水平段；试件侧面中间出现竖向裂缝，并伴有横向微裂缝；随着裂缝变宽，荷载逐步下降，滑移加剧，最终复合砂浆劈裂，如图 2.4-16（a）所示。剖开试件后发现，竹节处有明显划痕，如图 2.4-16（b）所示。

(a) 复合砂浆劈裂

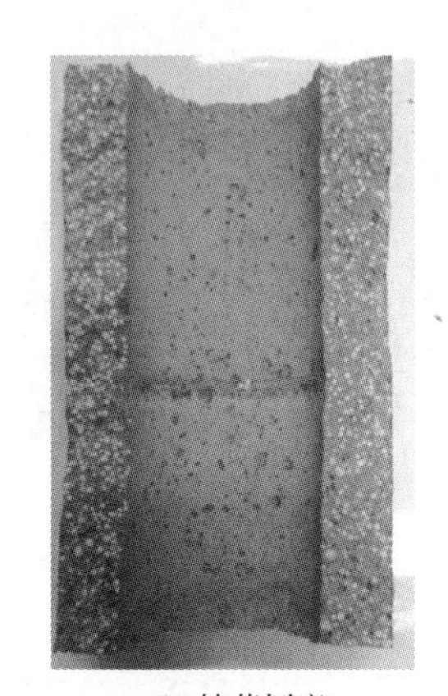

(b) 竹节划痕

图 2.4-16 试件 BS-1 破坏模式

2）BS-2。对于 BS-2 组试件，当加载至极限荷载后，出现水平段，没有明显下降。试件侧面中间出现竖向、横向微裂缝，在加载过程中裂缝开展不明显。剖开试件后发现钢丝网嵌固在复合砂浆内，与钢丝网滑脱，竹节处钢丝网外凸，并有明显划痕，如图 2.4-17 所示。

3）BS-3。对于 BS-3 组试件，当加载至极限荷载时，试件发出清脆响声，荷载急剧下降。在此瞬间，侧面出现裂缝。剖开试件后发现防水胶粘剂从原竹上整体脱落，并完整的粘结在复合砂浆上，如图 2. 4–18 所示。

图 2. 4–17　试件 BS–2 破坏模式

图 2. 4–18　试件 BS–3 破坏模式

4）BS–4。对于 BS–4 组试件，当加载至 6kN 时，竹篾下方复合砂浆出现裂缝，荷载增速变慢；达到极限荷载后开始逐渐下降，裂缝不断变宽，竹篾下方复合砂浆整片脱离，原竹外侧包裹的复合砂浆整块碎裂脱落，如图 2. 4–19（a）所示。剖开试件后发现，竹篾劈裂、丝杆被拉弯、竹篾下侧复合砂浆被压溃，如图 2. 4–19（b）所示。

(a) 复合砂浆碎裂

(b) 竹篾劈裂

图 2. 4–19　试件 BS–4 破坏模式

5）BS–5。在 BS–5 组试件中，试件 BS–5–2、BS–5–3 在加载初期，荷载快速增长；当加载至极限荷载时，出现一声清脆响声，随即荷载迅速下降至 15kN；由于竹篾的作用，荷载继续上升，之后复合砂浆开裂，荷载下降，复合砂浆破坏现象与 BS–4 组试件一致，如图 2. 4–20（a）所示。

试件 BS–5–1 在加载初期，荷载快速增长，当加载至极限荷载时，发出撕裂声，随即荷载开始下降，并伴有竖向裂缝的产生；之后，荷载呈波动变化。

试件破坏后剖开发现，竹篾劈裂，钢丝网片与原竹之间没有明显滑脱，原竹周身残留有复合砂浆，如图 2. 4–20（b）所示。

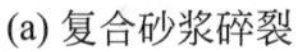

(a) 复合砂浆碎裂　　(b) 竹篾劈裂

图 2. 4–20　试件 BS–5 破坏模式

6）BS–6。试件 BS–6–1、BS–6–2 在加载初期，在荷载快速增长的同时，侧面出现竖向裂缝；伴随断裂声的出现，荷载呈阶梯状下降，之后复合砂浆四面劈裂严重，加载结束，如图 2. 4–21（a）所示。剖开试件后发现竹栓杆下侧复合砂浆被压出槽痕，如图 2. 4–21（b）所示，部分竹栓杆断裂，如图 2. 4–21（c）所示。

试件 BS–6–3 在养护过程中出现了裂缝；当加载至 6kN 时，裂缝开展，竹栓杆沿裂缝滑动，最终脱落。

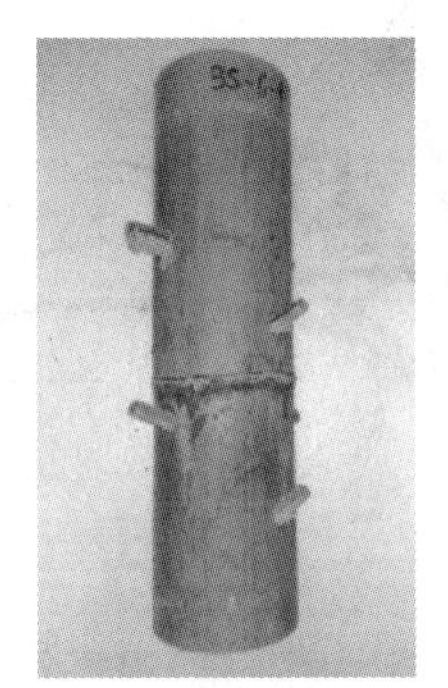

(a) 试件劈裂　　(b) 压痕　　(c) 竹栓杆断裂

图 2. 4–21　试件 BS–6 破坏模式

综上，试件破坏模式共分为以下四类：第一类为劈裂破坏，如 BS–1、BS–6 组试件，在复合砂浆中间出现竖向裂缝；第二类为滑出破坏，如 BS–2 组试件，原竹直接被推出，复合砂浆完整；第三类为脆性破坏，如 BS–3 组试件，防水胶结层破坏的同时，荷载迅速下降；第四类为压溃破坏，如 BS–4、BS–5 组试件，竹篾下方复合砂浆被压坏，整体剥落。

试件的荷载–滑移（N–S）曲线，如图 2. 4–22 所示。

按照式（2. 4–1）计算试件的粘结强度 τ_{max}，结果见表 2. 4–4。

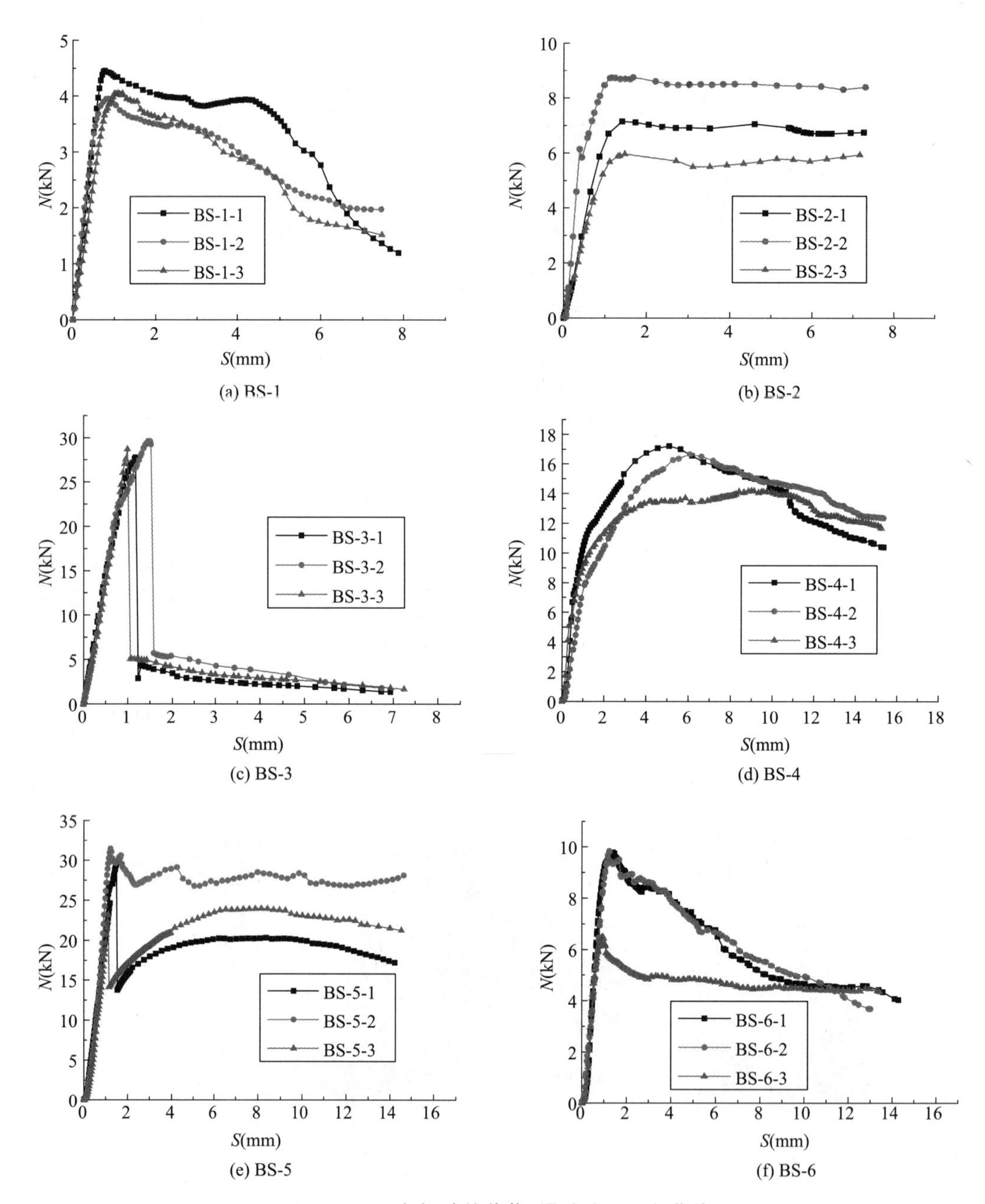

图 2.4-22 各组试件荷载-滑移（N-S）曲线

试验结果 **表 2.4-4**

试件编号	F_{max}（kN）	$\bar{d}$（mm）	τ_{max}（MPa）	$\bar{\tau}_{max}$（MPa）
BS-1	4.46	88.72	0.05	0.05
	3.95	89.07	0.05	
	4.05	97.29	0.04	

续表

试件编号	F_{max}（kN）	$\bar{d}$（mm）	τ_{max}（MPa）	$\bar{\tau}_{max}$（MPa）
BS-2	7.15	93.13	0.08	0.08
	8.75	97.86	0.09	
	5.96	99.72	0.06	
BS-3	27.79	92.78	0.32	0.32
	29.63	97.14	0.32	
	28.72	99.58	0.31	
BS-4	17.22	92.06	0.20	0.18
	16.66	98.89	0.18	
	14.18	101.95	0.15	
BS-5	29.52	93.86	0.33	0.31
	31.46	101.25	0.33	
	23.98	98.77	0.26	
BS-6	9.78	90.33	0.11	0.11
	9.83	93.53	0.11	

注：F_{max} 为极限荷载；$\bar{d}$ 为原竹实测平均直径；τ_{max} 为极限粘结强度；$\bar{\tau}_{max}$ 为各组内试件极限粘结强度的平均值。

由以上分析可知：

① 在原竹外侧包裹钢丝网，可使二者粘结力提高约60%；由于钢丝网套箍作用，能够有效抑制复合砂浆裂缝的开展，增加了原竹和复合砂浆之间的摩擦效果。

② 涂刷防水胶粘剂，可使二者粘结力提高约540%，二者之间的粘结破坏出现脆性破坏，由于脆性破坏瞬间释放大量能量，有可能致使复合砂浆开裂。

③ 安装竹篾，可使二者粘结力提高约260%。

④ 包裹钢丝网+涂刷防水胶粘剂+安装竹篾可使二者粘结力提高约520%。由于安置竹篾的缘故，二者粘结力没有剧烈下降。

⑤ 增设竹栓杆，可使二者粘结力提高120%，由于栓杆较细，与复合砂浆接触处容易出现应力集中现象，后期可以考虑增大栓杆面积，以增强连接效果。

综上可知：包裹钢丝网对增强原竹和复合砂浆之间粘结性能的效果不明显；涂刷防水胶粘剂增强最显著，但是容易出现脆性破坏；增设竹栓杆或者安装竹篾有一定效果，却易出现应力集中，竹栓杆或者竹篾下复合砂浆易被压溃；钢丝网+涂刷防水胶粘剂+安装竹篾即可显著增强二者粘结性能，破坏后承载力也不会急剧下降，同时钢丝网又能抑制复合砂浆开裂，是一种较可靠的构造做法。

2.5 本章小结

本章对喷涂复合砂浆-原竹组合结构体系中原竹与复合砂浆的各种基本力学性能、二者的粘结性能进行了试验研究，得出以下结论：

1）竹材与喷涂复合砂浆的基本力学性能总体较好。圆竹和竹片的抗压强度相差不大，可以采用更为简便的竹片测试结果代替。竹节的紧箍作用对竹材的抗压强度、环刚度有利，但是对抗拉强度和抗剪强度有所削弱。但是，目前竹材的基本力学性能均是一维受力状态的研究，且缺乏统一的材料本构，关于防火、防腐处理对竹材力学性能的影响也尚不明确。

2）建议采用次序统计法确定毛竹强度标准值。毛竹的顺纹抗拉、顺纹抗压、抗弯、顺纹抗剪强度标准值分别为 145.3MPa、45.6MPa、104.3MPa、9.5MPa。参考木材强度设计值的研究方法，提出一种竹材强度设计值的计算方法：设计验算点逆算法。该方法可满足竹材可靠度的要求，由此获得毛竹强度设计值分别为 38.2MPa、22.3MPa、37.2MPa、4.7MPa。

3）喷涂复合砂浆与原竹骨架粘结可靠。原竹含水率越高，原竹与复合砂浆界面的抗滑移性能越差。原竹含水率为 55%~65%时，二者直接脱离；原竹含水率为 15%~25%时，二者抗滑移承载力最大。宜将原竹含水率控制在 15%~25%再进行喷涂施工。原竹与复合砂浆界面的粘结力由化学胶结力、机械咬合力及摩擦力三部分组成，界面的滑移过程可分为四个阶段：无滑移阶段、滑移阶段、摩擦阶段、后滑移阶段。

4）原竹表面处理后，原竹与复合砂浆的粘结性能得到改善。其中，涂刷防水胶粘剂增强最显著，较未处理的提高约 540%。包裹钢丝网增强最小，约 60%。增设竹栓杆和安装竹篾分别增强约 120%和 260%。钢丝网+涂刷防水胶粘剂+安装竹篾既可显著增强二者粘结性能，破坏后承载力也不会急剧下降，同时钢丝网又能抑制复合砂浆开裂，是一种较可靠的构造做法。

参考文献

[1] ISO. Bamboo-determination of physical and mechanical properties：ISO 22157-2004 [S]. Switzerland，International Organization for Standardization，2004.

[2] 国家技术监督局．竹材物理力学性质试验方法：GB/T 15780—1995 [S]. 北京：中国标准出版社，1996.

[3] 中国工程建设标准化协会．圆竹结构建筑技术规程：CECS 434—2016 [S]. 北京：中国计划出版社，2016.

[4] 建设部．建筑用竹材物理力学性能试验方法：JG/T 199—2007 [S]. 北京：中国标准出版社，2007.

[5] 国家林业局．圆竹物理力学性能试验方法：LY/T 2564—2015 [S]. 北京：中国标准出版社，2016.

[6] Bureau of Indian Standards. National building code of India 2005：part 6：structural design：section 3：timber and bamboo [S]. New Delhi：Bureau of Indian Standards，2005.

[7] NSR 10. Título G Estructuras de Madera y Estructuras de Guadua [S]. Colombia：Asociación Colombiana de Ingenieria Sísmica，2010.

[8] 李旭．楠竹力学性能试验研究及分析 [D]. 湖南：湖南大学，2011.

[9] 王晓娴，王水英，林金国．立竹度对人工林毛竹材物理力学性质的影响 [R]. 福州：第五届全国生物质材料科学与技术学术研讨会，2013.

[10] 汪佑宏，卞正明，刘杏娥，等．坡向对毛竹主要物理力学性质的影响 [J]. 西北林学院学报，2008，23 (3)：179-181.

[11] 于金光，郝际平，田黎敏，等．圆竹的力学性能及影响因素研究［J］．西安建筑科技大学学报（自然科学版），2018，50（1）：30-36.

[12] 苏文会，范少辉，张文元，等．4年生冰冻雪压毛竹弯压材的力学性能［J］．林业科学，2009，45（9）：169-173.

[13] 鲁顺保．立地条件对毛竹材性影响的研究［D］．贵州：贵州大学，2005.

[14] 周紫球，陆媛媛，范伟青，等．肥料对5年生毛竹竹材物理力学性质的影响［J］．浙江农林大学学报，2013，30（5）：729-733.

[15] 桂仁意，邵继锋，俞友明．钩梢对5年生毛竹竹材物理力学性质的影响［J］．林业科学，2011，47（6）：194-198.

[16] 程秀才，张晓冬，张齐生，等．四大竹乡产毛竹弯曲力学性能的比较研究［J］．竹子研究汇刊，2009，28（2）：34-39.

[17] 李光荣，辜忠春，李军章．毛竹竹材物理力学性能研究［J］．湖北林业科技，2014，43（5）：44-49.

[18] 孙永良，何敏娟．“德中同行”竹结构展馆竹构件的试验及结构分析研究［J］．特种结构，2010，27（3）：99-101.

[19] 李霞镇．毛竹材力学及破坏特性研究［D］．北京：中国林业科学研究院，2009.

[20] 马媛媛，朱松松．安吉毛竹主要力学性能的测定［J］．实验科学与技术，2013，11（4）：22-24，68.

[21] 黄桂秋．竹材加固的力学性能试验研究分析［D］．上海：上海交通大学，2013.

[22] 张文福．圆竹性能评价及其帚化加工技术的研究［D］．北京：中国研究院，2012.

[23] 孙玲玲．重组竹顺纹单轴应力—应变关系研究［D］．南京：南京林业大学，2013.

[24] 苏文会，顾小平，马灵飞，等．大木竹竹材力学性质的研究［J］．林业科学研究，2006，19（5）：621-624.

[25] 郝际平，秦梦浩，田黎敏，等．毛竹顺纹方向力学性能的试验研究［J］．西安建筑科技大学学报（自然科学版），2017，49（6）：777-783.

[26] 车慎思．毛竹细观结构与力学性能试验研究［D］．南京：南京航空航天大学，2011.

[27] 住房和城乡建设部．建筑结构可靠性设计统一标准：GB 50068—2018［S］．北京：中国建筑工业出版社，2018.

[28] 国家质量监督检验检疫总局．结构用规格材特征值的测试方法：GB/T 28987—2012［S］．北京：中国标准出版社，2012.

[29] ASTM D2915-98e1，Standard Practice for Evaluating Allowable Properties for Grades of Structural Lumber，ASTM International，West Conshohocken，PA，1998，

[30] 赵秀，吕建雄，江京辉．落叶松规格材抗弯性能标准值研究［J］．木材工业，2009，23（6）：1-5.

[31] 李庆臻．科学技术方法大辞典［M］．北京：科学出版社，1999.

[32]《木结构设计手册》编写委员会．木结构设计手册［M］．4版．北京：中国建筑工业出版社，2021.

[33] 住房和城乡建设部．木结构设计标准：GB 50005—2017［S］．北京：中国建筑工业出版社，2017.

[34] 张秀华，鄂婧，李玉顺，等．重组竹抗压和抗弯力学性能试验研究［J］．工业建筑，2016，46（1）：7-16.

[35] 肖纲要，李霞镇，钟永，等．结构用重组竹抗弯力学性能［J］．安徽农业大学学报，2017，44（1）：60-64.

[36] 肖岩，杨瑞珍，单波，等．结构用胶合竹力学性能试验研究［J］．建筑结构学报，2012，33（11）：150-157.

[37] 住房和城乡建设部．混凝土力学性能试验方法标准：GB/T 50081—2019［S］，北京：中国建筑业出

版社，2019.
[38] 住房和城乡建设部．建筑砂浆基本性能试验方法标准：JGJ/T 70—2009［S］，北京：中国建筑工业出版社，2009.
[39] 郝际平，寇跃峰，田黎敏，等．基于竹材含水率的喷涂多功能环保材料-原竹粘结界面抗滑移性能试验研究［J］．建筑结构学报，2018，39（7）：154-161.
[40] Tian LM，Kou YF，Hao JP. Flexural behavior of sprayed lightweight composite mortar-original bamboo composite beams：experimental study［J］．BioResources，2019，14（1）：500-517.
[41] 杨勇，郭子雄，薛建阳，等．型钢混凝土粘结滑移性能试验研究［J］．建筑结构学报，2005，26（4）：1-9.

第3章　喷涂复合砂浆-原竹组合梁力学性能

原竹横向抗弯刚度较低，较少直接用于受弯构件。本章重点介绍喷涂复合砂浆-原竹组合梁（组合梁）的抗弯力学性能，分析组合梁的挠曲和应变发展情况，对比原竹梁与组合梁的抗弯刚度及承载力。在此基础上，对原竹梁的弯曲性能进行理论研究，提出考虑材料非线性的荷载-挠度曲线计算方法，并通过有限元分析得到不同界面剪切刚度下的原竹梁荷载-挠度曲线，最终提出了一种采用倾斜钢带的新型抗滑移措施，以期为组合梁的应用提供依据。

3.1　受弯性能试验

3.1.1　试件设计与制作

试件按是否喷涂复合砂浆分为两类。一类为原竹梁，分为单根原竹梁（SBB）和双根原竹梁（DBB）；另一类为喷涂复合砂浆-原竹组合梁，分为单根原竹组合梁（SCB）、双根原竹组合梁（DCB）和四根原竹组合梁（FCB）。

试件长度 l 均为3000mm，原竹跨中截面外径和壁厚分别约为100mm和8mm，且无明显弯曲。含有多根原竹的试件中，相邻原竹粗头（根部）与细头（梢部）互反，通过 Φ10螺栓连接。组合梁是由在原竹上喷涂30mm厚复合砂浆，然后铺设轧花钢丝网（8mm×8mm×0.6mm），并抹10mm厚水泥砂浆制成，具体几何尺寸和构造如图3.1-1所示。

3.1.2　试验方案

试件两端均简支，用液压千斤顶通过分配梁在试件的三等分点处施加荷载。按照ISO 22157—1—2004（E）、ISO 22157—2—2004（E）的方法，在原竹梁的加载点和支座处设置与原竹外径契合的弧形垫块。为防止试件倾覆或者出现面外失稳，试验设置了两对侧向支撑，加载装置如图3.1-2所示。

为了观测试件挠度和应变的变化情况，在支座处、加载点及跨中位置布置5个位移计，在各试件原竹跨中上下边缘布置应变片。

试验初始，预加载2kN消除系统误差。正式加载采用分级加载的方式，加载初期以荷载控制，每级荷载增量为2kN，并持续2min。当某级荷载中位移出现较大变化时，改为位移控制，每级位移增量为5mm，直至试件破坏。

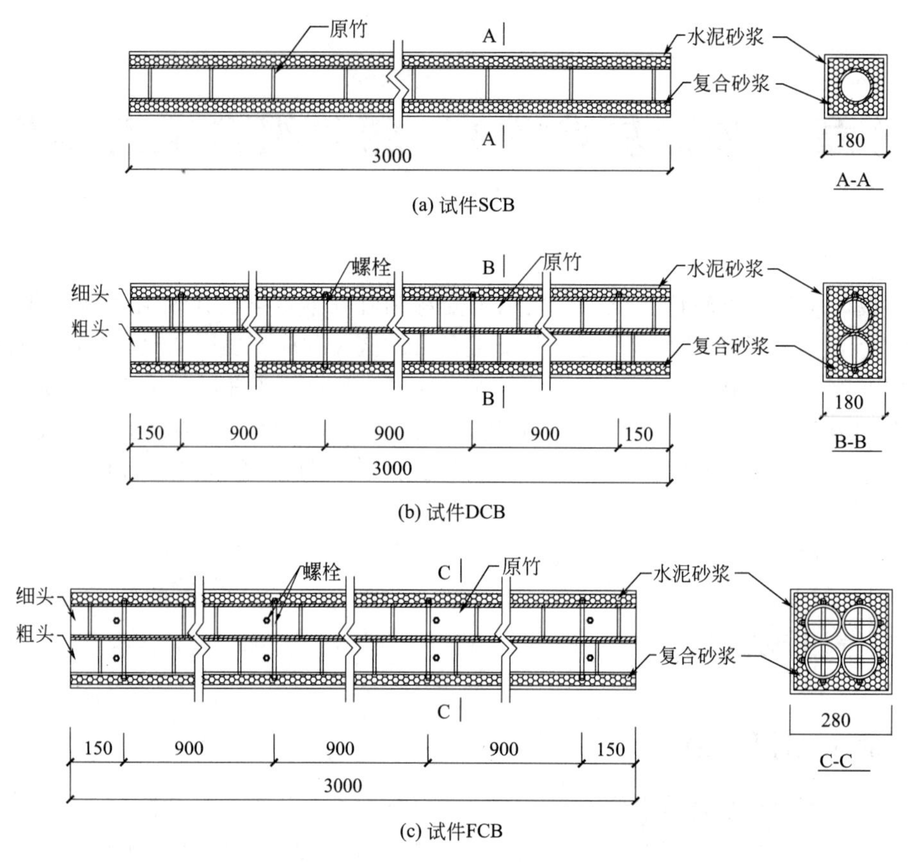

图 3. 1–1　组合梁几何尺寸和构造

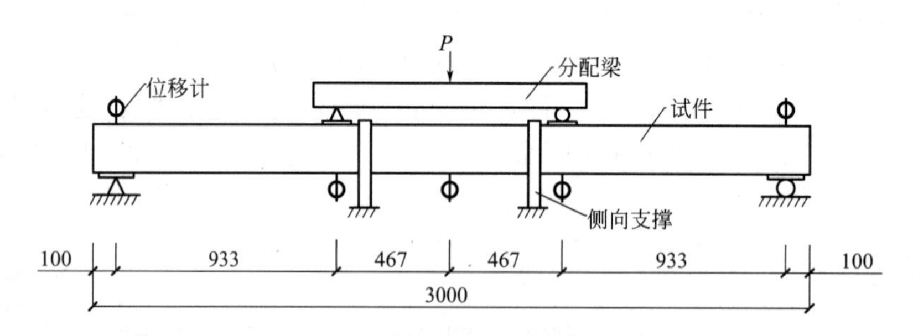

图 3. 1–2　试验装置和测点布置示意

3. 1. 3　试验现象

1. 单根原竹梁（SBB）

加载前期，单根原竹梁表现出较强的变形能力，在跨中挠度接近 60mm（约为 $l_0/46$，l_0 为梁的计算长度，即 2800mm）时屈服（压应变超过 5000με）。随后按照位移控制加载，荷载增长变缓。最终，原竹的细头劈裂，破坏现象如图 3. 1–3 所示。

2. 双根原竹梁（DBB）

双根原竹梁的挠度随荷载增大而增大。梁的跨中挠度达到 $l_0/250$（11. 2mm）时，荷

(a) 整体挠曲

(b) 细头劈裂

图3.1-3　单根原竹梁（SBB）破坏现象

载为5.7kN。荷载至16kN时，加载点上侧原竹出现纵向裂缝，至24.2kN时，跨中下侧竹子在螺栓孔处断裂，梁发生整体破坏，试验现象如图3.1-4所示。

(a) 加载点下裂缝

(b) 跨中断裂破坏

图3.1-4　双根原竹梁（DBB）破坏现象

3. 单根原竹组合梁（SCB）

荷载加载至2.5kN时，试件跨中底部开裂。随着荷载增加，中部纯弯段不断出现竖向弯曲裂缝，加载点附近出现斜剪裂缝。荷载达到15kN时，其中一侧加载点处裂缝迅速开展，并向上贯通成主裂缝，最终在主裂缝处原竹劈裂，试件弯折破坏，试验现象如图3.1-5所示。

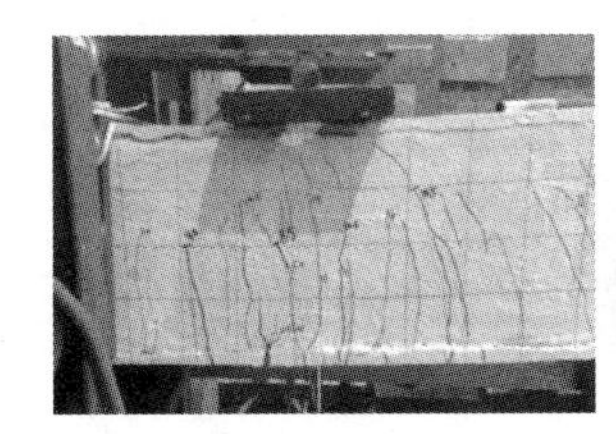

(a) 侧面裂缝

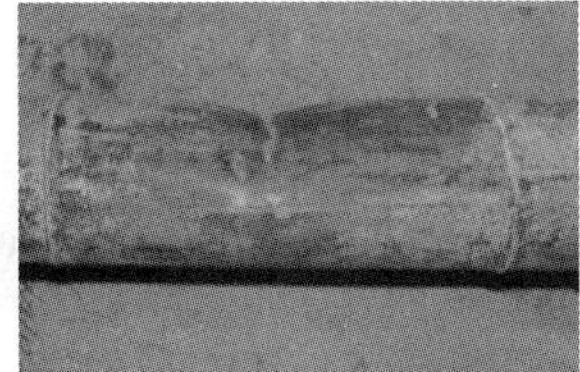

(b) 原竹劈裂

(c) 试件弯折

图3.1-5　单根原竹组合梁（SCB）破坏现象

4. 多根原竹组合梁（DCB和FCB）

当DCB和FCB的荷载分别达到3.6kN和7.8kN时，跨中底部出现裂缝。继续加载，不断出现新的裂缝，二者裂缝的发展规律与SCB一致。达到极限荷载时，DCB的上侧原竹在位于加载点的栓孔处被拉断，试件弯折失去承载能力。与 DCB 不同的是，FCB 的原竹逐根断裂，荷载呈阶梯式下降，最终破坏。试验现象如图 3.1-6 所示。

(a) DCB弯折

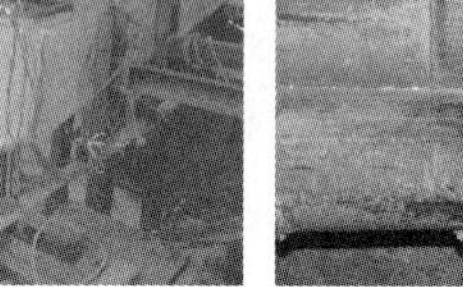

(b) DCB原竹断裂

(c) FCB弯折

(d) FCB原竹断裂

图 3.1-6　多根原竹组合梁（DCB 和 FCB）破坏现象

总结上述现象可知，原竹细头较薄弱，且缺少竹节加劲，因此容易劈裂。组合梁在加载点处所受的弯矩和剪力最大，复合砂浆开裂后该处原竹上的应力集中较严重，同时栓孔也有加速破坏的作用，最终试件在该处发生弯折。

3.1.4　试验结果及其分析

1. 荷载-挠度曲线

各试件荷载-跨中挠度曲线如图 3.1-7 所示。从图中可以看出，单根原竹梁的受力变形过程可以分为弹性和弹塑性两个阶段，即在达到 $0.65P_u$（P_u 为极限荷载）前，曲线呈线性上升，之后原竹梁刚度降低，荷载增加变缓，挠度不断增大。组合梁（SCB、DCB 和 FCB）荷载-挠度曲线可分为三个阶段：①开裂前（3～8kN），试件刚度较大，挠曲不明显；②开裂后至荷载达 $0.6P_u$ 前，试件刚度降低，但曲线呈线性上升；③之后试件进入弹塑性阶段，直至破坏。

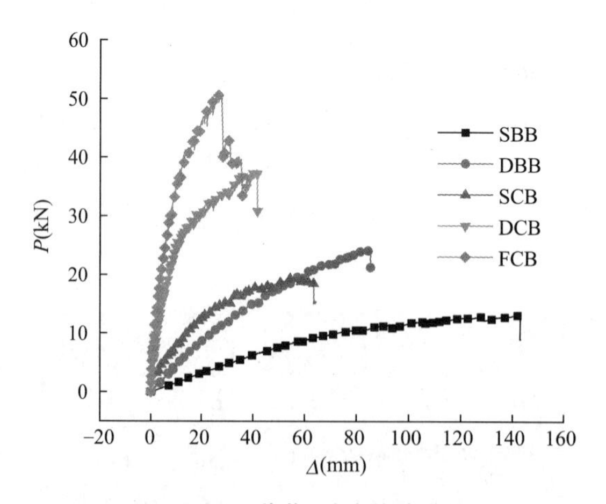

图 3.1-7　荷载-跨中挠度曲线

2. 应变变化

图 3.1-8 为各试件中原竹跨中上下边缘应变随荷载的发展情况。由图可知，单根原竹梁在屈服前的应变呈线性变化，且拉、压应变基本对称分布。此时截面变形符合平截面假定，截面中性轴在原竹截面水平对称轴附近，此后上边缘压应变逐渐大于下边缘应变，中性轴下移。

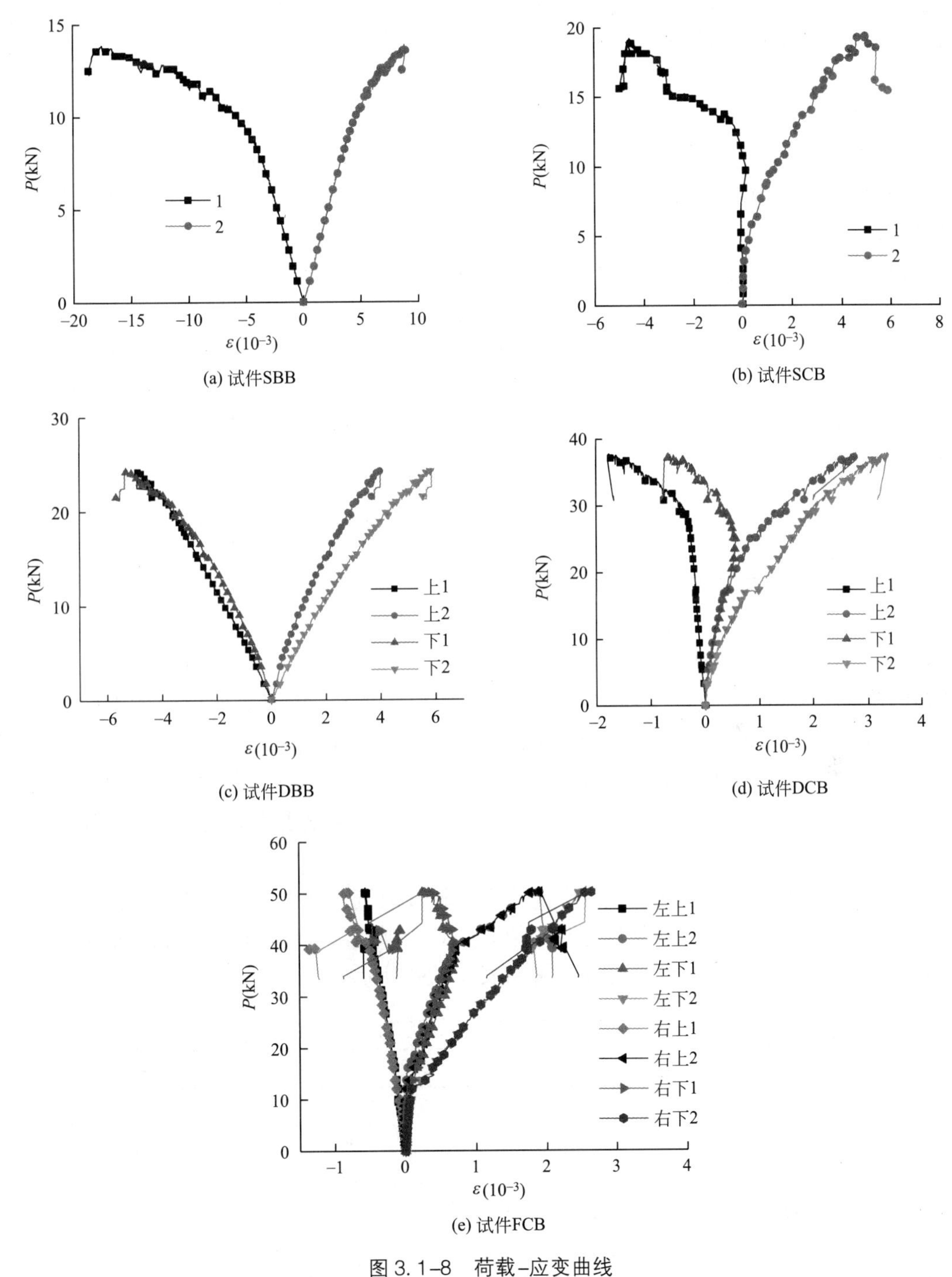

(a) 试件SBB

(b) 试件SCB

(c) 试件DBB

(d) 试件DCB

(e) 试件FCB

图 3.1-8　荷载-应变曲线

注："1" 指原竹上边缘应变；"2" 指原竹下边缘应变；"上" "下" "左" 和 "右" 分别指多根原竹组合梁中分布在上侧、下侧、左侧和右侧的原竹。

组合梁在开裂前，内部原竹应力水平较小。开裂后，试件内部应力重分布，原竹拉应变明显增大。在荷载达到 $0.6P_u$ 前，SCB 中原竹上部应变基本为零，说明压力主要由喷涂复合砂浆和水泥砂浆共同承担。此时，DCB 和 FCB 中上侧原竹下边缘和下侧原竹上边缘

应变相同，表明由于喷涂复合砂浆的握裹作用，使得上下侧原竹有效连接在一起。在弹塑性阶段，组合梁中喷涂复合砂浆和水泥砂浆逐渐退出工作，原竹的连接变弱。

3. **抗弯性能对比**

（1）承载力对比

根据《建筑结构可靠性设计统一标准》GB 50068—2018，承载能力极限状态对应于结构或结构构件达到极限承载能力或不适于继续承载的变形。根据《木结构设计标准》GB 50005—2017，作为结构的受弯构件，梁和格栅的挠度限值为 $l_0/250$。表 3.1-1 给出了各试件在挠度为 $l_0/250$（11.2mm）时的荷载 $P_{l_0/250}$，及试件极限荷载 P_{max}。

试件受弯承载力 **表 3.1-1**

试件编号	$P_{l_0/250}$（kN）	P_{max}（kN）	$P_{l_0/250}/P_{max}$（%）
SBB	2.5	13.2	18.9
DBB	5.2	24.2	21.5
SCB	9.5	19.4	48.9
DCB	25.6	36.9	69.4
FCB	38.7	51.0	75.9

由表 3.1-1 可知，单根原竹组合梁的极限承载力为单根原竹梁的 1.5 倍，双根原竹组合梁的极限承载力为双根原竹（2 倍单根原竹梁承载力）的 1.4 倍。而四根原竹组合梁的极限承载力为四根原竹（4 倍单根原竹梁承载力）的 96%。主要是四根原竹组合梁开裂后，加载点处原竹因局部应力较高而较早破坏，导致其承载力降低。

单根原竹梁的正常使用极限荷载仅为极限承载力的 20%（$P_{l_0/250}/P_{max}$），而组合梁的正常使用极限荷载达到极限承载力的 48%以上，可知组合梁能更充分利用材料的强度。

（2）刚度对比

原竹横向刚度较低，在使用过程中挠曲容易超过限值，有必要研究各试件的初始抗弯刚度。由图 3.1-1 知，试件在挠度达到限值时均处于弹性阶段，取位移为 5~11.2mm 的一段曲线斜率作为试件初始刚度，计算结果如表 3.1-2 所示。

试件初始抗弯刚度 **表 3.1-2**

试件编号	$P_{\Delta=5}$（kN）	$P_{\Delta=11.2}$（kN）	刚度(kN/mm)
SBB	0.78	1.75	0.16
DBB	4.84	9.70	0.37
SCB	5.00	8.40	0.55
DCB	16.50	25.60	1.47
FCB	20.90	38.70	2.48

由表 3.1-2 可知，在弹性极限内，单根原竹组合梁的初始抗弯刚度为单根原竹梁的 3.5 倍，双根原竹组合梁的初始抗弯刚度为双根原竹的 4.7 倍，四根原竹组合梁的初始抗弯刚度为四根原竹的 3.9 倍。可知包裹复合砂浆后，原竹和复合砂浆间形成的组合效应显著。

3.2　弯曲性能理论分析

3.2.1　竹材顺纹方向的本构模型

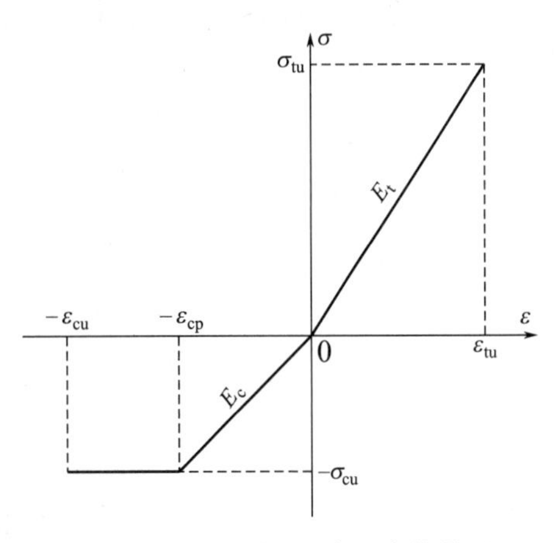

图 3.2-1　竹材顺纹方向本构模型

圆竹梁的弯曲性能与竹材顺纹方向本构模型直接相关，竹材顺纹方向本构模型如图 3.2-1 和式（3.2-1）所示。本构模型包括两个方面：拉伸方向和压缩方向。基于已有竹材试验研究，竹材拉伸状态应力应变关系可简化为线弹性，没有屈服过程，当达到极限拉伸应力时竹材断裂失效。在压缩状态下，竹材可简化为理想弹塑性材料。此外，竹材拉伸状态下的弹性模量一般均大于压缩状态。

$$\sigma(\varepsilon)=\begin{cases}-\sigma_{cu} & -\varepsilon_{cu}\leqslant\varepsilon\leqslant-\varepsilon_{cp}\\ E_c\varepsilon & -\varepsilon_{cp}\leqslant\varepsilon\leqslant 0\\ E_t\varepsilon & 0\leqslant\varepsilon\leqslant\varepsilon_{tu}\end{cases} \tag{3.2-1}$$

式中　E_t、E_c——拉伸和压缩状态下的弹性模量；

σ_{tu}、σ_{cu}——极限应力；

ε_{tu}、ε_{cu}——极限应变；

ε_{cp}——压缩状态下屈服点对应的应变。

3.2.2　单原竹梁曲率分析

1. 弹性阶段

基于平截面假定，图 3.2-2 给出了单原竹梁在弹性阶段的应力应变分布。由于拉伸状态下的弹性模量相对较大，中性轴向下偏移。原竹截面假定为理想圆环，厚度保持不变，因此建立极坐标系进行理论推导。极坐标的原点位于圆环截面中心，竖向对称轴的下半部分作为极坐标轴。

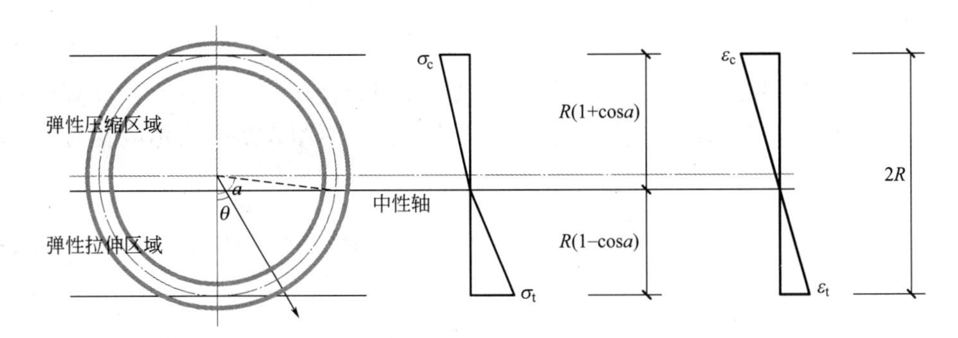

图 3.2-2　单原竹弹性阶段应力应变分布

用圆环中心线位置的应力应变，代表同一圆心角位置的应力应变。因此，在后续推导分析中，面积积分将简化为圆弧积分。式（3.2-2）表示圆环在中心线上的应力分布，应力是极角的函数。

$$\sigma(\theta)=\begin{cases}\dfrac{\cos\theta-\cos a}{1-\cos a}\sigma_{\mathrm{t}} & 0\leqslant\theta\leqslant a\\ \dfrac{\cos\theta-\cos a}{\beta(1-\cos a)}\sigma_{\mathrm{t}} & a\leqslant\theta\leqslant\pi\end{cases}\quad(\beta=E_{\mathrm{t}}/E_{\mathrm{c}}\quad\beta\geqslant1)\tag{3.2-2}$$

式中，σ_{t} 为圆环下表面的拉伸应力；θ 为极角；极角 a 对应于中性轴的位置；β 代表 E_{t} 和 E_{c} 的比值。依据轴向受力平衡条件，可计算出极角 a 如下：

$$\int_0^{\pi}\sigma(\theta)Rt\mathrm{d}\theta=0\tag{3.2-3}$$

$$\int_0^{a}\frac{\cos\theta-\cos a}{1-\cos a}\sigma_{\mathrm{t}}Rt\mathrm{d}\theta+\int_a^{\pi}\frac{\cos\theta-\cos a}{\beta(1-\cos a)}\sigma_{\mathrm{t}}Rt\mathrm{d}\theta=0\tag{3.2-4}$$

$$\frac{\sin a-a\cos a}{1-\cos a}+\frac{-\pi\cos a-\sin a+a\cos a}{\beta(1-\cos a)}=0\tag{3.2-5}$$

$$\tan a-a=\frac{\pi}{\beta-1}\tag{3.2-6}$$

式中　R——圆环中心线的半径；

　　　t——圆环宽度。

由式（3.2-6）可知，极角 a 仅与 β 有关，说明在弹性状态下中性轴位置保持不变。截面弯矩计算表达如下：

$$\int_0^{\pi}\sigma(\theta)(\cos\theta-\cos a)R^2t\mathrm{d}\theta=M/2\tag{3.2-7}$$

$$\int_0^{a}\frac{(\cos\theta-\cos a)^2}{1-\cos a}\sigma_{\mathrm{t}}R^2t\mathrm{d}\theta+\int_a^{\pi}\frac{(\cos\theta-\cos a)^2}{\beta(1-\cos a)}\sigma_{\mathrm{t}}R^2t\mathrm{d}\theta=M/2\tag{3.2-8}$$

$$\frac{-0.75\sin2a+0.5a+a\cos^2a}{1-\cos a}+\frac{0.5\pi+\pi\cos^2a+0.75\sin2a-0.5a-a\cos^2a}{\beta(1-\cos a)}=\frac{M}{2\sigma_{\mathrm{t}}R^2t}\tag{3.2-9}$$

$$\lambda=\frac{-0.75\sin2a+0.5a+a\cos^2a}{1-\cos a}+\frac{0.5\pi+\pi\cos^2a+0.75\sin2a-0.5a-a\cos^2a}{\beta(1-\cos a)}\tag{3.2-10}$$

$$M=2\lambda\sigma_{\mathrm{t}}R^2t\tag{3.2-11}$$

当极角 a 由式（3.2-6）求解得到后，常系数 λ 可以使用式（3.2-10）计算。而后截面弯矩可由式（3.2-11）求得，截面弯矩与 σ_{t} 成正比。由图 3.2-2 所示应变与中性轴关系可得：

$$\frac{\varepsilon_{\mathrm{t}}}{\varepsilon_{\mathrm{c}}}=\frac{\sigma_{\mathrm{t}}E_{\mathrm{c}}}{\sigma_{\mathrm{c}}E_{\mathrm{t}}}=\frac{\alpha_{\mathrm{e}}}{\beta}=\frac{1-\cos a}{1+\cos a}\quad(\alpha_{\mathrm{e}}=\sigma_{\mathrm{t}}/\sigma_{\mathrm{c}}\quad\sigma_{\mathrm{c}}\leqslant\sigma_{\mathrm{cu}})\tag{3.2-12}$$

式中　ε_{t}——下表面的拉伸应变；

　　　ε_{c}——上表面的压缩应变。将 $\sigma_{\mathrm{t}}=\alpha_{\mathrm{e}}\sigma_{\mathrm{cu}}$ 代入式（3.2-11）可得：

$$M_{\mathrm{p}}=2\lambda\alpha_{\mathrm{e}}\sigma_{\mathrm{cu}}R^2t=2\lambda\beta\frac{1-\cos a}{1+\cos a}\sigma_{\mathrm{cu}}R^2t\tag{3.2-13}$$

式中　M_p——弹性状态的最大弯矩。

当截面弯矩值小于 M_p，截面曲率可由式（3.2-14）计算：

$$k_e = \frac{\sigma_t}{E_t(1-\cos a)R} = \frac{M}{2\lambda(1-\cos a)E_t R^3 t} \quad M \leqslant M_p \tag{3.2-14}$$

2. 弹塑性阶段

图3.2-3为单原竹梁在弹塑性阶段的应力应变分布。原竹截面包含三个区域：弹性拉伸区域、弹性压缩区域、塑性压缩区域。与极角 a 和 b 相对应的两条分界线，划分出上述三个区域。

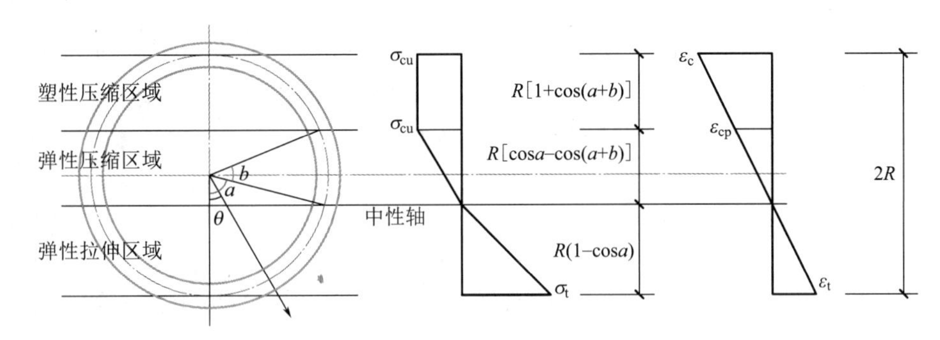

图3.2-3　单原竹弹塑性阶段应力应变分布

弹塑性阶段的应力分布如式（3.2-15）所示，包括三个部分：

$$\sigma(\theta) = \begin{cases} \dfrac{\cos\theta - \cos a}{1-\cos a}\sigma_t & 0 \leqslant \theta \leqslant a \\ \dfrac{\cos\theta - \cos a}{\beta(1-\cos a)}\sigma_t & a \leqslant \theta \leqslant a+b \\ -\sigma_{cu} & a+b \leqslant \theta \leqslant \pi \end{cases} \tag{3.2-15}$$

基于截面变形协调关系可得：

$$\frac{\varepsilon_t}{\varepsilon_{cp}} = \frac{\sigma_t E_c}{\sigma_{cu} E_t} = \frac{\alpha_p}{\beta} = \frac{1-\cos a}{\cos a - \cos(a+b)} \quad (\alpha_p = \sigma_t/\sigma_{cu} \quad \alpha_e \sigma_{cu} \leqslant \sigma_t \leqslant \sigma_{tm}) \tag{3.2-16}$$

$$b = \arccos\left[\cos a - \frac{\beta}{\alpha_p}(1-\cos a)\right] - a \tag{3.2-17}$$

式中　σ_{tm}——σ_t 的最大值。

由轴向受力平衡关系可得：

$$\int_0^{\pi} \sigma(\theta) Rt\mathrm{d}\theta = 0 \tag{3.2-18}$$

$$\int_0^{a} \frac{\cos\theta - \cos a}{1-\cos a}\sigma_t Rt\mathrm{d}\theta + \int_a^{a+b} \frac{\cos\theta - \cos a}{\beta(1-\cos a)}\sigma_t Rt\mathrm{d}\theta + \int_{a+b}^{\pi} -\sigma_{cu} Rt\mathrm{d}\theta = 0 \tag{3.2-19}$$

$$\frac{\sin a - a\cos a}{1-\cos a} + \frac{\sin(a+b) - \sin a - b\cos a}{\beta(1-\cos a)} - \frac{\pi - a - b}{\alpha_p} = 0 \tag{3.2-20}$$

截面弯矩计算表达如下：

$$\int_0^{\pi} \sigma(\theta)(\cos\theta - \cos a) R^2 t\mathrm{d}\theta = M/2 \tag{3.2-21}$$

$$\int_0^a \frac{(\cos\theta - \cos a)^2}{1-\cos a}\sigma_t R^2 t\mathrm{d}\theta + \int_a^{a+b} \frac{(\cos\theta - \cos a)^2}{\beta(1-\cos a)}\sigma_t R^2 t\mathrm{d}\theta + \int_{a+b}^{\pi} -\sigma_{cu}(\cos\theta - \cos a)R^2 t\mathrm{d}\theta = M/2 \tag{3.2-22}$$

$$\frac{-0.75\sin 2a + 0.5a + a\cos^2 a}{1-\cos a} + \frac{0.25\sin 2(a+b) - 2\sin(a+b)\cos a + 0.75\sin 2a + 0.5b + b\cos^2 a}{\beta(1-\cos a)} + \frac{\pi\cos a + \sin(a+b) - (a+b)\cos a}{\alpha_p} = \frac{M}{2\sigma_t R^2 t} \tag{3.2-23}$$

$$\gamma = \frac{-0.75\sin 2a + 0.5a + a\cos^2 a}{1-\cos a} + \frac{0.25\sin 2(a+b) - 2\sin(a+b)\cos a + 0.75\sin 2a + 0.5b + b\cos^2 a}{\beta(1-\cos a)} + \frac{\pi\cos a + \sin(a+b) - (a+b)\cos a}{\alpha_p} \tag{3.2-24}$$

$$M = 2\gamma\sigma_t R^2 t \tag{3.2-25}$$

式（3.2-24）中的常系数 γ 与 a、b、α_p 直接相关。当给定截面弯矩 M，未知变量 a、b、α_p 可由式（3.2-17）、式（3.2-20）、式（3.2-23）联立求解。单原竹梁的极限破坏模式有两种：拉伸破坏、受压破坏。如果上表面首先出现受压失效，下表面拉伸应变 $\varepsilon_t = \frac{1-\cos a}{1+\cos a}\varepsilon_{cu}$ 将不会超过极限拉应变 ε_{tu}。通过将 $\alpha_p = \sigma_{tm}/\sigma_{cu} = E_t \min\left(\frac{1-\cos a}{1+\cos a}\varepsilon_{cu},\ \varepsilon_{tu}\right)/\sigma_{cu}$ 带入式（3.2-17）、式（3.2-20）、式（3.2-23）可得：

$$M_u = 2\gamma\sigma_{tm}R^2 t = \min\left(\frac{1-\cos a}{1+\cos a}\varepsilon_{cu}, \varepsilon_{tu}\right)2\gamma E_t R^2 t \tag{3.2-26}$$

式中 M_u ——截面的极限弯矩。

当截面弯矩介于 M_p 和 M_u 之间时，截面曲率可由式（3.2-27）计算：

$$k_p = \frac{\sigma_t}{E_t(1-\cos a)R} = \frac{M}{2\gamma(1-\cos a)E_t R^3 t} \quad M_p \leqslant M \leqslant M_u \tag{3.2-27}$$

3.2.3 双原竹梁曲率分析

双原竹组合梁的弯曲受力过程同样有两个阶段。因为截面包含两个圆环，弹性阶段截面应力应变分布模式有两种，弹塑性阶段有四种。在上下圆环分别建立极坐标系，下文分析中 a 和 b 分别对应中性轴和弹塑性区的分界线位置。单原竹梁的曲率分析可作为双原竹组合梁的参考。因此，此部分不重复描述曲率分析的过程，仅给出主要方程和最终结果。

1. 弹性阶段

中性轴的位置区分了弹性阶段的两种应力应变分布模式。在分布模式 1 中，中性轴位于两个环的中心线之间。分布模式 2 的中性轴与底部原竹的中心线相交。

（1）分布模式 1

图 3.2-4 为应力应变分布模式 1。

双原竹组合梁在分布模式 1 情况下的曲率分析过程及结果如式（3.2-28）~式（3.2-35）

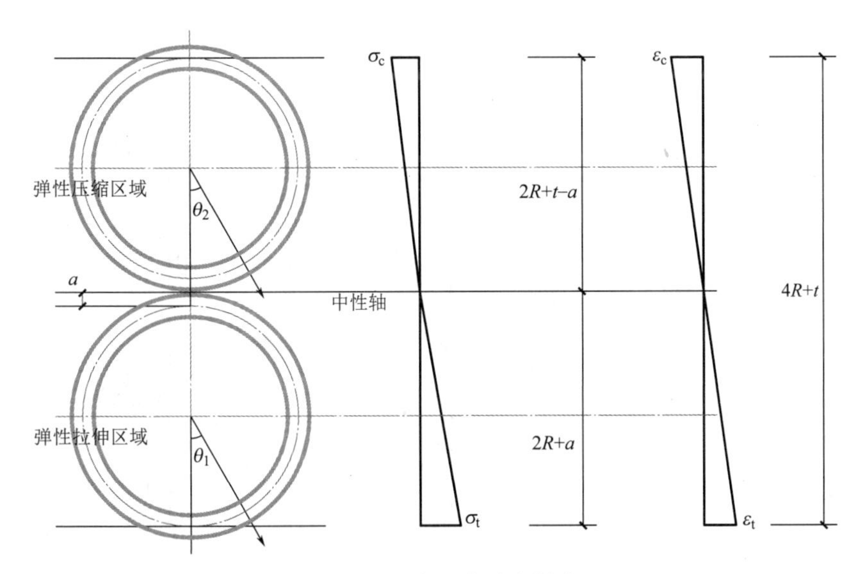

图 3.2–4 应力应变分布模式 1

所示。

$$\begin{cases} \sigma(\theta_1)=\dfrac{R(1+\cos\theta_1)+a}{2R+a}\sigma_t \quad 0\leqslant\theta_1\leqslant\pi \\ \sigma(\theta_2)=\dfrac{R(\cos\theta_2-1)-t+a}{\beta(2R+a)}\sigma_t \quad 0\leqslant\theta_2\leqslant\pi \end{cases} \tag{3.2-28}$$

$$\int_0^{\pi}\frac{R(1+\cos\theta_1)+a}{2R+a}\sigma_t Rt\mathrm{d}\theta_1+\int_0^{\pi}\frac{R(\cos\theta_2-1)-t+a}{\beta(2R+a)}\sigma_t Rt\mathrm{d}\theta_2=0 \tag{3.2-29}$$

$$a=\frac{R(1-\beta)+t}{1+\beta} \quad 0\leqslant a\leqslant 0.5t \tag{3.2-30}$$

$$\int_0^{\pi}\frac{[R(1+\cos\theta_1)+a]^2}{2R+a}\sigma_t Rt\mathrm{d}\theta_1+\int_0^{\pi}\frac{[R(\cos\theta_2-1)-t+a]^2}{\beta(2R+a)}\sigma_t Rt\mathrm{d}\theta_2=M/2 \tag{3.2-31}$$

$$\lambda=\frac{0.5\pi R^2+\pi(R+a)^2}{2R^2+aR}+\frac{0.5\pi R^2+\pi(R+t-a)^2}{\beta(2R^2+aR)} \tag{3.2-32}$$

$$\frac{\varepsilon_t}{\varepsilon_c}=\frac{\sigma_t E_c}{\sigma_c E_t}=\frac{\alpha_e}{\beta}=\frac{2R+a}{2R+t-a} \tag{3.2-33}$$

$$M_p=2\lambda\alpha_e\sigma_{cu}R^2t=2\lambda\beta\frac{2R+a}{2R+t-a}\sigma_{cu}R^2t \tag{3.2-34}$$

$$k_e=\frac{\sigma_t}{E_t(2R+a)}=\frac{M}{2\lambda(2R+a)E_tR^2t} \quad M\leqslant M_p \tag{3.2-35}$$

(2) 分布模式 2

图 3.2–5 为应力应变分布模式 2。

双原竹组合梁在分布模式 1 情况下的曲率分析过程及结果如式 (3.2–36)~式 (3.2–43) 所示。

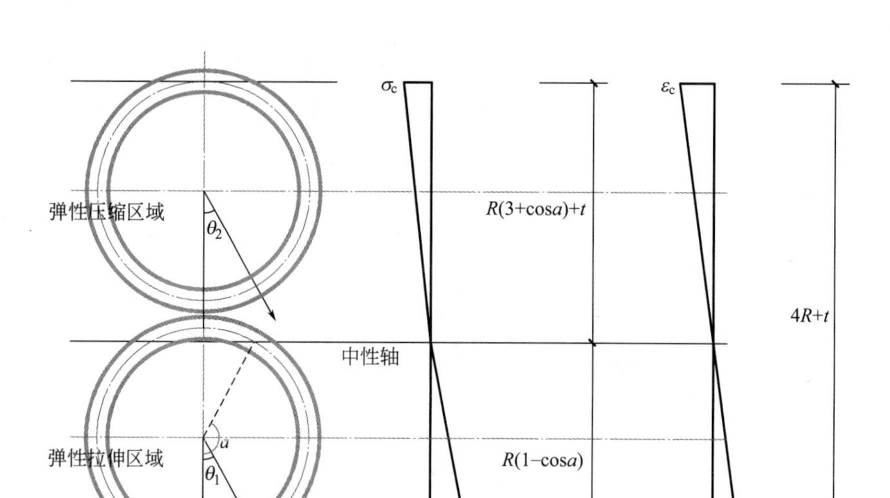

图 3.2–5 应力应变分布模式 2

$$\begin{cases} \sigma(\theta_1)=\begin{cases} \dfrac{\cos\theta_1-\cos a}{1-\cos a}\sigma_t & 0\leqslant\theta_1\leqslant a \\ \dfrac{\cos\theta_1-\cos a}{\beta(1-\cos a)}\sigma_t & a\leqslant\theta_1\leqslant\pi \end{cases} \\ \sigma(\theta_2)=\dfrac{R(\cos\theta_2-\cos a-2)-t}{\beta R(1-\cos a)}\sigma_t \quad 0\leqslant\theta_2\leqslant\pi \end{cases} \tag{3.2-36}$$

$$\int_0^a\frac{\cos\theta_1-\cos a}{1-\cos a}\sigma_t Rt\mathrm{d}\theta_1+\int_a^\pi\frac{\cos\theta_1-\cos a}{\beta(1-\cos a)}\sigma_t Rt\mathrm{d}\theta_1+\int_0^\pi\frac{R(\cos\theta_2-\cos a-2)-t}{\beta R(1-\cos a)}\sigma_t Rt\mathrm{d}\theta_2=0 \tag{3.2-37}$$

$$\frac{2\pi R(1+\cos a)+\pi t}{R(\sin a-a\cos a)}=\beta-1 \tag{3.2-38}$$

$$\int_0^a\frac{(\cos\theta_1-\cos a)^2}{1-\cos a}\sigma_t R^2 t\mathrm{d}\theta_1+\int_a^\pi\frac{(\cos\theta_1-\cos a)^2}{\beta(1-\cos a)}\sigma_t R^2 t\mathrm{d}\theta_1+\int_0^\pi\frac{[R(\cos\theta_2-\cos a-2)-t]^2}{\beta R(1-\cos a)}\sigma_t Rt\mathrm{d}\theta_2=M/2 \tag{3.2-39}$$

$$\lambda=\frac{-0.75\sin 2a+0.5a+a\cos^2 a}{1-\cos a}+\frac{0.5\pi+\pi\cos^2 a+0.75\sin 2a-0.5a-a\cos^2 a}{\beta(1-\cos a)}+\frac{0.5\pi R^2+\pi(R\cos a+2R+t)^2}{\beta R^2(1-\cos a)} \tag{3.2-40}$$

$$\frac{\varepsilon_t}{\varepsilon_c}=\frac{\sigma_t E_c}{\sigma_c E_t}=\frac{\alpha_e}{\beta}=\frac{R(1-\cos a)}{R(3+\cos a)+t} \tag{3.2-41}$$

$$M_p=2\lambda\alpha_e\sigma_{cu}R^2 t=2\lambda\beta\frac{R(1-\cos a)}{R(3+\cos a)+t}\sigma_{cu}R^2 t \tag{3.2-42}$$

$$k_e = \frac{\sigma_t}{E_t(1-\cos a)R} = \frac{M}{2\lambda(1-\cos a)E_tR^3t} \quad M \leqslant M_p \tag{3.2-43}$$

2. 弹塑性阶段

由中性轴和弹塑性区域分界线，可区分出 4 种应力应变分布模式。

（1）分布模式 3

图 3.2–6 为应力应变分布模式 3。

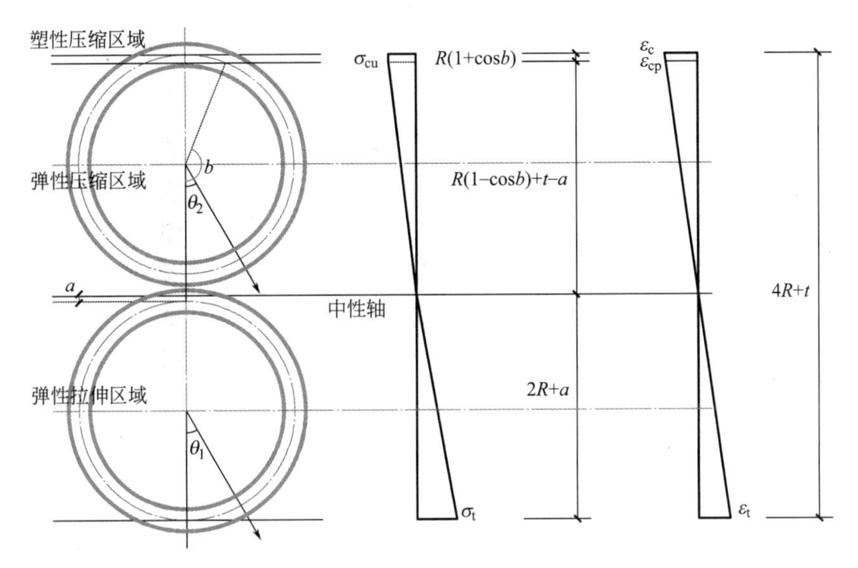

图 3.2–6　应力应变分布模式 3

双原竹组合梁在分布模式 3 情况下的曲率分析过程及结果如式（3.2–44）~式（3.2–53）所示。

$$\begin{cases} \sigma(\theta_1) = \dfrac{R(1+\cos\theta_1)+a}{2R+a}\sigma_t \quad 0 \leqslant \theta_1 \leqslant \pi \\ \sigma(\theta_2) = \begin{cases} \dfrac{R(\cos\theta_2-1)-t+a}{\beta(2R+a)}\sigma_t & 0 \leqslant \theta_2 \leqslant b \\ -\sigma_{cu} & b \leqslant \theta_2 \leqslant \pi \end{cases} \end{cases} \tag{3.2-44}$$

$$\frac{\varepsilon_t}{\varepsilon_{cp}} = \frac{\sigma_t E_c}{\sigma_{cu}E_t} = \frac{\alpha_p}{\beta} = \frac{2R+a}{R(1-\cos b)+t-a} \tag{3.2-45}$$

$$b = \arccos\left[1 + \frac{t-a}{R} - \frac{\beta}{\alpha_p}\left(2+\frac{a}{R}\right)\right] \tag{3.2-46}$$

$$\int_0^{\pi} \frac{R(1+\cos\theta_1)+a}{2R+a}\sigma_t Rt\mathrm{d}\theta_1 + \int_0^{b} \frac{R(\cos\theta_2-1)-t+a}{\beta(2R+a)}\sigma_t Rt\mathrm{d}\theta_2 + \int_b^{\pi} -\sigma_{cu}Rt\mathrm{d}\theta_2 = 0 \tag{3.2-47}$$

$$\frac{\pi(R+a)}{2R+a} + \frac{R\sin b - b(R+t-a)}{\beta(2R+a)} - \frac{\pi-b}{\alpha_p} = 0 \tag{3.2-48}$$

$$\int_0^{\pi} \frac{[R(1+\cos\theta_1)+a]^2}{2R+a}\sigma_t Rt\mathrm{d}\theta_1 + \int_0^{b} \frac{[R(\cos\theta_2-1)-t+a]^2}{\beta(2R+a)}\sigma_t Rt\mathrm{d}\theta_2$$

$$+\int_{b}^{\pi}-\sigma_{cu}[R(\cos\theta_2-1)-t+a]Rt\mathrm{d}\theta_2=M/2 \tag{3.2-49}$$

$$\gamma=\frac{0.5\pi R^2+\pi(R+a)^2}{2R^2+aR}+\frac{0.25R^2\sin 2b+0.5bR^2-2(R+t-a)R\sin b+b(R+t-a)^2}{\beta(2R^2+aR)}+\frac{(R+t-a)(\pi-b)+R\sin b}{R\alpha_p} \tag{3.2-50}$$

$$M=2\gamma\sigma_t R^2 t \tag{3.2-51}$$

$$M_u=2\gamma\sigma_{tm}R^2 t=\min\left(\frac{2R+t-a}{2R+a}\varepsilon_{cu},\varepsilon_{tu}\right)2\gamma E_t R^2 t \tag{3.2-52}$$

$$k_p=\frac{\sigma_t}{E_t(2R+a)}=\frac{M}{2\gamma(2R+a)E_t R^2 t} \tag{3.2-53}$$

（2）分布模式 4

图 3.2-7 为应力应变分布模式 4。

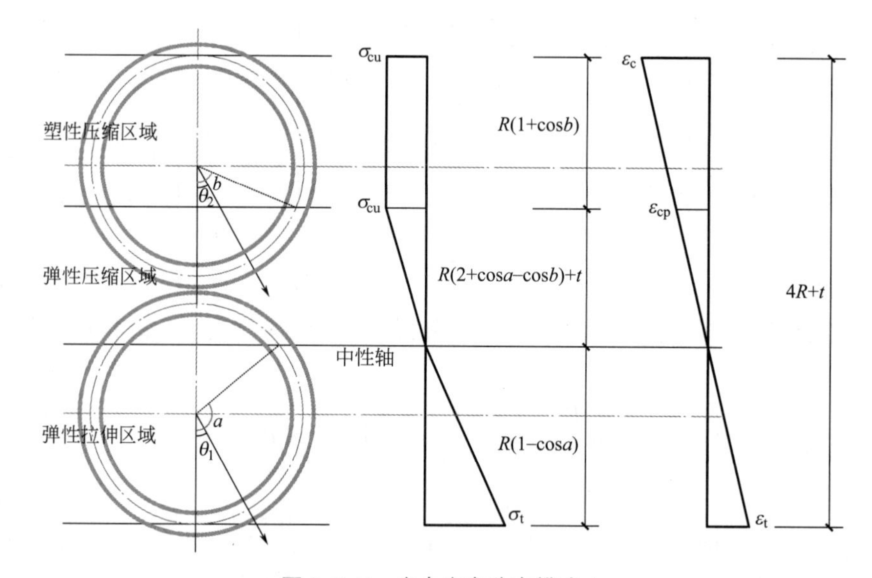

图 3.2-7 应力应变分布模式 4

双原竹组合梁在分布模式 4 情况下的曲率分析过程及结果如式（3.2-54）~式（3.2-63）所示。

$$\begin{cases}\sigma(\theta_1)=\begin{cases}\dfrac{\cos\theta_1-\cos a}{1-\cos a}\sigma_t & 0\leqslant\theta_1\leqslant a\\[2ex] \dfrac{\cos\theta_1-\cos a}{\beta(1-\cos a)}\sigma_t & a\leqslant\theta_1\leqslant\pi\end{cases}\\[4ex] \sigma(\theta_2)=\begin{cases}\dfrac{R(\cos\theta_2-\cos a-2)-t}{\beta R(1-\cos a)}\sigma_t & 0\leqslant\theta_2\leqslant b\\[2ex] -\sigma_{cu} & b\leqslant\theta_2\leqslant\pi\end{cases}\end{cases} \tag{3.2-54}$$

$$\frac{\varepsilon_{t}}{\varepsilon_{cp}}=\frac{\sigma_{t}E_{c}}{\sigma_{cu}E_{t}}=\frac{\alpha_{p}}{\beta}=\frac{R(1-\cos a)}{R(2+\cos a-\cos b)+t} \tag{3.2-55}$$

$$b=\arccos\left[2+\cos a+\frac{t}{R}-\frac{\beta}{\alpha_{p}}(1-\cos a)\right] \tag{3.2-56}$$

$$\int_{0}^{a}\frac{\cos\theta_{1}-\cos a}{1-\cos a}\sigma_{t}Rt\mathrm{d}\theta_{1}+\int_{a}^{\pi}\frac{\cos\theta_{1}-\cos a}{\beta(1-\cos a)}\sigma_{t}Rt\mathrm{d}\theta_{1}+\int_{0}^{b}\frac{R(\cos\theta_{2}-\cos a-2)-t}{\beta R(1-\cos a)}\sigma_{t}Rt\mathrm{d}\theta_{2}+\int_{b}^{\pi}-\sigma_{cu}Rt\mathrm{d}\theta_{2}=0 \tag{3.2-57}$$

$$\frac{\sin a-a\cos a}{1-\cos a}+\frac{-\pi\cos a-\sin a+a\cos a}{\beta(1-\cos a)}+\frac{R\sin b-b(R\cos a+2R+t)}{\beta R(1-\cos a)}-\frac{\pi-b}{\alpha_{p}}=0 \tag{3.2-58}$$

$$\begin{aligned}&\int_{0}^{a}\frac{(\cos\theta_{1}-\cos a)^{2}}{1-\cos a}\sigma_{t}R^{2}t\mathrm{d}\theta_{1}+\int_{a}^{\pi}\frac{(\cos\theta_{1}-\cos a)^{2}}{\beta(1-\cos a)}\sigma_{t}R^{2}t\mathrm{d}\theta_{1}\\&\quad+\int_{0}^{b}\frac{[R(\cos\theta_{2}-\cos a-2)-t]^{2}}{\beta R(1-\cos a)}\sigma_{t}Rt\mathrm{d}\theta_{2}\\&\quad+\int_{b}^{\pi}-\sigma_{cu}[R(\cos\theta_{2}-\cos a-2)-t]Rt\mathrm{d}\theta_{2}=M/2\end{aligned} \tag{3.2-59}$$

$$\begin{aligned}\gamma=&\frac{-0.75\sin2a+0.5a+a\cos^{2}a}{1-\cos a}+\frac{0.5\pi+\pi\cos^{2}a+0.75\sin2a-0.5a-a\cos^{2}a}{\beta(1-\cos a)}\\&+\frac{R^{2}(0.25\sin2b+0.5b)-2R(R\cos a+2R+t)\sin b+b(R\cos a+2R+t)^{2}}{\beta R^{2}(1-\cos a)}\\&+\frac{(R\cos a+2R+t)(\pi-b)+R\sin b}{R\alpha_{p}}\end{aligned} \tag{3.2-60}$$

$$M=2\gamma\sigma_{t}R^{2}t \tag{3.2-61}$$

$$M_{u}=2\gamma\sigma_{tm}R^{2}t=\min\left(\frac{R(1-\cos a)}{R(3+\cos a)+t}\varepsilon_{cu},\varepsilon_{tu}\right)2\gamma E_{t}R^{2}t \tag{3.2-62}$$

$$k_{p}=\frac{\sigma_{t}}{E_{t}(1-\cos a)R}=\frac{M}{2\gamma(1-\cos a)E_{t}R^{3}t} \tag{3.2-63}$$

(3) 分布模式 5

图 3.2-8 为应力应变分布模式 5。

双原竹组合梁在分布模式 5 情况下的曲率分析过程及结果如式（3.2-64）~式（3.2-73）所示。

$$\begin{cases}\sigma(\theta_{1})=\begin{cases}\dfrac{\cos\theta_{1}-\cos a}{1-\cos a}\sigma_{t} & 0\leqslant\theta_{1}\leqslant a\\ \dfrac{\cos\theta_{1}-\cos a}{\beta(1-\cos a)}\sigma_{t} & a\leqslant\theta_{1}\leqslant\pi\end{cases}\\ \sigma(\theta_{2})=-\sigma_{cu}\quad 0\leqslant\theta_{2}\leqslant\pi\end{cases} \tag{3.2-64}$$

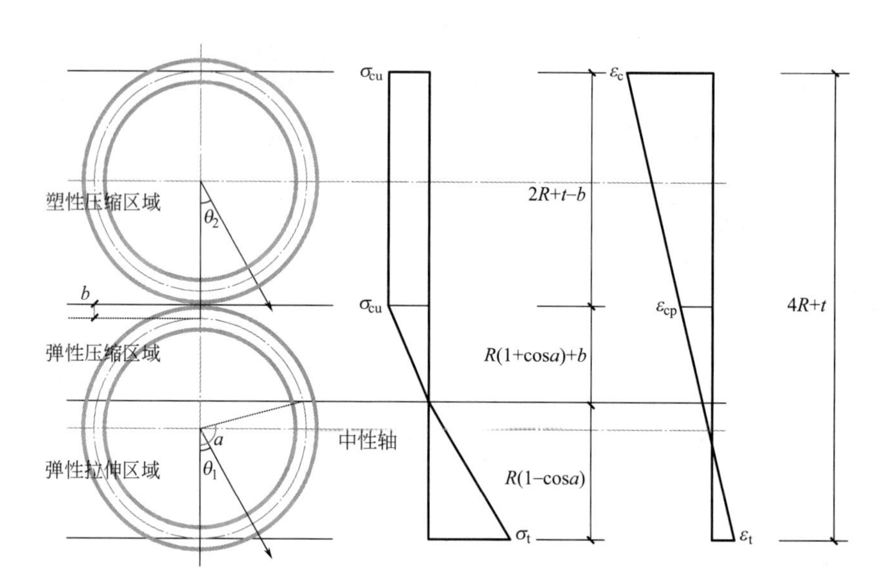

图 3.2–8 应力应变分布模式 5

$$\frac{\varepsilon_t}{\varepsilon_{cp}}=\frac{\sigma_t E_c}{\sigma_{cu}E_t}=\frac{\alpha_p}{\beta}=\frac{R(1-\cos a)}{R(1+\cos a)+b} \tag{3.2-65}$$

$$b=\frac{\beta}{\alpha_p}R(1-\cos a)-R(1+\cos a) \tag{3.2-66}$$

$$\int_0^a \frac{\cos\theta_1-\cos a}{1-\cos a}\sigma_t Rt\mathrm{d}\theta_1+\int_a^\pi \frac{\cos\theta_1-\cos a}{\beta(1-\cos a)}\sigma_t Rt\mathrm{d}\theta_1+\int_0^\pi -\sigma_{cu}Rt\mathrm{d}\theta_2=0 \tag{3.2-67}$$

$$\frac{\sin a-a\cos a}{1-\cos a}+\frac{-\pi\cos a-\sin a+a\cos a}{\beta(1-\cos a)}-\frac{\pi}{\alpha_p}=0 \tag{3.2-68}$$

$$\int_0^a \frac{(\cos\theta_1-\cos a)^2}{1-\cos a}\sigma_t Rt\mathrm{d}\theta_1+\int_a^\pi \frac{(\cos\theta_1-\cos a)^2}{\beta(1-\cos a)}\sigma_t Rt\mathrm{d}\theta_1 +\int_0^\pi -\sigma_{cu}[R(\cos\theta_2-\cos a-2)-t]Rt\mathrm{d}\theta_2=M/2 \tag{3.2-69}$$

$$\gamma=\frac{-0.75\sin 2a+0.5a+a\cos^2 a}{1-\cos a}+\frac{0.5\pi+\pi\cos^2 a+0.75\sin 2a-0.5a-a\cos^2 a}{\beta(1-\cos a)}+\frac{\pi(R\cos a+2R+t)}{R\alpha_p} \tag{3.2-70}$$

$$M=2\gamma\sigma_t R^2 t \tag{3.2-71}$$

$$M_u=2\gamma\sigma_{tm}R^2 t=\min\left(\frac{R(1-\cos a)}{R(3+\cos a)+t}\varepsilon_{cu},\varepsilon_{tu}\right)2\gamma E_t R^2 t \tag{3.2-72}$$

$$k_p=\frac{\sigma_t}{E_t(1-\cos a)R}=\frac{M}{2\gamma(1-\cos a)E_t R^3 t} \tag{3.2-73}$$

（4）分布模式 6

图 3.2–9 为应力应变分布模式 6。

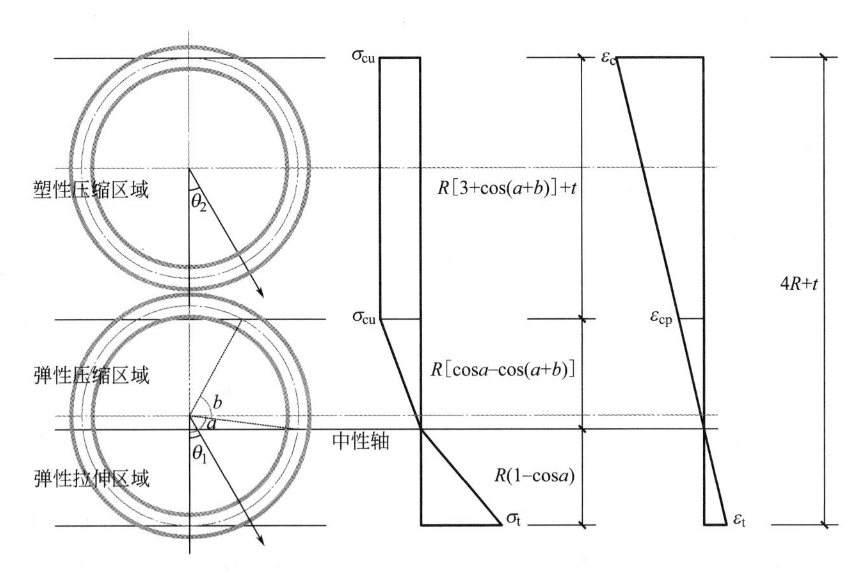

图 3.2–9　应力应变分布模式 6

双原竹组合梁在分布模式 6 情况下的曲率分析过程及结果如式（3.2–74）~式（3.2–83）所示。

$$\begin{cases} \sigma(\theta_1)=\begin{cases} \dfrac{\cos\theta_1-\cos a}{1-\cos a}\sigma_t & 0\leqslant\theta_1\leqslant a \\ \dfrac{\cos\theta_1-\cos a}{\beta(1-\cos a)}\sigma_t & a\leqslant\theta_1\leqslant a+b \\ -\sigma_{cu} & a+b\leqslant\theta_1\leqslant\pi \end{cases} \\ \sigma(\theta_2)=-\sigma_{cu} \quad 0\leqslant\theta_2\leqslant\pi \end{cases} \tag{3.2-74}$$

$$\frac{\varepsilon_t}{\varepsilon_{cp}}=\frac{\sigma_t E_c}{\sigma_{cu}E_t}=\frac{\alpha_p}{\beta}=\frac{1-\cos a}{\cos a-\cos(a+b)} \tag{3.2-75}$$

$$b=\arccos\left[\cos a-\frac{\beta}{\alpha_p}(1-\cos a)\right]-a \tag{3.2-76}$$

$$\int_0^a \frac{\cos\theta_1-\cos a}{1-\cos a}\sigma_t Rt\mathrm{d}\theta_1+\int_a^{a+b}\frac{\cos\theta_1-\cos a}{\beta(1-\cos a)}\sigma_t Rt\mathrm{d}\theta_1+\int_{a+b}^{\pi}-\sigma_{cu}Rt\mathrm{d}\theta_1+\int_0^{\pi}-\sigma_{cu}Rt\mathrm{d}\theta_2=0 \tag{3.2-77}$$

$$\frac{\sin a-a\cos a}{1-\cos a}+\frac{\sin(a+b)-\sin a-b\cos a}{\beta(1-\cos a)}-\frac{2\pi-a-b}{\alpha_p}=0 \tag{3.2-78}$$

$$\begin{aligned}\int_0^a \frac{(\cos\theta_1-\cos a)^2}{1-\cos a}\sigma_t R^2t\mathrm{d}\theta_1&+\int_a^{a+b}\frac{(\cos\theta_1-\cos a)^2}{\beta(1-\cos a)}\sigma_t R^2t\mathrm{d}\theta_1\\&+\int_{a+b}^{\pi}-\sigma_{cu}(\cos\theta_1-\cos a)R^2t\mathrm{d}\theta_1\\&+\int_0^{\pi}-\sigma_{cu}[R(\cos\theta_2-\cos a-2)-t]Rt\mathrm{d}\theta_2=M/2\end{aligned} \tag{3.2-79}$$

$$\gamma = \frac{-0.75\sin 2a + 0.5a + a\cos^2 a}{1 - \cos a} + \frac{0.25\sin 2(a+b) - 2\sin(a+b)\cos a + 0.75\sin 2a + 0.5b + b\cos^2 a}{\beta(1-\cos a)} + \frac{\pi\cos a + \sin(a+b) - (a+b)\cos a}{\alpha_p} + \frac{\pi(R\cos a + 2R + t)}{R\alpha_p} \tag{3.2-80}$$

$$M = 2\gamma\sigma_t R^2 t \tag{3.2-81}$$

$$M_u = 2\gamma\sigma_{tm}R^2 t = \min\left(\frac{R(1-\cos a)}{R(3+\cos a)+t}\varepsilon_{cu}, \varepsilon_{tu}\right)2\gamma E_t R^2 t \tag{3.2-82}$$

$$k_p = \frac{\sigma_t}{E_t(1-\cos a)R} = \frac{M}{2\gamma(1-\cos a)E_t R^3 t} \tag{3.2-83}$$

3.2.4　荷载位移曲线计算

对于简支梁，可以直接绘制其弯矩图。图 3.2-10（a）为任意荷载作用下的弯矩示意图 $M(P, x)$，图 3.2-10（b）为单位荷载作用下的弯矩图 $\overline{M}(x)$。基于上述分析中的弯矩和曲率关系，采用虚功原理，可计算单位荷载作用点位置荷载挠度曲线，如式（3.2-84）所示。

$$\Delta(P) = \int_0^L \overline{M}(x)k[M(P,x)]\mathrm{d}x \tag{3.2-84}$$

式中　$k[M(P, x)]$——弯矩和曲率关系，曲率 k 是弯矩 M 的函数。

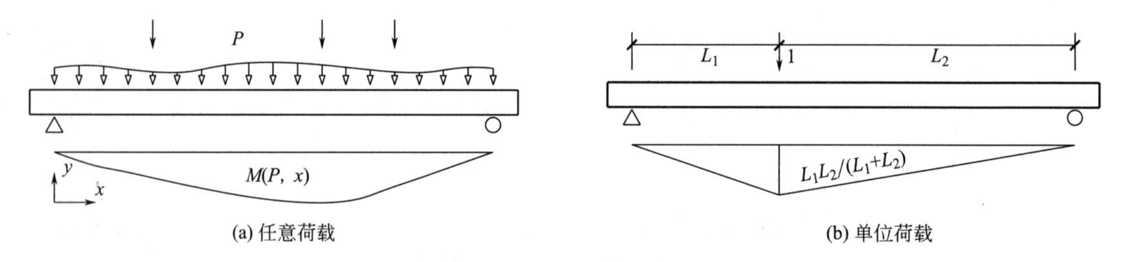

图 3.2-10　弯矩示意图

荷载位移曲线的具体计算流程如图 3.2-11 所示，计算流程包括三个步骤。

对于单原竹梁：①分别计算弹性阶段和弹塑性阶段的极限弯矩 M_p 和 M_u，采用两个弯矩来区分弹性阶段、弹塑性阶段和破坏阶段。②当给定截面弯矩值 M，可判断截面弹塑性状态，然后可求得对应状态下的截面曲率。在前文分析的基础上，可建立计算曲率 k 的函数，弯矩 M 为自变量。③最后，绘制外荷载 P 对应的弯矩图 $M(P, x)$，载荷-挠度曲线 $\Delta(P)$ 可以通过式（3.2-84）求得。

双原竹组合梁在弹性阶段有两种应力应变分布模式，而弹塑性阶段有四种。因此，双原竹组合梁的前两步计算过程较为复杂。但是第三步的荷载-挠度曲线计算过程相同。在弹塑性状态下，临界弯矩 M_i 代表各分布模式下的最大弯矩，用于划分四种不同分布模式。弹性阶段的极限弯矩 M_p 求解包含两种情况，与弹性状态下的两种分布模式相对应。竹梁在弹塑性状态的四种分布模式中均有可能发生失效，故弹塑性阶段的极限弯矩 M_u 求解包含四种情况。

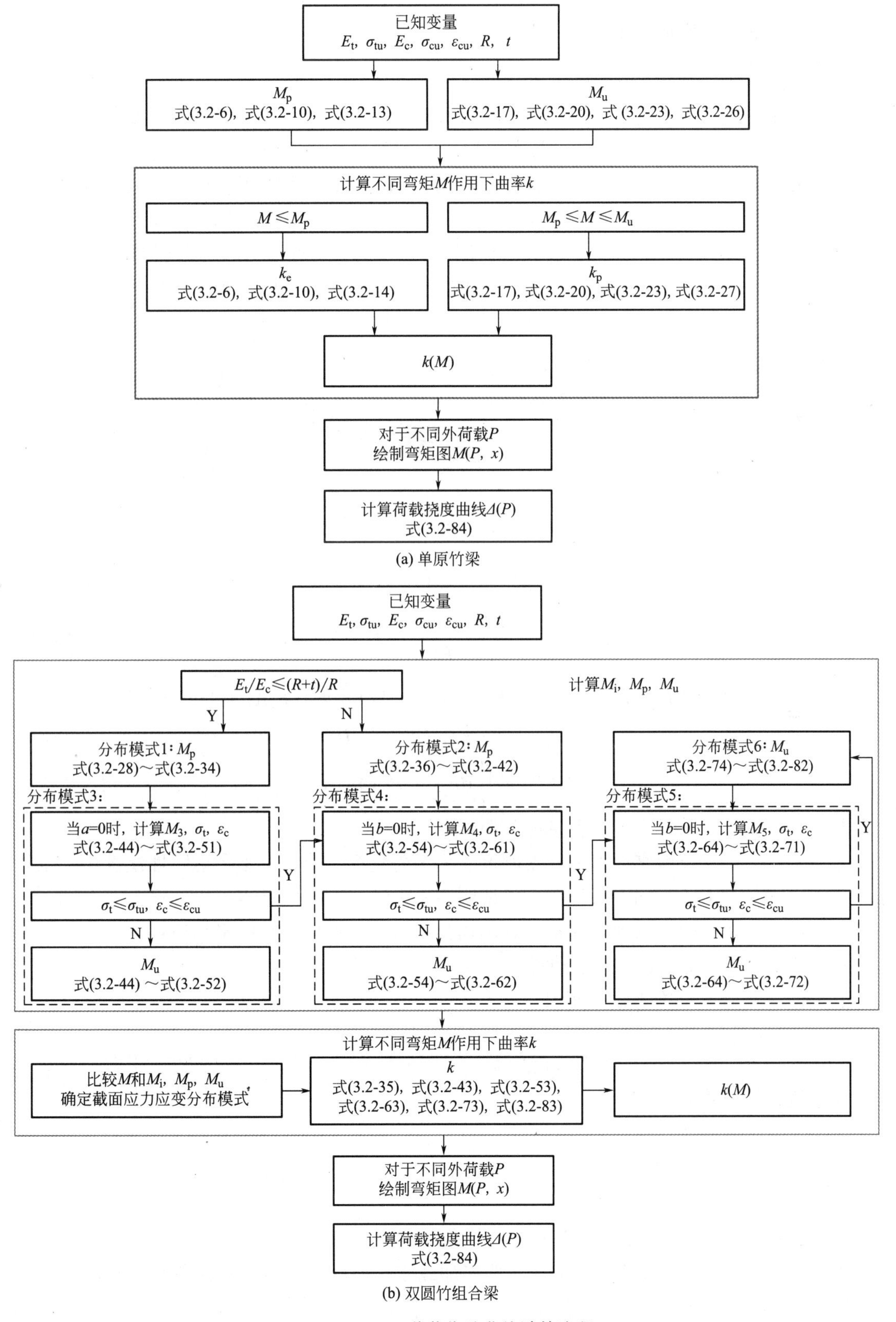

图 3.2–11 荷载位移曲线计算流程

3.2.5 界面滑移影响分析

双原竹组合梁中上下原竹间的界面滑移难于避免，但是在上文分析中并未考虑滑移影响。因此基于以下基本假定，分析界面滑移的影响：①原竹保持弹性状态；②界面剪力与滑移量成正比；③上下原竹曲率和变形协同；④不考虑剪切变形，符合平截面假定。

图 3.2-12 为上下原竹间界面滑移示意图。基于微元体分析，建立平衡微分方程，如式（3.2-85）~式（3.2-87）所示。带入边界条件后，可求解界面滑移 u。对于简支和自由边界，$u'=0$；对于固定端和对称截面，$u=0$。由滑移引起的附加曲率 k_s 可按照式（3.2-88）求得，附加曲率 k_s 是竖向剪力的函数 V。式（3.2-89）给出附加挠度的计算方法。

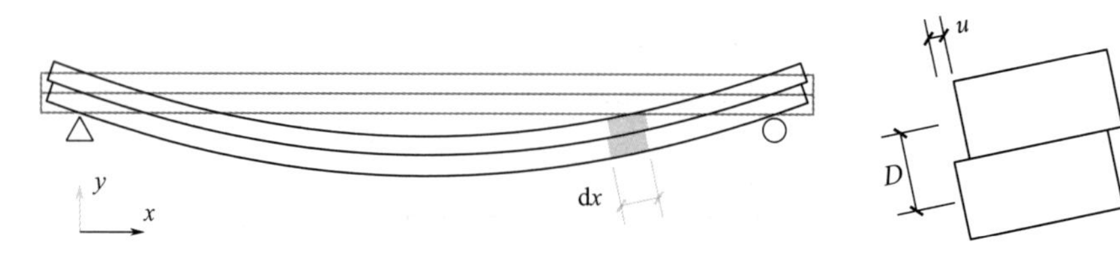

图 3.2-12 界面滑移示意图

$$u''-\alpha^2 u = VD/EI_0 \tag{3.2-85}$$

$$\alpha^2=\frac{KD^2}{EI_0(1-EI_0/EI_\infty)} \quad D=2R+t \tag{3.2-86}$$

$$EI_\infty=EI_0+EAD^2 \quad EI_0=E_1I_1+E_2I_2 \quad 1/EA=1/E_1A_1+1/E_2A_2 \tag{3.2-87}$$

$$k_s=(1-EI_0/EI_\infty)u'/D \tag{3.2-88}$$

$$\Delta_s(P)=\int_0^L \overline{M}k_s[V(P,x)]\mathrm{d}x \tag{3.2-89}$$

式中 D——上下原竹水平对称轴的间距；

K——单位长度交界面的剪切刚度。为了简化推导分析，不考虑弹性模量在拉压状态下的不同，后续分析将证明不考虑情况下误差基本可以忽略；

E_1、E_2——上下原竹的弹性模量，它们均为拉压方向弹性模量的平均值；

I_1、I_2——上下原竹的截面惯性矩；

A_1、A_2——上下原竹的截面面积。

3.3 有限元分析

3.3.1 单原竹梁

采用有限元分析方法验证上述理论分析的正确性。图 3.3-1（a）为两点加载示意图，是规范推荐的原竹弯曲性能测试方法。两点加载方式的弯矩图与均布荷载基本相同。为了计算跨中挠度，图 3.3-1（b）给出跨中单位荷载作用下的弯矩图。

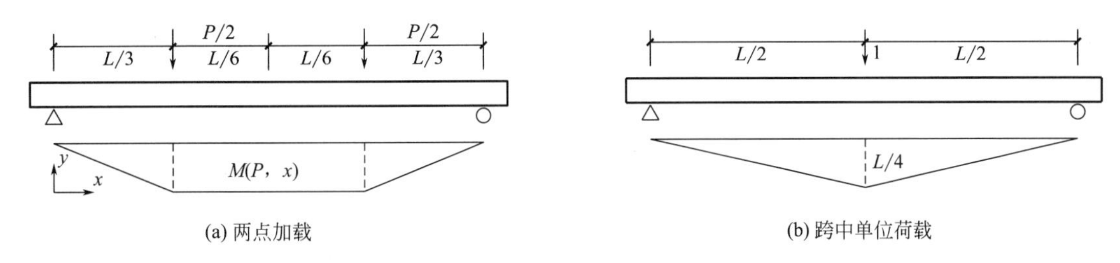

图 3.3-1　两点加载和跨中单位荷载下的弯矩图

图 3.3-2 为单原竹梁的有限元模型，竹梁跨度为 3m，截面尺寸为 ϕ100mm×8mm。加载点和支座均采用耦合约束，单元选用 C3D8R 实体单元。整体网格尺寸为 16mm，但沿厚度方向网格尺寸为 4mm。原竹材料属性设置参照表 3.3-1，需要特别说明的是，在有限元软件中无法区分拉压方向的弹性模量，因此弹性模量设置采用二者的均值。基于原始模型，分别建立考虑锥度、竹节的有限元模型。原竹锥度设置为 0.6%，竹节横隔厚度设为 8mm，横隔材性设置同样参照表 3.3-1。横隔与原竹内壁绑定连接，且间距设置为 300mm。此外，同时分析跨度为 4.5m、6m 的单原竹模型，进一步验证理论分析。

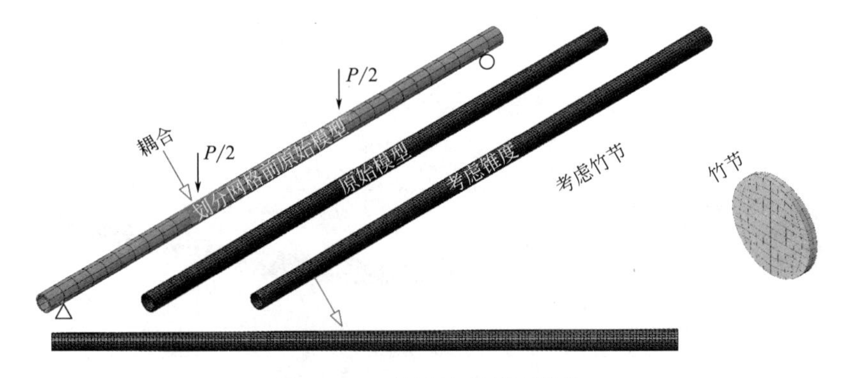

图 3.3-2　单原竹有限元模型

原竹材料属性参数　　**表 3.3-1**

E_t (GPa)	E_c (GPa)	σ_{tu} (MPa)	σ_{cu} (MPa)	ε_{cu}
13	12	180	60	0.02

图 3.3-3 对比了单原竹梁的理论分析和有限元分析结果。结果显示拉压状态下弹性模量不同对理论分析结果影响较小，证明可以不考虑拉压状态下弹性模量不同建立有限元模型。

在初始阶段，有限元分析结果与理论分析结果吻合较好。但是进入塑性大变形阶段后，二者有一定的差异。当有限元模型关闭几何非线性选项时，结果与理论分析吻合较好，说明差异主要由理论分析未考虑几何非线性引起。此外，有限元分析结果显示锥度和竹节对原竹梁弯曲性能影响较小，其荷载挠度曲线与原始模型差异较小。

跨度 3m 单原竹梁的最终应力变形状态如图 3.3-4 所示。由于竹材具有较高的抗拉强度，跨中截面中性轴明显下移。当不考虑几何非线性时，支座水平变形基本可以忽略不计。考虑锥度后竹梁变形左右不对称，因左侧截面相对较小，最大应力位置向左偏移。考虑竹节模型的应力和变形分布与原始模型基本相同。

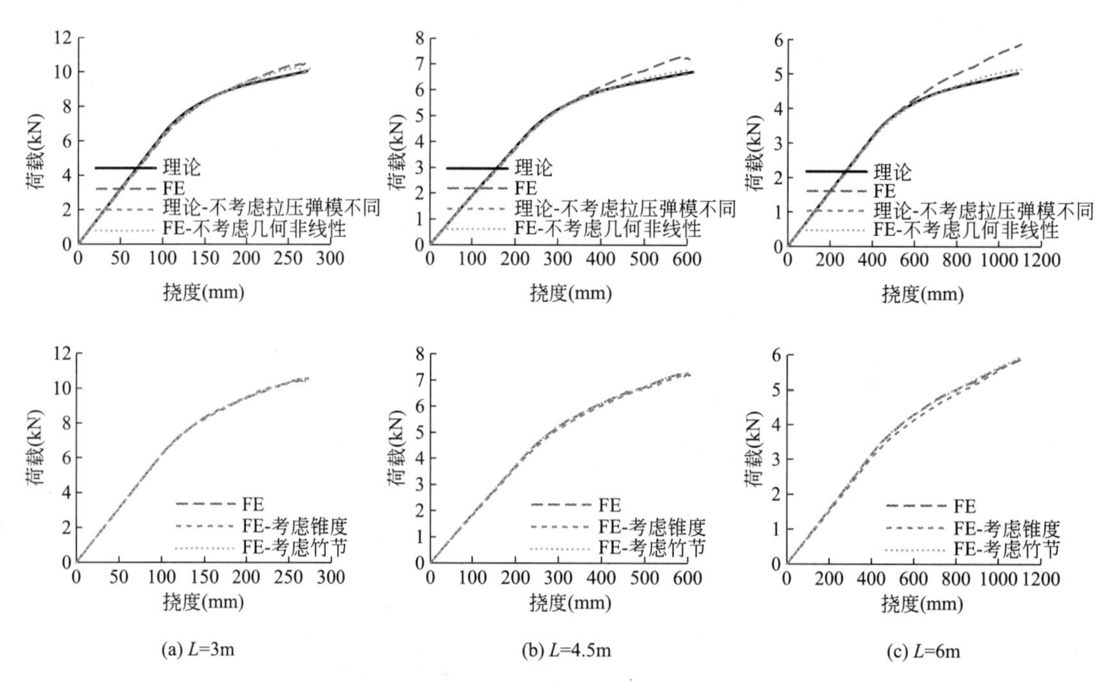

图 3.3-3 单原竹梁理论和有限元分析结果对比

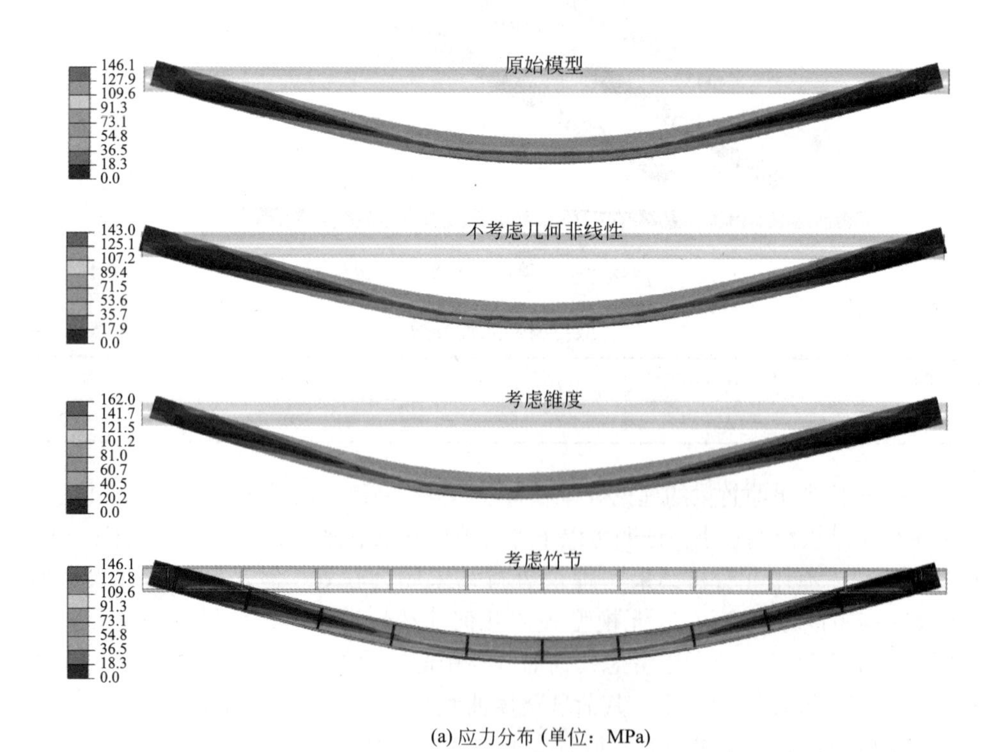

(a) 应力分布 (单位：MPa)

图 3.3-4 跨度 3m 单原竹梁最终应力变形状态（一）

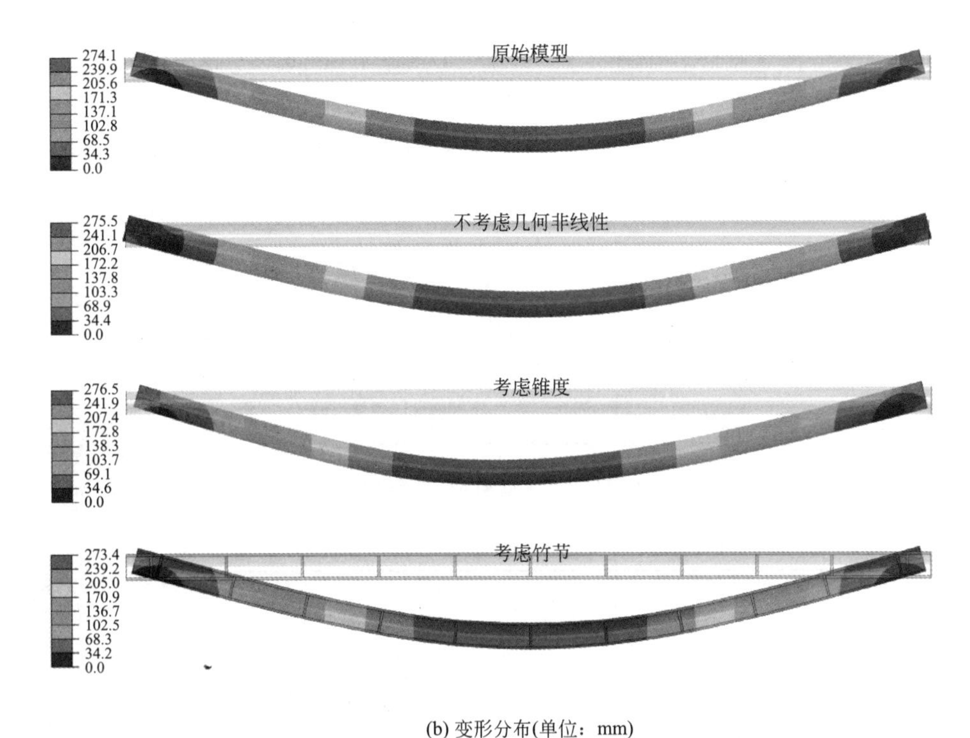

(b) 变形分布(单位：mm)

图 3.3-4　跨度 3m 单原竹梁最终应力变形状态（二）

3.3.2　双原竹梁

图 3.3-5 为双原竹组合梁的有限元模型，其建模方法与单原竹模型相同。采用轴向连接器模拟上下原竹间的切向相互作用，法向设置为硬接触。沿轴线将上下原竹均分为 30 段，而后建立 30 个连接器，将其一一对应连接。对于不同跨度竹梁，每个连接器连接不同长度的竹梁段。当跨度为 3m、4.5m、6m 时，单个连接器的连接长度分别为 100mm、150mm、200mm。连接器两端与竹梁段之间通过耦合方式连接。建立考虑锥度和竹节的双原竹组合梁，考虑锥度的双原竹反向放置，竹节沿轴线均匀分布。

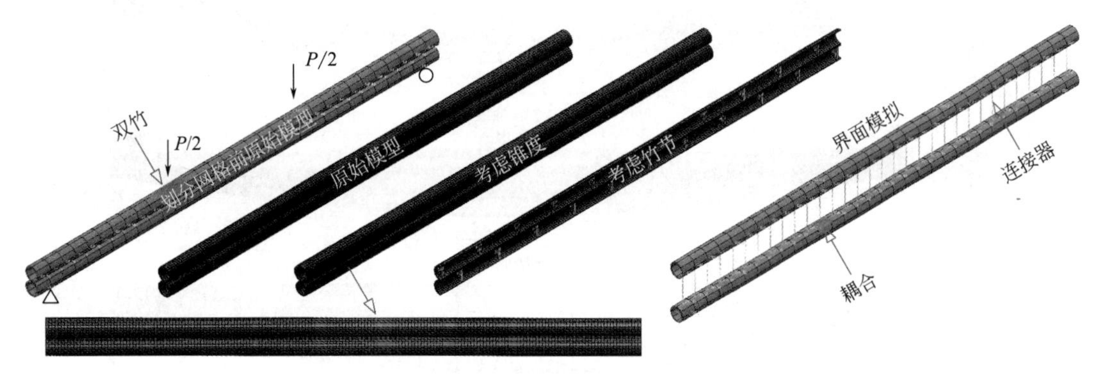

图 3.3-5　双原竹组合梁有限元模型

1. 双竹无滑移

为了研究无滑移双原竹组合梁的弯曲性能，连接器的轴向刚度设为无穷大。图 3. 3-6 对比了双原竹组合梁的理论和有限元分析结果，有限元结果与理论吻合较好。图中显示单原竹梁的变形能力约为双原竹组合梁的两倍，因此几何非线性对于双原竹组合梁的影响较小，基本可以忽略。因反向放置锥度原竹，降低了锥度对双原竹弯曲性能的影响。

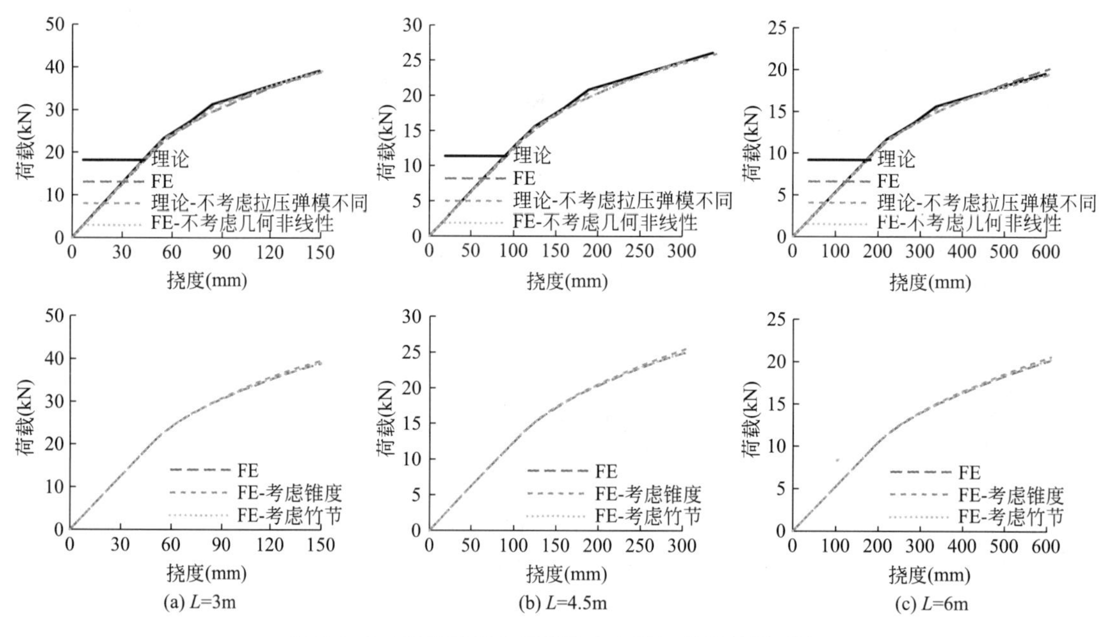

图 3. 3-6　双原竹组合梁理论和有限元分析结果对比

跨度 3m 双原竹组合梁的最终应力变形状态如图 3. 3-7 所示。在四个有限元模型中，

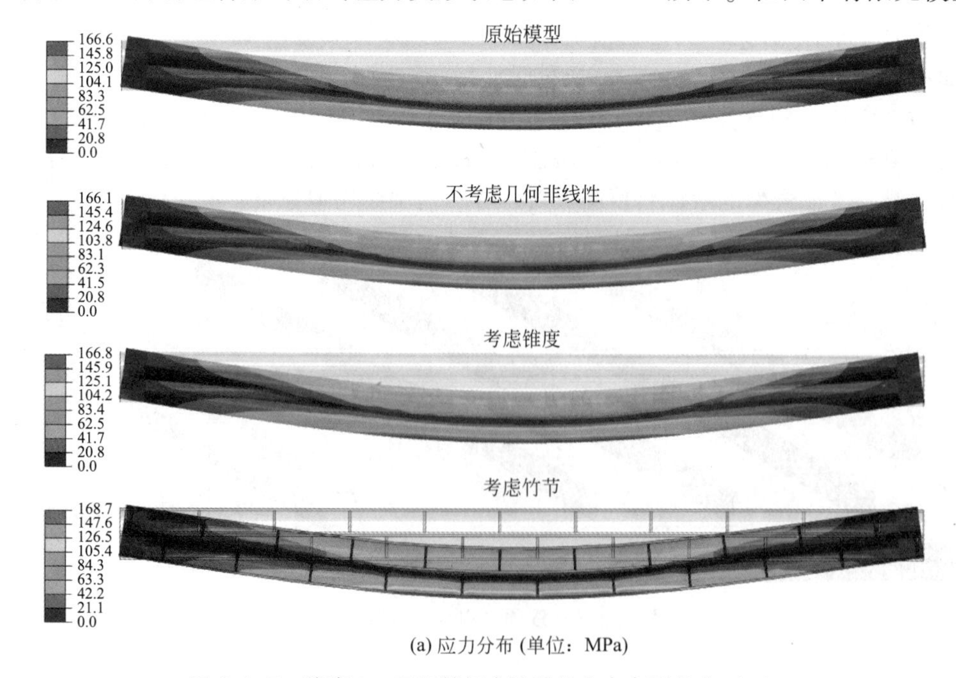

图 3. 3-7　跨度 3m 双原竹组合梁最终应力变形状态（一）

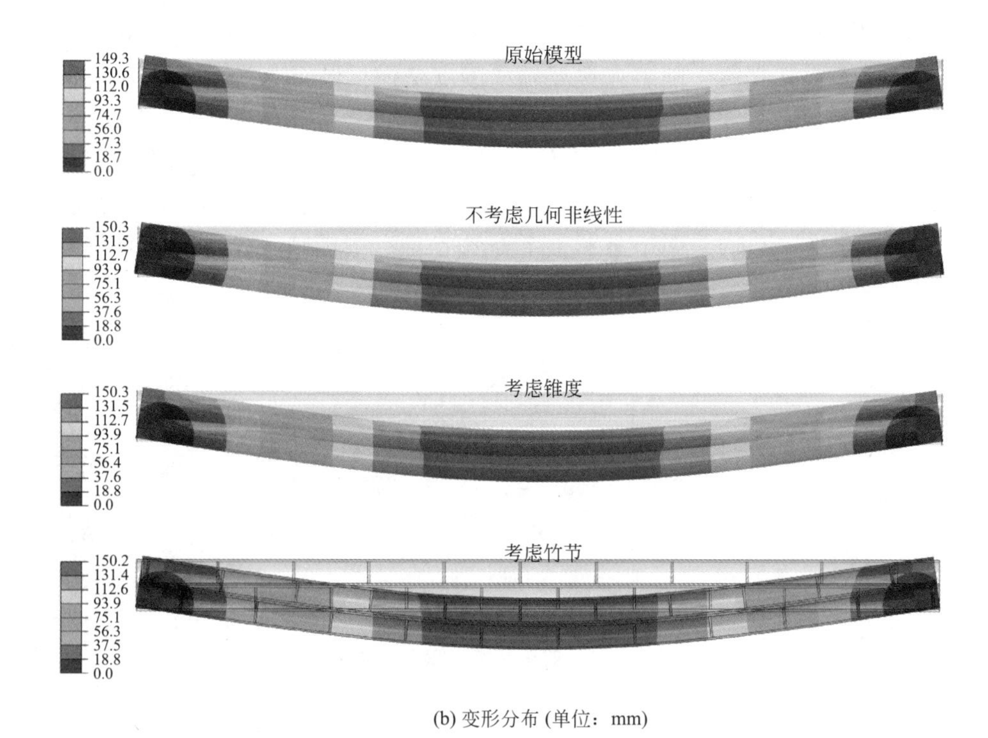

(b) 变形分布 (单位：mm)

图 3.3-7 跨度 3m 双原竹组合梁最终应力变形状态（二）

界面没有出现滑移，中性轴向下偏移。支座水平位移较小，因此几何非线性的影响不显著。考虑锥度模型的应力变形分布具有对称性，同样说明锥度影响较小。

2. 双竹有滑移

界面滑移理论分析仅适用于弹性阶段，有限元分析能够补充这一不足，给出进入塑性阶段的计算结果。建立不同连接器轴向刚度 S 的双原竹组合梁有限元模型，刚度分别设置为：6.4、1.6、0.4、0（kN/mm）。图 3.3-8 为有滑移梁的荷载-挠度曲线，在弹性阶段理论和有限元分析曲线基本保持一致。连接器轴向刚度 S 对双原竹组合梁的弯曲性能影响较大，当刚度为 6.4kN/mm 时，荷载-挠度曲线与不考虑滑移计算结果较为接近。单个连接器轴向刚度 S 与连接长度 l 的比值，定义为界面抗剪刚度 K，如式 3.3-1 所示。因此随着跨度增大连接段长度变大，抗剪刚度 K 有所减小。

$$K = S/l \tag{3.3-1}$$

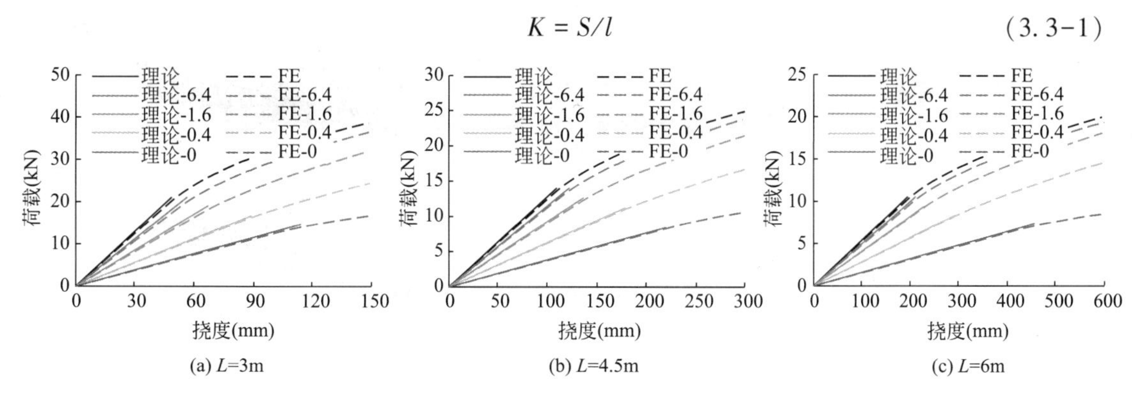

图 3.3-8 有滑移双原竹组合梁荷载挠度曲线

图 3.3-9 对比了双原竹组合梁在弹性阶段的滑移分布，由图可知理论分析结果准确可靠。最大滑移位置位于梁端，随着连接器轴向刚度增加，界面滑移逐渐减小。图 3.3-10 分析了当连接器刚度为 6.4kN/mm 时的界面剪力，界面剪力与连接器轴力相等。考虑对称性，图中仅给出左侧 15 个连接器的轴力值。连接器从左向右连续编号。连接器 1 位于左侧支座位置，因此受力最大。图 3.3-11 为考虑滑移双原竹组合梁的最终应力变形分布，此时连接器刚度为 0kN/mm。图中显示上下原竹各自有中性轴出现，与单原竹梁基本相同，界面滑移最大位置位于梁端。

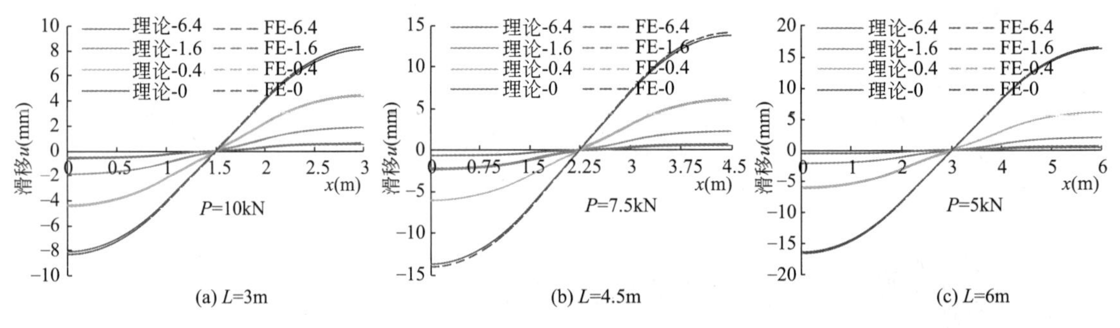

图 3.3-9　双原竹组合梁滑移分布

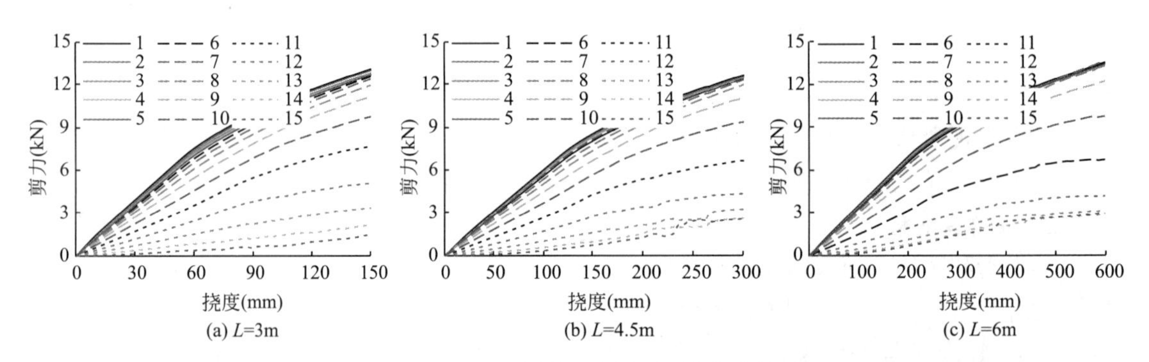

图 3.3-10　双原竹组合梁界面剪力分析

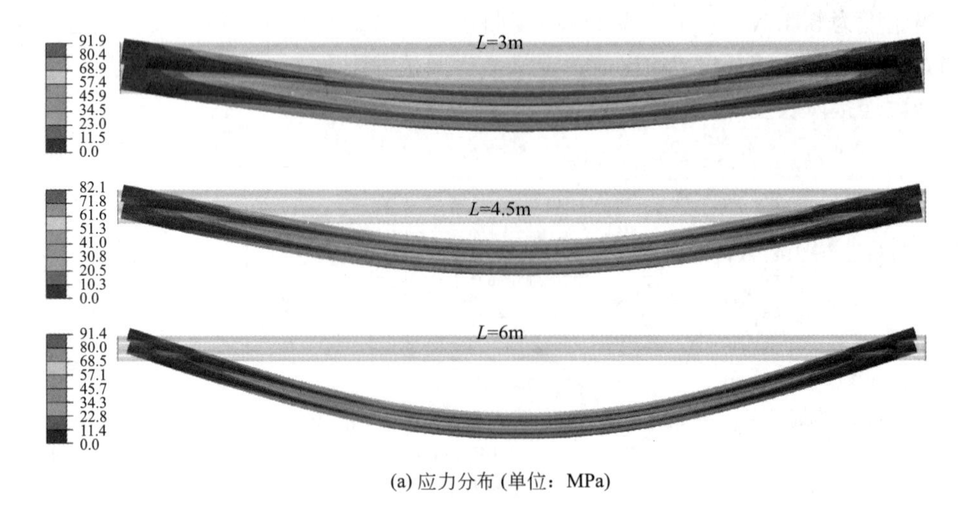

(a) 应力分布 (单位：MPa)

图 3.3-11　有滑移双原竹组合梁最终应力变形状态（一）

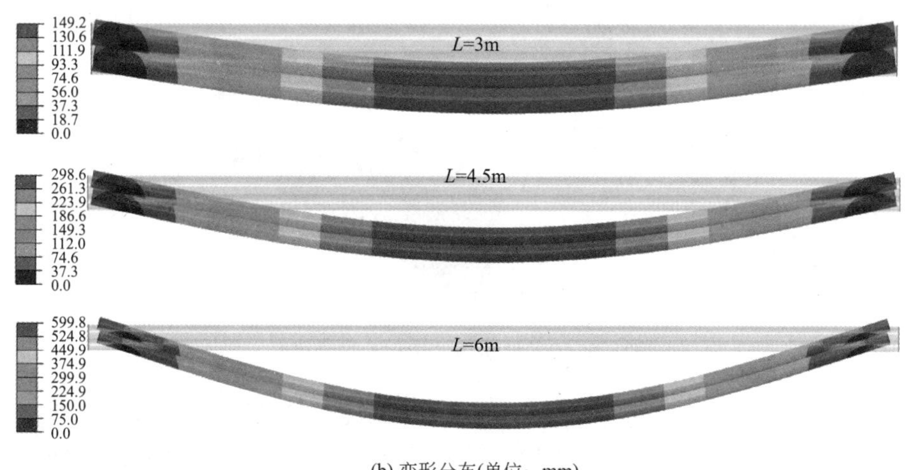

(b) 变形分布(单位：mm)

图 3.3-11　有滑移双原竹组合梁最终应力变形状态（二）

3. 抗滑移措施

图 3.3-12 给出一种新型抗滑移措施：通过倾斜放置的钢带将上下原竹紧密连接，钢带倾斜方向与滑移方向相一致。由于倾斜放置钢带，其轴向拉伸刚度可以转化为水平方向的剪切刚度。钢带的顶底部与原竹接触的区域需牢固连接，可采用结构胶或气钉连接，两种方法均不会对原竹造成较大截面削弱。

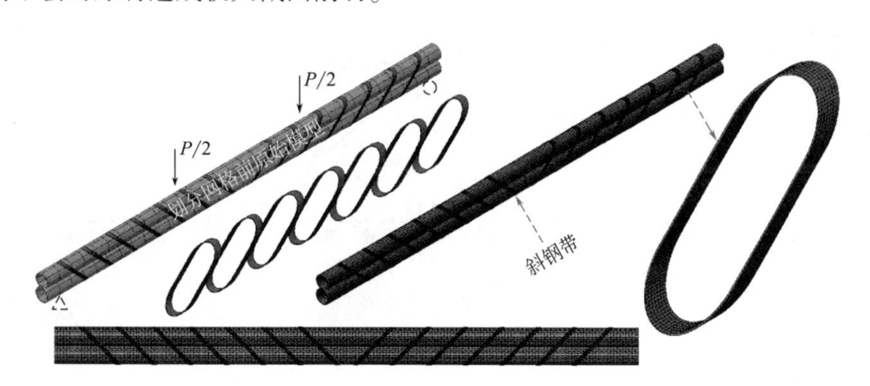

图 3.3-12　设置斜钢带双原竹组合梁有限元模型

斜置钢带需要满足刚度和强度要求。图 3.3-13 分析了单个斜钢带的刚度 S，如式（3.3-2）所示，钢带的极限承载力 F_u 可由式（3.3-3）求得。此外，斜钢带的用钢量 m 是该构造措施的重要经济指标由式（3.3-4）求得。

$$S = F/\delta = 2E_b w t_b \cos^2\theta_b \sin\theta_b / D \tag{3.3-2}$$

$$F_u = 2f_y w t_b \cos\theta_b \tag{3.3-3}$$

$$m = 2wt_b D/\sin\theta_b \tag{3.3-4}$$

式中　E_b、f_y ——钢带的弹性模量和屈服强度；

w、t_b ——斜钢带的宽度和厚度；

θ_b ——倾斜角度。

钢带宽度不宜过大，过大会引起较大的剪切变形，影响钢带轴向均匀拉伸受力。因此

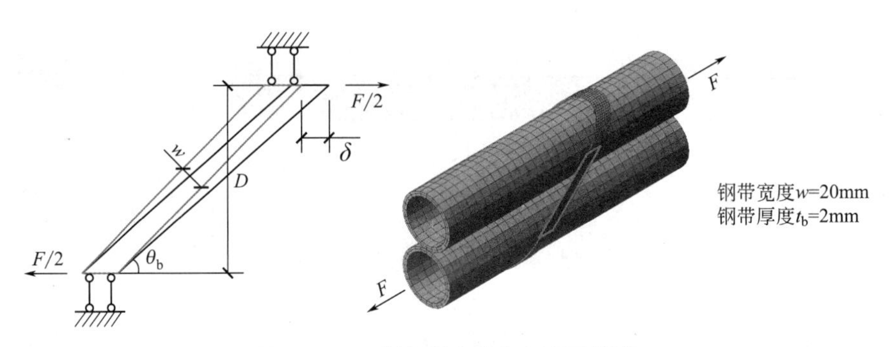

图 3.3-13 斜钢带力学和有限元模型

钢带的宽度建议取 20mm，厚度取 2mm，便于加工制造。有限元模型如图 3.3-13 所示，仅建立 500mm 长度双原竹（足够分析局部斜钢带的实际受力情况），钢带采用理想弹塑性本构模型，屈服强度设为 235MPa。钢带与原竹接触区域采用绑定连接，采用网格尺寸为 4mm 的 S4R 壳单元建立斜钢带，由于原竹受到钢带的约束作用发生变形，刚度下降为 10.4kN/mm，但是极限承载力影响较小基本不变。图 3.3-14 为钢带刚度及强度的理论分析结果。由图可知，当倾斜角度为 45°时，抗剪刚度 S 及极限承载力 F_u 与用钢量 m 的比值最大。此时，单个斜钢带的刚度 S 为 58.3kN/mm，极限承载力为 13.3kN。图 3.3-15 给出单个斜钢带的有限元分析结果，与理论值基本一致。

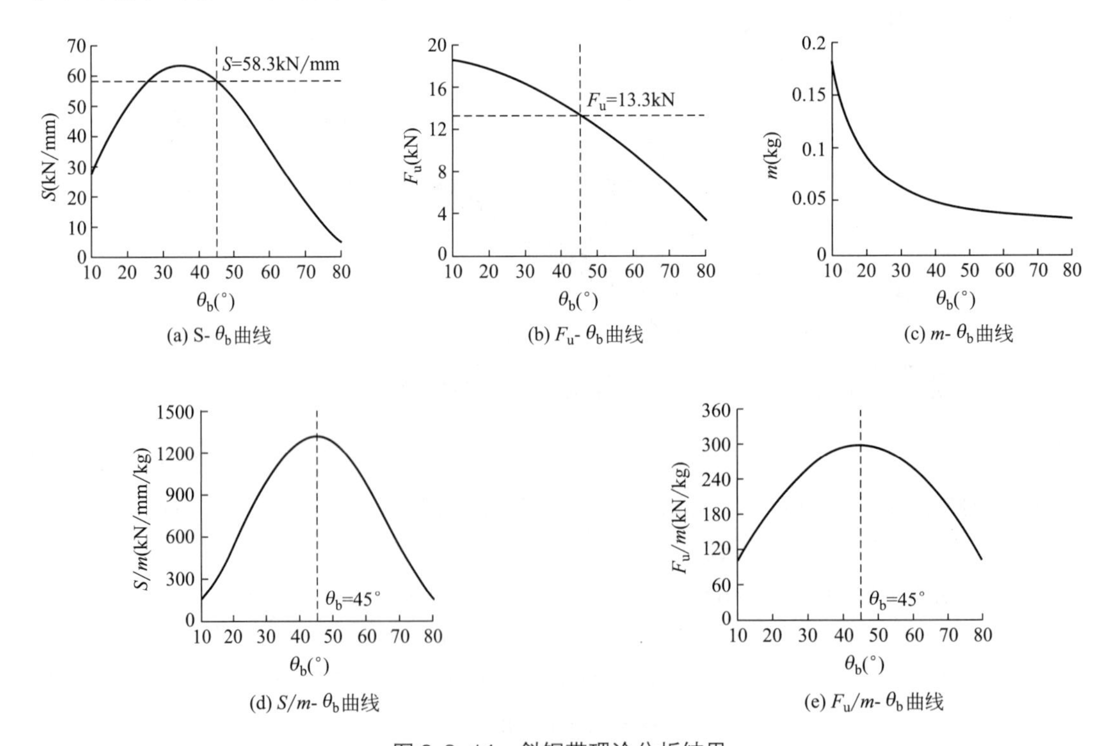

图 3.3-14 斜钢带理论分析结果

此外，建立设置斜钢带的双原竹组合梁有限元模型，如图 3.3-12 所示。与此同时，建立不同钢带间距的有限元模型，参数如表 3.3-2 所示，钢带间距随着跨度增大而增大。通过图 3.3-16 中荷载-挠度曲线的对比，发现设置斜钢带后竹梁的极限承载力和变形相对

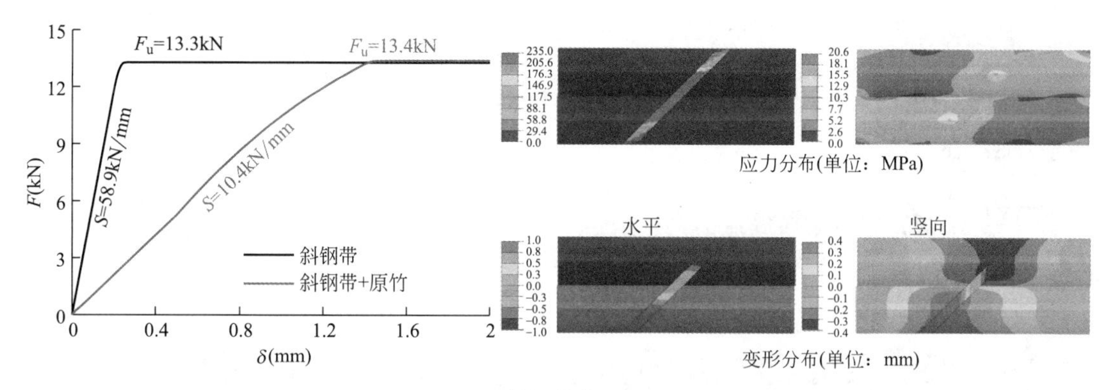

图 3.3–15　斜钢带有限元分析结果

较小，这是由实际斜钢带的承载和变形能力有限导致的。图 3.3–17 给出带斜钢带竹梁的最终失效模式，图中显示钢带已达到屈服强度，无法继续较好约束双原竹。

斜钢带双原竹组合梁有限元模型信息　　表 3.3–2

L (m)	算例名称	l (mm)	S (kN/mm)	K (N/mm^2)	F_u (kN)	F_u/l (N/mm)
3	FE	100	∞	∞	∞	∞
	FE-6.4	100	6.4	64	∞	∞
	钢带-400	400	10.4	26	13.4	33.5
	钢带-200	200		52		67
	钢带-100	100		104		134
4.5	FE	150	∞	∞	∞	∞
	FE-6.4	150	6.4	42.7	∞	∞
	钢带-600	600	10.4	17.3	13.4	22.3
	钢带-300	300		34.7		44.7
	钢带-150	150		69.3		89.3
6	FE	200	∞	∞	∞	∞
	FE-6.4	200	6.4	32	∞	∞
	钢带-800	800	10.4	13	13.4	16.8
	钢带-400	400		26		33.5
	钢带-200	200		52		67

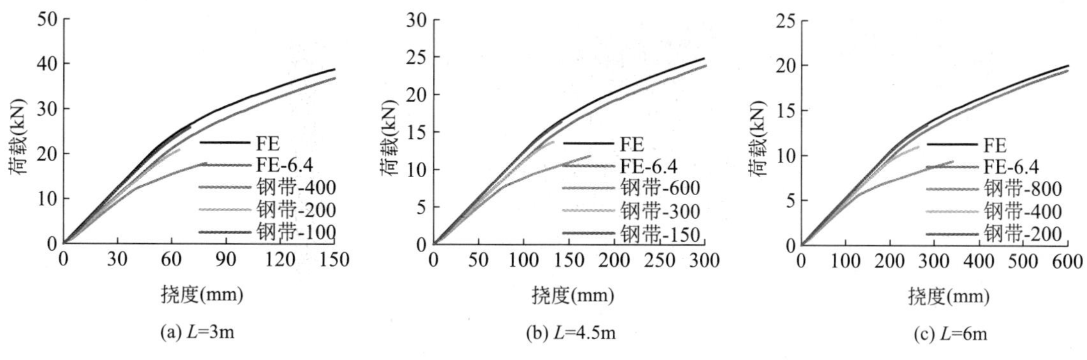

图 3.3–16　斜钢带双原竹组合梁荷载挠度曲线

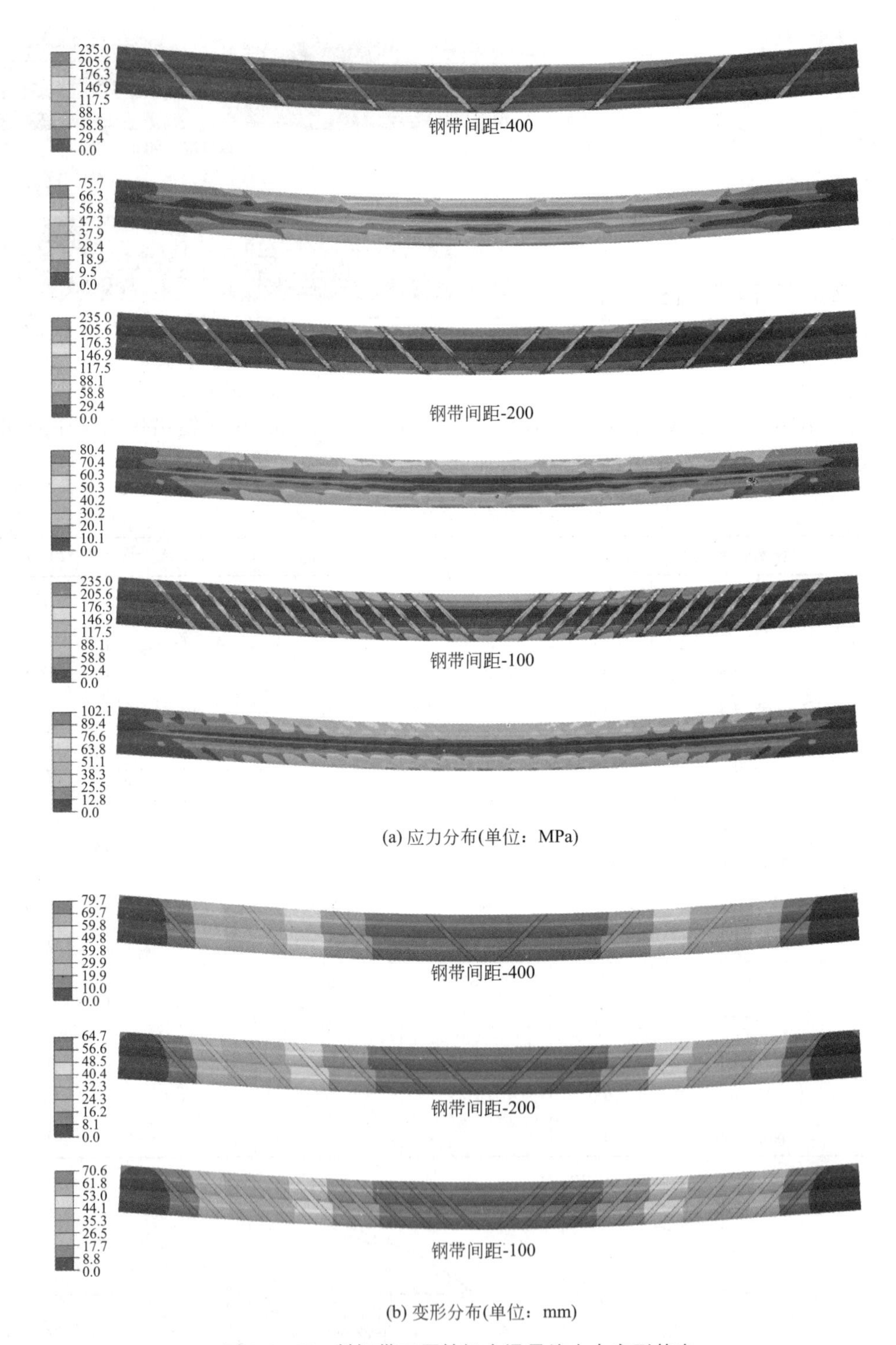

图 3.3-17 斜钢带双原竹组合梁最终应力变形状态

当跨度为 3m 且钢带间距为 100mm 时，界面滑移将得到较好的约束。其荷载-挠度曲线与不考虑滑移模型结果较为接近。此时，界面抗剪刚度 K 为 104N/mm^2，大于有限元模型 FE-6.4。由图 3.3-10 可知，斜钢带极限承载力 F_u 为 13.4kN，满足强度要求。为了降低该措施的经济成本，可将间距放大为 200mm，此时荷载挠度曲线的初始斜率仅下降 13.9%。跨度为 3m 时，建议将斜钢带间距设置为 200mm。此时界面抗剪刚度 K 为 52N/mm^2，与有限元模型 FE–6.4 较为接近。

4. 含钢带的喷涂复合砂浆–双原竹组合梁

含钢带的喷涂复合砂浆–双原竹组合梁有限元模型如图 3.3–18 所示。轻质复合砂浆采用 C3D8R 实体单元模拟，网格尺寸为 16mm。其抗压强度设为 2.7MPa，弹性模量设为 2.3GPa。原竹与砂浆间交界面采用 COHESIVE 单元模拟，基于已有粘结滑移试验研究，将抗剪强度设为 0.05MPa，失效位移近似取为 8mm。

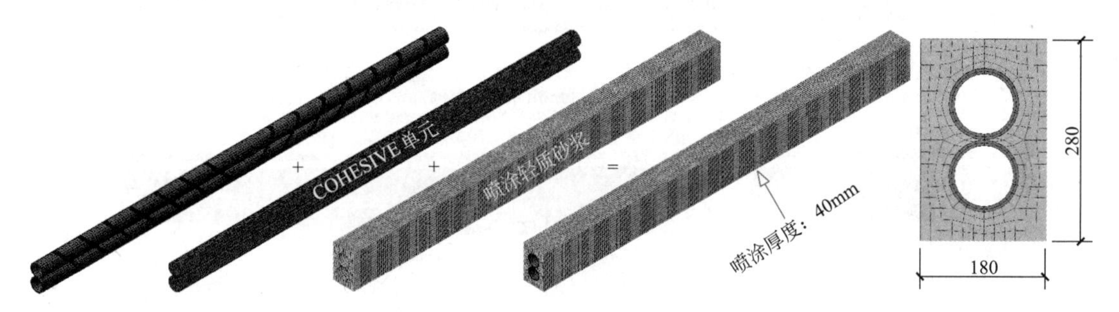

图 3.3–18　喷涂复合砂浆–双原竹组合梁有限元模型

图 3.3–19 为喷涂复合砂浆–双原竹组合梁的荷载–挠度曲线。尽管砂浆的抗压强度和弹性模量较低，但是其荷载–挠度曲线初始刚度明显增大。$L/250$ 挠度值对应的荷载值 $P_{L/250}$ 如表 3.3–3 所示。图 3.3–20 给出喷涂复合砂浆–双原竹组合梁的最终应力变形状态。图中砂浆的受压区已达到极限抗压强度，原竹与砂浆间界面滑移不明显，说明该措施在喷涂复合砂浆–双原竹组合梁中效果较好。

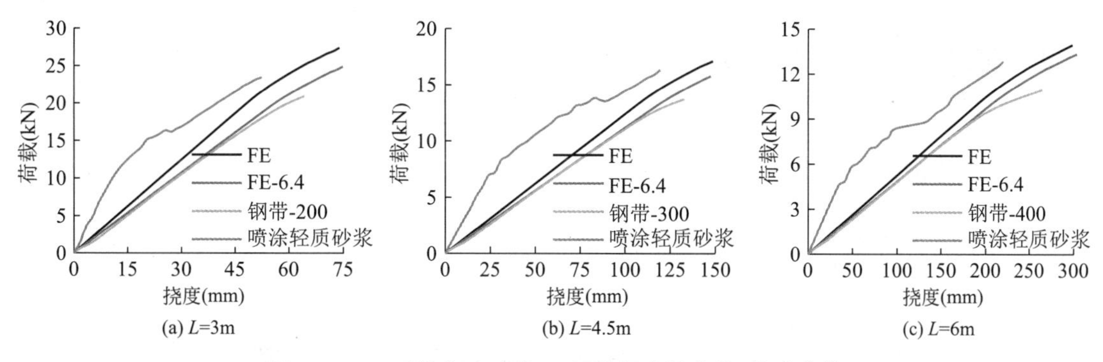

图 3.3–19　喷涂复合砂浆–双原竹组合梁荷载–挠度曲线

竹梁弯曲性能　　**表 3.3–3**

类别	设置斜钢带			喷涂轻质砂浆		
L (m)	3	4.5	6	3	4.5	6
l (mm)	200	300	400	200	300	400
$P_{L/250}$ (kN)	3.88	1.84	1.11	10.87	5.17	3.20

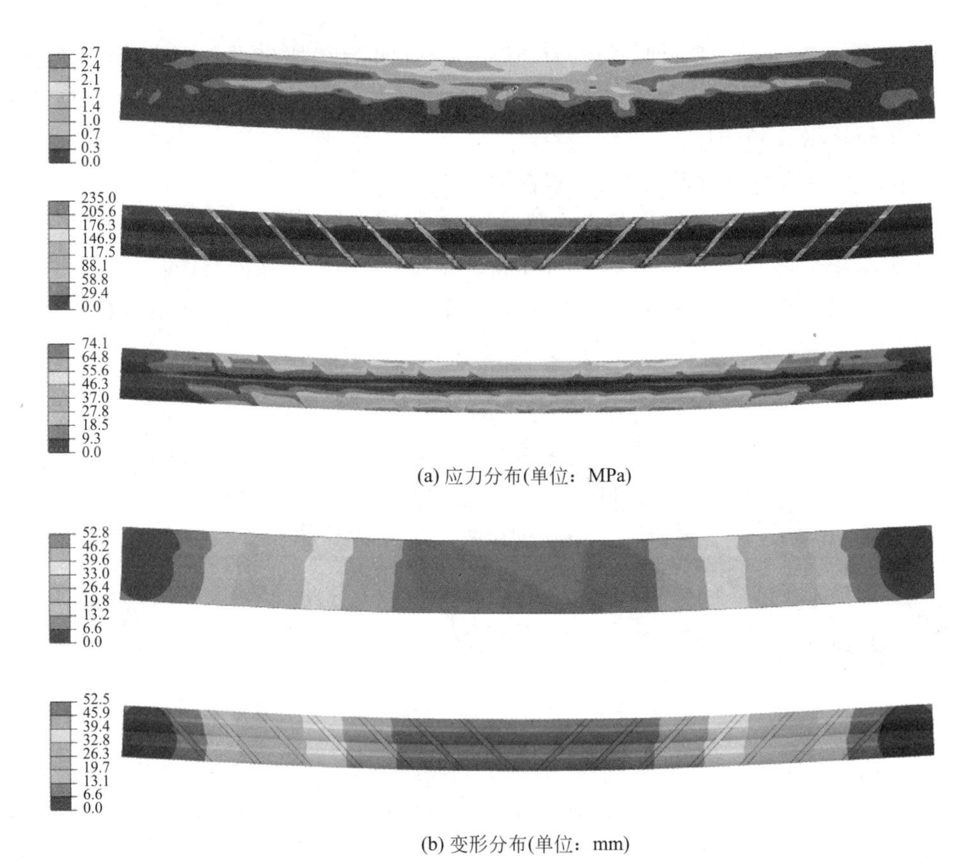

(a) 应力分布(单位：MPa)

(b) 变形分布(单位：mm)

图 3.3-20 喷涂轻质砂浆双原竹组合梁最终应力变形状态

3.4 梁端横向局部承压试验

3.4.1 试件设计与制作

试件长度为 600mm，支座净跨为 500mm，依照国际标准 ISO 22157：2019（E）要求，试件的直径与壁厚取为圆竹横截面相互垂直的两个直径方向测量所得直径与壁厚的平均值。分别以点、线与空间曲线荷载加载，以圆竹外径、跨中是否有竹节、主管与支管截面比为参数，各参数制作 3 个相同试件以研究梁端横向局部承压性能。

各类试件编号及主要参数详见表 3.4-1～表 3.4-3。

圆竹点荷载试件主要参数　　表 3.4-1

分组	编号	外径 D(mm)	壁厚 t(mm)	分组	编号	外径 D(mm)	壁厚 t(mm)
D60-1 系列	D60-11	59.79	5.66	D90-1 系列	D90-11	88.98	8.05
	D60-12	60.30	5.80		D90-12	89.66	8.88
	D60-13	60.79	6.02		D90-13	88.97	8.30

续表

分组	编号	外径 D(mm)	壁厚 t(mm)	分组	编号	外径 D(mm)	壁厚 t(mm)
D70-1系列	D70-11	69.11	6.68	D100-1系列	D100-11	100.32	9.69
	D70-12	70.99	6.75		D100-12	100.63	9.81
	D70-13	70.02	6.30		D100-13	100.05	9.79
D80-1系列	D80-11	79.75	7.23	D80-2系列	D80-21	79.47	7.67
	D80-12	80.06	6.42		D80-22	79.78	7.24
	D80-13	78.95	6.48		D80-23	80.67	7.67

注：D80-2系列试件跨中为竹节，其余试件跨中为节间。

圆竹线荷载试件主要参数 **表3.4-2**

分组	编号	外径 D(mm)	壁厚 t(mm)	分组	编号	外径 D(mm)	壁厚 t(mm)
X60-1系列	X60-11	59.33	5.55	X90-1系列	X90-11	88.56	7.78
	X60-12	59.65	4.77		X90-12	90.46	7.75
	X60-13	60.99	5.18		X90-13	91.26	7.98
X70-1系列	X70-11	69.62	6.06	X100-1系列	X100-11	102.02	9.52
	X70-12	69.24	6.01		X100-12	100.71	8.87
	X70-13	69.64	6.03		X100-13	97.93	9.28
X80-1系列	X80-11	80.29	6.47	X80-2系列	X80-21	77.64	6.51
	X80-12	80.52	6.26		X80-22	80.61	6.70
	X80-13	79.54	6.29		X80-23	80.92	6.69

注：X80-2系列试件跨中为竹节，其余试件跨中为节间。

圆竹空间曲线荷载试件主要参数 **表3.4-3**

分组	编号	主管外径 D(mm)	主管壁厚 t(mm)	支管外径 d(mm)	d/D
Q60-1系列	Q60-11	58.36	6.21	60	1.03
	Q60-12	58.44	6.00		1.00
	Q60-13	60.05	6.03		1.03
Q70-1系列	Q70-11	70.02	7.46	70	1.00
	Q70-12	69.64	7.20		1.01
	Q70-13	69.39	7.17		1.01
Q80-1系列	Q80-11	81.98	7.49	80	0.98
	Q80-12	79.28	8.53		1.01
	Q80-13	79.42	8.15		1.01
Q90-1系列	Q90-11	88.98	11.26	89	1.00
	Q90-12	90.08	10.69		0.99
	Q90-13	90.62	10.31		0.98

续表

分组	编号	主管外径 D(mm)	主管壁厚 t(mm)	支管外径 d(mm)	d/D
Q100-1 系列	Q100-11	98.81	13.47	102	1.03
	Q100-12	98.80	9.41		1.03
	Q100-13	99.77	10.54		1.02
Q80-2 系列	Q80-21	78.93	8.80	80	1.01
	Q80-22	77.39	8.13		1.03
	Q80-23	80.36	7.81		1.00
Q80-3 系列	Q80-31	78.37	8.99	60	0.77
	Q80-32	79.75	7.46		0.75
	Q80-33	78.77	8.03		0.76
Q80-4 系列	Q80-41	79.83	8.14	102	1.28
	Q80-42	79.61	6.70		1.28
	Q80-43	81.40	9.64		1.25

注：Q80-2 系列试件跨中为竹节，其余试件跨中为节间。

为避免支座处先于跨中发生破坏，采用100mm宽玻璃纤维布（GFRP）与碳纤维浸渍胶对支座进行加固，如图3.4-1所示。由于空间曲线荷载条件下试件承载力较大，在支座处另灌石膏进行进一步加固。

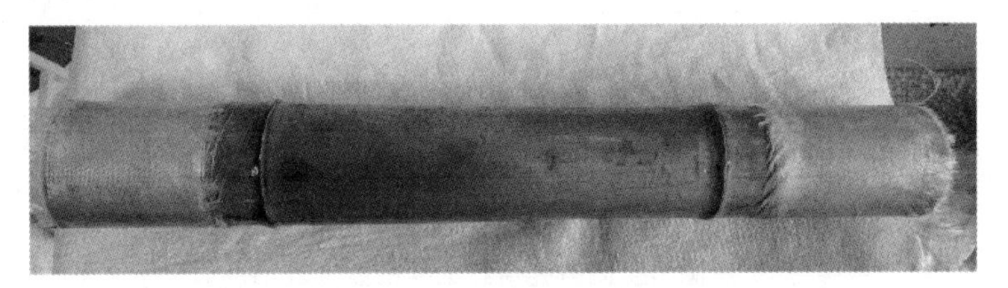

图3.4-1 基本试件

3.4.2 试验方案

1. 加载装置与制度

为了模拟三种荷载边界条件，定制了三种钢构件，试验机施加的荷载通过钢构件传递至试件，如图3.4-2所示，铰支座如图3.4-3所示。在支座上放置半圆形托盘，增大支座与试件的接触面积。

正式加载前，通过数据采集系统对测点的测量装置进行调整并使其读数稳定，随后将其归零。同时，万能材料试验机也相应调零。加载时采用1.5mm/min的速率匀速加载直至试件破坏，通过WE-30型万能材料试验机与TDS-530数据采集系统分别对荷载、位移、应变进行采集，其采集频率为1.0Hz。

2. 测量方案

试件位移计布置如图3.4-4所示。测点D1测量试件跨中的竖向挠度，测点D2、D3测量试件跨中截面水平直径的变形。

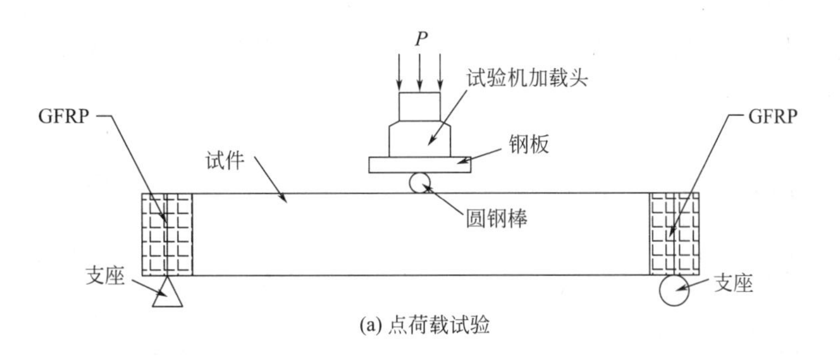

(a) 点荷载试验

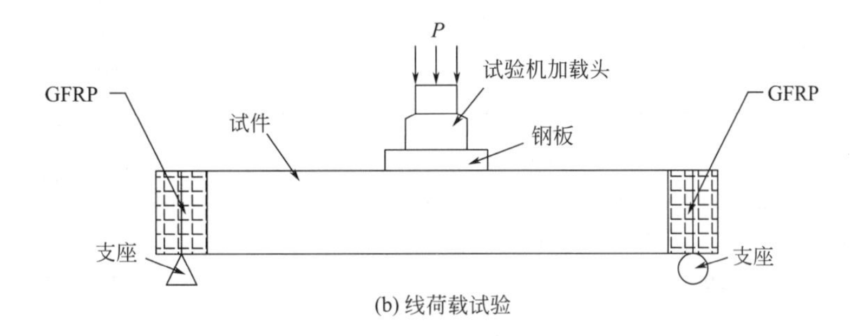

(b) 线荷载试验

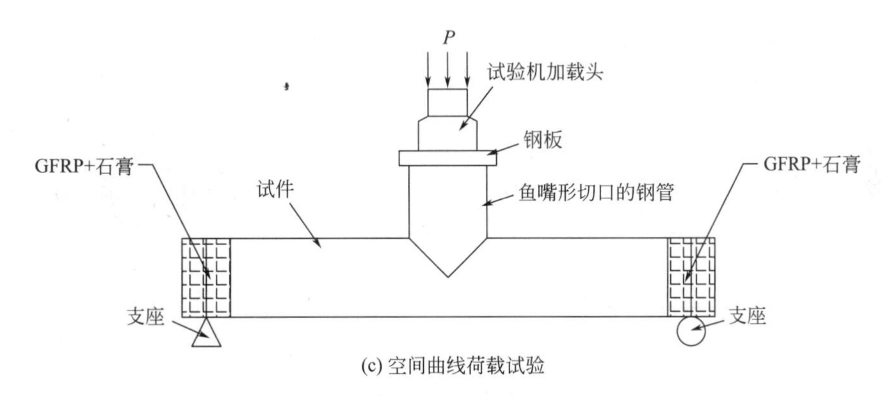

(c) 空间曲线荷载试验

图 3.4-2　加载示意图

(a) 无托盘铰支座

(b) 半圆形托盘

图 3.4-3　铰支座

试件应变片布置如图 3.4-5~图 3.4-7 所示。依据式（3.5-15）计算得出弯矩的极值点布置应变片测点 1、3、5，依据式（3.5-15）计算得出弯矩的零点布置应变片测点 2、4。三种荷载工况下各随机挑选布置应变片 6。

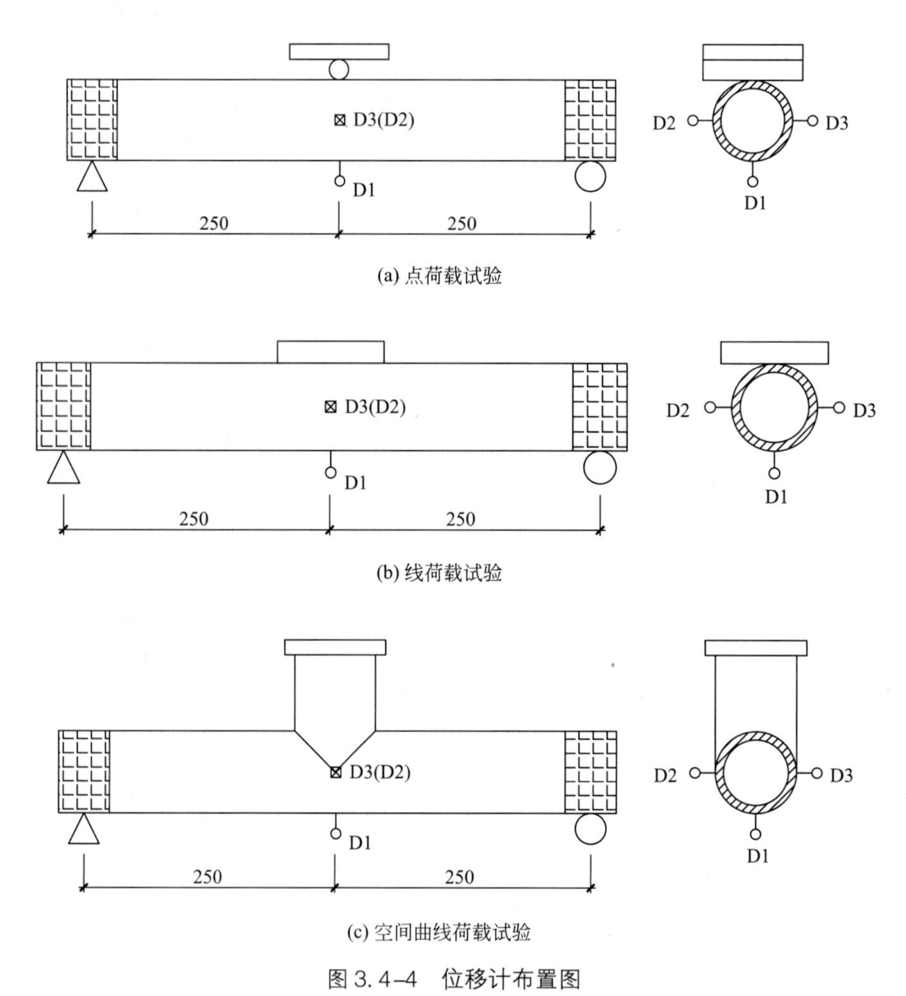

(a) 点荷载试验

(b) 线荷载试验

(c) 空间曲线荷载试验

图 3.4-4　位移计布置图

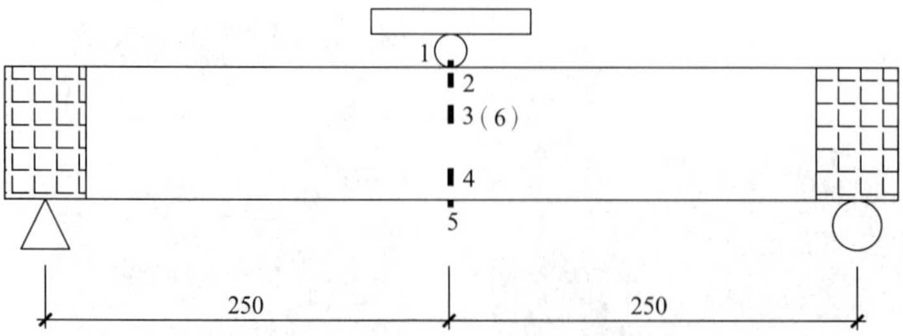

(a) 正视图

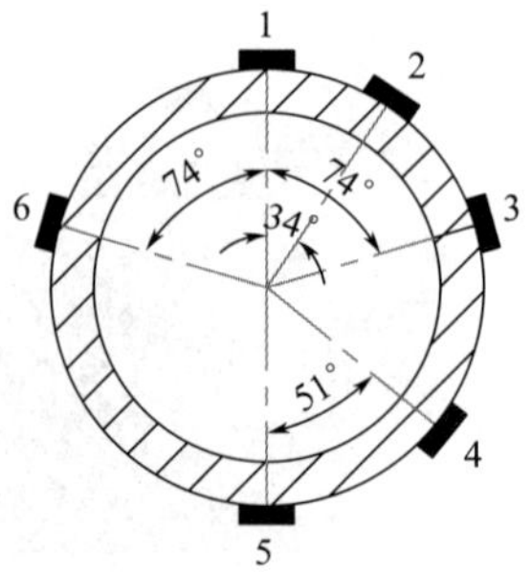

(b) 侧视图

图 3.4-5　点荷载应变片布置图

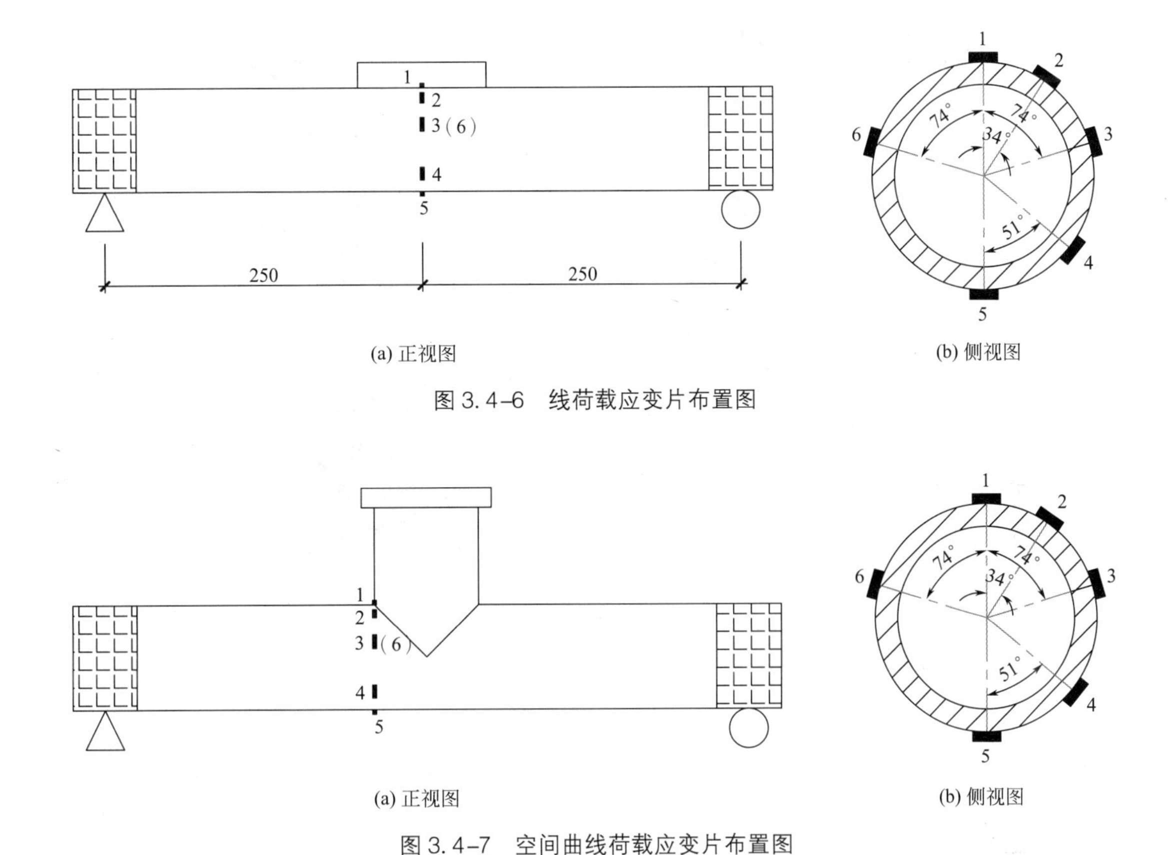

(a) 正视图　(b) 侧视图

图 3.4-6　线荷载应变片布置图

(a) 正视图　(b) 侧视图

图 3.4-7　空间曲线荷载应变片布置图

3.4.3　试验现象与结果

1. 点荷载试验

加载点处无竹节试件在点荷载作用下的破坏现象基本相同。以 D80-11 为例，图 3.4-8 给出此类试件的破坏模式。图 3.4-10（a）为加载点处无竹节试件在点荷载作用下的荷载-跨中挠度曲线。由于 D90-12 有较大的初始裂缝，造成数据异常，因此予以剔除。由图 3.4-8 和图 3.4-10（a）可知，在加载初期，跨中挠度随荷载的增加而增加，基本呈线性变化，处于弹性阶段，此时试件无明显现象。在荷载达到 3600N 时，试件发出轻微的劈裂声，观察到试件与加载点接触部分面积增大、略微被压平，荷载增长速度开始减慢，荷载-跨中挠度曲线坡度变缓，进入弹塑性阶段。随着荷载继续增加，试件陆续发出轻微的劈裂声，直至荷载达到 5005.18N 即破坏荷载时，试件发出较大且清晰的劈裂声，可观察到试件跨中横截面左右两侧靠近中轴线偏上部分出现裂缝，荷载迅速下降，试件无法继续受力，试验结束。

破坏后试件在与加载点接触部分有微凹现象，横截面跨中顶部加载点处竹黄部分有一条周向裂缝，说明加载处试件已被压溃，而试件横截面顶部竹黄处出现轴向裂缝并向竹青部分延伸但未贯穿，左右两侧靠近中轴线偏上部分竹青出现裂缝并向竹黄延伸且已贯穿。将试件横截面简化为圆环，通过初步测量，以横截面顶部即加载点处为零点，左右两侧裂缝距零点分别为 56°和 61°，基本对称。

(a) 试验初始阶段

(b) 轴向裂缝

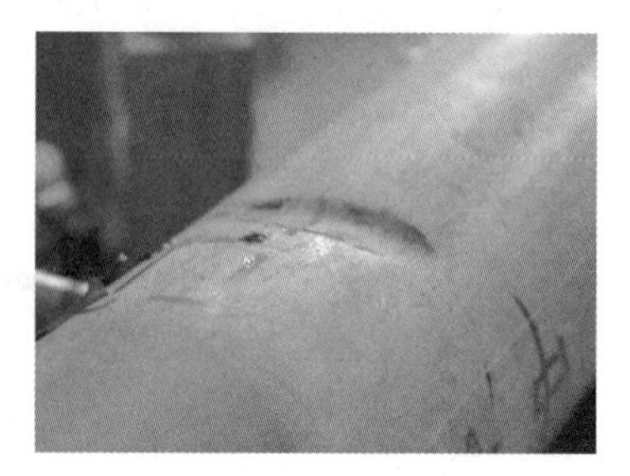

(c) 加载点处微陷

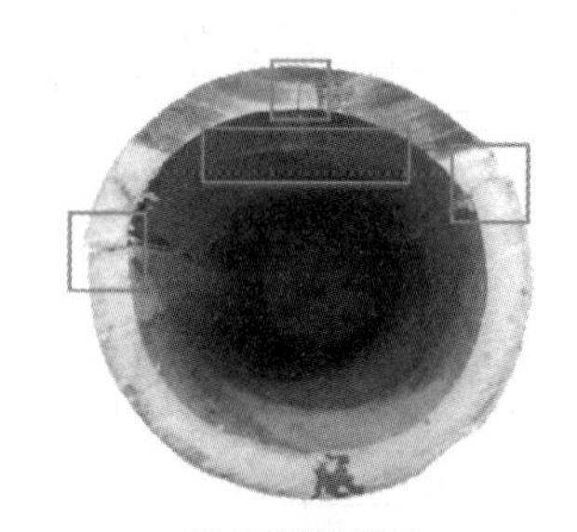

(d) 破坏横截面

图 3.4-8　试件 D80-11 破坏现象

加载点处有竹节试件在点荷载作用下的破坏现象也基本相同。以试件 D80-21 为例，图 3.4-9 给出此类试件的破坏模式。图 3.4-10（b）为加载点处有竹节试件在点荷载作用下的荷载-跨中挠度曲线。由于试件 D80-22 有较大的初始裂缝，造成数据异常，因此予以剔除。由图 3.4-9 和图 3.4-10（b）可知，跨中挠度随荷载的增加而增加，基本呈线性变化。在加载初期，未见明显的试验现象，随着荷载增加，试件偶尔发出轻微的劈裂声，而后继续加载至 5976.19N 和 6311.35N 时，试件发出明显的劈裂声，可观察到试件跨中横截面左右两侧靠近中轴线偏上部分先后出现裂缝，但荷载-跨中挠度曲线坡度并未产生明显变化，当加载至 6382.38N 即破坏荷载时，试件发出较大且清晰的劈裂声，可观察到跨中竹节处竹隔板破裂，产生竖向裂缝并延伸至竹黄，紧接着相应竹黄处出现轴向裂缝并迅速通向支座处，荷载骤降，试件无法继续受力，试验结束。

(a) 试验初始阶段

(b) 轴向裂缝

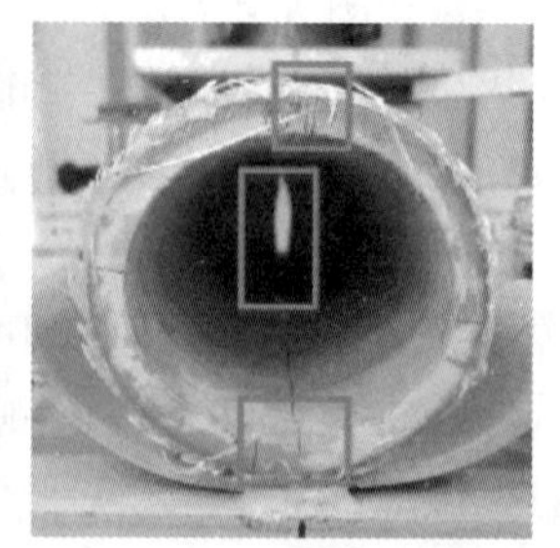

(c) 破坏横截面

图 3.4-9　试件 D80-21 破坏现象

试件破坏后，其横截面顶底部竹黄处的轴向裂缝（由竹隔板破裂引起）基本没有贯穿到竹青，而支座处截面中线左右两侧未出现裂缝，由于支座处已缠绕 GFRP 加固，可推断

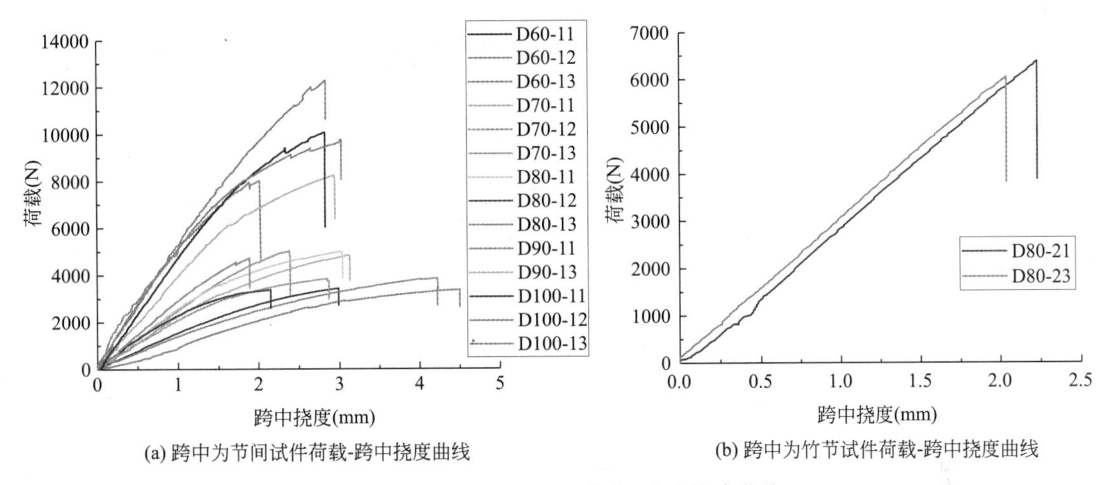

(a) 跨中为节间试件荷载-跨中挠度曲线　(b) 跨中为竹节试件荷载-跨中挠度曲线

图 3.4-10　点荷载试件荷载-跨中挠度曲线

跨中裂缝是由竹青处开展。将试件横截面简化为圆环，通过初步测量，以横截面顶部即加载点处为零点，左右两侧裂缝距零点分别为 68°和 62°（基本对称）。

由于每组试件荷载-应变曲线变化趋势相近，且试件数量较多，因此选取每组的第 3 个试件作为典型试件，给出点荷载下其荷载-应变曲线如图 3.4-11 所示。

以试件 D80-13 为例，如图 3.4-11（c）所示，1 号测点的曲线斜率以及变化趋势相对其余测点更为明显。在加载初期，荷载与应变基本呈线性增加，处于弹性阶段。当加载至 2000N 左右时，1、2、3、4、5 号测点对应应变分别约为 -11000με、350με、2000με、-500με、-1000με，荷载增长开始减缓，应变增长加快，曲线斜率减小，试件进入弹塑性阶段；继续加载至 4742.03N 时，试件破坏。

综合图 3.4-11 可知，点荷载时，加载全程测点 1、4、5 处圆竹外表面周向受压、测点 2、3、6 处圆竹外表面周向受拉，且测点 3、6 处荷载-应变曲线基本相同，说明试件加载点在截面竖向对称轴处且周向应变呈对称分布。由测点 2、4 处应变更近于 0 可知，这两个测点接近反弯点。

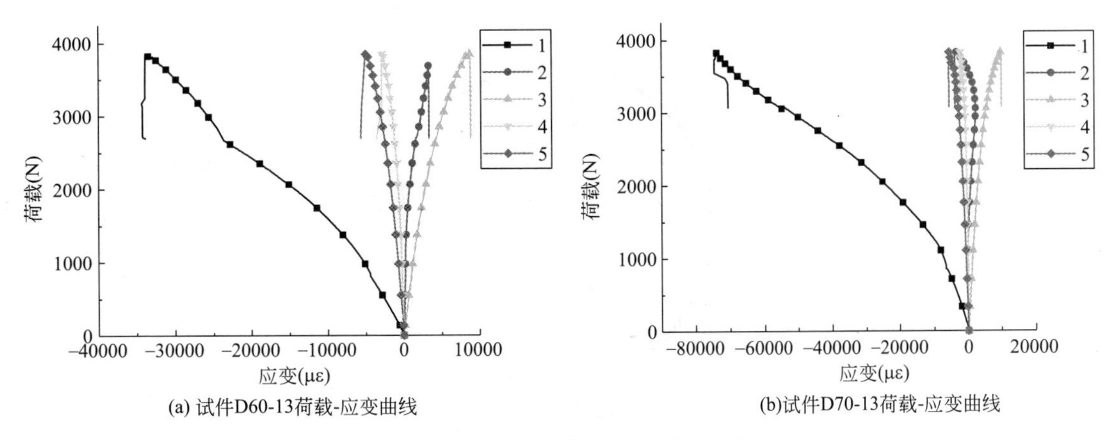

(a) 试件D60-13荷载-应变曲线　(b)试件D70-13荷载-应变曲线

图 3.4-11　点荷载典型试件荷载-应变曲线（一）

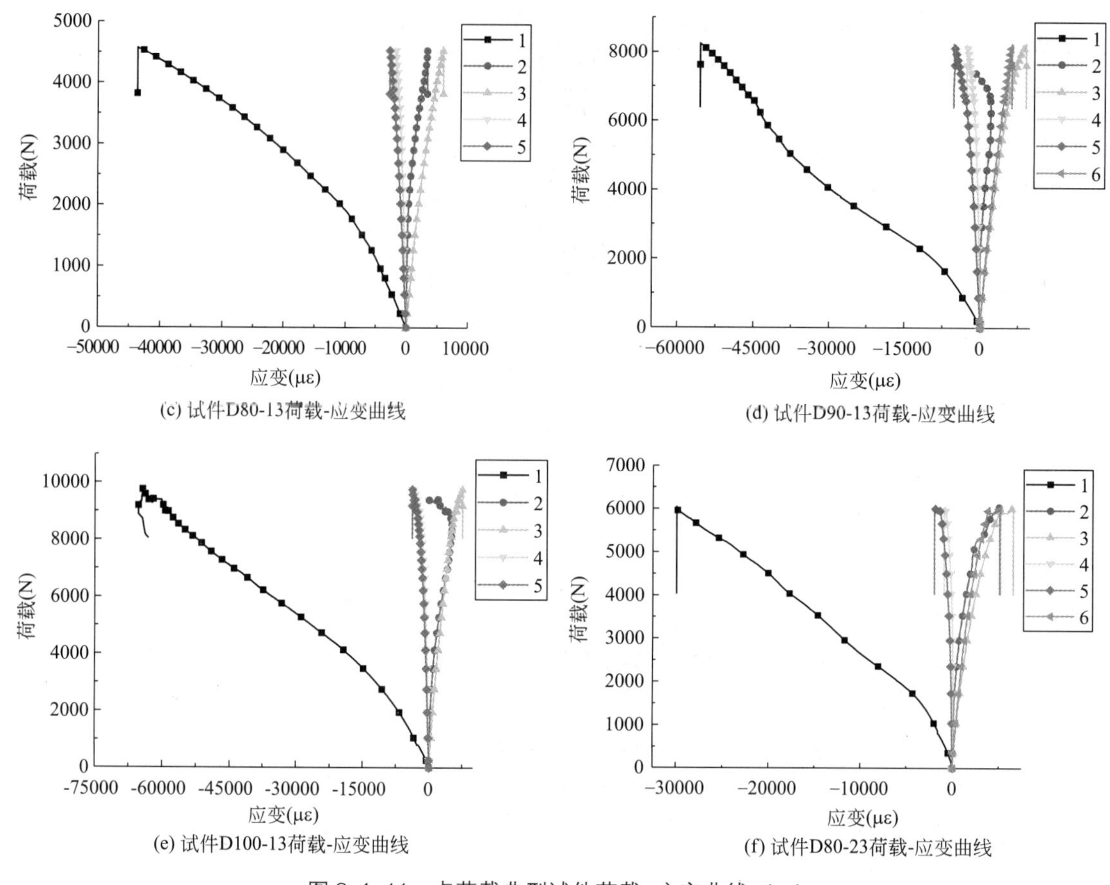

(c) 试件D80-13荷载-应变曲线

(d) 试件D90-13荷载-应变曲线

(e) 试件D100-13荷载-应变曲线

(f) 试件D80-23荷载-应变曲线

图 3.4-11 点荷载典型试件荷载-应变曲线（二）

将试件横截面简化为圆环，以横截面顶部即加载点处为零点，在 0°～34°范围内，圆竹外表面基本处于周向受压状态，其中 0°压应变最大，随着度数增加压应变减小直至变成拉应变，但拉应变很小；在 34°～129°范围内，圆竹外表面基本处于周向受拉状态，随着度数增加，拉应变先增大再减小，直至变成压应变；在 129°～180°范围内，随着度数增加，压应变从近于 0 逐步增大。其周向应变分布示意图如图 3.4-12 所示。

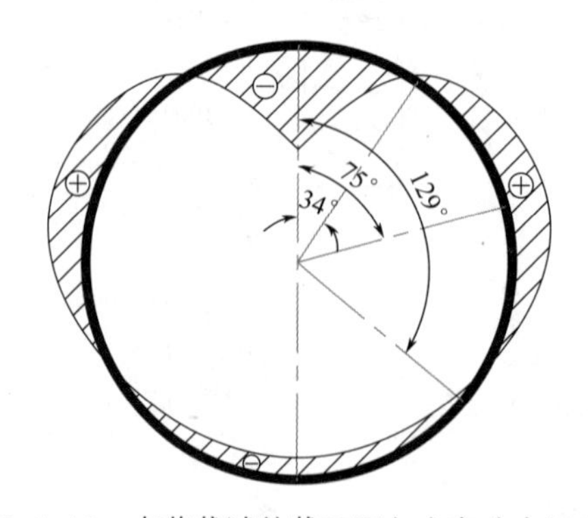

图 3.4-12 点荷载试件截面周向应变分布示意图

2. 线荷载试验

加载位置无竹节试件在线荷载下的破坏现象基本相同。以试件 X80-11 为例，图 3.4-13 给出此类试件的破坏模式。图 3.4-15（a）为加载位置无竹节试件在线荷载下的荷载-跨中挠度曲线。由图 3.4-13 和图 3.4-15（a）可知，在加载初期，跨中挠度随荷载的增加而增加，基本呈线性变化，处于弹性阶段，此时试件无明显现象。随着荷载增加，试件每间隔一小段时间发出轻微的劈裂声，试件与加载板接触部分面积逐步增大、渐渐被压平，但荷载-跨中挠度曲线坡度未产生明显变化。继续加载至 5627.02N 即破坏荷载时，试件发出较大且清晰的劈裂声，可观察到试件跨中横截面左右两侧靠近中轴线偏上部分出现裂缝，荷载迅速下降，试件无法继续受力，试验结束。

破坏后试件与加载板接触部分微微凹陷，横截面顶部竹黄处出现轴向裂缝并向竹青部分延伸但未贯穿，左右两侧靠近中轴线偏上部分竹青出现裂缝并向竹黄延伸且已贯穿。将试件横截面简化为圆环，通过初步测量，以横截面顶部即加载点处为零点，左右两侧裂缝距零点分别为 50°和 55°，基本对称。

(a) 试验初始阶段

(b) 轴向裂缝

(c) 加载处微微凹陷

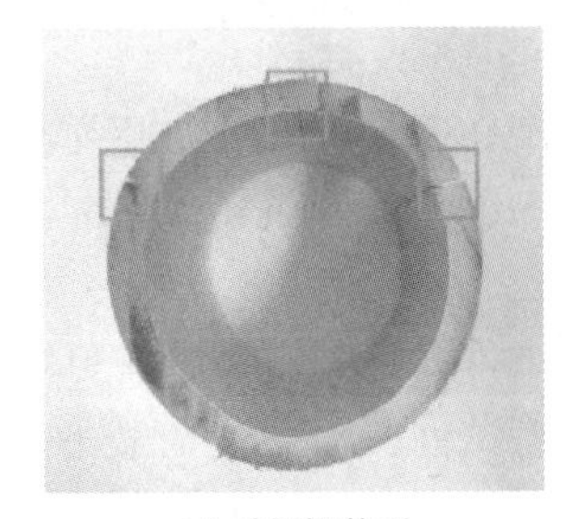

(d) 破坏横截面

图 3.4-13　试件 X80-11 破坏现象

加载位置有竹节试件在线荷载下的破坏现象也基本相同。以试件 X80-22 为例，图 3.4-14 给出此类试件的破坏模式。图 3..4-15（b）为加载位置有竹节试件在线荷载下的荷载-跨中挠度曲线。由于 X80-21 有较大的初始裂缝，造成数据异常，因此予以剔除。由图 3.4-14 和图 3.4-15（b）可知，跨中挠度随荷载的增加而增加，基本均呈线性变化。在加载初期，未发生明显的试验现象，而后逐步加载至逼近破坏荷载时，出现轻微的劈裂声，当加载至 5932.78N 即破坏荷载时，试件发出较大且清晰的劈裂声，试件跨中横截面左侧靠近中轴线偏上部分出现裂缝、跨中竹节处竹隔板破裂，荷载骤降，试件无法继续受力，试验结束。

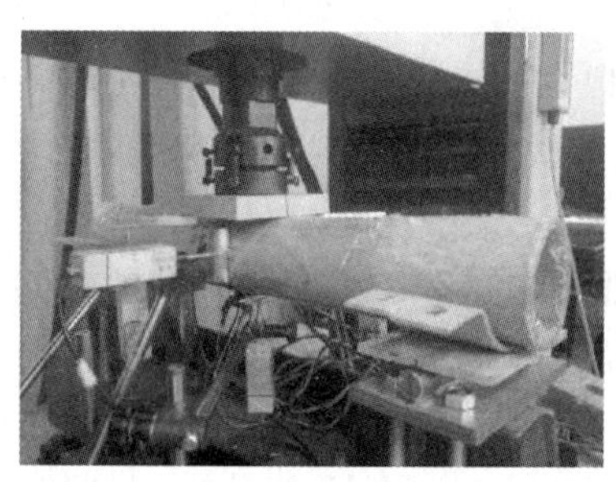
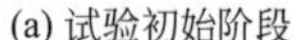

(a) 试验初始阶段

(b) 轴向裂缝

(c) 破坏横截面

图 3. 4-14　试件 X80-22 破坏现象

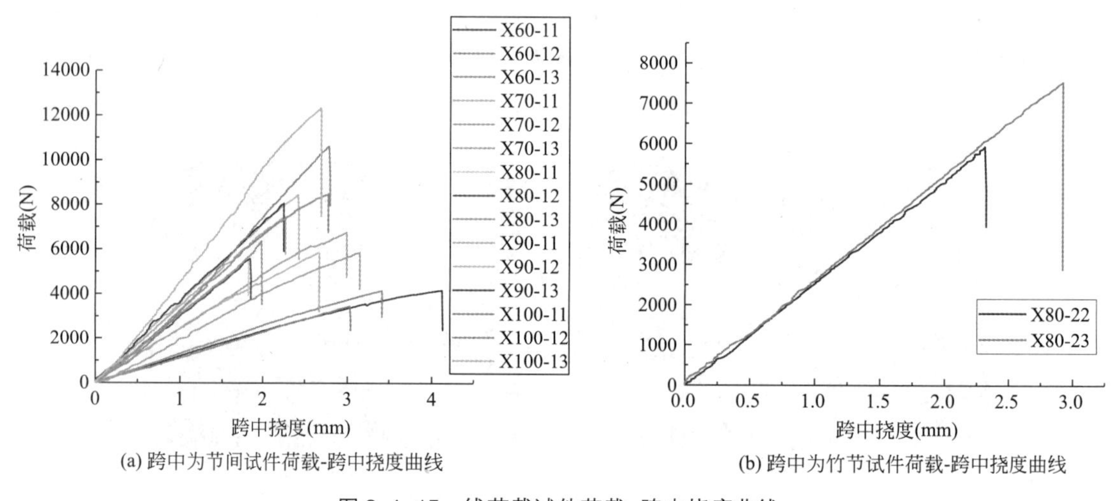

(a) 跨中为节间试件荷载-跨中挠度曲线

(b) 跨中为竹节试件荷载-跨中挠度曲线

图 3. 4-15　线荷载试件荷载-跨中挠度曲线

破坏后试件横截面左侧靠近中轴线偏上部分竹青处的裂缝已从竹青延伸至竹黄。将试件横截面简化为圆环，通过初步测量，以横截面顶部即加载点处为零点，左侧裂缝距零点为 80°。

由于每组试件荷载-应变曲线变化趋势相近，且试件数量较多，因此选取每组的第 3 个试件作为典型试件，给出线荷载下其荷载-应变曲线如图 3. 4-16 所示。

以试件 X80-13 为例，如图 3. 4-16（c）所示，1 号测点的曲线斜率以及变化趋势相对其余测点更为明显。在加载初期，荷载与应变基本呈线性增加，处于弹性阶段。当加载至 4000N 左右时，1、2、3、4、5 号测点对应应变分别约为 $-8900\mu\varepsilon$、$550\mu\varepsilon$、$3150\mu\varepsilon$、$-600\mu\varepsilon$、$-1900\mu\varepsilon$，荷载增长开始减缓，应变增长加快，曲线斜率减小，试件进入弹塑性阶段；继续加载至 6358. 96N 时，试件破坏。

综合图 3. 4-16 可知，线荷载时，加载全程测点 1、4、5 处圆竹外表面周向受压、测点 2、3、6 处圆竹外表面周向受拉，且测点 3、6 处荷载-应变曲线基本相同，说明试件加载板在截面竖向对称轴处且周向应变呈对称分布。由测点 2、4 处应变更近于 0 可知，这两个测点接近反弯点。

将试件横截面简化为圆环，以横截面顶部即加载点处为零点，在 0°～34°范围内，圆竹外表面基本处于周向受压状态，其中 0°压应变最大，随着度数增加压应变减小直至变成

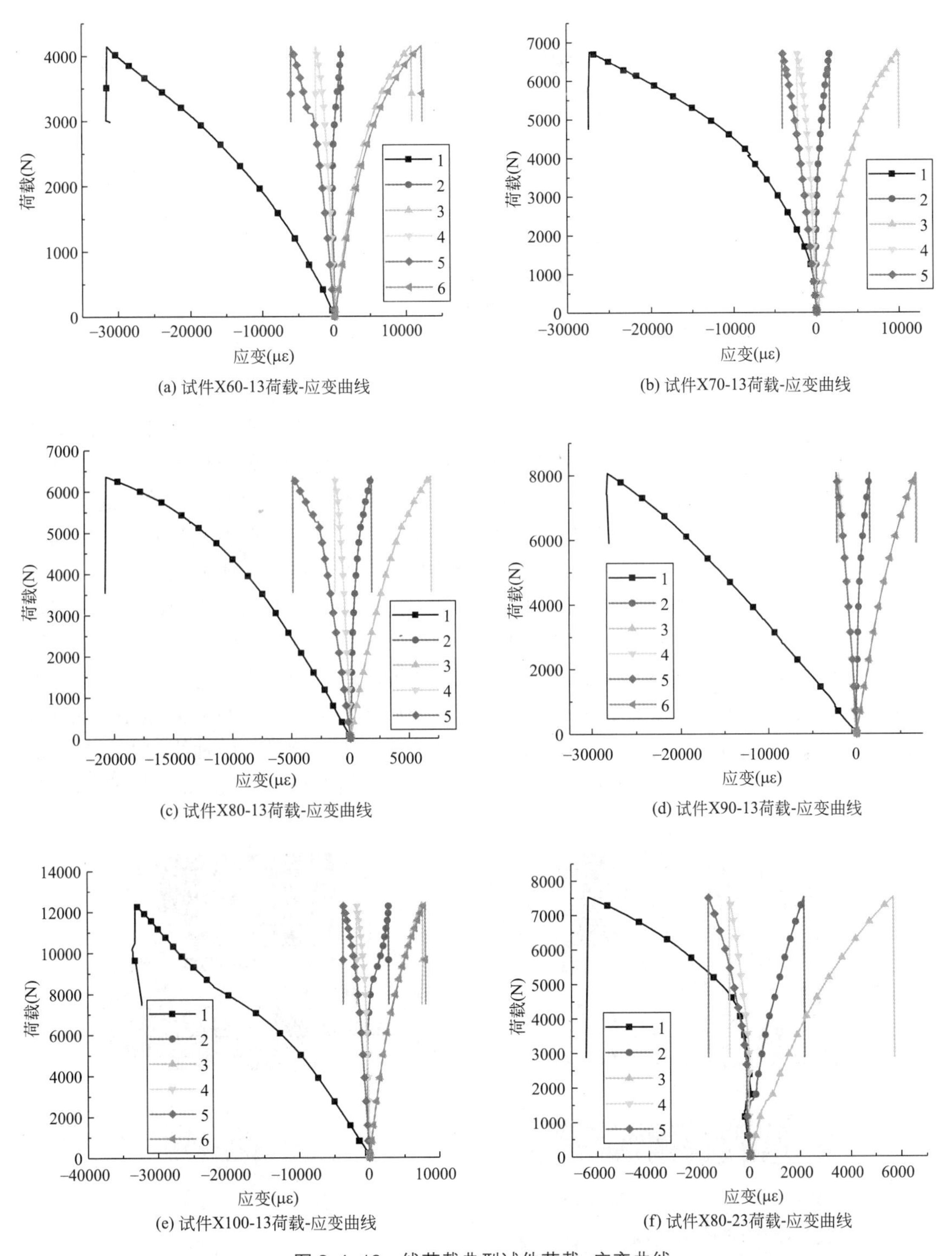

(a) 试件X60-13荷载-应变曲线

(b) 试件X70-13荷载-应变曲线

(c) 试件X80-13荷载-应变曲线

(d) 试件X90-13荷载-应变曲线

(e) 试件X100-13荷载-应变曲线

(f) 试件X80-23荷载-应变曲线

图 3.4–16　线荷载典型试件荷载–应变曲线

拉应变，但拉应变很小；在 34°～129°范围内，圆竹外表面基本处于周向受拉状态，随着度数增加，拉应变先增大再减小，直至变成压应变；在 129°～180°范围内，随着度数增加，压应变从近于 0 逐步增大。其周向应变分布示意图如图 3.4–17 所示。

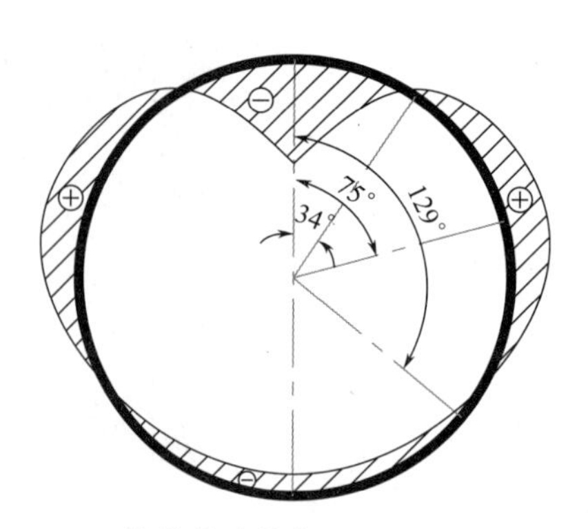

图 3.4-17 线荷载试件截面周向应变分布示意图

3. 空间曲线荷载试验

Q60-1、Q70-1、Q80-1、Q90-1、Q100-1 系列试件的破坏现象基本相同。以试件 Q80-11 为例，图 3.4-18 给出此类试件的破坏模式。图 3.4-22（a）为 Q60-1～Q100-1 系列试件的荷载-跨中挠度曲线，由于试件 Q70-12 和 Q100-12 有较大的初始裂缝，造成数据异常，因此予以剔除。由图 3.4-18 和图 3.4-22（a）可知，在加载初期，跨中挠度随荷载的增加而增加，基本呈线性变化，处于弹性阶段，此时试件无明显现象。在荷载达到 7500N 左右时，试件发出轻微的劈裂声，观察到试件与钢构件切口已大致贴合，荷载增长速度开始减慢，荷载-跨中挠度曲线坡度变缓，进入弹塑性阶段。而后随着荷载继续增加，试件偶尔发出轻微的劈裂声，试件与钢构件切口逐渐完全贴合，直至荷载达到 10819.1N 即峰值荷载，未发生明显现象，但荷载开始缓慢下降，当荷载降至 10685.08N 时试件发出较大且清晰的劈裂声，可观察到试件跨中横截面左侧靠近中轴线偏上部分出现裂缝，荷载继续下降至 10253.89N，试件发出较大且清晰的劈裂声，试件跨中横截面右侧

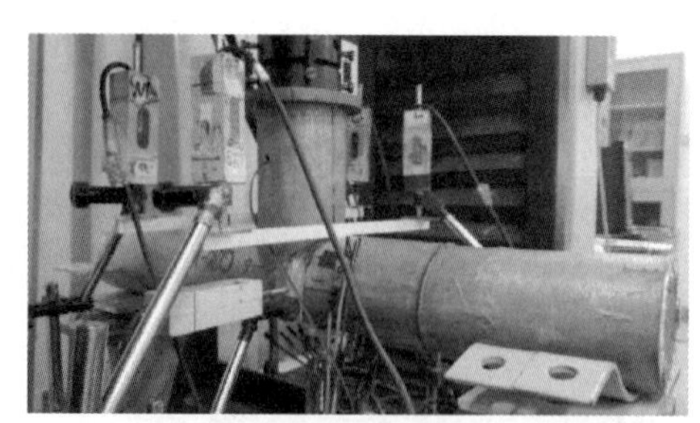

(a) 试验初始阶段

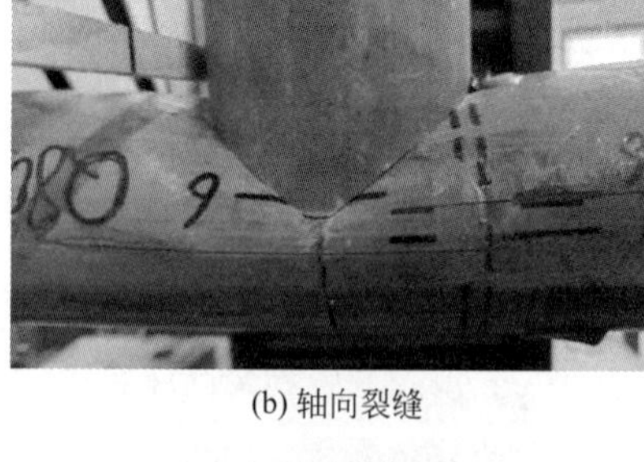

(b) 轴向裂缝

(c) 加载处微陷

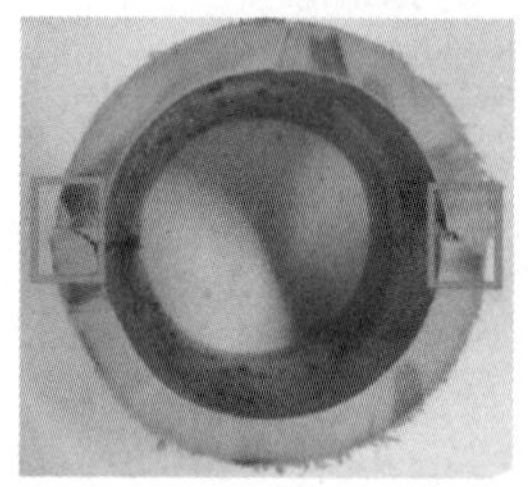

(d) 破坏横截面

图 3.4-18 试件 D80-11 破坏现象

靠近中轴线略微偏上部分出现裂缝，且左侧出现第二道裂缝，而后荷载继续下降，试件断断续续发出较小的劈裂声，两侧裂缝不断加深并向支座延伸，荷载继续下降至低于峰值荷载的 85%后，试验结束。

破坏后试件与钢构件切口接触部分有微凹现象，试件横截面左右两侧出现由竹青延伸至竹黄的裂缝。将试件横截面简化为圆环，通过测量，以横截面顶部即加载点处为零点，左右两侧裂缝距零点分别为 80°和 85°，基本对称。

Q80-2 系列试件破坏现象基本相同。以试件 Q80-21 为例，图 3. 4-19 给出此类试件的破坏模式。图 3. 4-22（b）为 Q80-2 系列试件的荷载-跨中挠度曲线，由于试件 Q80-22 有较大的初始裂缝，造成数据异常，因此予以剔除。由图 3. 4-19 和图 3. 4-22（b）可知，在加载初期，跨中挠度随荷载的增加而增加，基本呈线性变化，处于弹性阶段，此时试件无明显现象。在荷载达到 16000N 左右时，试件发出轻微的劈裂声，观察到试件与钢构件切口已大致贴合，荷载增长速度开始减慢，荷载-跨中挠度曲线坡度变缓，进入弹塑性阶段。而后随着荷载继续增加，试件偶尔发出轻微的劈裂声，试件与钢构件切口逐渐完全贴合，直至荷载达到 23878. 94N 即破坏荷载时，试件发出较大且清晰的劈裂声，试件跨中横截面底部和左侧各出现一条轴向裂缝，荷载迅速下降，试件无法继续受力，试验结束。

(a) 试验初始阶段

(b) 轴向裂缝

(c) 加载处微陷

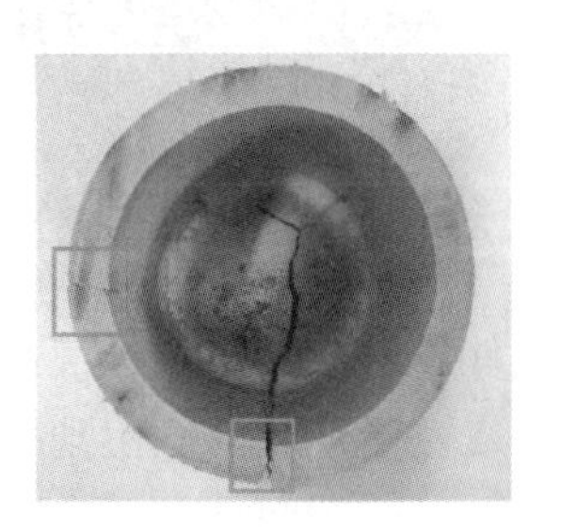
(d) 破坏横截面

图 3. 4-19　试件 Q80-21 破坏现象

破坏后试件钢构件切口接触部分有微凹现象，试件与钢构件切口尖端部位接触位置附近产生轴向裂缝。跨中竹节处竹隔板破裂，竖向裂缝延伸至横截面底部竹黄处，已贯穿竹壁。试件横截面左侧的轴向裂缝在距离竹节较远处已贯穿竹壁，但距离竹节较近处竹黄完好，由此推断跨中裂缝是从竹青处开展。将试件横截面简化为圆环，通过初步测量，以横截面顶部即加载点处为零点，左侧裂缝距零点为 95°。

Q80-3 系列试件的破坏现象基本相同。以试件 Q80-31 为例，图 3. 4-20 给出此类试件的破坏模式。图 3.4-22（c）为 Q80-3 系列试件的荷载-跨中挠度曲线，其中 Q80-32 由于在试验过程中试件较早被钢构件切口压破，导致荷载骤降，较早结束试验。由图 3.4-20 和图 3.4-22（c）可知，在加载初期，跨中挠度随荷载的增加而增加，基本呈线性变化，处于弹性阶段，此时试件无明显现象。在荷载达到 10000N 左右时，试件发出轻微的劈裂声，观察到试件与钢构件切口已大致贴合，荷载增长速度开始减慢，荷载-跨中挠度曲线坡度变缓，进入弹塑性阶段。随着荷载继续增加，试件陆续发出轻微的劈裂声，试件与钢构件切口逐渐完全贴合，荷载达到 13221.56N 即破坏荷载时，试件发出较大且清晰的劈裂声，试件跨中横截面左侧靠近中轴线偏上部分出现裂缝，继而荷载开始下降，当降至 12678.47N 时试件又发出较大且清晰的劈裂声，此时试件跨中横截面右侧靠近中轴线偏上部分出现裂缝，荷载继续下降，试件断断续续发出较小的劈裂声，两侧裂缝不断加深并向支座延伸，最后试件被钢构件挤压破坏产生裂缝，荷载迅速下降，试验结束。

(a) 试验初始阶段

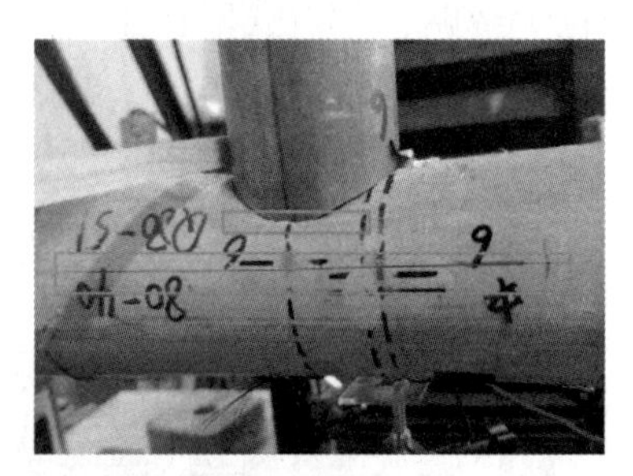

(b) 轴向裂缝

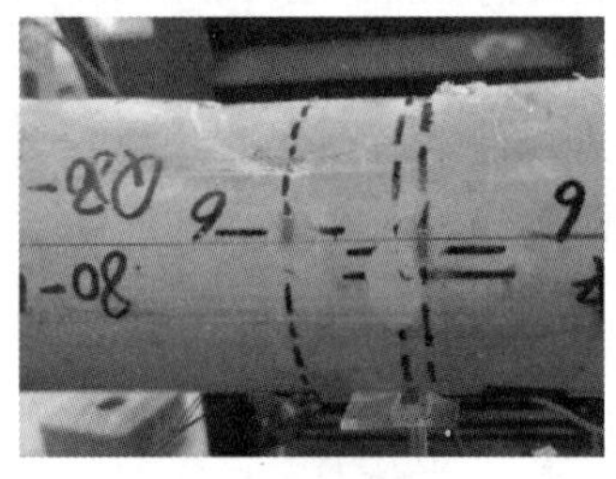

(c) 加载处微陷

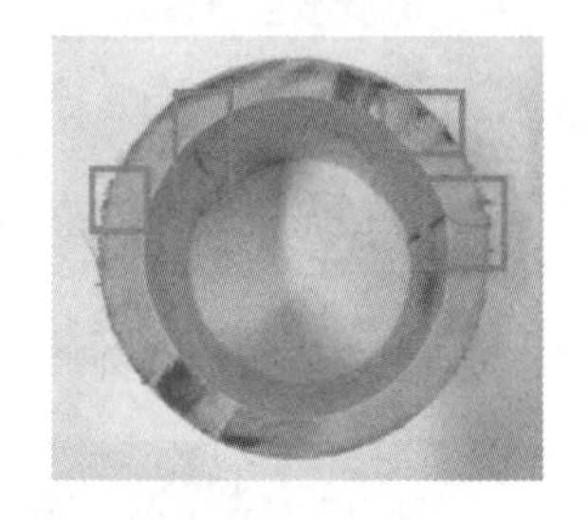

(d) 破坏横截面

图 3.4-20　试件 Q80-31 破坏现象

破坏后试件与钢构件切口接触部分有微凹现象，钢构件切口将试件压破，产生轴向较短裂缝。试件横截面左右两侧出现由竹青延伸至竹黄的裂缝。将试件横截面简化为圆环，通过初步测量，以横截面顶部即加载点处为零点，左右两侧裂缝距零点分别为 72°和 82°。

Q80-4 系列试件的破坏现象基本相同。以试件 Q80-41 为例，图 3.4-21 给出此类试件的破坏模式。图 3.4-22（d）为 Q80-4 系列试件的荷载-跨中挠度曲线。由图 3.4-21 和图 3.4-22（d）可知，在加载初期，跨中挠度随荷载的增加而增加，基本呈线性变化，处于弹性阶段，此时试件无明显现象。在荷载达到 14200N 左右时，试件发出轻微的劈裂声，观察到试件与钢构件切口已大致贴合，荷载增长速度开始减慢，荷载-跨中挠度曲线坡度变缓，进入弹塑性阶段。而后随着荷载继续增加，试件偶尔发出轻微的劈裂声，试件与钢构件切口逐渐完全贴合，直至荷载达到 19720.25N 即峰值荷载，未发生明显现象，但荷载开始缓慢下降，当荷载降至 18170.65N 时试件发出较大且清晰的劈裂声，试件跨中横

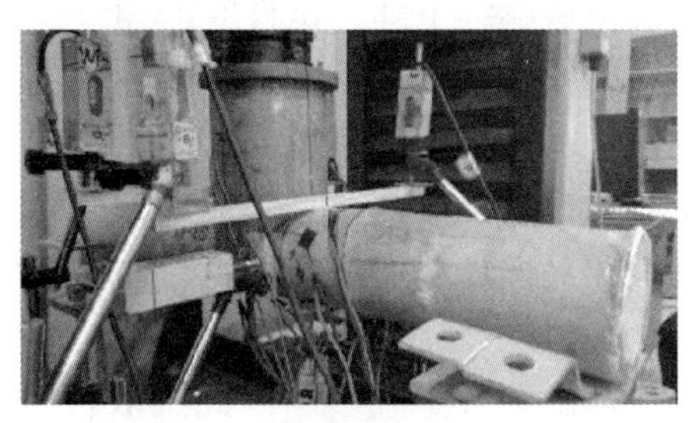
(a) 试验初始阶段

(b) 轴向裂缝

(c) 加载处深陷

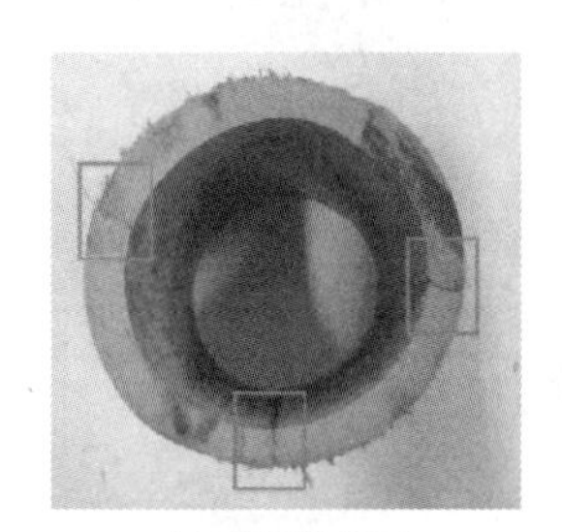
(d) 破坏横截面

图 3.4-21　试件 Q80-41 破坏现象

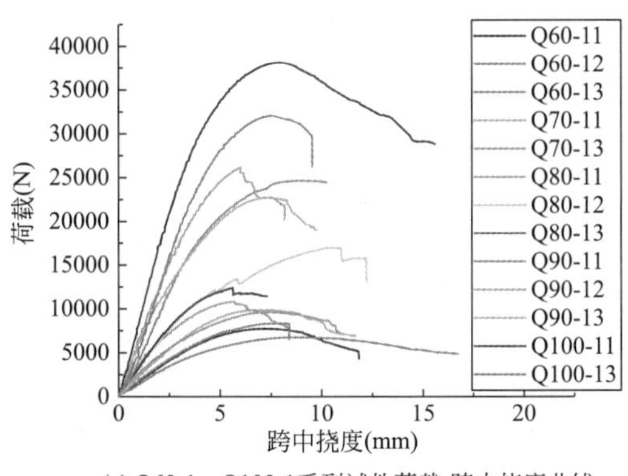

(a) Q60-1～Q100-1系列试件荷载-跨中挠度曲线

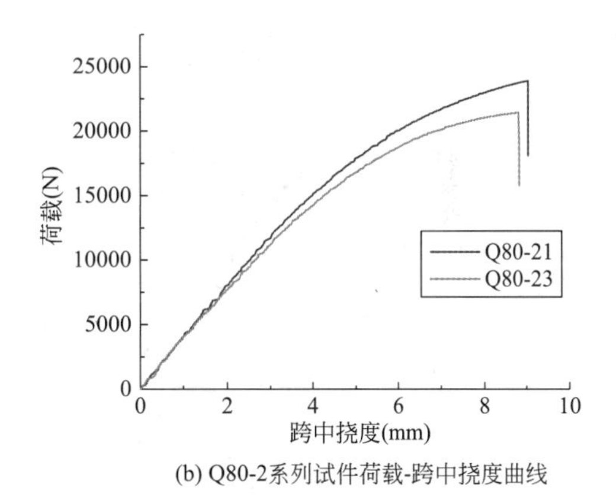

(b) Q80-2系列试件荷载-跨中挠度曲线

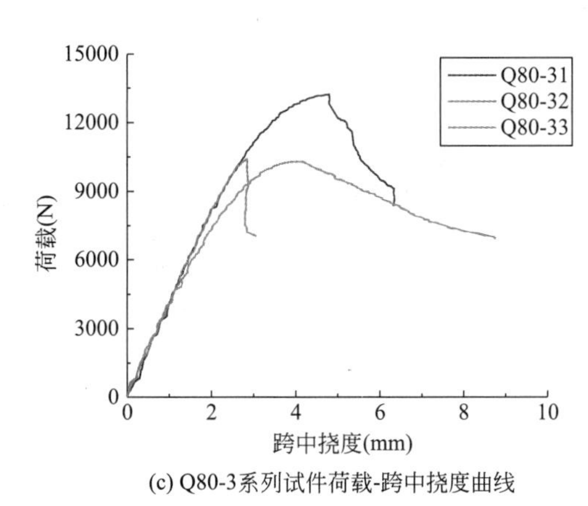

(c) Q80-3系列试件荷载-跨中挠度曲线

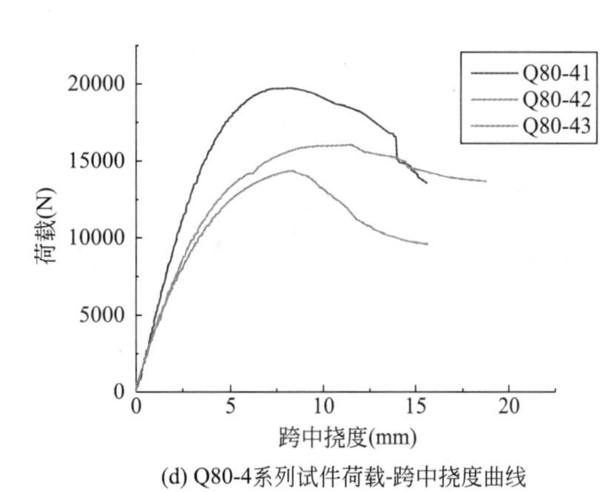

(d) Q80-4系列试件荷载-跨中挠度曲线

图 3.4-22　空间曲线荷载试件荷载-跨中挠度曲线

截面左右两侧靠近中轴线偏上部分出现裂缝，而后荷载继续下降，试件断断续续发出较小的劈裂声，两侧裂缝不断加深并向支座延伸，荷载继续下降至 15812.87N 时，试件发出较大的劈裂声，观察到试件底部出现裂缝，荷载迅速下降，试验结束。

破坏后试件与钢构件切口接触部分凹陷较深，试件与钢构件切口尖端部位接触位置附近产生轴向裂缝。将横截面简化为圆环，以横截面顶部即加载点处为零点，左右两侧裂缝距零点分别为 72°和 90°。

由于每组试件荷载-应变曲线变化趋势相近，且试件数量较多，因此选取每组的第 3 个试件作为典型试件，给出空间曲线荷载下其荷载-应变曲线如图 3.4-23 所示。

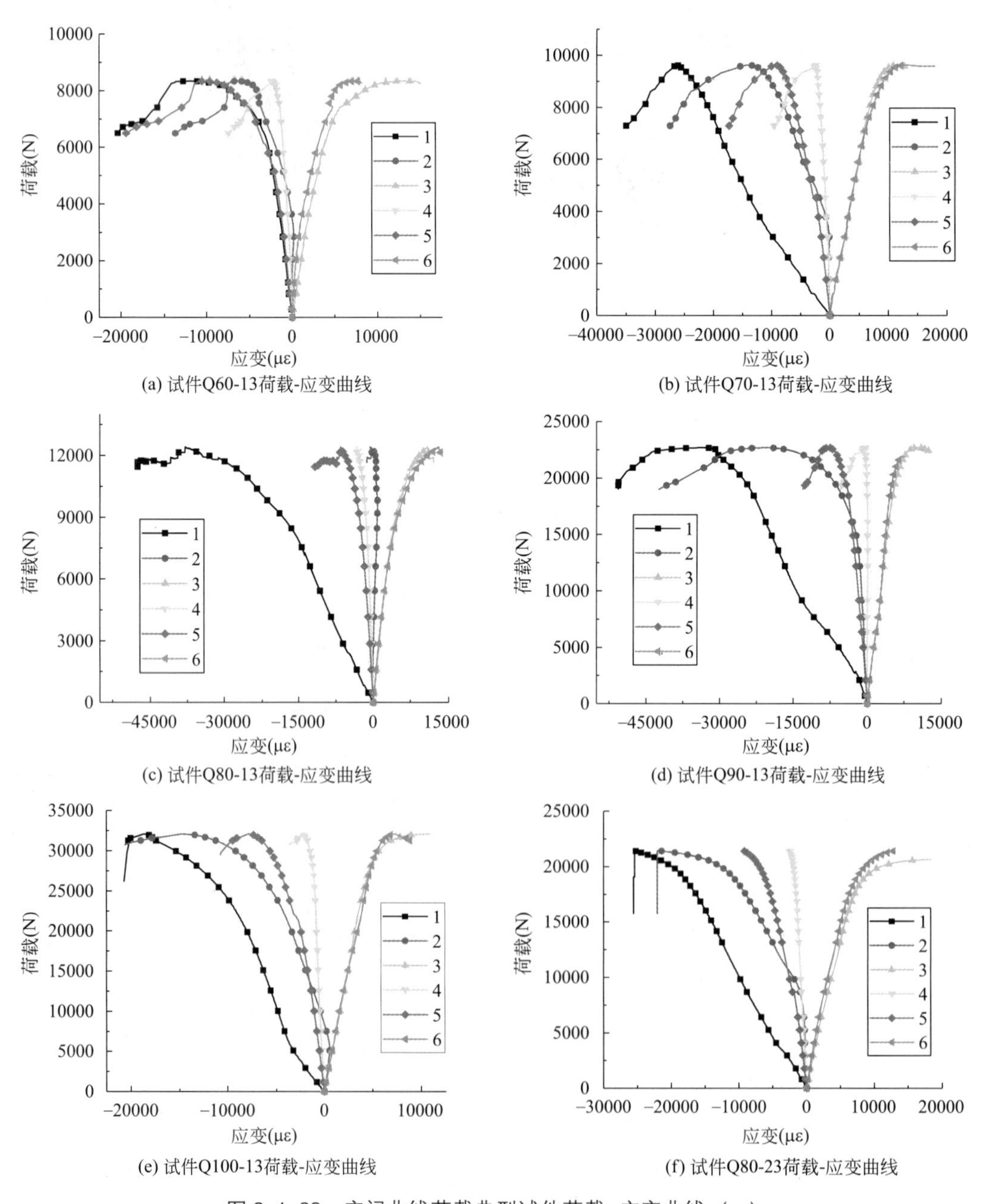

(a) 试件Q60-13荷载-应变曲线

(b) 试件Q70-13荷载-应变曲线

(c) 试件Q80-13荷载-应变曲线

(d) 试件Q90-13荷载-应变曲线

(e) 试件Q100-13荷载-应变曲线

(f) 试件Q80-23荷载-应变曲线

图 3.4-23 空间曲线荷载典型试件荷载-应变曲线（一）

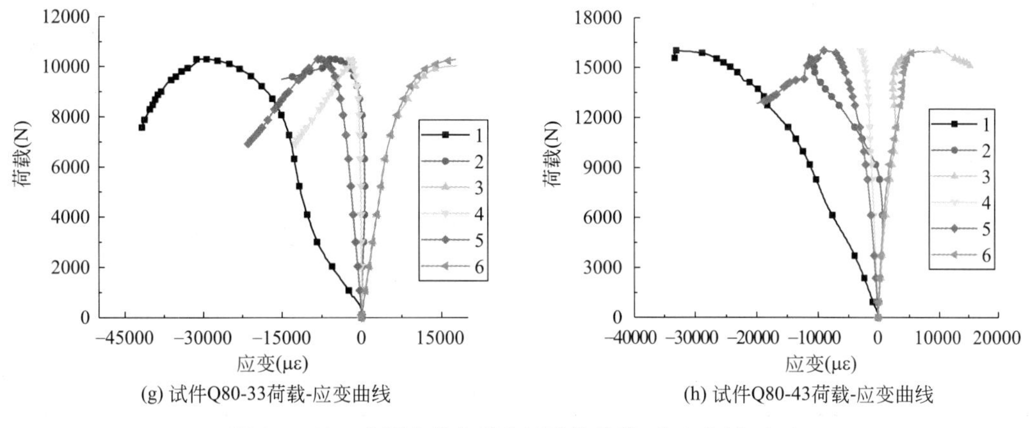

(g) 试件Q80-33荷载-应变曲线　(h) 试件Q80-43荷载-应变曲线

图 3.4-23　空间曲线荷载典型试件荷载-应变曲线（二）

以试件 Q80-13 为例，如图 3.4-23（c）所示，1 号测点的曲线斜率以及变化趋势相对其余测点更为明显。在加载初期，荷载与应变基本呈线性增加，处于弹性阶段。当加载至 8500N 左右时，1、2、3、4、5、6 号测点对应应变分别约为 −16500με、750με、4200με、−1300με、−2600με、4400με，荷载增长开始减缓，应变增长加快，曲线斜率减小，试件进入弹塑性阶段；继续加载至 12416.43N 后，荷载开始下降，应变继续增长，直至荷载下降至低于峰值荷载的 85%后，结束试验。

综合图 3.4-23 可知，点荷载时，加载全程测点 1、4、5 处圆竹外表面周向受压、测点 3、6 处圆竹外表面周向受拉，且测点 3、6 处荷载-应变曲线基本相同，说明试件加载点在截面竖向对称轴处且周向应变呈对称分布。由在荷载到达峰值荷载之前测点 4 处应变更近于 0 可知，这个测点接近反弯点。而测点 2 处应变在弹性阶段为拉应变，加载一段时间后进入弹塑性，其应变慢慢减小直至转为压应变，可能是由于此时试件与钢构件已完全贴合，受力分布改变，因此，为了便于讨论其周向应变分布，仅考虑其弹性阶段，周向应变分布示意图如图 3.4-24 所示。将试件横截面简化为圆环，以横截面顶部即加载点处为零点，在 0°~34°范围内，圆竹外表面基本处于周向受压状态，其中 0°压应变最大，随着度数增加压应变减小直至变成拉应变，但拉应变很小；在 34°~129°范围内，圆竹外表面基本处于周向受拉状态，随着度数增加，拉应变先增大再减小，直至变成压应变；在 129°~180°范围内，随着度数增加，压应变从近于 0 逐步增大。

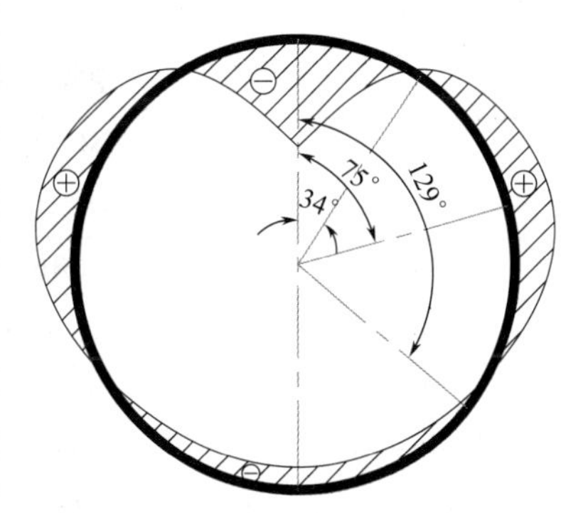

图 3.4-24　空间曲线荷载试件截面弹性阶段周向应变分布示意图

3.4.4　参数分析

1. 荷载边界条件的影响

剔除个别异常数据，每组试件极限荷载的变异系数均小于 20%，符合《建筑用竹材物理力学性能试验方法》JG/T 199—2007 的规定，结果的变异程度在可接受范围内。为了便于分析，每组试件取其平均极限荷载进行承载力的比较，分别汇总于表 3. 4-4～表 3. 4-6。

点荷载试件不同组别的极限荷载 **表 3. 4-4**

试件组别	平均极限荷载 $\overline{P}_{max}$(N)	标准差(N)	变异系数(%)	准确指数(%)
D60-1 系列	3561. 71	249. 25	7. 00	8. 08
D70-1 系列	4577. 76	642. 13	14. 03	16. 20
D80-1 系列	4769. 68	222. 96	4. 67	5. 40
D90-1 系列	8261. 00	237. 25	2. 87	3. 32
D100-1 系列	10849. 71	1614. 46	14. 88	17. 18
D80-2 系列	6215. 80	235. 58	3. 79	5. 36

线荷载试件不同组别的极限荷载 **表 3. 4-5**

试件组别	平均极限荷载 $\overline{P}_{max}$(N)	标准差(N)	变异系数(%)	准确指数(%)
X60-1 系列	3922. 44	406. 89	10. 37	11. 98
X70-1 系列	5936. 36	378. 88	6. 38	7. 37
X80-1 系列	6158. 53	515. 98	8. 38	9. 67
X90-1 系列	8371. 42	948. 44	11. 33	13. 08
X100-1 系列	10619. 91	1864. 64	17. 56	20. 27
X80-2 系列	6729. 36	1126. 54	16. 74	23. 67

空间曲线荷载试件不同组别的极限荷载 **表 3. 4-6**

试件组别	平均极限荷载 $\overline{P}_{max}$(N)	标准差	变异系数(%)	准确指数(%)
Q60-1 系列	7610. 58	799. 87	10. 51	12. 14
Q70-1 系列	9756. 94	182. 52	1. 87	2. 65
Q80-1 系列	12909. 24	1756. 77	13. 61	15. 71
Q90-1 系列	24512. 62	1733. 35	7. 07	8. 17
Q100-1 系列	35111. 24	4293. 79	12. 23	17. 29
Q80-2 系列	22653. 44	1733. 13	7. 65	10. 82
Q80-3 系列	11311. 47	1655. 18	14. 63	16. 90
Q80-4 系列	16711. 62	2738. 45	16. 39	18. 92

由表 3. 4-4～表 3. 4-6 可知，在其他条件相同的情况下，点荷载试件的极限承载力最小。为了清晰直观地表示荷载边界条件对于试件极限承载力的影响，以点荷载试件作为标准件，将其他荷载条件下每组的平均极限承载力与其对比，如图 3. 4-25 所示，其中，空间曲线荷载外径为 80mm 的试件只取 Q80-1 系列和 Q80-2 系列参与比较。

由图 3. 4-25 可知，在其他条件相同情况下，线荷载试件的极限承载力约是点荷载试件的 1. 13 倍，说明线荷载下圆竹的横向局部承压极限荷载与点荷载的非常接近，而外径

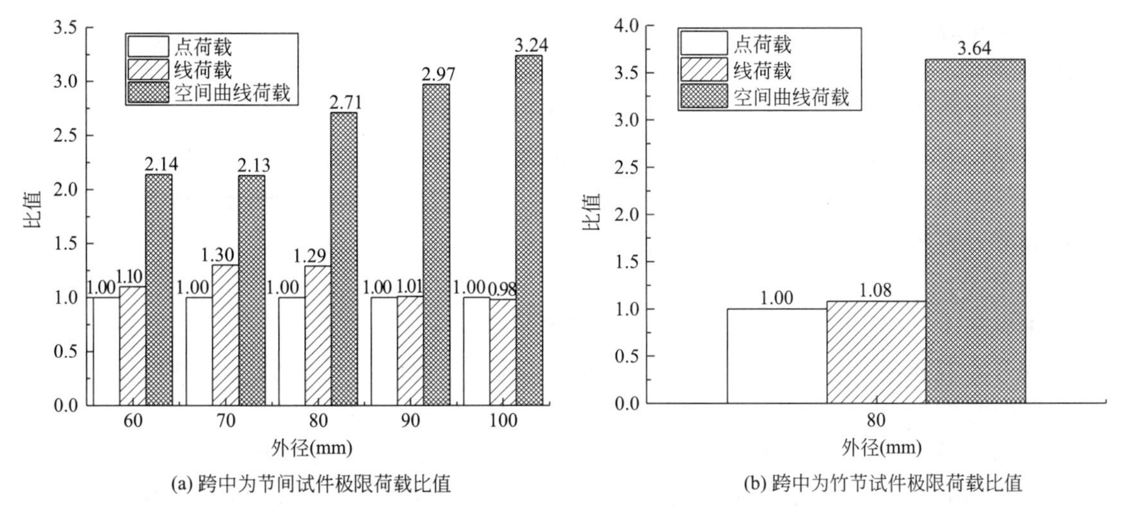

(a) 跨中为节间试件极限荷载比值

(b) 跨中为竹节试件极限荷载比值

图 3.4-25 不同荷载边界条件下试件横向局部承压极限荷载比值

70mm 和 80mm 的比值较大，约为 1.30，其余直径的比值均在 1.00 左右，除了圆竹自身外径、壁厚等尺寸的影响，直径 90mm 和 100mm 试件节间长度较短，线荷载钢构件与竹节过近可能会导致承载能力下降。而空间曲线荷载试件的极限承载力是点荷载试件的 2.80 倍左右，直径越大，比值越大，其中跨中为节间的试件比值最大，为 3.64 倍。因此可知，不考虑外径的影响，点荷载且加载处为节间是最不利的情况。

2. 圆竹外径的影响

由表 3.4-4～表 3.4-6 可知，荷载边界条件相同的情况下，圆竹外径越大，试件横向局部抗压极限承载力越大。将表 3.4-4～表 3.4-6 中数据绘成圆竹横向局部承压极限荷载-外径曲线，如图 3.4-26 所示，可以看出不同荷载边界条件下其试件的平均极限荷载与其外径非线性相关。

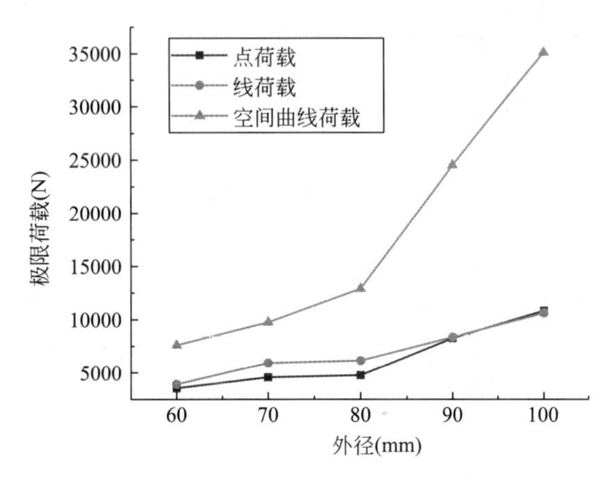

图 3.4-26 不同荷载边界条件下试件平均极限荷载-外径曲线

对于破坏模式，可观察到，在三种不同的荷载边界条件下，外径 60mm、70mm 的试件横截面左右两侧裂缝基本均未穿过竹节，而外径为 90mm、100mm 的试件左右两侧的裂缝大多数都穿过竹节，且能在试件底部表面发现明显的裂缝。而对于外径 80mm 的试件，其横截面左右两侧裂缝在点荷载与空间曲线荷载的情况下基本都穿过竹节，但在线荷载的情况下未穿过竹节，且此类直径试件在三种荷载边界条件下均未能在试件底部表面发现明显的裂缝。

对于横截面左右两侧裂缝是否穿过竹节，其原因可能是圆竹节间的长度，根据测量，圆竹节间长度与其外径呈反比。因此，直径越大，节间长度越短，裂缝越有可能延伸过去。对于试件底部是否产生裂缝，可能是受试件的承载力的影响，极限荷载越大，试件在底部越有可能产生裂缝。

3. 竹节的影响

由表 3.4-4～表 3.4-6 可知，在其他条件相同的情况下，加载处为竹节试件的极限荷载比加载处为节间的大。为了清晰直观地进行比较，以加载处为节间的试件作为标准件，将加载处为竹节试件的极限承载力与其对比，如图 3.4-27 所示。

由图 3.4-27 可知，点荷载情况下，加载处为竹节试件的横向局部承压极限荷载是跨中为节间的 1.30 倍，线荷载情况下是 1.13 倍，空间曲线荷载情况下是 1.75 倍，可知在空间曲线荷载情况下竹节对于圆竹横向局部抗压承载力的提升是最明显的。

总体而言，竹节对圆竹横向局部承压能力有加强效果，能提高一定的承载力，但是会改变破坏模式，且破坏后荷载降幅较大，属于脆性破坏。

4. 支管外径与主管外径比的影响

由表 3.4-6 可知，在其他条件相同的情况下，d/D 越大，试件的极限荷载越大。Q80-1 系列、Q80-3 系列、Q80-4 系列 d/D 的均值分别为 1.00、0.76、1.27（图 3.4-28）。

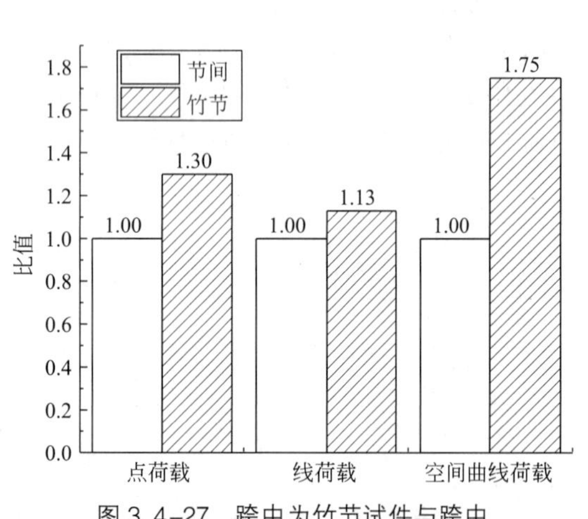

图 3.4-27 跨中为竹节试件与跨中为节间试件的极限荷载比值

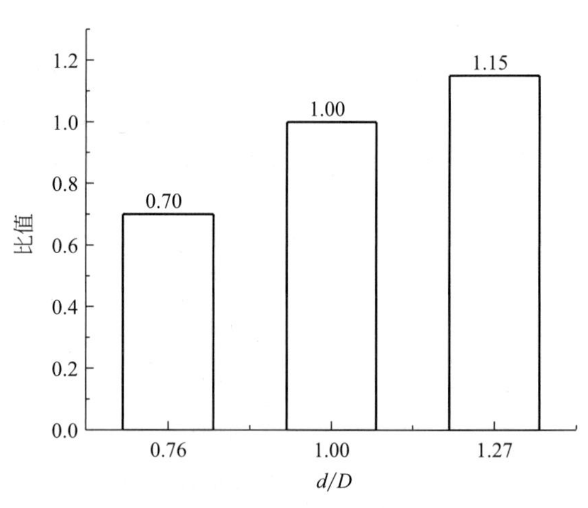

图 3.4-28 d/D 值不同的试件横向局部承压极限荷载比值

3.5 梁端横向局部抗压承载力计算

3.5.1 理论公式推导

竹材作为各向异性材料，力学性能复杂，但其周向与径向的力学性能相差不大。可假设其为横观各向同性材料。而圆竹的横截面基本呈圆环状或椭圆环状，忽略生长条件的影响，其几何和力学性能沿直径呈轴对称，对圆心呈中心对称，故可将其简化为一个均匀圆环。

假定荷载 P 均匀分布在一段长度为 L 的范围内，并将其单独截取出来进行受力分析，如图 3.5-1 所示，其中沿着圆环周向分布的剪力流 $V=(P/\pi R)\sin\varphi$ 与集中力 P 相平衡。需要注意的是，本章所有公式中涉及的 R 均为圆心至圆竹竹壁形心的距离，即 $R=(D-t)/2$，如图 3.5-2 所示。

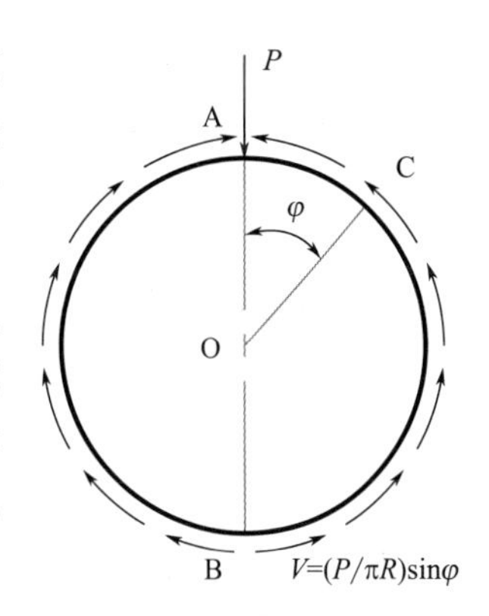

图 3.5-1　圆环模型

由于圆环内外两边的纤维长度不同，受力后沿壁厚方向应力和应变呈非线性分布，因此其中性轴并不通过形心，根据文献 [14]。提出了周向应力的计算公式：

$$\sigma(\varphi)=\frac{M(\varphi)y}{Lt\mu er}+\frac{F_{\mathrm{N}}(\varphi)}{Lt} \tag{3.5-1}$$

$$e=R-\frac{t}{\ln\dfrac{2R+t}{2R-t}} \tag{3.5-2}$$

式中　$M(\varphi)$ ——圆环上角度为 φ 处的弯矩；

$F_{\mathrm{N}}(\varphi)$ ——圆环上角度为 φ 处的周向轴力；

L ——圆环等效长度，与荷载边界条件、圆竹半径、壁厚等有关，需要通过试验数据来拟合确定；

t ——圆环壁厚；

e ——从形心轴到中性轴的距离；

μ ——修正系数（考虑圆竹力学性能沿壁厚方向差异对中性轴位置的修正）；

y、r ——所求应力到中性轴和弯曲中心的径向距离，如图 3.5-2 所示。

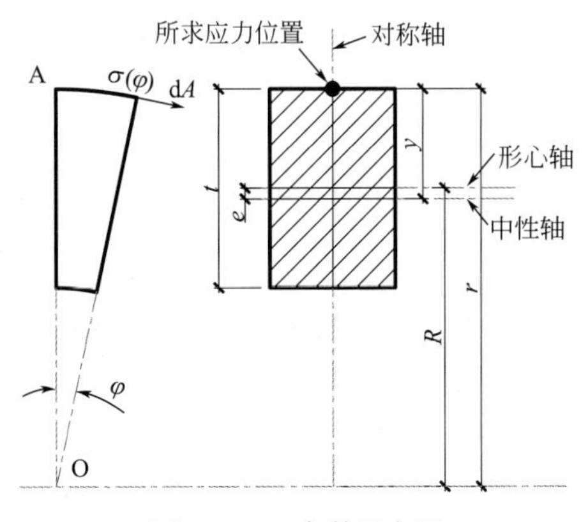

图 3.5-2　参数示意图

理想状态下，圆环的理论长度 L_1 可根据荷载 P 与水平直径的增量 ΔD_{H} 之间的关系式推导出来。为了方便计算，在不影响受力变形的情况下在 A 点加水平链杆支座，在 B 点加不动铰支座，如图 3.5-3（a）所示，利用对称性取一半圆环，如图 3.5-3（b）所示，此时结构是二次超静定，采用力法计算，去掉 A 处的定向支座代以多余力 X_1 和 X_2，得到基本体系如图 3.5-3（c）所示。

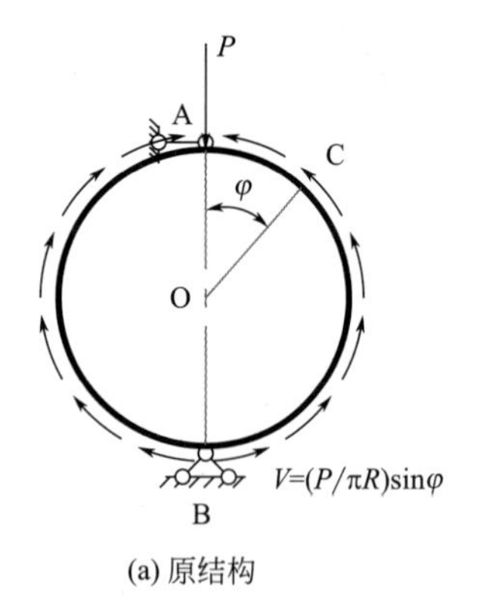

(a) 原结构

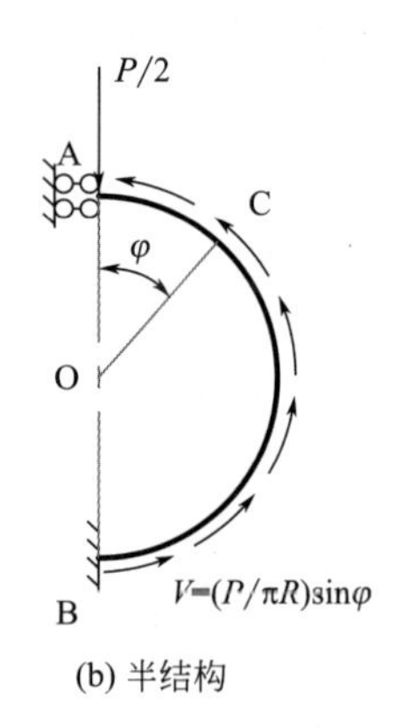

(b) 半结构

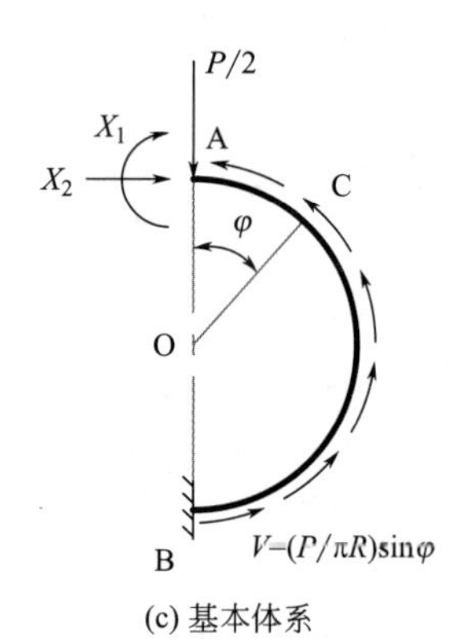

(c) 基本体系

图 3.5-3 圆环模型简化过程

典型方程为：

$$\left.\begin{aligned}\delta_{11}X_1+\delta_{12}X_2+\Delta_{1p}=0\\ \delta_{21}X_1+\delta_{22}X_2+\Delta_{2p}=0\end{aligned}\right\}\tag{3.5-3}$$

各项系数和自由项计算过程如下：

$$\overline{M}_1=1\tag{3.5-4}$$

$$\overline{M}_2=R(1-\cos\varphi)\tag{3.5-5}$$

$$M_{\mathrm{P}}=-\frac{1}{2}PR\sin\varphi+f(\varphi)\tag{3.5-6}$$

式中 $f(\varphi)$——剪力流产生的弯矩，按式（3.5-7）计算。

$$\begin{aligned}f(\varphi)&=-\int_0^{\varphi}\frac{P\sin\varphi_1}{\pi R}\times R[1-\cos(\varphi-\varphi_1)]R\mathrm{d}\varphi_1\\&=-\frac{PR}{\pi}\left(1-\cos\varphi-\frac{1}{2}\varphi\sin\varphi\right)\end{aligned}\tag{3.5-7}$$

则

$$M_{\mathrm{P}}=-\frac{PR}{\pi}\left(\frac{1}{2}\pi\sin\varphi+1-\cos\varphi-\frac{1}{2}\varphi\sin\varphi\right)\tag{3.5-8}$$

$$\delta_{11}=\int\frac{\overline{M}_1^{\,2}}{EI}\mathrm{d}s=\frac{1}{EI}\int_0^{\pi}1^2R\quad\mathrm{d}\varphi=\frac{\pi R}{EI}\tag{3.5-9}$$

$$\delta_{12}=\delta_{21}=\int\frac{\overline{M}_1\overline{M}_2}{EI}\mathrm{d}s=\frac{1}{EI}\int_0^{\pi}R(1-\cos\varphi)R\quad\mathrm{d}\varphi=\frac{\pi R^2}{EI}\tag{3.5-10}$$

$$\delta_{22}=\int\frac{\overline{M}_2^{\,2}}{EI}\mathrm{d}s=\frac{1}{EI}\int_0^{\pi}[R(1-\cos\varphi)]^2R\quad\mathrm{d}\varphi=\frac{3\pi R^3}{2EI}\tag{3.5-11}$$

$$\Delta_{1p}=\int\frac{\overline{M}_1M_{\mathrm{P}}}{EI}\mathrm{d}s=-\frac{1}{EI}\int_0^{\pi}\frac{PR}{\pi}\left(\frac{1}{2}\pi\sin\varphi+1-\cos\varphi-\frac{1}{2}\varphi\sin\varphi\right)R\quad\mathrm{d}\varphi=-\frac{3PR^2}{2EI}\tag{3.5-12}$$

$$\Delta_{2p}=\int\frac{\overline{M}_2M_P}{EI}ds=-\frac{1}{EI}\int_0^{\pi}R(1-\cos\varphi)\frac{PR}{\pi}\left(\frac{1}{2}\pi\sin\varphi+1-\cos\varphi-\frac{1}{2}\varphi\sin\varphi\right)R\quad d\varphi=-\frac{15PR^3}{8EI}\tag{3.5-13}$$

将式（3.5-7）~式（3.5-11）代入式（3.5-1），化简后得：

$$\left.\begin{aligned}&\pi X_1+\pi RX_2-\frac{3}{2}PR=0\\&\pi X_1+\frac{3}{2}\pi RX_2-\frac{15}{8}PR=0\end{aligned}\right\}\tag{3.5-14}$$

解之得 $X_1=\dfrac{3PR}{4\pi}$， $X_2=\dfrac{3P}{4\pi}$。

由此可得到该结构上任意角度的弯矩 $M(\varphi)$ 为：

$$\begin{aligned}M(\varphi)&=X_1\overline{M}_1+X_2\overline{M}_2+M_P\\&=\frac{3PR}{4\pi}+\frac{3P}{4\pi}R(1-\cos\varphi)-\frac{PR}{\pi}\left(\frac{1}{2}\pi\sin\varphi+1-\cos\varphi-\frac{1}{2}\varphi\sin\varphi\right)\\&=\frac{PR}{2\pi}\left(1+\frac{1}{2}\cos\varphi-\pi\sin\varphi+\varphi\sin\varphi\right)\end{aligned}\tag{3.5-15}$$

做弯矩图如图 3.5-4 所示。

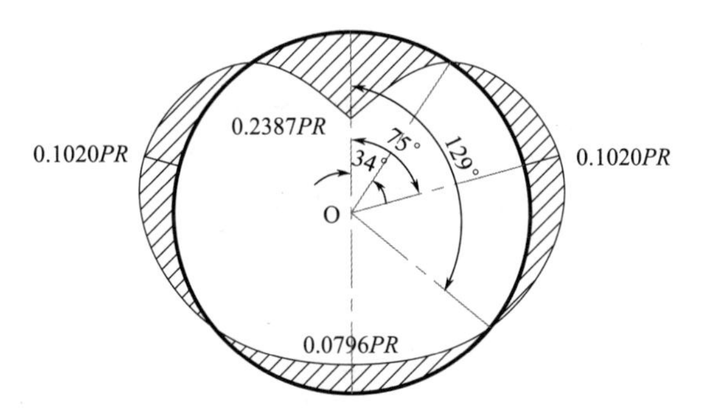

图 3.5-4　弯矩图

相应的轴力 $F_N(\varphi)$ 与剪力 $F_V(\varphi)$ 为：

$$\begin{aligned}F_N(\varphi)&=-\frac{1}{2}P\sin\varphi-\frac{3P}{4\pi}\cos\varphi-\int_0^{\varphi}V\cos\varphi_1Rd\varphi_1\\&=-\frac{1}{2}P\sin\varphi-\frac{3P}{4\pi}\cos\varphi-\frac{P}{2\pi}\varphi\sin\varphi\end{aligned}\tag{3.5-16}$$

$$\begin{aligned}F_V(\varphi)&=-\frac{1}{2}P\cos\varphi+\frac{3P}{4\pi}\sin\varphi-\int_0^{\varphi}V\sin\varphi_1Rd\varphi_1\\&=-\frac{1}{2}P\cos\varphi+\frac{3P}{4\pi}\sin\varphi-\frac{P}{2\pi}(-\varphi\cos\varphi+\sin\varphi)\\&=-\frac{1}{2}P\cos\varphi+\frac{P}{4\pi}\sin\varphi+\frac{P}{2\pi}\varphi\cos\varphi\end{aligned}\tag{3.5-17}$$

为了求出水平直径的增量 ΔD_H，仍利用对称性半结构，其虚拟状态如图 3.5-5（a）

所示，得到基本体系如图3.5-5（b）所示，推导过程与上述类似，可略去，得到虚内力$\overline{M}(\varphi)$、$\overline{F_{\mathrm{N}}}(\varphi)$、$\overline{F_{\mathrm{V}}}(\varphi)$如下：

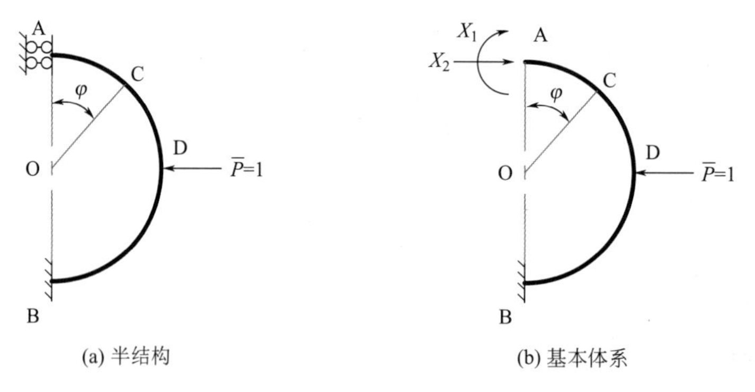

图3.5-5 虚拟状态简化过程

$$\overline{M}(\varphi)=\frac{2-\pi}{2\pi}R+\frac{R}{2}(1-\cos\varphi)+R\cos\varphi \tag{3.5-18}$$

$$\overline{F_{\mathrm{N}}}(\varphi)=\begin{cases}-\dfrac{1}{2}\cos\varphi & \varphi\in\left(0,\dfrac{\pi}{2}\right]\\ \dfrac{1}{2}\cos\varphi & \varphi\in\left(\dfrac{\pi}{2},\pi\right]\end{cases} \tag{3.5-19}$$

$$\overline{F_{\mathrm{V}}}(\varphi)=\begin{cases}-\dfrac{1}{2}\sin\varphi & \varphi\in\left(0,\dfrac{\pi}{2}\right]\\ \dfrac{1}{2}\sin\varphi & \varphi\in\left(\dfrac{\pi}{2},\pi\right]\end{cases} \tag{3.5-20}$$

则

$$\begin{aligned}\Delta D_{\mathrm{H}}&=\int\frac{\overline{M}(\varphi)M(\varphi)}{EI}\mathrm{d}s+\int\frac{\overline{F_{\mathrm{N}}}(\varphi)F_{\mathrm{N}}(\varphi)}{EA}\mathrm{d}s+\int k\frac{\overline{F_{\mathrm{V}}}(\varphi)F_{\mathrm{V}}(\varphi)}{GA}\mathrm{d}s\\&=\frac{PR^3}{EI}\left(\frac{1}{\pi}-\frac{1}{4}\right)-\frac{PR}{4EL_1t}+\frac{kPR}{4GL_1t}\end{aligned} \tag{3.5-21}$$

式中 E——圆竹有效周向弹性模量，根据材性试验测得的数据，无竹节处$E=1530\mathrm{MPa}$；

G——径向-周向剪切模量，考虑已将圆竹简化为横观各向同性材料，取$E/G=2(1+v)$，其中，v取0.3；

k——与截面形状有关的系数，对于矩形截面，$k=1.2$。

由此，式（3.5-21）可进一步化简，变形求得：

$$L_1=\frac{PR}{1530\Delta D_{\mathrm{H}}t}\left[\frac{12R^2}{t^2}\left(\frac{1}{\pi}-\frac{1}{4}\right)-0.53\right] \tag{3.5-22}$$

L_1是通过圆环模型推导出的理论圆环长度，没有考虑实际荷载边界条件，之后可通过测得相应的试验数据，算出对应的L_1值，通过拟合曲线得到不同荷载条件下圆环等效长度L与R的关系式：

$$L = f(R) \tag{3.5-23}$$

将式（3.5-15）、式（3.5-16）、式（3.5-23）代入式（3.5-1）可知，对于圆环同一角度的截面，$F_N(\varphi)$ 产生的周向应力远小于 $M(\varphi)$ 产生的周向应力，故可将其忽略不计。且根据试验中各试件的破坏现象可知，对于加载处无竹节的试件，其破坏模式均为圆环模型外边纤维受拉部分从竹青处劈裂，而由图3.5-4可知，当 $\varphi \approx 75°$ 即 $\varphi \approx 1.305$ 时，模型外边纤维受拉且周向拉应力最大，此结论亦与试验现象相符，因此，可假设 $\varphi \approx 75°$ 处为圆竹横向局部承压时的破坏截面，此时圆竹外表皮处纤维周向拉应力最大，即为圆竹横向局部抗压极限承载力，将各参数代入式（3.5-1）化简推得：

$$P_{\max} = \frac{9.806\mu te(2R + t)}{R(2e + t)}\sigma_{\varphi\max} f(R) \tag{3.5-24}$$

式中　μ——修正系数，主要考虑圆竹力学性能沿壁厚方向存在一定差异，中性轴位置需要修正；

t——圆环壁厚；

e——从形心轴到中性轴的距离，可按式（3.5-2）计算求得；

R——圆竹横截面圆心至竹壁形心的距离；

$\sigma_{\varphi\max}$——圆竹外表面所能承受的最大拉应力，根据材性试验获得的数据计算，取 $\sigma_{\varphi\max} = 7.0\text{MPa}$，代入式（3.5-24）化简得：

$$P_{\max} = \frac{68.641\mu te(2R + t)}{R(2e + t)} f(R) \tag{3.5-25}$$

3.5.2　圆竹横向局部抗压承载力半经验公式

1. 点荷载工况

对于荷载边界条件为点荷载的情况，根据试验测得的数据，代入式（3.5-22）计算出一系列理论圆环长度 L_1 的值，而后将其与圆竹试件的平均半径 R 形成一组组有效实数对（R，L_1），通过数据分析软件MATLAB进行曲线拟合，如图3.5-6所示，其决定系数 R^2 为0.6066，拟合效果较好。

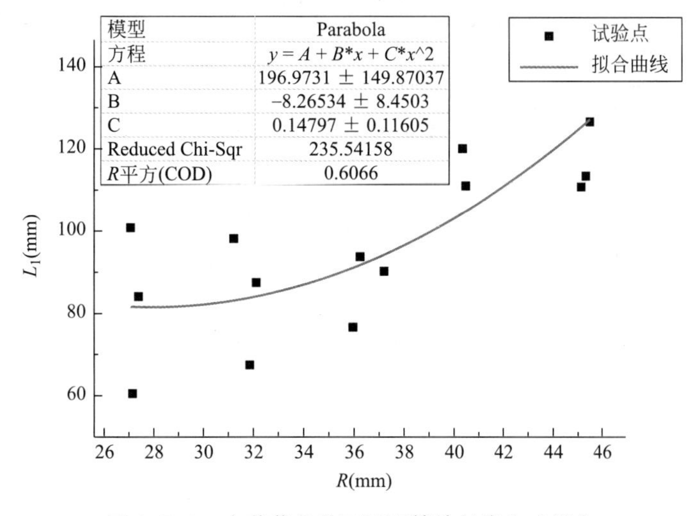

图3.5-6　点荷载条件下圆环等效长度公式拟合

由此，在荷载边界条件为点荷载的情况下，圆环等效长度 L 可按式（3.5-26）计算：

$$L=f(R)=0.15R^2-8.26R+197 \tag{3.5-26}$$

竹横向局部抗压极限承载力 ξP_{max}，而后将其与试验测得的极限承载力 P_{max1} 形成一组组有效实数对（ξP_{max}，P_{max1}），从而对这些试验点进行线性拟合形成一条直线，如图 3.5-7 所示，其决定系数 R^2 为 0.9081，拟合效果较好，则该直线的斜率 $1/\xi$ 即为修正系数 μ。

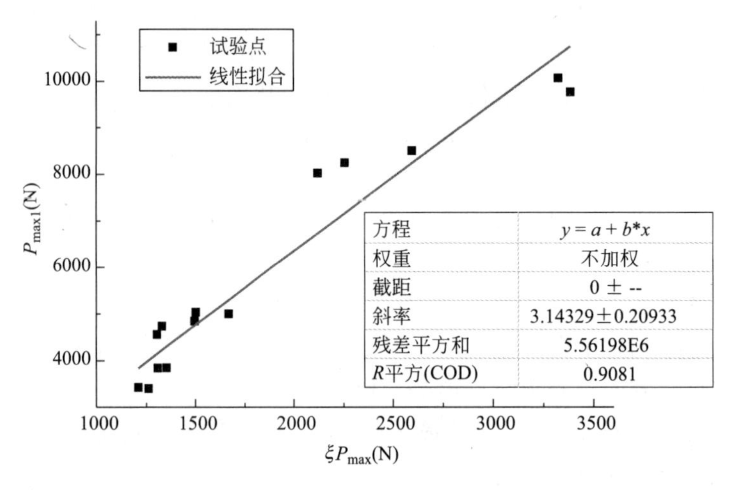

图 3.5-7　点荷载条件下修正系数的拟合

由图 3.5-7 可知，修正系数 $\mu=3.143$，将其代入式（3.5-25）得点荷载条件下圆竹横向局部抗压极限承载力为：

$$P_{max}=\frac{215.739te(2R+t)}{R(2e+t)}(0.15R^2-8.26R+197) \tag{3.5-27}$$

通过公式（3.5-27）可以计算出点荷载条件下圆竹横向局部抗压的计算极限承载力，将其与试验测得的极限承载力进行对比，如表 3.5-1 所示，可知计算值与试验值之比的平均值为 0.99，变异系数为 11.43%，在可接受范围内。

点荷载试件极限承载力计算值与试验值对比　　　　**表 3.5-1**

试件编号	平均半径 R(mm)	壁厚 t(mm)	计算值 P_{max}	试验值 P_{max1}	P_{max}/P_{max1}
D60-11	27.07	5.66	3795.71	3431.11	1.11
D60-12	27.25	5.80	3962.44	3404.90	1.16
D60-13	27.39	6.02	4256.69	3849.11	1.11
D70-11	31.22	6.68	4701.47	4848.86	0.97
D70-12	32.12	6.75	4720.85	5039.87	0.94
D70-13	31.86	6.30	4112.98	3844.54	1.07
D80-11	36.26	7.23	5238.63	5005.18	1.05
D80-12	36.82	6.42	4099.82	4561.83	0.90
D80-13	36.24	6.48	4180.60	4742.03	0.88
D90-11	40.47	8.05	6657.87	8030.30	0.83

续表

试件编号	平均半径 R(mm)	壁厚 t(mm)	计算值 P_{max}	试验值 P_{max1}	P_{max}/P_{max1}
D90-13	40. 34	8. 30	7083. 18	8248. 41	0. 86
D100-11	45. 32	9. 69	10440. 01	10071. 29	1. 04
D100-12	45. 41	9. 81	10726. 80	12705. 90	0. 84
D100-13	45. 13	9. 79	10630. 37	9771. 95	1. 09
平均值	—	—	—	—	0. 99
变异系数	—	—	—	—	11. 43%

注：试件 D90-12 有较大的初始裂缝，造成数据异常，因此予以剔除。

由于公式（3. 5-27）属于半经验公式，需要以一定量的试验数据作为基础，而本次试验在此荷载边界条件下加载处为竹节的情况仅有 3 个试件，试件数量太少，因此该公式仅适用于荷载边界条件为点荷载情况下加载处为节间的单根圆竹。

2. 线荷载工况

对于荷载边界条件为线荷载的情况，根据试验测得的数据，代入式（3. 5-22）计算出一系列理论圆环长度 L_1 的值，而后将其与圆竹试件的平均半径 R 形成一组组有效实数对（R，L_1），通过数据分析软件 MATLAB 进行曲线拟合，如图 3. 5-8 所示，其决定系数 R^2 为 0. 8367，拟合效果较好。

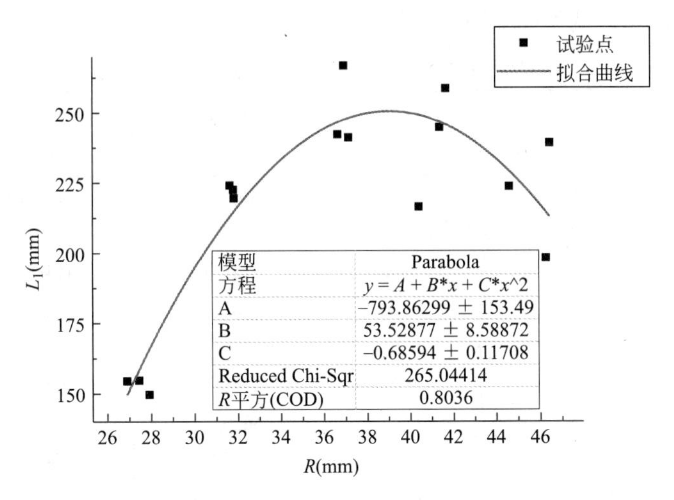

图 3. 5-8　线荷载条件下圆环等效长度公式拟合

由此，在荷载边界条件为线荷载的情况下，圆环等效长度 L 可按下式计算：

$$L = f(R) = -0.68R^2 + 53.53R - 794 \tag{3.5-28}$$

由于试验的加载板长度统一为 100mm，而直径 90～100mm 的圆竹竹节间长度较短，可能会影响相应的圆环等效长度。

竹横向局部抗压极限承载力 ξP_{max}，而后将其与试验测得的极限承载力 P_{max1} 形成一组组有效实数对（ξP_{max}，P_{max1}），从而对这些试验点进行线性拟合形成一条直线，如图 3. 5-9 所示，其决定系数 R^2 为 0. 9130，拟合效果较好，则该直线的斜率 $1/\xi$ 即为修正系数 μ。

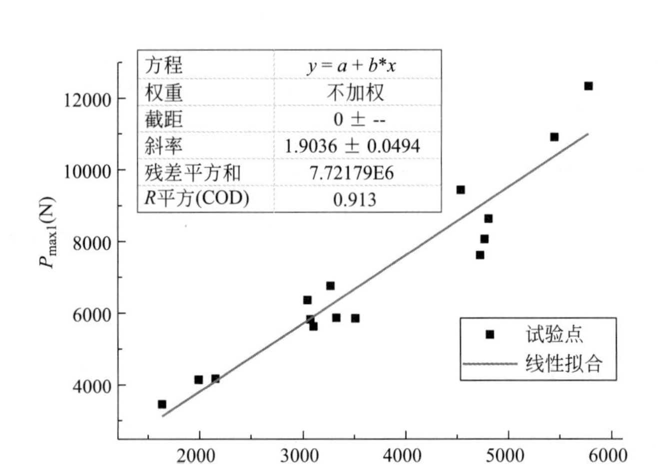

图 3.5-9　线荷载条件下修正系数的拟合

由图 3.5-9 可知，修正系数 $\mu = 1.904$，将其代入式（3.5-25）得线荷载条件下圆竹横向局部抗压极限承载力为：

$$P_{max} = \frac{130.692te(2R + t)}{R(2e + t)}(-0.68R^2 + 53.53R - 794) \tag{3.5-29}$$

通过公式（3.5-29）可以计算出空间曲线荷载条件下圆竹横向局部抗压的计算极限承载力，将其与试验测得的极限承载力进行对比，如表 3.5-2 所示，可知计算值与试验值之比的平均值为 1.00，变异系数为 9.82%，在可接受范围内。

线荷载试件极限承载力计算值与试验值对比　　　　表 3.5-2

试件编号	平均半径 R(mm)	壁厚 t(mm)	计算值 P_{max}	试验值 P_{max1}	P_{max}/P_{max1}
X60-11	26.89	5.55	4102.25	4171.23	0.98
X60-12	27.44	4.77	3113.12	3452.89	0.90
X60-13	27.91	5.18	3788.24	4143.21	0.91
X70-11	31.78	6.06	5903.33	5627.02	1.05
X70-12	31.62	6.01	5790.00	6358.96	0.91
X70-13	31.81	6.03	5845.21	5823.11	1.00
X80-11	36.91	6.47	6680.73	5853.66	1.14
X80-12	37.13	6.26	6220.72	6754.28	0.92
X80-13	36.63	6.29	6331.06	5867.67	1.08
X90-11	40.39	7.78	8993.54	7613.91	1.18
X90-12	41.36	7.75	8634.81	9435.14	0.92
X90-13	41.64	7.98	9075.23	8065.20	1.13
X100-11	46.25	9.52	10369.40	10900.89	0.95
X100-12	45.92	8.87	9149.82	8630.72	1.06
X100-13	44.33	9.28	10995.59	12328.11	0.89
平均值	—	—	—	—	1.00
变异系数	—	—	—	—	9.82%

由于公式（3.5-29）属于半经验公式，需要以一定量的试验数据作为基础，而本次试验在此荷载边界条件下加载处为竹节的情况仅有 3 个试件，试件数量太少，且加载板的长度统一为 100mm，因此该公式仅适用于荷载边界条件为线荷载（100mm 长）情况下加载处为节间的单根圆竹。

3. 空间曲线荷载工况

对于荷载边界条件为空间曲线荷载的情况，由试验可知，在加载初期，试件与钢构件切口基本只有顶部能完全接触上，此亦与实际工程情况相符，因此，暂定其适用图 3.5-1 所示圆环模型进行理论分析。同样地，根据试验测得的数据，代入式（3.5-22）计算出一系列理论圆环长度 L_1 的值，而后将其与圆竹试件的平均半径 R 形成一组组有效实数对 (R, L_1)，通过数据分析软件 MATLAB 进行曲线拟合，如图 3.5-10 所示，其决定系数 R^2 为 0.7191，拟合效果较好。

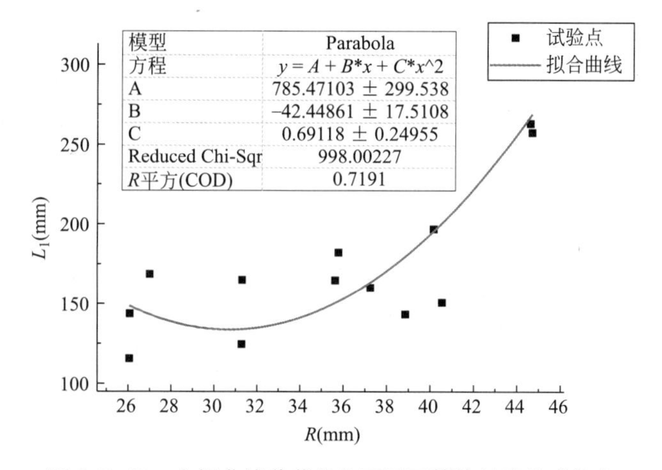

图 3.5-10　空间曲线荷载条件下圆环等效长度公式拟合

由此，在荷载边界条件为线荷载的情况下，圆环等效长度 L 可按式（3.5-30）计算：

$$L = f(R) = 0.69R^2 - 42.45R + 785 \quad (3.5\text{-}30)$$

竹横向局部抗压极限承载力 ξP_{max}，而后将其与试验测得的极限承载力 P_{max1} 形成一组组有效实数对 $(\xi P_{max}, P_{max1})$，从而对这些试验点进行线性拟合形成一条直线，如图 3.5-11 所示，其决定系数 R^2 为 0.8986，拟合效果较好，则该直线的斜率 $1/\xi$ 即为修正系数 μ。

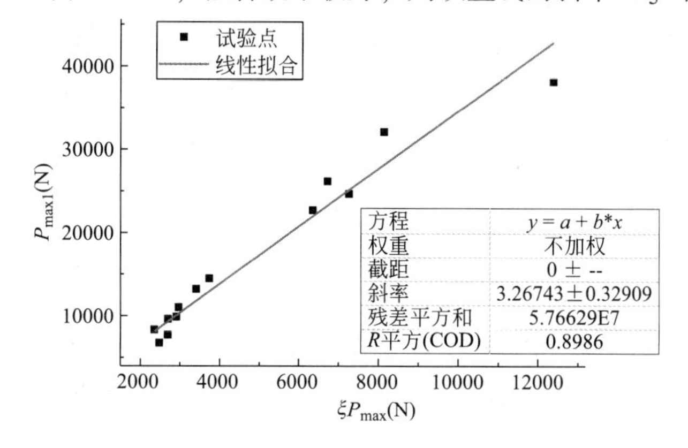

图 3.5-11　空间曲线荷载条件下修正系数的拟合

由图3.5-11可知，修正系数$\mu=3.267$，将其代入式（3.5-25）得空间曲线荷载条件下圆竹横向局部抗压极限承载力为：

$$P_{max}=\frac{224.250te(2R+t)}{R(2e+t)}(0.69R^2-42.45R+785) \tag{3.5-31}$$

通过公式（3.5-31）可以计算出空间曲线荷载条件下圆竹横向局部抗压的计算极限承载力，将其与试验测得的极限承载力进行对比，如表3.5-3所示，可知计算值与试验值之比的平均值为0.95，变异系数为12.60%，在可接受范围内。

空间曲线荷载试件极限承载力计算值与试验值对比 **表3.5-3**

试件编号	平均半径 R(mm)	壁厚 t(mm)	计算值 P_{max}	试验值 P_{max1}	P_{max}/P_{max1}
Q60-11	26.08	6.21	8793.11	7727.97	1.14
Q60-12	26.22	6.00	8087.95	6758.50	1.20
Q60-13	27.01	6.03	7671.55	8345.26	0.92
Q70-11	31.28	7.46	9503.80	9886.00	0.96
Q70-13	31.11	7.17	8798.05	9627.876	0.91
Q80-11	37.25	7.49	9683.48	11019.14	0.88
Q80-12	35.38	8.53	12202.09	14492.16	0.84
Q80-13	35.64	8.15	11142.13	13216.43	0.84
Q90-11	38.86	11.26	23748.15	24663.23	0.96
Q90-12	39.70	10.69	21971.92	26165.76	0.84
Q90-13	40.16	10.31	20749.07	22708.88	0.91
Q100-11	42.67	13.47	40457.21	38147.41	1.06
Q100-13	44.62	10.54	26579.60	32075.07	0.83
平均值	—	—	—	—	0.95
变异系数	—	—	—	—	12.60%

注：试件Q70-12和Q100-12有较大的初始裂缝，造成数据异常，因此予以剔除。

由于公式（3.5-31）属于半经验公式，需要以一定量的试验数据作为基础，而此次试验在此荷载边界条件下加载处为竹节、$d/D=0.76$、$d/D=1.27$的情况各仅有3个试件，试件数量太少，因此该公式仅适用于荷载边界条件为空间曲线荷载情况下加载处为节间且$d/D=1.00$的单根圆竹。

3.6 本章小结

本章对喷涂复合砂浆-原竹组合梁的受弯力学性能进行了试验研究，在此基础上通过理论和有限元分析对原竹梁和组合梁的弯曲性能进行分析，并对梁端横向局部承压问题进行探讨，得出以下结论：

1）单根原竹梁的破坏模式为在端部（细头）劈裂；组合梁的破坏模式为在加载点弯折，其中单根原竹组合梁加载点的原竹发生劈裂，而多根原竹组合梁加载点的原竹在栓孔处发生断裂。

2）单根原竹梁的正常使用极限荷载仅为极限承载力的20%，而组合梁的正常使用极限荷载达到极限承载力的48%以上，组合梁能更充分利用材料的强度。单根原竹组合梁的极限承载力和初始抗弯刚度分别为单根原竹梁的1.5倍和3.5倍；双根原竹组合梁的极限承载力和初始抗弯刚度分别为双根原竹的1.4倍和4.7倍；四根原竹组合梁的初始抗弯刚度为四根原竹的3.9倍，可知包裹复合砂浆后原竹和复合砂浆间形成的组合效应显著。

3）倾斜45°放置钢带，使其轴向拉伸刚度转化为水平方向的剪切刚度，是喷涂复合砂浆-双原竹组合梁中效果较好的新型抗滑移构造措施。

4）在点荷载、线荷载及空间曲线荷载下，圆竹的破坏特征基本相同，即加载处有微凹现象，横截面左右两侧靠近中轴线偏上部分出现裂缝。点荷载、线荷载试件属于脆性破坏，空间曲线荷载试件延性较好。在其他条件相同的情况下，线荷载试件的极限承载力约为点荷载试件的1.13倍，空间曲线荷载试件的极限承载力约为点荷载试件的2.80倍。

5）在荷载边界条件相同的情况下，圆竹外径越大，其横向局部抗压极限承载力越大，且呈非线性相关。竹节对圆竹横向局部承压能力有一定加强效果，点荷载情况下竹节试件的横向局部承压极限荷载是竹间的1.30倍，线荷载情况下是1.13倍，空间曲线荷载情况下是1.75倍，但仍属于脆性破坏。对于荷载边界条件为空间曲线荷载的情况，支管外径与主管外径之比d/D对圆竹横向局部承压能力有一定影响，d/D越大，圆竹横向局部承压极限荷载越大。对于破坏模式，d/D越小，钢构件越容易压破圆竹，产生裂缝造成二次破坏。

6）在荷载边界条件为点荷载的情况下，根据圆竹横向局部抗压承载力半经验公式得出的计算值与试验值比值的均值为0.99，变异系数为11.43%；荷载边界条件为线荷载的情况下，根据经验公式得出的计算值与试验值比值的均值为1.00，变异系数为9.82%；荷载边界条件为空间曲线荷载的情况下，根据经验公式得出的计算值与试验值比值的均值为0.95，变异系数为12.60%。三种荷载边界条件下承载力的计算值与试验值相近，误差在允许范围之内。

参考文献

[1] ISO. Bamboo-determination of physical and mechanical properties：ISO 22157—2004 [S]. Switzerland：International Organization for Standardization，2004.

[2] Tian L M，Kou Y F，Hao J P. Flexural behavior of sprayed lightweight composite mortar-original bamboo composite beams：experimental study [J]. BioResources，2019，14（1）：500-517.

[3] 住房和城乡建设部. 建筑结构可靠性设计统一标准：GB 50068—2018 [S]. 北京：中国建筑工业出版社，2019.

[4] 住房和城乡建设部. 木结构设计标准：GB 50005—2017 [S]. 北京：中国建筑工业出版社，2018.

[5] Huang D S，Zhou A P，Bian Y L. Experimental and analytical study on the nonlinear bending of parallel strand bamboo beams [J]. Construction and Building Materials 2013，44：585-592.

[6] Li H T，Wu G，Zhang Q S，et al. Ultimate bending capacity evaluation of laminated bamboo lumber beams

[J]. Construction and Building Materials 2018, 160: 365-375.

[7] 肖岩，彭罗文，Kunnath S. 组合梁考虑滑移效应的理论分析［J］. 湖南大学学报（自然科学版），2017，44（1）：77-86.

[8] García-Aladín M F, García J J, Correal J F. Theoretical and experimental analysis of two-culm bamboo beams [J]. Proceedings of the Institution of Civil Engineers-Structures and Buildings, 2018, 171 (4): 316-325.

[9] García J J, Moran R. Bamboo joints with steel clamps capable of transmitting moment. Construction and Building Materials 2019; 216: 249-260.

[10] Wang F L, Yang J. Experimental and numerical investigations on load-carrying capacity of dowel-type bolted bamboo joints. Engineering Structures 2020; 209: 109952.

[11] 郝际平，寇跃峰，田黎敏，等．基于竹材含水率的喷涂多功能环保材料-原竹粘结界面抗滑移性能试验研究［J］. 建筑结构学报，2018，39（7）：154-161.

[12] ISO, Bamboo Structures - Determination of Physical and Mechanical Properties of Bamboo Culms - Test Methods: ISO 22157—2019 [S]. Switzerland, International Organization for Standardization, 2019.

[13] 建设部．建筑用竹材物理力学性能试验方法：JG/T 199—2007［S］. 北京：中国标准出版社，2007.

[14] Warren C Y, Richard G. Budynas. Roark' s Formulas for Stress and Strain. 7th ed. [M]. New York: McGraw-Hill, 2012.

[15] Cruz M L S. Caracterização Física e Mecânica de Colmos Inteiros do Bambu da Espécie Phyllostachys Áurea: Comportamento à Flambagem [D]. Rio de Janeiro: Pontifícia Universidade Católica do Rio de Janeiro, 2002.

[16] 住房和城乡建设部．砌筑砂浆配合比设计规程：JGJ/T 98—2010［S］. 北京：中国建筑工业出版社，2011.

[17] 工业和信息化部．水泥基灌浆材料：JC/T 986—2018［S］. 北京：建材工业出版社，2018.

[18] 国家市场监督管理总局．水泥胶砂强度检验方法（ISO 法）：GB/T 17671—1999［S］. 北京：中国标准出版社，1999.

[19] 住房和城乡建设部．建筑砂浆基本性能试验方法标准：JGJ/T 70—2009［S］. 北京：中国建筑工业出版社，2009.

第 4 章　喷涂复合砂浆-原竹组合柱轴压力学性能

本章通过对原竹柱和喷涂复合砂浆-原竹组合柱（组合柱）进行轴压试验，获得原竹柱和组合柱的受力机理、破坏模式、荷载-位移曲线和荷载-应变曲线。通过对短柱进行参数分析，研究原竹直径、喷涂复合砂浆、截面形式和加载方式对短柱轴压力学性能的影响；通过对长柱的参数分析，研究原竹长细比和喷涂复合砂浆对长柱轴压力学性能的影响。通过建立与试验条件一致的有限元模型，对试验进行验证，得到有效的有限元模型，并在此基础上，进一步研究柱高、喷涂复合砂浆厚度以及原竹初弯曲对柱轴压力学性能的影响。根据以上分析结果，可以提出短柱的抗压承载力计算公式；同时，通过对长柱进行参数分析和理论推导，提出统一的稳定系数计算公式，为长柱的承载力计算提供参考。

4.1　组合柱试验研究

4.1.1　试件设计与制作

为了深入研究喷涂复合砂浆-原竹组合结构体系下关键结构构件——组合柱的轴压力学性能，设计了短柱和长柱两类试件，分别对其进行轴压试验。对于长细比 $\lambda \leqslant 20$ 的原竹柱和组合柱，其破坏模式为强度破坏，属于短柱；而长细比 $\lambda > 20$ 的原竹柱和组合柱，其破坏模式为整体失稳，属于长柱。为了消除竹材离散性对力学性能的影响，采用每种参数做 3 个相同试件来得出此类试件的典型力学性能。短柱试验设置原竹外径、喷涂复合砂浆（此处的“喷涂复合砂浆”既包括复合砂浆又包括抗裂砂浆，下同）、柱截面形式（分为方柱和圆柱）以及加载方式（分为集中加载和均匀加载）为参数进行轴压力学性能的研究；而长柱试验设置原竹长细比和喷涂复合砂浆为参数进行轴压力学性能的研究。

为考察集中加载和均匀加载两种不同工况，短柱设计了原竹突出砂浆端面与平齐砂浆端面的两类试件。集中加载仅有原竹受压，而喷涂复合砂浆仅对原竹有约束作用，而均匀加载则为喷涂复合砂浆与原竹二者共同受压。

短柱试件的尺寸见表 4.1-1 与图 4.1-1。考虑到喷涂复合砂浆厚度对建筑性能的影响和施工过程的方便性，选取喷涂 30mm 厚的复合砂浆制作试件，继而在最外层抹一层厚为 10mm 的抗裂砂浆。

短柱试件编号及参数变化 表 4.1-1

编号	分类	试件高度 H(mm)	原竹壁厚 t(mm)	原竹外径 D(mm)	是否喷涂	加载方式	截面形式
SB-1	B系列	500	6.75	82.12	否	—	—
SB-2		500	6.22	80.53	否	—	—
SB-3		500	6.10	81.49	否	—	—
TB-1		500	7.41	102.34	否	—	—
TB-2		500	8.59	98.20	否	—	—
TB-3		500	6.77	99.95	否	—	—
SSC-1	SC系列	520	6.25	82.76	是	集中	方形
SSC-2		520	6.88	82.12	是	集中	方形
SSC-3		520	5.91	82.60	是	集中	方形
TSC-1		520	8.03	96.29	是	集中	方形
TSC-2		520	8.20	96.13	是	集中	方形
TSC-3		520	7.92	99.47	是	集中	方形
SSU-1	SU系列	500	5.95	81.17	是	均匀	方形
SSU-2		500	6.10	82.28	是	均匀	方形
SSU-3		500	6.32	82.44	是	均匀	方形
TSU-1		500	7.16	99.95	是	均匀	方形
TSU-2		500	7.39	100.27	是	均匀	方形
TSU-3		500	8.11	103.29	是	均匀	方形
SRC-1	RC系列	520	6.91	80.53	是	集中	圆形
SRC-2		520	6.33	82.60	是	集中	圆形
SRC-3		520	6.59	82.12	是	集中	圆形
SRU-1	RU系列	500	5.81	81.81	是	均匀	圆形
SRU-2		500	6.01	82.76	是	均匀	圆形

注：B系列试件为原竹短柱，其中SB、TB分别为外径较小和较大的原竹短柱，下面类似；SC、SU系列分别为集中加载和均匀加载的方形截面组合短柱；RC、RU系列分别为集中加载和均匀加载的圆形截面组合短柱。

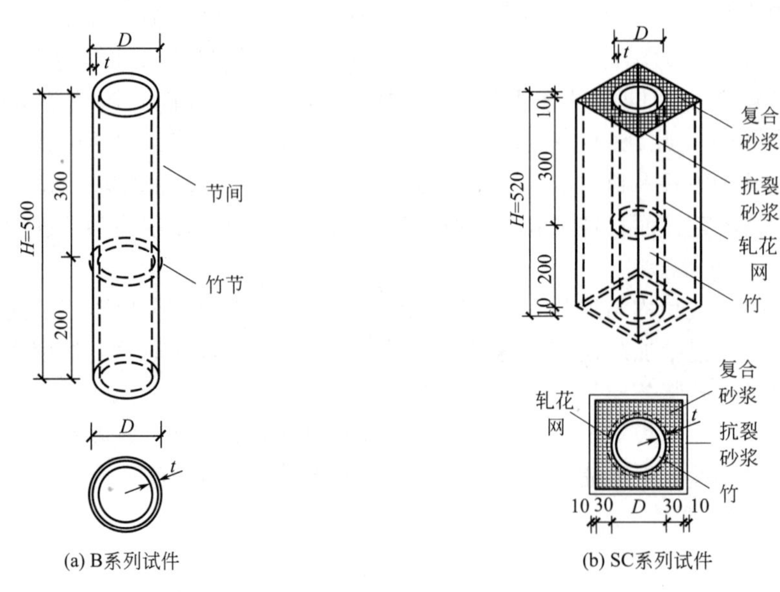

(a) B系列试件 (b) SC系列试件

图 4.1-1 试件几何尺寸及构造图（单位：mm）（一）

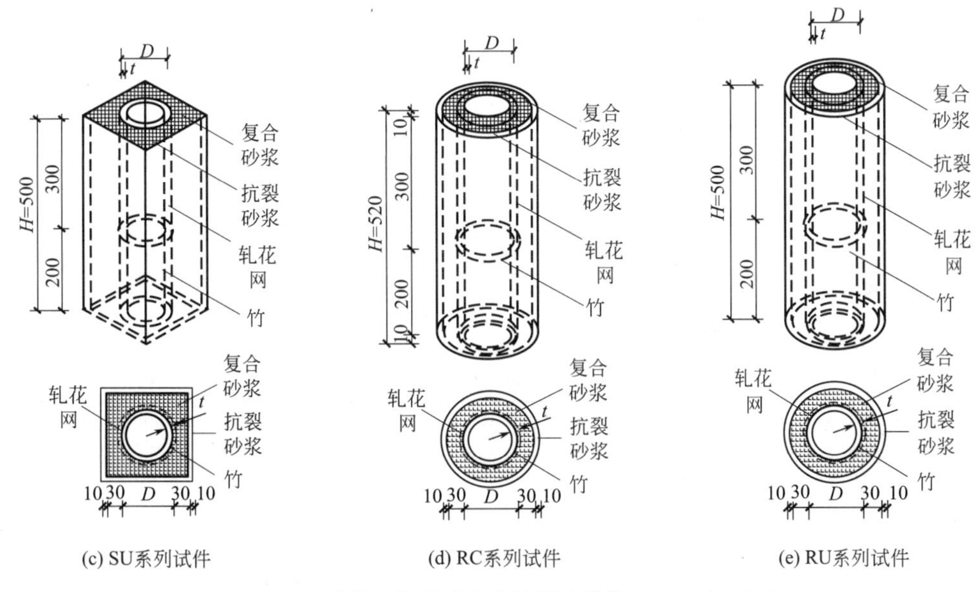

图 4.1-1 试件几何尺寸及构造图（单位：mm）（二）

以 SC 系列试件为例说明短柱的制作过程，先清理竹材表面的灰尘后粘贴应变片，随后在原竹表面喷涂复合砂浆后缠绕轧花网，最后抹抗裂砂浆，主要过程如图 4.1-2 所示。

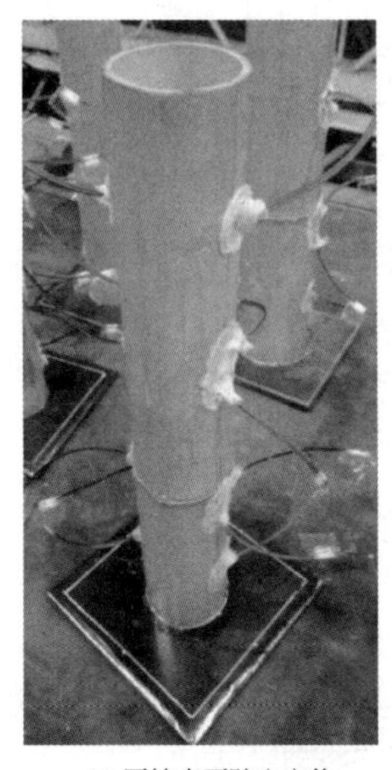
(a) 原竹表面贴应变片

(b) 复合砂浆喷涂完成

(c) 抗裂砂浆抹面完成

图 4.1-2 SC 系列的制作

长柱试件的尺寸见表 4.1-2 与图 4.1-3。

以 SLC 系列试件为例说明长柱制作过程，先对原竹粘贴应变片，后涂刷防水材料、最后完成复合砂浆的喷涂，如下图 4.1-4 所示。

长柱试件编号及参数变化 表 4.1-2

编号	分类	试件高度 H(mm)	原竹壁厚 t(mm)		原竹外径 D(mm)		是否喷涂
			t_1	t_2	D_1	D_2	
SLB-1	SLB 系列	3000	6.34	7.33	78.67	96.50	否
SLB-2		3000	6.23	7.60	82.80	98.41	否
SLB-3		3000	5.85	6.73	81.85	98.09	否
SSB-1	SSB 系列	2000	5.87	6.99	82.80	97.77	否
SSB-2		2000	6.72	6.77	84.71	98.73	否
SLC-1	SLC 系列	2700	6.82	7.83	78.66	97.45	是
SLC-2		2530	6.75	6.83	85.35	97.45	是

注：t_1 和 t_2 分别为原竹小头和大头的壁厚；D_1 和 D_2 分别为原竹小头和大头的外径。SLB 和 SSB 系列试件分别为长细比较大和较小的原竹长柱，SLC 系列试件为组合长柱。

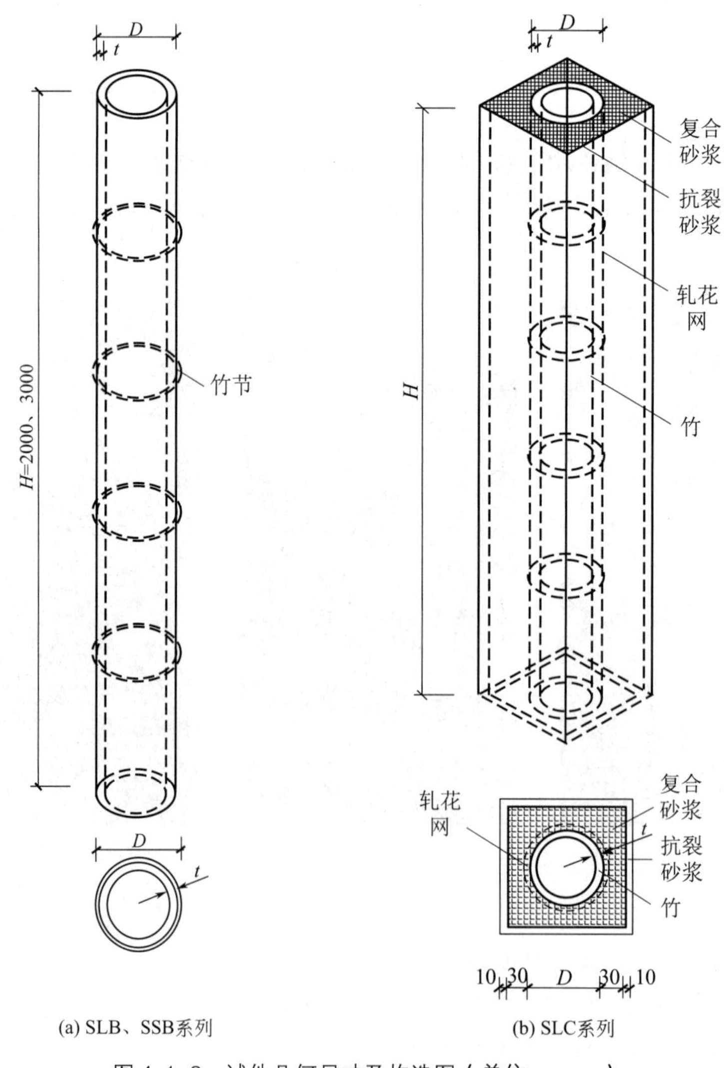

图 4.1-3 试件几何尺寸及构造图（单位：mm）

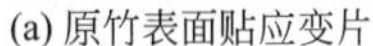
(a) 原竹表面贴应变片　(b) 涂刷防水材料　(c) 复合砂浆喷涂完成

图 4. 1-4　SLC 系列的制作

4. 1. 2　加载与测量

1. 加载装置与制度

本次试验在西安建筑科技大学结构实验室完成，短柱轴压试验采用 WE-100 型万能材料试验机与 TDS-530 数据采集系统，长柱试验采用 YAW-5000 型微机控制电液伺服压力试验机与 ASW-500 数据采集系统。

采用物理对中和几何对中相结合的方法保证试件处于轴心受压状态。安装试件时先用钢尺测量，使试件截面中心和压力机中心在同一轴线上，保证几何对中；在正式加载之前，为消除试件与支座之间的空隙，先对试件进行三次预加载，预加载的荷载值取 1/50 的估计峰值荷载，记录预压过程中试件侧面的竖向应变值。应保证两个侧面的竖向应变值相差在 5%以内，否则应调整试件位置重新进行预加载，以此保证物理对中。参照《Bamboo structures-Determination of physical and mechanical properties of bamboo culms-Testmethods》ISO 22157：2019 规范所要求的竹筒顺纹受压试验的加载速率 0. 5mm/min 匀速加载直至破坏，同时 WE-100 型万能材料试验机的电液伺服数据和 YAW-5000 型微机控制电液伺服压力试验机采集系统对荷载和位移进行实时连续采集，TDS-530 数据采集系统和 ASW-500 数据采集系统对荷载、位移和应变进行采集，采集频率 1. 0Hz。

2. 测量方案

短柱轴压试验测点布置如图 4. 1-5 所示。压力机底座与试件端面处的压力端板之间竖向放置两个位移计（呈对角放置），用于检测试件整体的竖向位移。

由于原竹存在初始弯曲，长柱两端采用单向铰支座，铰的转动平面与原竹弯曲平面平行。长柱轴压试验测点布置如图 4. 1-6 所示。

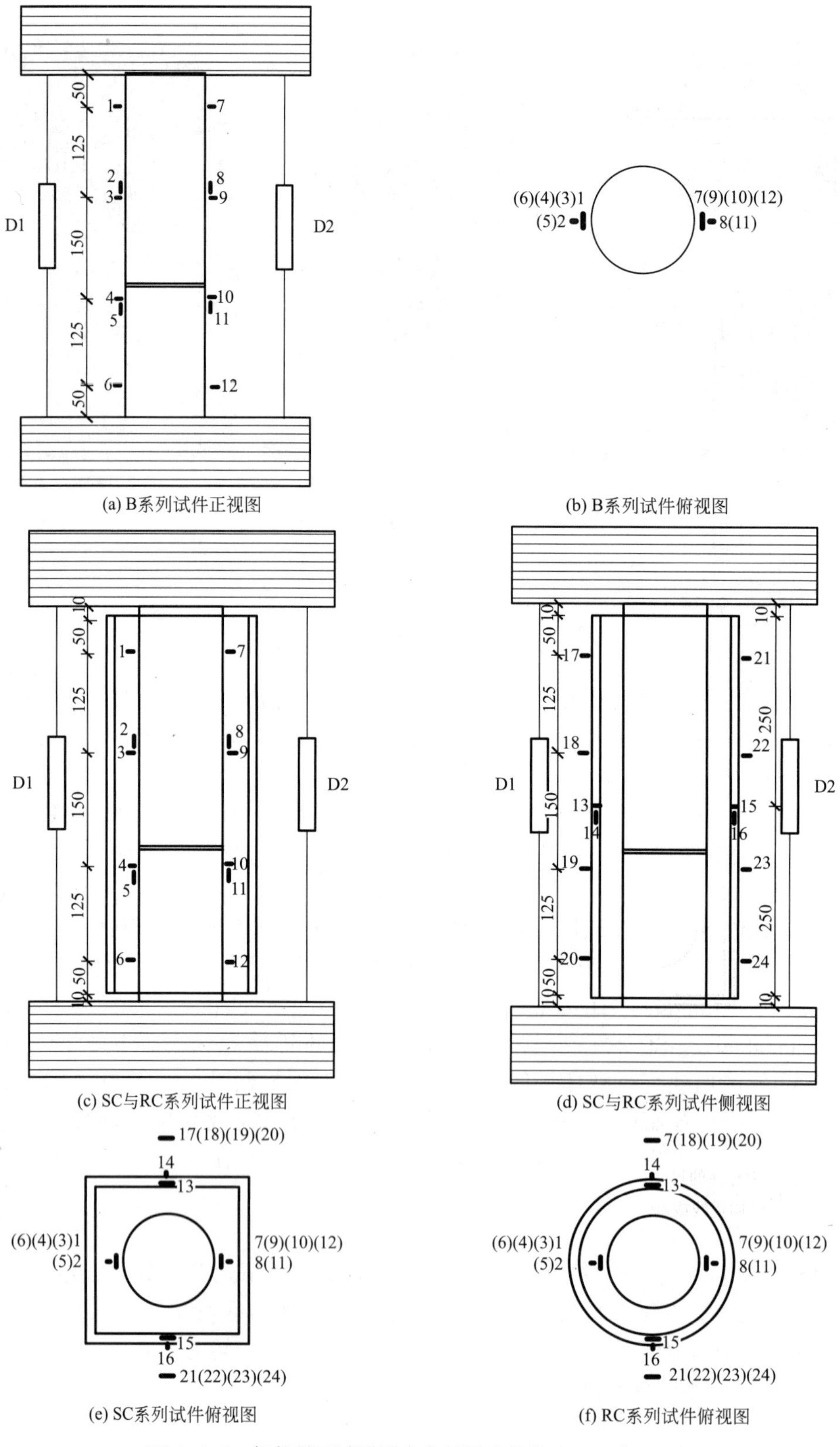

(a) B系列试件正视图

(b) B系列试件俯视图

(c) SC与RC系列试件正视图

(d) SC与RC系列试件侧视图

(e) SC系列试件俯视图

(f) RC系列试件俯视图

图 4.1–5　短柱轴压试验测点布置图（单位：mm）（一）

注：图中标注的尺寸单位均为 mm；“1”～“26”均为应变片，横向横线图标为横纹布置的应变片，竖向横线或圆点图标为顺纹布置的应变片；“D1”和“D2”为位移计，均为竖向布置。

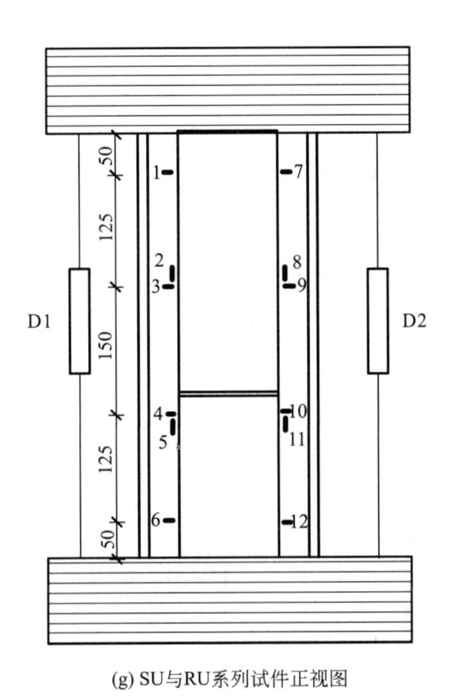

(g) SU与RU系列试件正视图

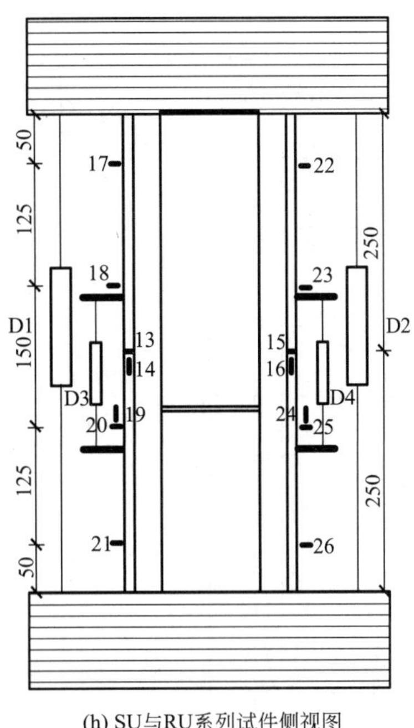

(h) SU与RU系列试件侧视图

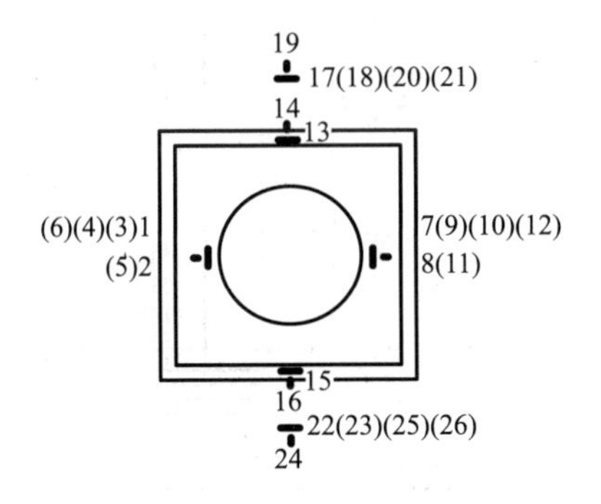

(i) SU系列试件俯视图

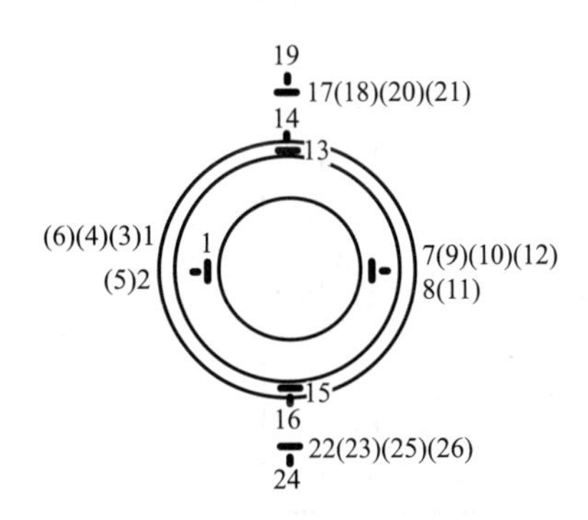

(j) RU系列试件俯视图

图 4.1–5　短柱轴压试验测点布置图（单位：mm）（二）

注：图中标注的尺寸单位均为 mm；“1” ~ “26” 均为应变片，横向横线图标为横纹布置的应变片，竖向横线或圆点图标为顺纹布置的应变片；“D1” 和 “D2” 为位移计，均为竖向布置。

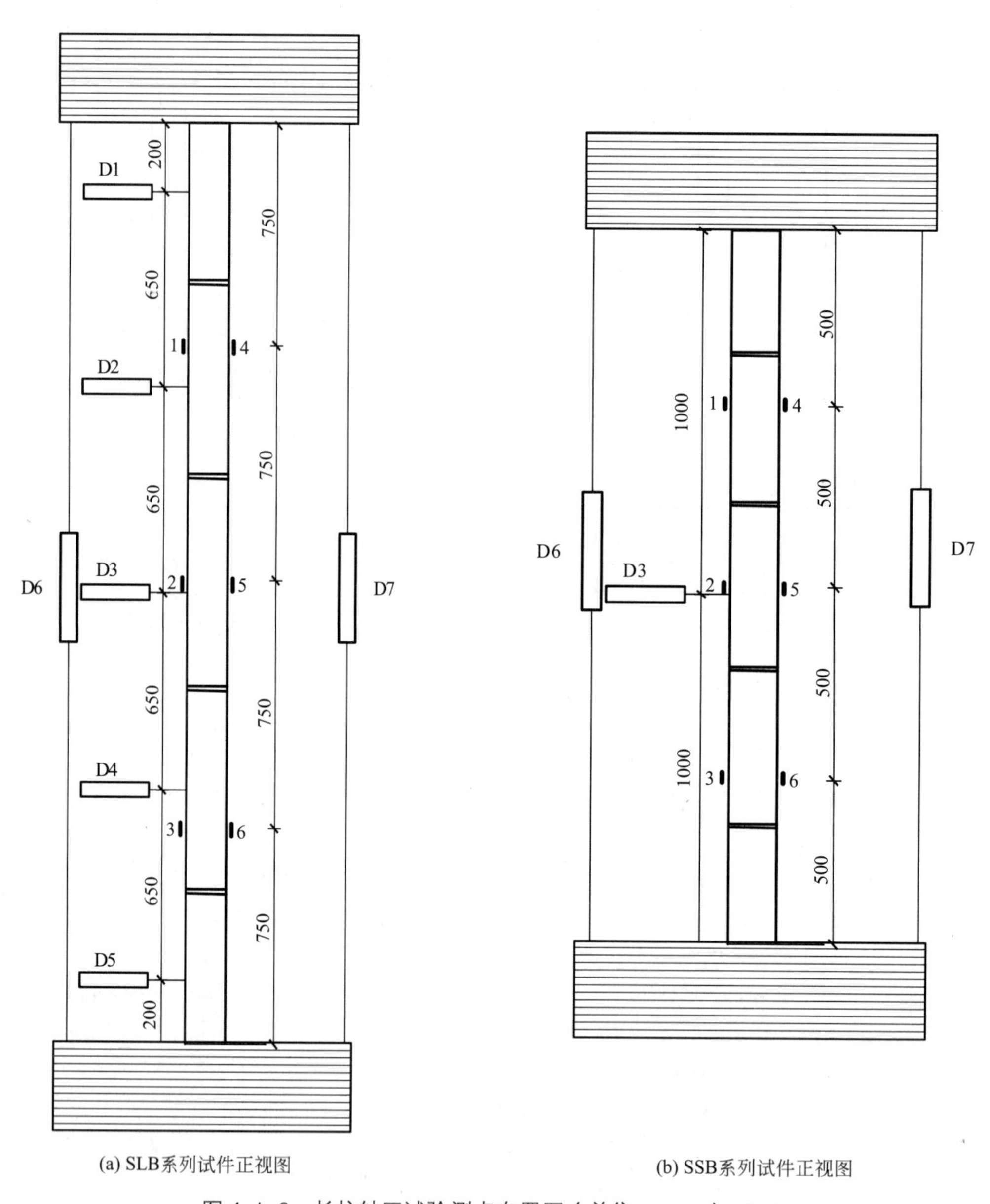

图 4.1-6 长柱轴压试验测点布置图（单位：mm）（一）

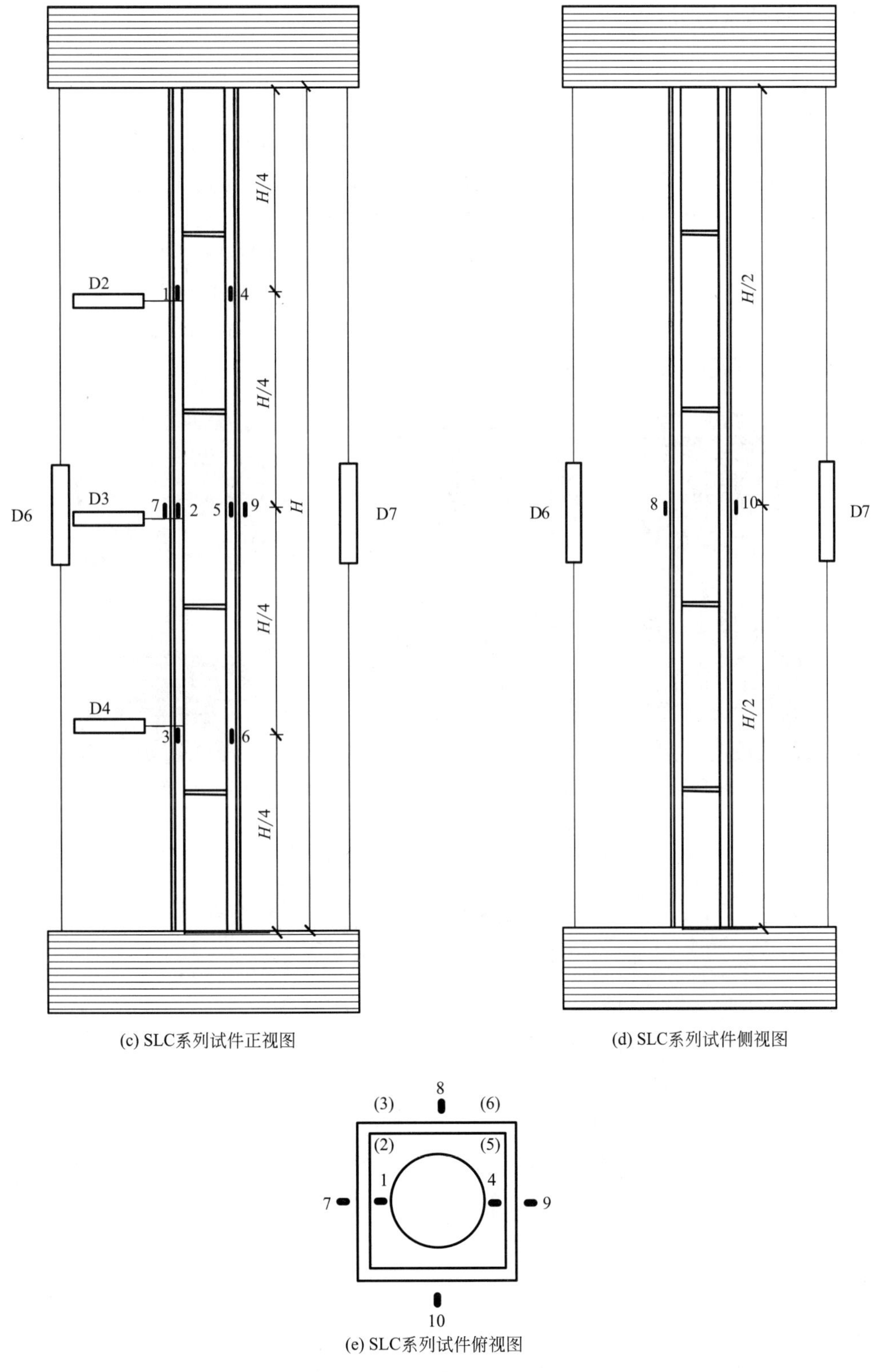

(c) SLC系列试件正视图

(d) SLC系列试件侧视图

(e) SLC系列试件俯视图

图 4.1-6　长柱轴压试验测点布置图（单位：mm）（二）

4.1.3 试验结果与分析

1. 短柱破坏模式

（1）B 系列

SB 类试件的破坏现象基本相同，故仅选取试件 SB-2 为典型试件进行分析。图 4.1-7 为试件 SB-2 的破坏现象，图 4.1-8 为 SB 系列试件的荷载-位移曲线。由图 4.1-7 和图 4.1-8 可知，荷载在 0~70.0kN 范围内，试件 SB-2 基本处于弹性阶段；超过 70.0kN 后，试件上端头出现竖向微小劈裂裂缝，并不断向柱中延伸，这时荷载增长开始减慢，进入弹塑性阶段，竹子不断发出“劈啪”声音；最后达到峰值荷载 91.9kN 并维持很长一段时间，直至竹端头突然炸裂，荷载迅速减小，试件完全破坏。最终破坏状态为试件上端头竹子劈裂成几瓣，并呈灯笼状向外鼓曲。

(a) 试验初始阶段

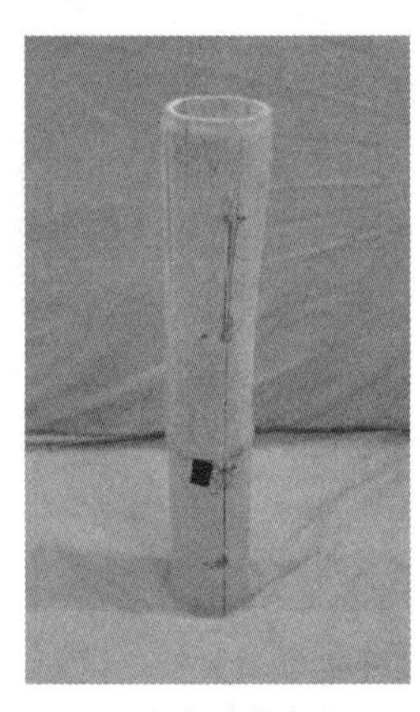
(b) 竖向破裂破坏

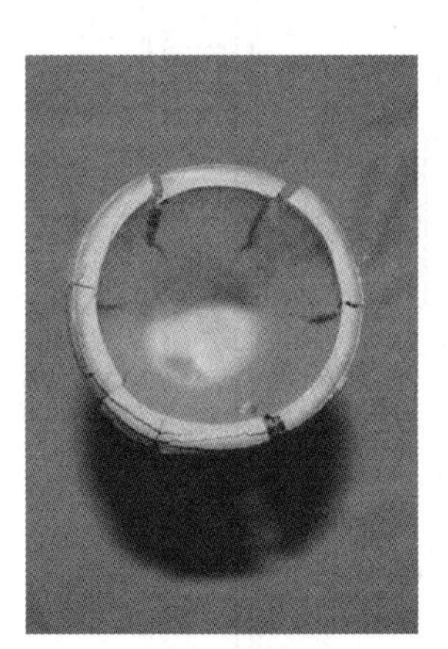
(c) 上端面破坏

图 4.1-7 试件 SB-2 破坏现象

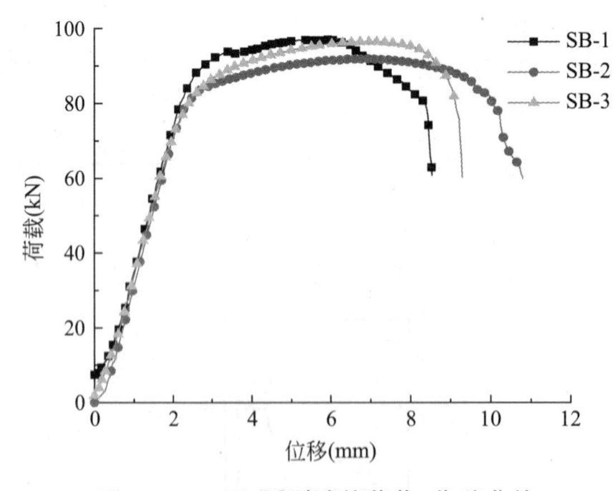

图 4.1-8 SB 系列试件荷载-位移曲线

图 4.1-9 为试件 SB-2 的荷载-应变曲线。由图可知，在加载初期，试件 SB-2 两侧对应位置的应变基本相同，说明该试件处于轴压状态。该曲线包括两部分，一部分为荷载-竖向受压应变，另一部分为荷载-横向受拉应变；荷载-竖向压应变曲线基本包括三个工作

阶段：弹性阶段、弹塑性阶段以及破坏阶段。在加载初期，荷载与竖向压应变呈线性增加；当荷载达到 80.0kN 左右，对应应变为 4200με，荷载增长开始减缓，应变增长加快，试件进入弹塑性阶段；荷载增加到 91.2kN 时，试件突然破坏。而荷载–横向压拉应变曲线同样也包括三个工作阶段：弹性阶段、弹塑性阶段以及破坏阶段。在 0~80.0kN 范围内，荷载与横向拉应变同样呈线性增加，在 80.0kN 左右，对应应变为 1000με，随后荷载增长缓慢，当荷载增加到 90.0kN 时，荷载突然减小，呈现脆性破坏，此时竹子横向拉裂，产生竖向裂缝，试件破坏。测点 1、3、4 和 6 的横向应变基本相同，说明加载端对原竹环向约束范围不会超过 50.0mm，同时竹子节间和竹节部位横向应变相同，说明竹节对横向受拉并无约束作用。

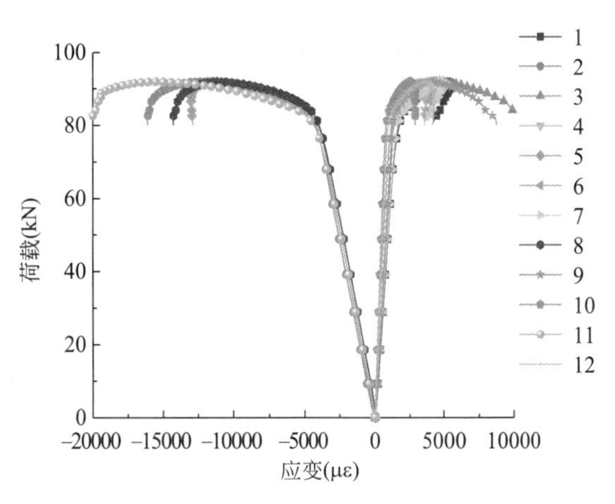

图 4.1-9　试件 SB-2 荷载–应变曲线

（2）SC 系列

SSC 类试件的破坏现象基本相同，故选试件 SSC–1 为典型试件进行分析。图 4.1–10 为试件 SSC–1 的破坏现象图，图 4.1–11 为 SSC 系列试件的荷载–位移曲线。根据图 4.1–10

(a) 加载初期

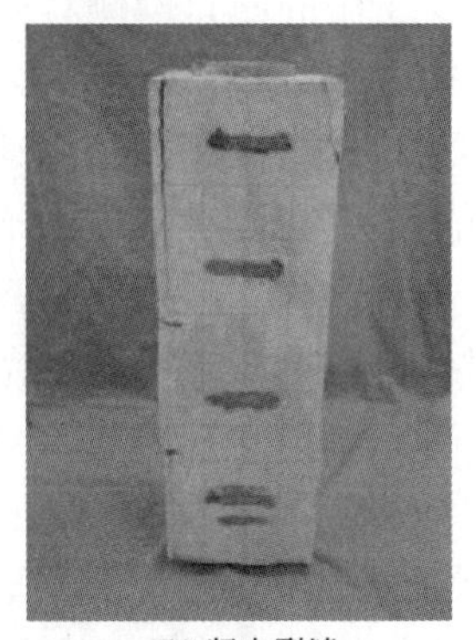
(b) 竖向裂缝

(c) 原竹上端头破坏

(d) 复合砂浆上端面破坏

图 4.1–10　试件 SSC–1 破坏现象

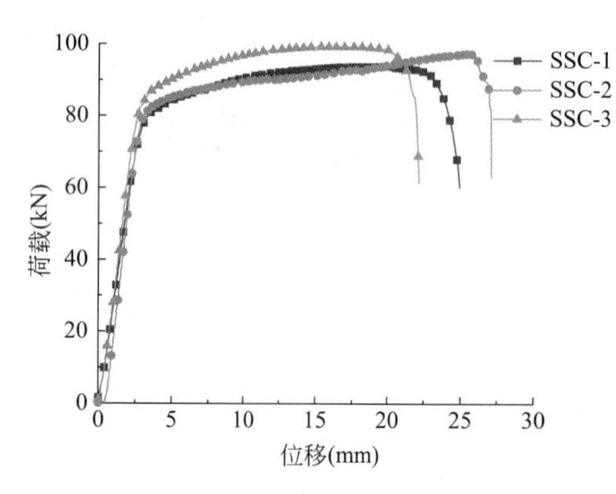

图 4.1-11 SSC 系列试件荷载-位移曲线

和图 4.1-11 可知，荷载在 0～70.0kN 范围内，试件 SSC-1 基本处于弹性阶段，当荷载达到 21.5kN 时，试件上下端头角部在抗裂砂浆和复合砂浆的界面与柱面中心均开始出现竖向微小裂缝；超过 70.0kN 后，上端头裂缝开始加宽并不断向柱中延伸，这时荷载增长开始减慢，进入弹塑性阶段，此时竹子不断发出“劈啪”声音；最后达到峰值荷载 93.8kN 并维持至竖向位移为 23.0mm 时，此时竹子发出较大“劈啪”声音，荷载突然减小，试件完全破坏。最终破坏状态为在试件侧面抗裂砂浆和复合砂浆的界面出现不同程度的开裂与剥离现象，上部竹端头出现竹黄内折，竹青外鼓并且整体竹壁不同程度的错层，上端面喷涂复合砂浆出现沿着对角线的 X 形裂缝与试件侧面出现的竖向裂缝相对应，出现沿着对角线的 X 形裂缝是因为每一侧面出现横向拉力，在对角线部位相邻两侧面的拉力在对角线方向及垂直于对角线方向进行受力分解，出现垂直对角线方向的拉力导致裂缝沿着对角线发展，以及沿对角线向外的拉力导致试件在角部略微向外鼓。

鉴于 SSC 系列试件的荷载-应变曲线变化趋势基本相同，故仅对试件 SSC-1 中原竹、复合砂浆以及抗裂砂浆三种材料的受力状态进行具体分析。如图 4.1-12（a）所示，在加载初期，试件 SSC-1 中的原竹两侧对应位置的应变基本相同，说明该试件处于轴压状态。该曲线应变分为两部分，一部分为荷载-竖向受压应变，另一部分为荷载-横向受拉应变。荷载-竖向压应变曲线基本包括三个工作阶段：弹性阶段、弹塑性阶段以及破坏阶段。在加载初期，荷载与竖向压应变呈线性增加；当荷载达到 77.0kN 左右，对应应变为 3500$\mu\varepsilon$，荷载增长开始变缓慢，应变增长加快，原竹进入弹塑性阶段；荷载增加到 93.8kN 时，试件突然破坏。而荷载-横向拉变曲线同样也包括三个工作阶段：弹性阶段、弹塑性阶段以及破坏阶段。在 0～77.0kN 范围内，荷载与横向拉应变同样呈线性增加，在 77.0kN 左右，对应应变为 1500$\mu\varepsilon$，随后荷载增长缓慢，当荷载增加到 93.8kN 时，荷载突然减小，呈现脆性破坏，此时竹子横向拉裂，产生竖向裂缝，试件破坏。测点 1、3、4 和 6 的横向应变基本相同，说明加载端对原竹环向约束范围不会超过 50mm，同时竹子节间和竹节部位横向应变相同，说明竹节对横向受拉并无约束作用。

如图 4.1-12（b）所示，复合砂浆的荷载-竖向应变曲线分为三个阶段，弹性阶段、弹塑性阶段与破坏阶段；在加载初期，基本处于弹性阶段，应变与荷载基本呈线性变化；当竖向荷载达到 85.0kN 时，进入弹塑性阶段，复合砂浆表面的竖向压应变基本达到最大，之后随着荷载的增加逐渐变小，甚至发展为拉应变，此时荷载保持不变，应变不断增加直至破坏。此种现象出现的原因是，在加载初期原竹与复合砂浆同时均匀受压，故复合砂浆竖向应变为压应变，由于荷载较小，应力在各自的弹性范围之内，随着原竹进入弹塑性状态，原竹竖向变形增长加快，由于原竹与复合砂浆的抗压弹性模量不一致，所以，二者的变形不协调，出现粘结破坏，在加载后期原竹端头与柱整体端面相平，变成三种材料共同受力，且复合砂浆有轻微外鼓，故应变开始由压应变转为拉应变，且有明显持续增加。

由图4.1-12（c）可知，抗裂砂浆荷载-横向应变曲线分为四个阶段：弹性阶段、弹塑性阶段、塑性阶段以及破坏阶段，在0~80.0kN范围内，抗裂砂浆处于弹性阶段；当荷载超过80.0kN后，荷载增长开始减慢，进入弹塑性阶段，直至荷载达到93.8kN时，荷载基本不再增加，横向拉应变不断增加，直至试件破坏，荷载下降。抗裂砂浆表面的应变变化基本一致，说明抗裂砂浆受力均匀。

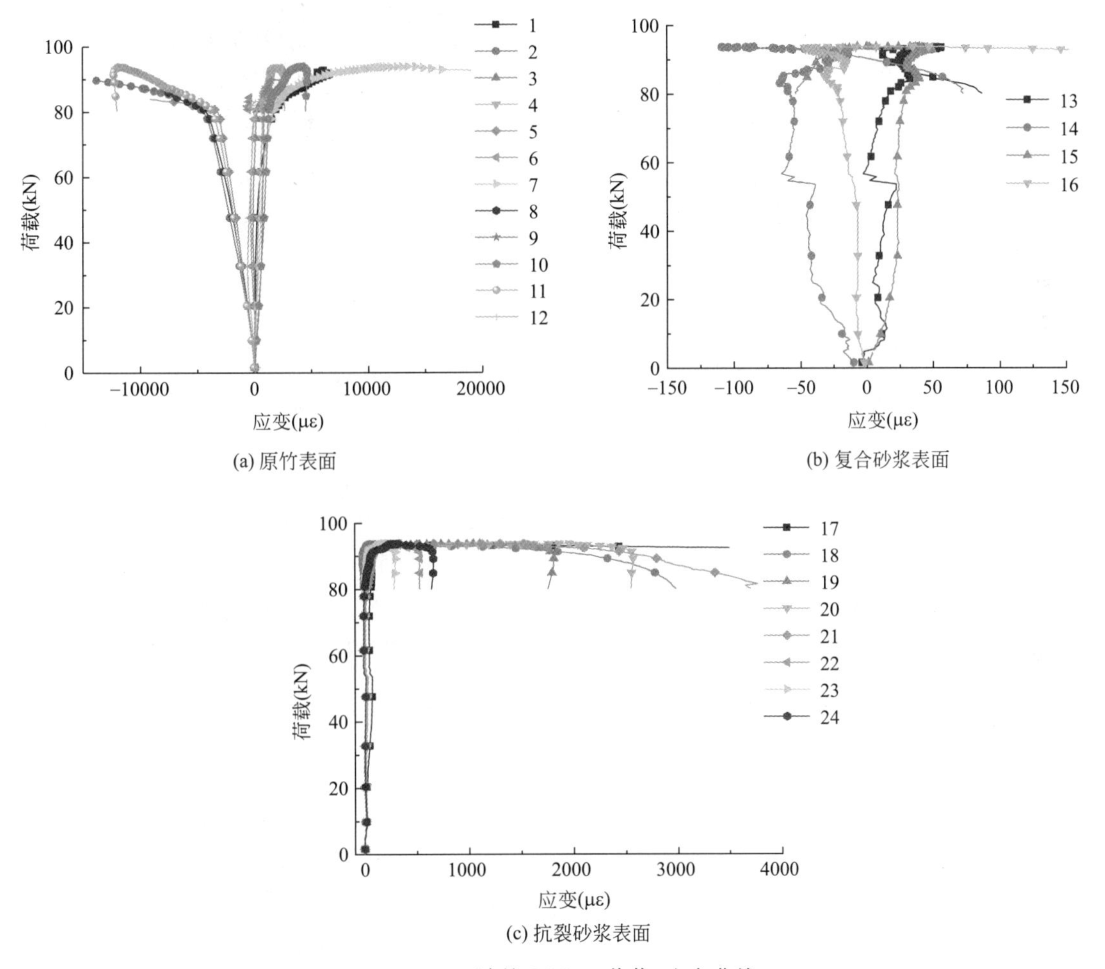

(a) 原竹表面

(b) 复合砂浆表面

(c) 抗裂砂浆表面

图4.1-12　试件SSC-1荷载-应变曲线

（3）SU系列

SSU类试件的破坏现象基本相同，故只对试件SSU-1的破坏现象进行具体分析，如图4.1-13所示。图4.1-14为SSU系列试件的荷载-位移曲线。根据图4.1-13和图4.1-14可知，荷载在0~100.0kN范围内，试件SSU-1基本处于弹性阶段，试件上端头角部在抗裂砂浆和复合砂浆的界面与柱面中心均开始出现竖向微小裂缝；超过100.0kN后，上端头角部裂缝开始加宽并在抗裂砂浆和复合砂浆之间出现部分剥离，这时荷载增长开始减慢，进入弹塑性阶段，此时竹子不断发出“劈啪”声音；当荷载达到峰值荷载138.5kN后维持至竖向位移为14.7mm时，此时竹子发出较大“劈啪”声音，荷载突然减小，试件完全破坏。最终破坏状态为在试件上部侧面抗裂砂浆和复合砂浆的界面出现不同程度的开裂与剥离现象，上部竹端头出现竹壁内折，上端面喷涂复合砂浆出现三条裂缝。

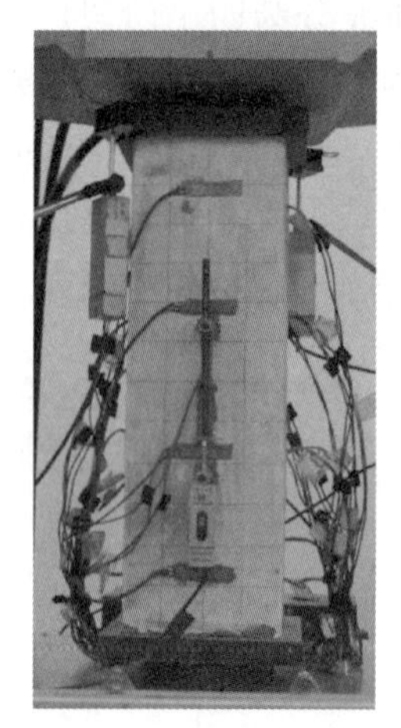
(a) 加载初期

(b) 加载过程

(c) 喷涂复合砂浆上端头破坏

(d) 原竹上端头内折破坏

图 4.1-13 试件 SSU-1 破坏现象

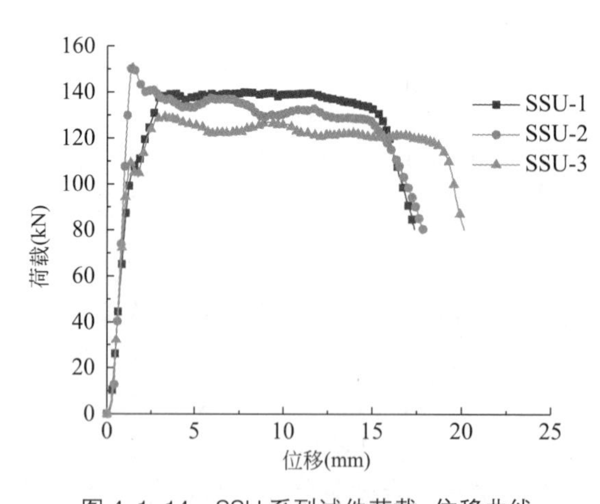

图 4.1-14 SSU 系列试件荷载-位移曲线

由于 SSU 类试件的荷载-应变曲线变化趋势基本相同，而试件 SSU-3 测出的应变变化比较平稳，故以试件 SSU-3 为例分别对原竹、复合砂浆以及抗裂砂浆进行具体分析。如图 4.1-15（a）所示，在加载初期，试件 SSU-3 中的原竹两侧对应位置的应变基本一致，

说明该试件处于轴压状态。该曲线的应变分为两部分，一部分为竖向受压应变，另一部分为横向受拉应变；荷载-竖向压应变曲线基本包括三个工作阶段：弹性阶段、弹塑性阶段以及破坏阶段。在加载初期，荷载与竖向压应变呈线性增加；当荷载达到 60.0kN 左右，荷载增长开始变缓慢，应变增长加快，原竹进入弹塑性阶段，并在荷载为 105.6kN 左右出现明显塑性阶段，当竖向压应变达到 1700με 左右时，荷载继续上升至峰值荷载并持续一段时间直至试件突然破坏。而荷载-横向拉应变曲线同样也包括三个工作阶段：弹性阶段、弹塑性阶段以及破坏阶段。在 0~107.8kN 范围内，荷载与横向拉应变同样呈线性增加，随后荷载增长缓慢，当荷载增加到 129.0kN 时，荷载基本保持不变并开始缓慢减小直至试件破坏。

如图 4.1-15（b）所示，复合砂浆的荷载-竖向应变曲线分为四个阶段：弹性阶段、弹塑性阶段、塑性阶段与破坏阶段。在加载初期，基本处于弹性阶段，应变与荷载基本呈线性变化；当竖向荷载达到 107.6kN 时，进入弹塑性阶段，竖向压应变开始减小，荷载增长缓慢，直至竖向应变由压应变转变为拉应变，当荷载增加至 108.5kN 后，荷载基本保持不变直至试件破坏，荷载下降。复合砂浆的荷载-横向应变曲线同样也分为四个阶段：弹性阶段、弹塑性阶段、塑性阶段与破坏阶段；加载前期同样曲线呈线性变化，当荷载达到 104.6kN 时，复合砂浆进入弹塑性阶段，荷载增加到 129.6kN 后荷载趋于稳定进入塑性阶段，直至试件破坏。

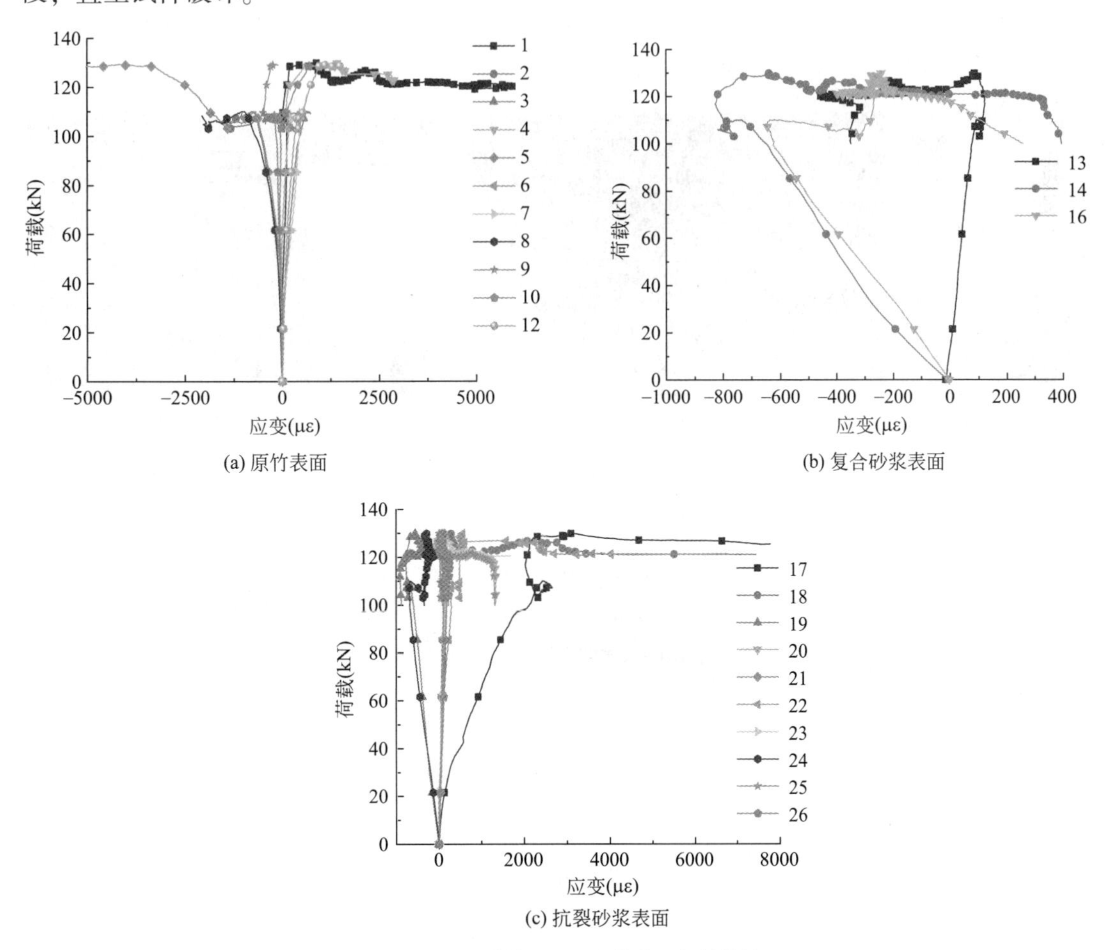

图 4.1-15　试件 SSU-3 荷载-应变曲线

由图 4.1-15（c）可知，抗裂砂浆荷载-竖向应变曲线分为三个阶段：弹性阶段、弹塑性阶段以及破坏阶段，在 0～102.8kN 范围内，抗裂砂浆处于弹性阶段；当荷载超过 102.8kN 后，荷载增长开始减慢，进入弹塑性阶段，直至达到峰值荷载 129.8kN 时，试件破坏，荷载下降。而抗裂砂浆荷载-横向应变曲线分为四个阶段：弹性阶段、弹塑性阶段、塑性阶段以及破坏阶段，在 0～103.5kN 范围内，抗裂砂浆处于弹性阶段；当荷载超过 103.5kN 后，荷载开始增长减慢，进入弹塑性阶段，直至达到峰值荷载 129.8kN 时，荷载基本保持不变进入塑性阶段，最后试件破坏，荷载下降。

（4）RC 系列

SRC 类试件的破坏现象基本相同，故仅对试件 SRC-3 进行分析，如图 4.1-16 所示。图 4.1-17 所示为 SRC 类试件的荷载-位移曲线。根据图 4.1-16 和图 4.1-17 可知，荷载在 0~41.2kN 范围内，试件 SRC-3 基本处于弹性阶段，试件上下端头均开始出现竖向微小裂缝；荷载超过 41.2kN 后，上端头裂缝开始加宽并不断向柱中延伸，这时荷载增长开始减慢，进入弹塑性阶段；当荷载达到 99.9kN 后，荷载增长缓慢，竖向位移增长迅速，最后达到峰值荷载 107.3kN 并维持至竖向位移为 16.7mm 时，此时竹子发出“劈啪”声音，荷载突然减小，试件完全破坏。最终破坏状态为在试件上部出现三条细小竖向裂缝，上端头原竹竖向开裂，下端头原竹竹壁压溃，具体表现为竹黄内折，竹青向外鼓曲。

通过图 4.1-17 可以看出，试件 SRC-1 的极限荷载过低，可能是由于竹材本身强度低以及试件制作过程缺陷造成的。

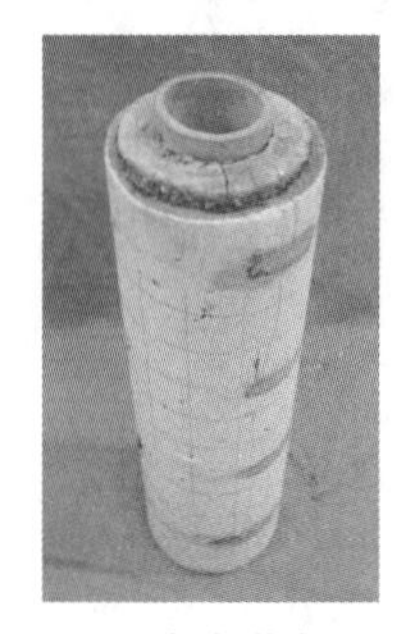

(a) 竖向裂缝

(b) 上端头原竹破坏

(c) 下端头原竹压溃

图 4.1-16 试件 SRC-3 破坏现象

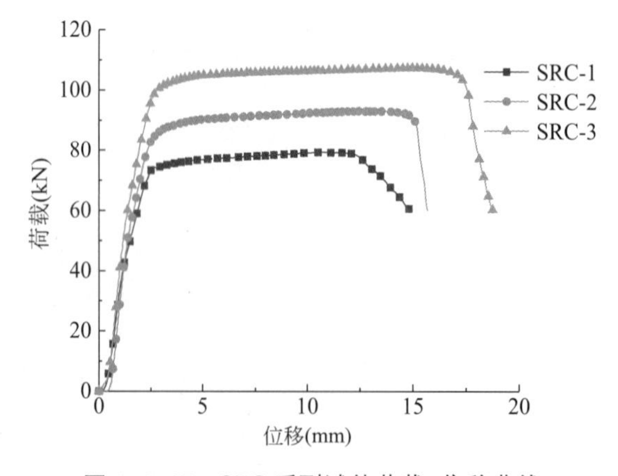

图 4.1-17 SRC 系列试件荷载-位移曲线

鉴于 SRC 类试件的荷载-应变曲线变化趋势基本一致，故选取试件 SRC-3 为典型试件进行原竹、复合砂浆以及抗裂砂浆的具体受力分析，如图 4.1-18 所示。从图 4.1-18（a）可以看出，在加载初期，试件 SRC-3 中的原竹两侧对应位置的应变不完全一致，说明该试件不是完全处于轴压状态。该曲线的应变分为两部分，一部分为竖向受压应变，另一部分为横向受拉应变。荷载-竖向压应变曲线基本包括四个工作阶段：弹性阶段、弹塑性阶段、塑性阶段以及破坏阶段。在加载初期，荷载与竖向压应变呈线性增加；当荷载达到 53.5kN 左右，荷载增长开始变慢，应变增长加快，原竹进入弹塑性阶段，并在荷载达到 106.4kN 后进入塑性阶段，此时，荷载基本保持不变直至试件突然破坏。而荷载-横向拉应变曲线包括三个工作阶段：弹性阶段、弹塑性阶段以及破坏阶段。在 0～61.3kN 范围内，荷载与横向拉应变同样呈线性增加，随后荷载增长缓慢，应变增长加快，有些应变减小至压应变，当荷载增加到峰值荷载 106.8kN 后，荷载迅速减小，试件破坏。由“6”和“12”的荷载-应变曲线可知，当荷载达到 30.7kN 时，随着荷载的增加，应变逐渐由正转为负，说明该处竹壁横向受挤压作用。

如图 4.1-18（b）所示，复合砂浆的荷载-竖向应变曲线分为三个阶段：弹性阶段、弹塑性阶段与破坏阶段。在加载初期，基本处于弹性阶段，应变与荷载基本呈线性变化；

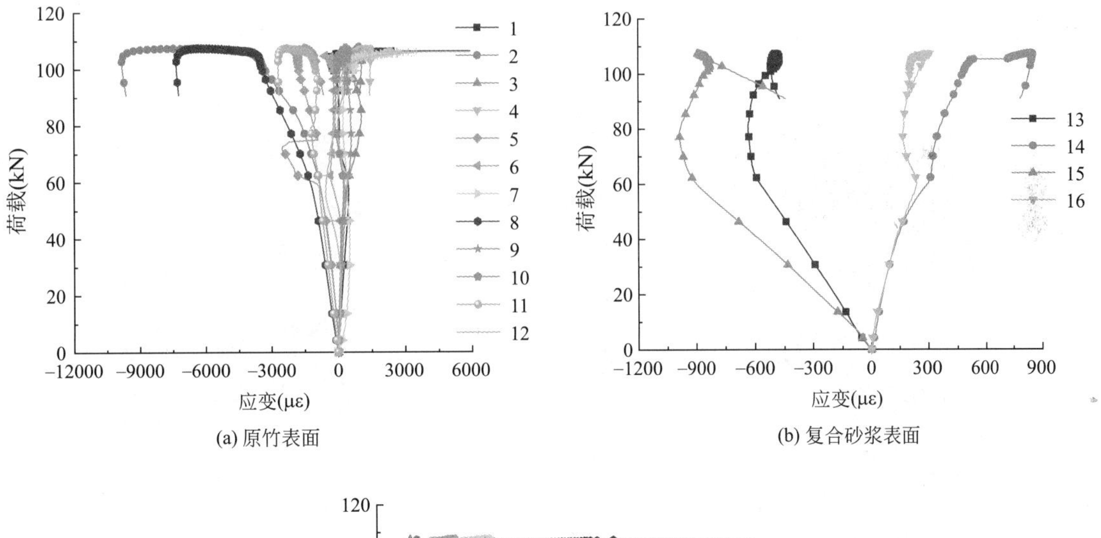

(a) 原竹表面　(b) 复合砂浆表面

(c) 抗裂砂浆表面

图 4.1-18　试件 SRC-3 荷载-应变曲线

当竖向荷载达到 61. 3kN 时，进入弹塑性阶段，竖向压应变开始减小，荷载增长加快，当荷增加至峰值荷载 107. 4kN 后，荷载突然下降，试件破坏。复合砂浆的荷载-横向应变曲线同样也分为三个阶段：弹性阶段、弹塑性阶段与破坏阶段；加载前期曲线同样呈线性变化，当荷载达到 59. 5kN 时，复合砂浆进入弹塑性阶段，荷载迅速增加，应变开始减小，直至荷载增加到峰值 182. 4kN 后试件破坏，荷载下降。

由图 4. 1-18（c）可知，抗裂砂浆的荷载-应变曲线分为四个阶段：弹性阶段、弹塑性阶段、塑性阶段以及破坏阶段，在 0～102. 2kN 范围内，抗裂砂浆处于弹性阶段；当荷载超过 102. 2kN 后，荷载开始增长加快，抗裂砂浆进入弹塑性阶段，荷载增至峰值荷载 106. 8kN 后基本保持不变，有一定的塑性段至试件破坏，荷载下降。

（5）RU 系列

图 4. 1-19 和图 4. 1-20 分别为试件 SRU-1 和 SRU-2 的破坏现象，图 4. 1-21 为 RU 系列试件的荷载-位移曲线。根据图 4. 1-19 和图 4. 1-21 可知，荷载在 0～58. 0kN 范围内，试件 SRU-1 基本处于弹性阶段，试件中部和上端头开始出现竖向微小裂缝；超过 58. 0kN 后，上端头裂缝开始加宽并不断向柱中延伸，柱中的裂缝加宽并向下扩展，这时荷载增长开始减慢，进入弹塑性阶段；当荷载达到峰值 120. 8kN 后，柱中的喷涂复合砂浆突然脱落，荷载下降至 105. 9kN 并维持至竖向位移为 11. 0mm 后，喷涂复合砂浆进一步破坏，导致荷载下降。最终破坏状态为在试件上部出现竖向裂缝，中部复合抗裂砂浆出现严重开裂与剥落。

(a) 试验初期

(b) 中下部破坏

图 4. 1-19　试件 SRU-1 破坏现象

根据图 4. 1-20 和图 4. 1-21 可知，荷载在 0～50. 1kN 范围内，试件 SRU-2 基本处于弹性阶段，试件无明显现象；超过 50. 1kN 后，下端头开始出现裂缝，裂缝开始加宽并不断向柱中延伸，这时荷载增长开始减慢，进入弹塑性阶段；当荷载达到 66. 0kN 时，试件下端头喷涂复合砂浆出现部分脱落，荷载突然下降，随后荷载继续上升至 115. 9kN，荷载开始缓慢增长，当荷载达到峰值荷载 125. 3kN（竖向位移为 12. 7mm）后，下端竹壁出现

内折破坏，荷载快速下降，试件破坏。最终破坏状态为试件下部喷涂复合砂浆部分脱落，下端头原竹内折破坏。

(a) 下端头破坏

(b) 下端头原竹内折破坏

图 4.1-20 试件 SRU-2 破坏现象

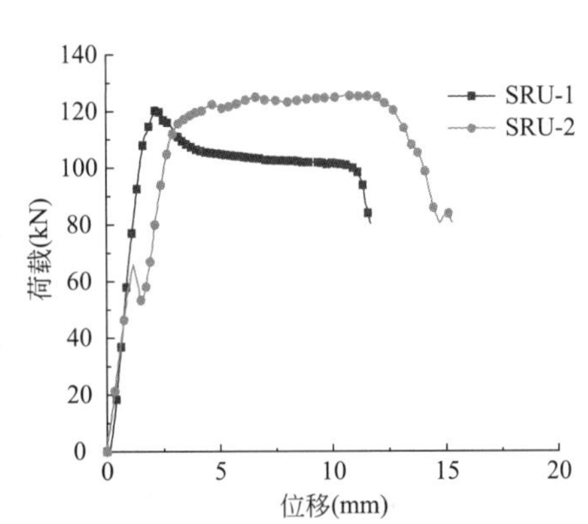

图 4.1-21 SRU 系列试件荷载-位移曲线

在 SRU 类试件中，以试件 SRU-2 为例对原竹、复合砂浆和抗裂砂浆这三种材料的受力机理进行具体分析。如图 4.1-22（a）所示，在加载初期，试件 SRU-2 中的原竹侧面对应位置的应变不是完全一致，说明该试件并不完全处于轴压状态。该曲线的应变分为两部分，一部分为竖向受压应变，另一部分为横向受拉应变。荷载-竖向压应变曲线基本包括三个工作阶段：弹性阶段、弹塑性阶段以及破坏阶段。在加载初期，荷载与竖向压应变呈线性增加；当荷载达到 23.7kN 左右，荷载增长开始变慢，应变增长加快，原竹进入弹塑性阶段，并在荷载达到 66.0kN 后，试件下端喷涂复合砂浆破坏，荷载突然下降至 53.4kN，之后逐步上升至峰值荷载 125.6kN，下端头原竹破坏，荷载再次突降。而荷载-横向拉变曲线也基本包括三个工作阶段：弹性阶段、弹塑性阶段以及破坏阶段。在 0~47.6kN 范围内，荷载与横向拉应变同样呈线性增加，随后荷载增长减慢，应变增长加快，当荷载增加到 66.0kN 后，荷载迅速减小，之后荷载继续增加，应变开始变小直至达到峰值荷载 125.6kN 后开始增加，但此时荷载基本不变，当下端原竹破坏时，荷载突然下降。

如图 4.1-22（b）所示，复合砂浆的荷载-竖向应变曲线分为三个阶段：弹性阶段、弹塑性阶段与破坏阶段。在加载初期，基本处于弹性阶段，应变与荷载基本呈线性变化；当竖向荷载达到 66.0kN 时，荷载突然下降至 53.4kN，然后荷载继续增加至峰值荷载 125.6kN，随后荷载基本保持不变，直至试件破坏，荷载突降。复合砂浆的荷载-横向应变曲线同样也分为三个阶段：弹性阶段、弹塑性阶段与破坏阶段。加载前期与竖向应变变化基本相同，在荷载突降至 53.4kN 后，荷载开始增加，应变先减小后增加，当荷载增加至峰值 125.6kN 后保持不变，直至试件破坏，荷载下降。

由图 4.1-22（c）可知，抗裂砂浆的荷载-竖向应变曲线分为三个阶段：弹性阶段、弹塑性阶段以及破坏阶段。在 0~66.0kN 范围内，抗裂砂浆处于弹性阶段；之后荷载先突降至 53.4kN，后又增加至峰值荷载 125.6kN，最后试件破坏，荷载下降。抗裂砂浆的荷载-横向应变曲线基本与抗裂砂浆的荷载-竖向应变曲线变化一致。

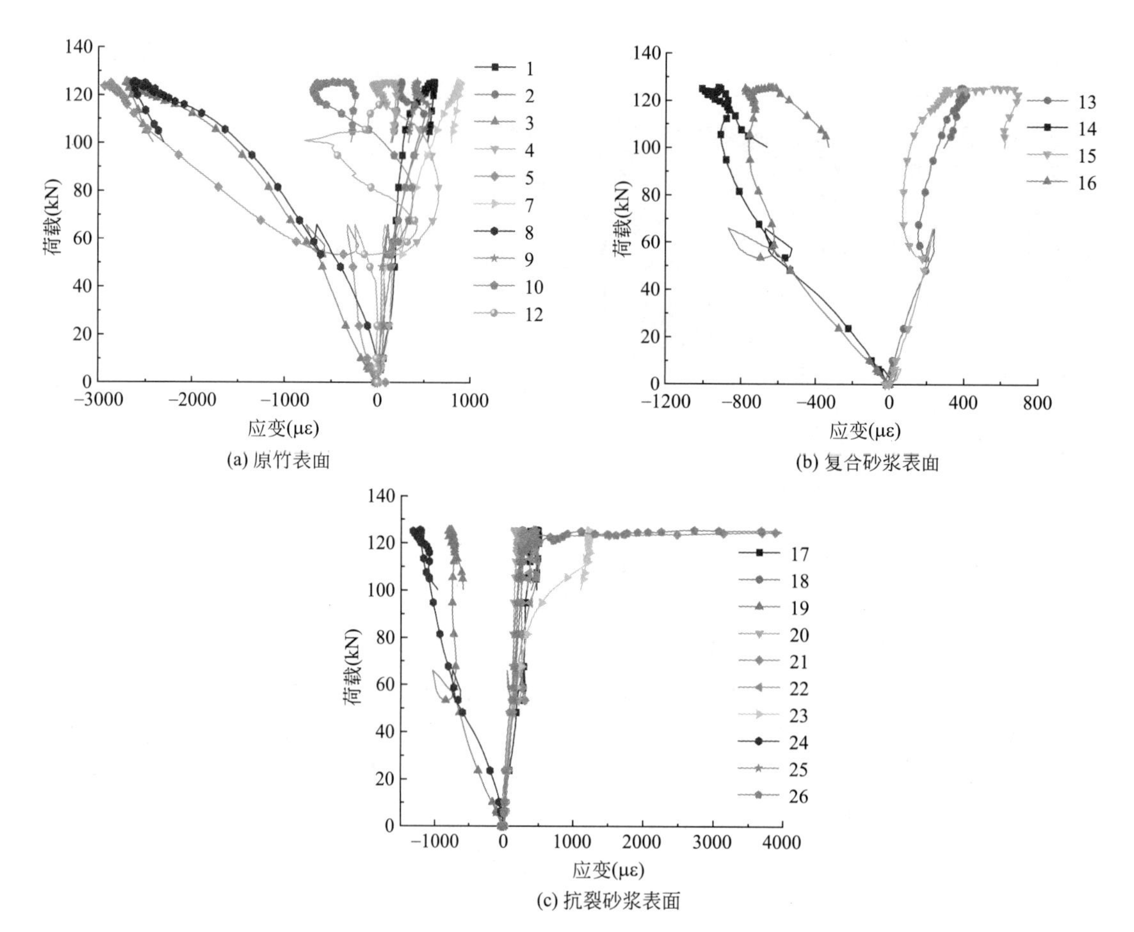

图 4.1-22 试件 SRU-2 荷载-应变曲线

2. 各参数对短柱轴压性能的影响分析

通过对各短柱试件的荷载-位移曲线进行分析，可以得出各个试件的轴向抗压刚度、试验极限荷载 N_u 和延性系数 μ 等。根据文献［7］。可知，延性系数的计算公式如下：

$$\mu=\frac{\varepsilon_{0.85,2}}{\varepsilon_{0.85,1}}=\frac{\Delta_{0.85,2}/H}{\Delta_{0.85,1}/H}=\frac{\Delta_{0.85,2}}{\Delta_{0.85,1}} \tag{4.1-1}$$

式中 μ——柱的延性系数；

$\varepsilon_{0.85,1}$——在达到极限荷载之前，当荷载为 $0.85N_u$ 时所对应的应变；

$\varepsilon_{0.85,2}$——在达到极限荷载之后，当荷载为 $0.85N_u$ 时所对应的应变；

$\Delta_{0.85,1}$——在达到极限荷载之前，当荷载为 $0.85N_u$ 时所对应的变形；

$\Delta_{0.85,2}$——在达到极限荷载之后，当荷载为 $0.85N_u$ 时所对应的变形。

现将所有短柱的延性系数的计算结果汇总如表 4.1-3 所示。

短柱试件延性计算汇总 **表 4.1-3**

类别	试件	N_u(kN)	$\overline{N}_u$(kN)	$\Delta_{0.85,1}$(mm)	$\Delta_{0.85,2}$(mm)	μ	$\overline{\mu}$
SB	SB-1	97.00	95.13	2.30	8.11	3.53	3.87
	SB-2	91.90		2.26	10.17	4.50	
	SB-3	96.50		2.53	9.08	3.59	

续表

类别	试件	N_u(kN)	$\overline{N}_u$(kN)	$\Delta_{0.85,1}$(mm)	$\Delta_{0.85,2}$(mm)	μ	$\overline{\mu}$
TB	TB-1	125.40	126.90	2.28	4.97	2.18	2.90
	TB-2	134.10		3.65	11.92	3.27	
	TB-3	121.20		2.36	7.71	3.27	
SSC	SSC-1	93.80	96.97	3.30	24.20	7.33	6.86
	SSC-2	97.90		3.86	23.74	6.15	
	SSC-3	99.20		3.09	21.90	7.09	
TSC	TSC-1	93.90	101.87	2.18	15.10	6.93	8.69
	TSC-2	111.90		2.94	24.84	8.45	
	TSC-3	99.80		2.05	21.92	10.69	
SSU	SSU-1	140.20	140.87	2.11	16.01	7.59	9.41
	SSU-2	152.60		1.15	12.52	10.89	
	SSU-3	129.80		1.97	19.23	9.76	
TSU	TSU-1	183.10	178.63	1.33	14.6	10.98	10.25
	TSU-2	183.60		1.51	14.32	9.48	
	TSU-3	169.20		2.26	23.25	10.29	
SRC	SRC-1	79.40	93.30	2.14	13.95	6.52	7.00
	SRC-2	93.10		2.29	15.31	6.69	
	SRC-3	107.40		2.28	17.75	7.79	
SRU	SRU-1	121.30	123.45	1.71	7.14	4.18	4.27
	SRU-2	125.60		3.25	14.21	4.37	

(1) 原竹直径

通过对比 SB、TB 系列，SSC、TSC 系列，SSU、TSU 系列试件之间的荷载-位移曲线，可以探究原竹直径对短柱轴压性能的影响，如图 4.1-23 所示。

由图 4.1-23（a）和表 4.1-3 可知，TB 类试件的轴向抗压刚度大于 SB 类试件，说明原竹外径的增大可以提高试件抵抗轴向变形的能力。而 SB 类试件的延性要大于 TB 类试件，表明随着原竹外径的增大，试件的延性减小。TB 类试件的延性比 SB 类试件的延性降低了 25.06%。而在原竹表面喷涂抗裂复合砂浆后，如图 4.1-23（b）和（c）所示，SC 系列和 SU 系列试件随着原竹外径的增大，试件的延性有所增加。TSC 类试件比 SSC 类试件的延性增加了 26.68%。TSU 类试件比 SSU 类试件的延性增加了 8.93%。

(2) 喷涂复合砂浆

通过对比 SB、SSU 系列，TB、TSU 系列，SB、SSC 系列，TB、TSC 系列，SB、SRU 系列，SB、SRC 系列试件之间的荷载-位移曲线，可以探究喷涂复合砂浆对短柱轴压性能的影响，如图 4.1-24~图 4.1-29 所示。

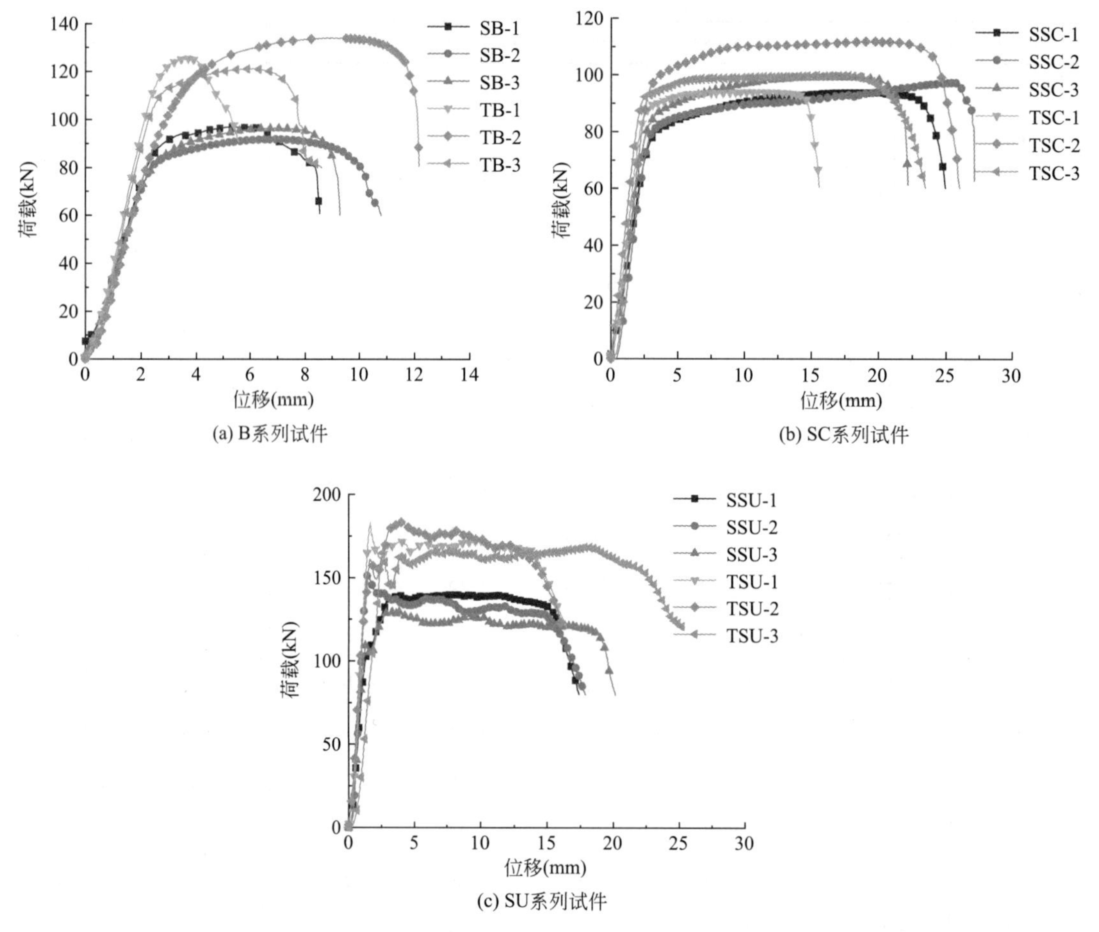

图 4.1-23　B、 SC、 SU 系列荷载-位移曲线

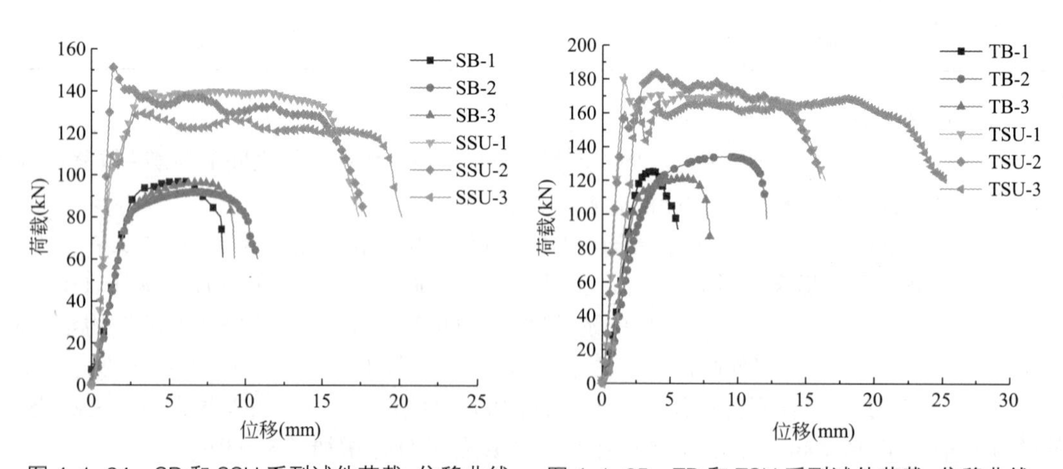

图 4.1-24　SB 和 SSU 系列试件荷载-位移曲线　　图 4.1-25　TB 和 TSU 系列试件荷载-位移曲线

由图 4.1-24、图 4.1-25 和表 4.1-3 可知，SSU 类试件的轴向抗压刚度大于 SB 类试件，说明喷涂复合砂浆可以提高试件抵抗轴向变形的能力，并且使得 SSU 类试件在达到峰

值荷载后随着竖向位移的增加，荷载维持在一定水平，而相比之下 SB 类试件的水平段较短，并且通过计算发现，SSU 类试件的延性比 SB 类试件提高了 143.15%；由于 SSU 类试件为原竹、复合砂浆以及抗裂砂浆三者共同受力，故其极限荷载也大于单一原竹受力的 SB 类试件，且提高了 48.08%。同样 TSU 类试件的轴向抗压刚度和延性比 TB 类试件的大，并且分别提高了 284.89%和 253.45%，极限荷载提高了 40.76%。

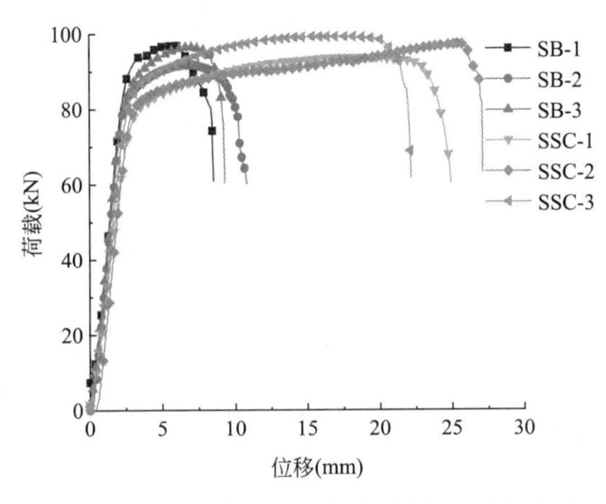

图 4.1-26　SB 和 SSC 系列试件荷载-位移曲线

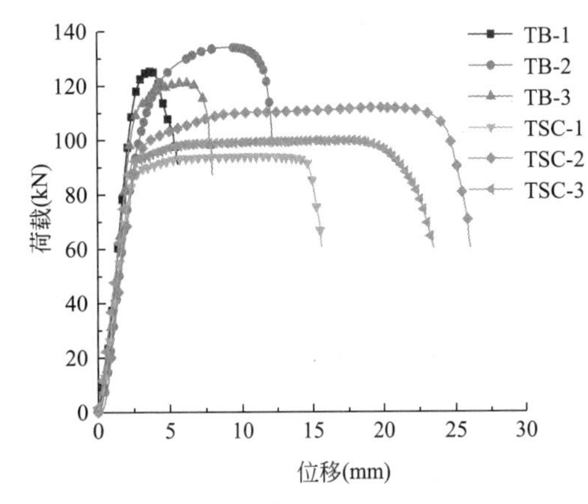

图 4.1-27　TB 和 TSC 系列试件荷载-位移曲线

由图 4.1-26、图 4.1-27 和表 4.1-3 可知，SSC 类试件的轴向抗压刚度与 SB 类试件的基本相同，说明在原竹表面喷涂复合砂浆对短柱的轴向抗变形能力无明显影响。同时，SSC 类试件的极限荷载相较于 SB 类试件略微有所降低，而 TSC 类试件的极限荷载相较于 TB 类试件明显降低，是由于 SC 类试件仅对原竹进行加载，导致原竹部分与喷涂复合砂浆部分在组合柱两端形成明显的刚度突变界面，而上部为原竹小头，故上端刚度突变界面处应力集中、较为薄弱，故组合柱破坏形式均为上部界面处的原竹局部破坏，并且说明喷涂复合砂浆对组合短柱的承载力基本没有提升。但是，SSC 类和 TSC 类试件的塑性变形能力均大于 SB 类和 TB 类试件的，故延性分别提高 77.26% 和 199.66%。

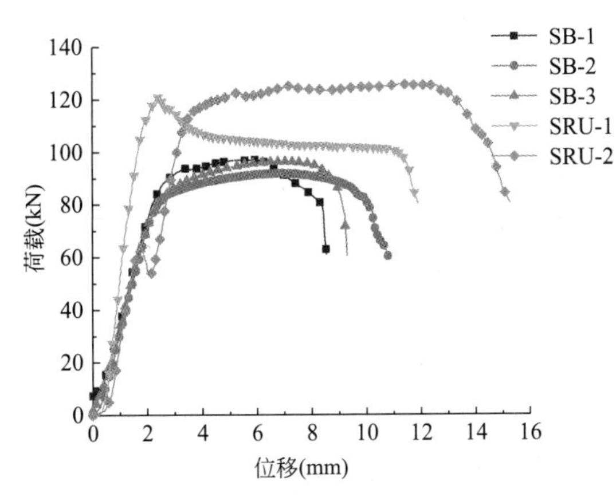

图 4.1-28　SB 和 SRU 系列试件荷载-位移曲线

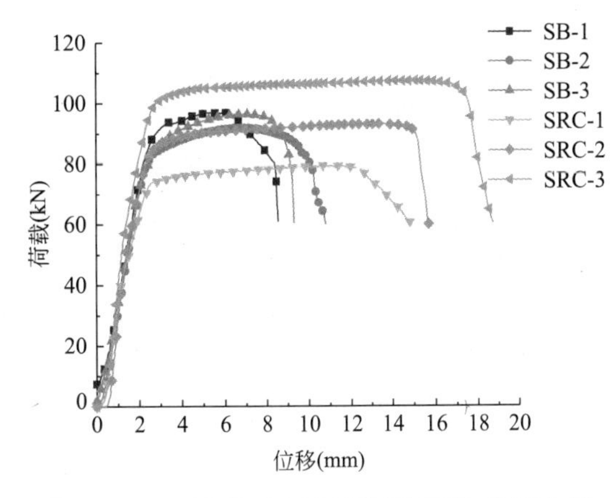

图 4.1-29　SB 和 SRC 系列试件荷载-位移曲线

由图 4.1-28 和表 4.1-3 可知，SRU 类试件的轴向抗压刚度大于 SB 类试件，说明喷涂复合砂浆可以提高试件抵抗轴向变形的能力，并且 SRU 类试件的延性比 SB 类试件的略大，并且增大了 10.34%；由于 SRU 类试件为原竹、复合砂浆以及抗裂砂浆三者共同受力，故其极限荷载也大于单一原竹受力的 SB 类试件，且提高了 29.77%。

由图 4.1-29 和表 4.1-3 可知，SRC 类试件的轴向抗压刚度比 SB 类试件的大，说明在原竹表面喷涂复合砂浆对短柱的轴向抗变形能力有所提升，同时，SRC 类试件的极限荷载与 SB 类试件的基本相同，说明喷涂复合砂浆后对极限荷载并没有什么提升，并没有对原竹形成有效的约束。在达到极限荷载后，SRC 类试件随着竖向位移的增加其荷载维持相较于 SB 类试件明显较长，说明 SRC 类试件的塑性变形能力大于 SB 类试件，故喷涂复合砂浆后的 SRC 类试件延件提高 80.88%。

（3）截面形式

通过对比 SSU、SRU 系列，SSC、SRC 系列试件之间的荷载-位移曲线，可以探究截面形式对短柱轴压性能的影响，如图 4.1-30 和图 4.1-31 所示。

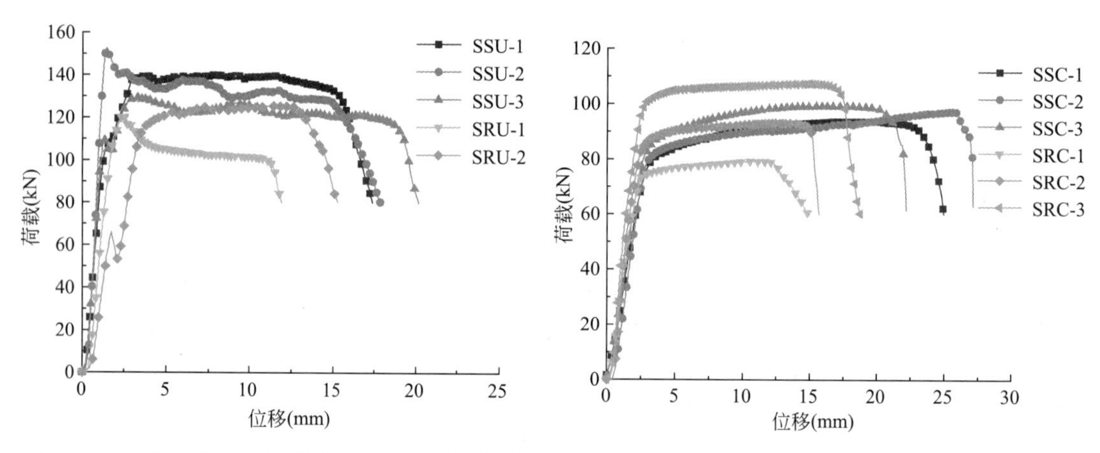

图 4.1-30 SSU 和 SRU 系列试件荷载-位移曲线　　图 4.1-31 SSC 和 SRC 系列试件荷载-位移曲线

由图 4.1-30 和表 4.1-3 可知，SSU 类试件的轴向抗压刚度略微大于 SRU 类试件的，说明均匀加载的方形截面组合短柱在抵抗轴向变形方面比圆形截面组合柱强。同时，从图中可以看出，SSU 类试件较 SRU 类试件对原竹的极限荷载提升明显，究其原因是方形截面在相同构造（即原竹表面喷涂复合砂浆厚度一致）比圆形截面的面积大，故方形截面组合短柱极限荷载大。同时可以发现 SSU 类和 SRU 类试件相对 SB 类试件的延性均有提升且 SSU 类试件提升明显，与 SRU 类试件相比延性提高了 120.37%，说明均匀加载的方形截面组合短柱的延性要高于圆形截面组合短柱。

由图 4.1-31 和表 4.1-3 可知，SRC 类试件的轴向抗压刚度大于 SSC 类试件的，说明集中加载的圆形截面组合短柱在抵抗轴向变形方面比方形截面组合短柱强，同时，SRC 类试件和 SSC 类试件并没有对原竹的极限荷载有所提升，说明无论是喷涂成圆形截面还是方形组合截面形成的组合柱在集中加载时均不能对原竹形成有效的环向约束。并且可以发现 SRC 类和 SSC 类试件对 SB 类试件的延性提升效果基本相同，说明集中加载的组合短柱的延性与喷涂截面形式无关。

（4）加载方式

通过对比SSC、SSU系列，TSC、TSU系列，SRC、SRU系列试件之间的荷载-位移曲线，可以探究加载方式对短柱轴压性能的影响，如图4.1-32～图4.1-33所示。

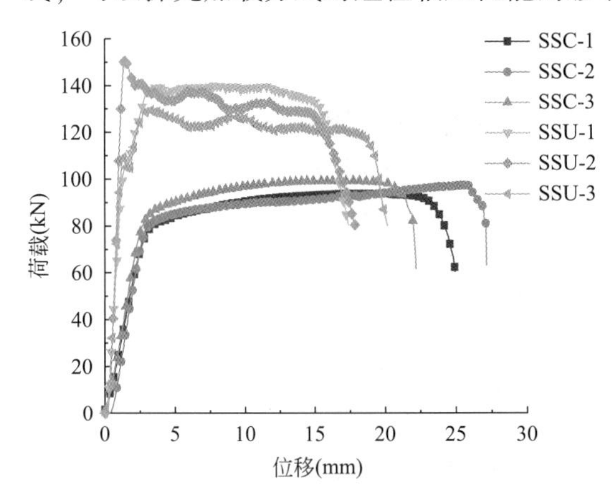

图4.1-32 SSC和SSU系列试件荷载-位移曲线

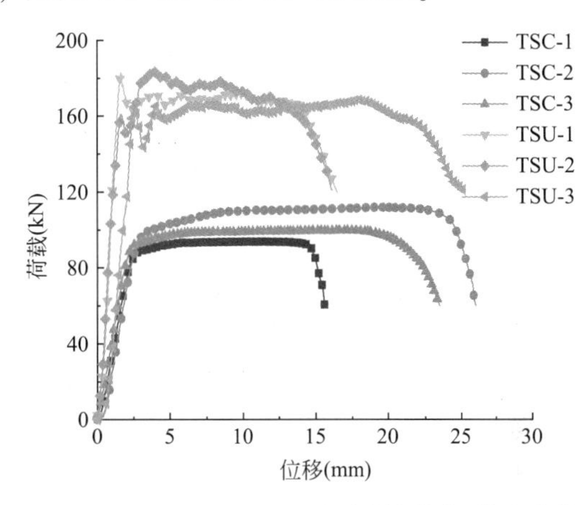

图4.1-33 TSC和TSU系列试件荷载-位移曲线

从图4.1-32和图4.1-33中可以看出，两组试件的荷载-位移曲线变化趋势基本一致。故取SSC和SSU类试件为典型试件进行分析。由图4.1-32和表4.1-3可知，SSU类试件的轴向抗压刚度大于SSC类试件的，说明在原竹表面喷涂复合砂浆后三者同时受压的组合短柱（SSU类试件）在抵抗轴向变形能力的方面优于原竹表面喷涂复合砂浆后原竹单独受力的组合短柱（SSC类试件）。同时，由于SSU类试件为三种材料同时受压，故其极限荷载大于SSC类试件且比SSC类试件提高了45.27%。在SSU类试件的荷载-位移曲线中，可以发现：当荷载达到峰值后，荷载下降并不是连续的，而是呈波浪状的，正好反映了三种材料的破坏不是同步的，而SSC类试件的曲线则是光滑连续地下降，因为喷涂复合砂浆并没有对原竹形成有效的约束，其破坏主要是原竹的破坏，故单一材料的破坏是连续的。均匀加载的SSU类试件的延性相对于集中加载的SSC类试件的延性提高了37.17%，说明SSU类试件在屈服后继续抵抗承载力下降的能力更优良。

由图4.1-34和表4.1-3可知，SRU类试件的轴向抗压刚度大于SRC类试件的，说明SRU类试件在抵抗轴向变形能力的方面优于SRC类试件。同时，由于SRU类试件为三种材料同时受压，故其极限荷载大于SRC类试件且比SRC类试件提高了32.32%。均匀加载的SRU类试件的延性相比于集中加载的SRC类试件的延性有所下降，并且降低了39%，说明喷涂成圆形截面均匀加载的SRU类试件在屈服后继续抵抗承载力下降的能力并不是很好，反而集中加载的SRC类试件更能抵抗承载力下降。

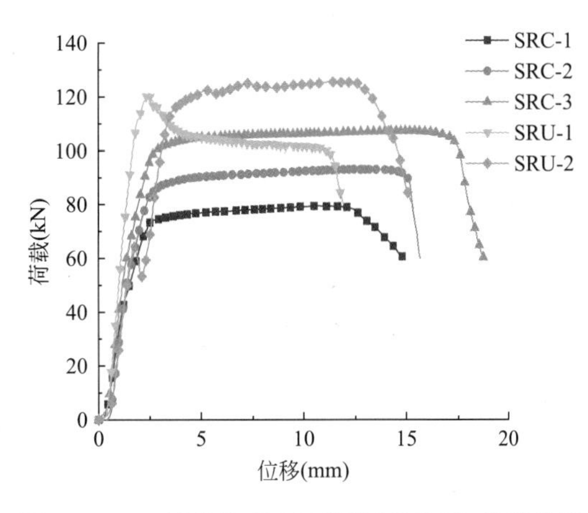

图4.1-34 SRC和SRU系列试件荷载-位移曲线

3. 长柱破坏模式

（1）SLB 系列和 SSB 系列

SLB 和 SSB 系列试件的破坏现象基本一致，故以 SLB-1 为典型试件进行分析。试件 SLB-1 的破坏现象如图 4. 1-35 所示。

(a) 试验初始阶段

(b) 整体失稳

图 4. 1-35　试件 SLB-1 破坏现象

根据图 4. 1-35 和图 4. 1-36 可知，试件 SLB-1 的荷载-竖向位移曲线大致分为三个阶段，荷载在 0~12. 4kN 范围内，处于弹性阶段；超过 12. 4kN 后，荷载开始增长减慢，进入弹塑性阶段，当荷载增长至峰值荷载 15. 35kN 时，试件整体失稳，荷载开始下降。由图 4. 1-36 和图 4. 1-37 可知，试件 SLB-1 的荷载-侧向位移曲线为典型的极值点失稳，在 0~10kN 范围内，原竹上下端头的侧向位移基本相同，由于原竹小头在下端，上端为大头，故“5”随着荷载的增加，侧向位移继续增加，而“1”则开始减小，进而反向增加，二者侧向位移增长加快，荷载增长减慢，当荷载达到 15. 35kN 后，试件整体失稳，荷载开始下降；而“2”“3”“4”均在 0~5. 75kN 范围内，处于弹性阶段，随后荷载增长减慢，当荷载达到 15. 35kN 后，试件整体失稳，荷载开始下降。

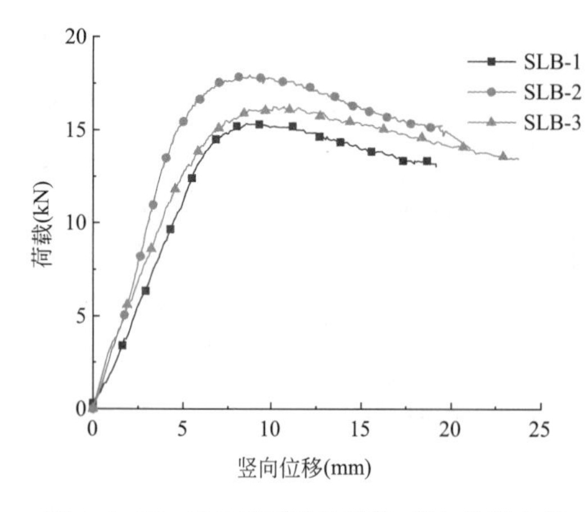

图 4. 1-36　SLB 系列试件荷载-竖向位移曲线

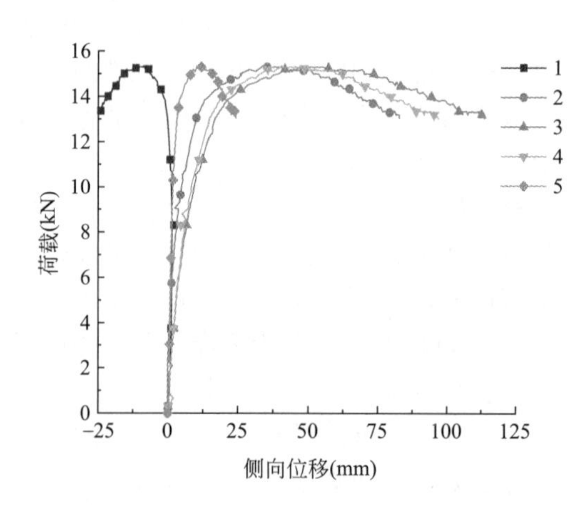

图 4. 1-37　试件 SLB-1 荷载-侧向位移曲线

由于SLB类试件的荷载-应变曲线的变化趋势基本一致，故以试件SLB-1为典型试件进行具体分析。根据图4.1-38可知，试件SLB-1的荷载-应变曲线分为三个阶段，在加载初期为弹性阶段，左右两侧的竖向应变均为压应变，随着荷载的增加，左侧开始受拉，应变逐渐由负转正，进入弹塑性阶段，当达到峰值荷载15.35kN时，受拉侧中部与下端的应变为1649με，上端应变则为347με，而受压侧中部与下端应变为-3317με，上端应变为-1857με，受压侧受力大于受拉一侧，之后试件整体失稳破坏，荷载开始下降，应变增长加快。

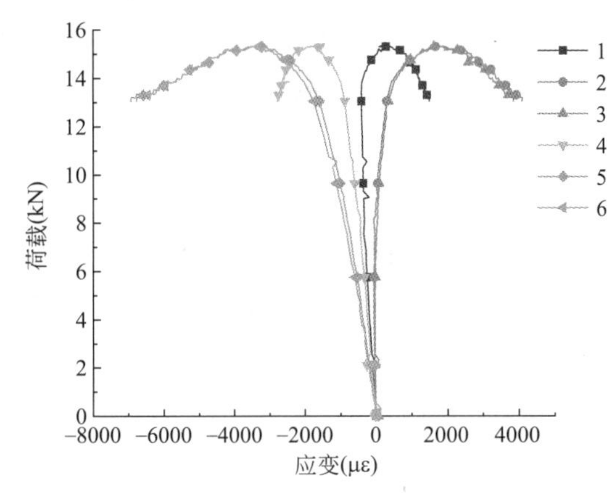

图4.1-38　试件SLB-1荷载-应变曲线

(2) SLC系列

SLC系列试件的破坏现象基本一致，故以SLC-1为典型试件进行分析。其破坏现象如图4.1-39所示。

(a) 试验初始阶段

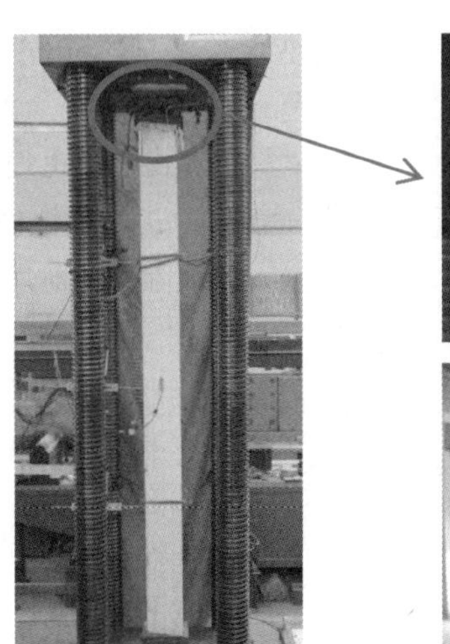

(b) 整体失稳

(c) 局部破坏

图4.1-39　试件SLC-1破坏现象

由图4.1-39和图4.1-40可知，试件SLC-1的荷载-竖向位移曲线大致分为四个阶段。荷载在0~33.9kN范围内，试件主要由喷涂复合砂浆受力，原竹受力很小，这和端面不是完全平齐有关；随着荷载的增加，原竹和喷涂复合砂浆开始共同受力，所以此时荷载增长开始加快，直至增加至 114.7kN。此时，试件顶部喷涂复合砂浆开裂，荷载突降至 89.3kN。在加载过程中，顶部球铰一直转动直至转到极限转角，支座条件由原来的两端铰接变为两端固定，导致构件的长细比减小，所以，荷载开始再次增加。

由图 4.1-39 和图 4.1-41 可知，试件 SLC-1 在 22.7~33.9kN 范围内，基本无侧移而荷载增加；当荷载超过 33.9kN 后，荷载开始增长减慢而侧移加快。随后，荷载增加至 114.7kN 后，此时顶部球铰转动，侧向位移迅速增加至最大位移，出现不明显的整体失稳现象，试件顶部喷涂复合砂浆破碎，荷载下降至 89.3kN 后保持不变，侧向位移减小，当顶部球铰转到极限转角后，荷载再次开始迅速增加，侧向位移基本不变。

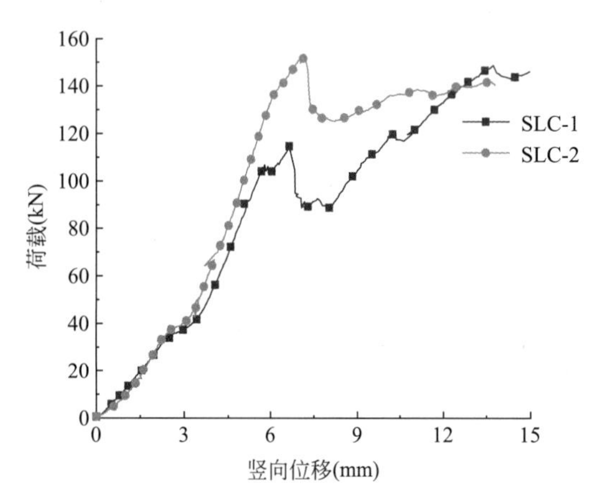

图 4.1-40 SLC 系列试件荷载-竖向位移曲线

图 4.1-41 试件 SLC-1 荷载-侧向位移曲线

SLC 系列试件的荷载-应变曲线的变化趋势基本相同，故取试件 SLC-1 为典型试件进行分析。图 4.1-42 为试件 SLC-1 的荷载-应变曲线。根据图 4.1-42（a）可知，试件 SLC-1 中的原竹在加载初期处于弹性阶段，荷载增长迅速，且在相同荷载下，原竹表面左侧压应变小于右侧压应变，随着荷载的增加，进入弹塑性阶段，当荷载达到 114.7kN 时，

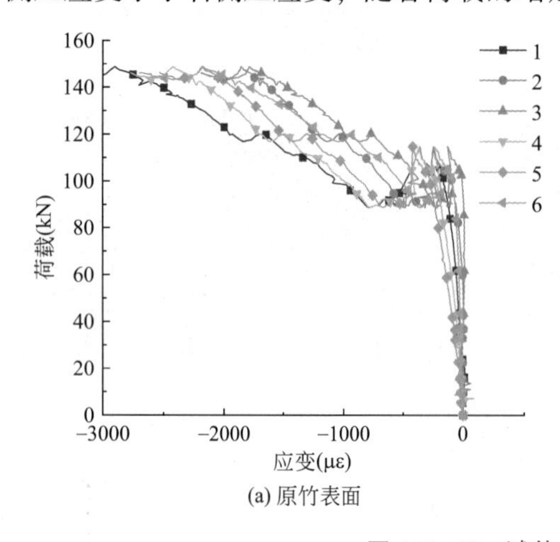

(a) 原竹表面

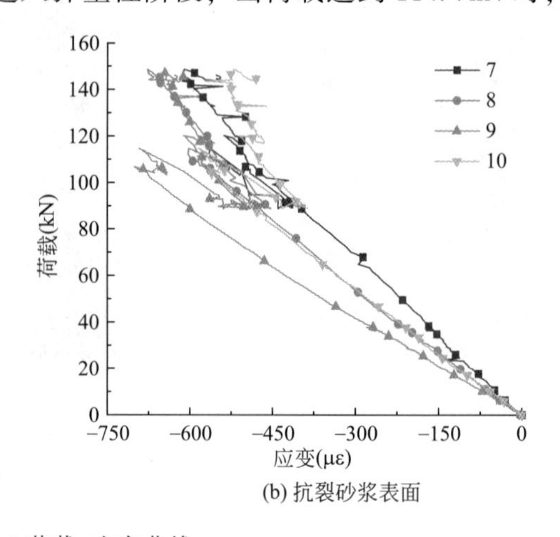

(b) 抗裂砂浆表面

图 4.1-42 试件 SLC-1 荷载-应变曲线

荷载突降至89.3kN，而原竹的竖向应变并无明显增加，随后荷载随着竖向应变的增加而增加，此过程中荷载增长较慢，竖向压应变增长较快。由图4.1-42（b）可知，试件SLC-1中的抗裂砂浆在加载初期为弹性阶段，且在相同荷载下，左侧压应变小于右侧压应变，这与原竹受力一致；当荷载达到114.7kN时，荷载突降至89.3kN，此时压应变快速减小，此后荷载随着压应变的增加而增长迅速。

4. 各参数对长柱轴压性能的影响分析

通过对各长柱试件的荷载-位移曲线进行分析，可以得出各个试件的轴向抗压刚度、试验极限荷载 N_u 等。

（1）原竹长细比

通过对比SSB、SLB系列试件之间的荷载-竖向位移曲线和荷载-柱中侧向位移曲线，可以探究原竹长细比对长柱轴压性能的影响，如图4.1-43所示。

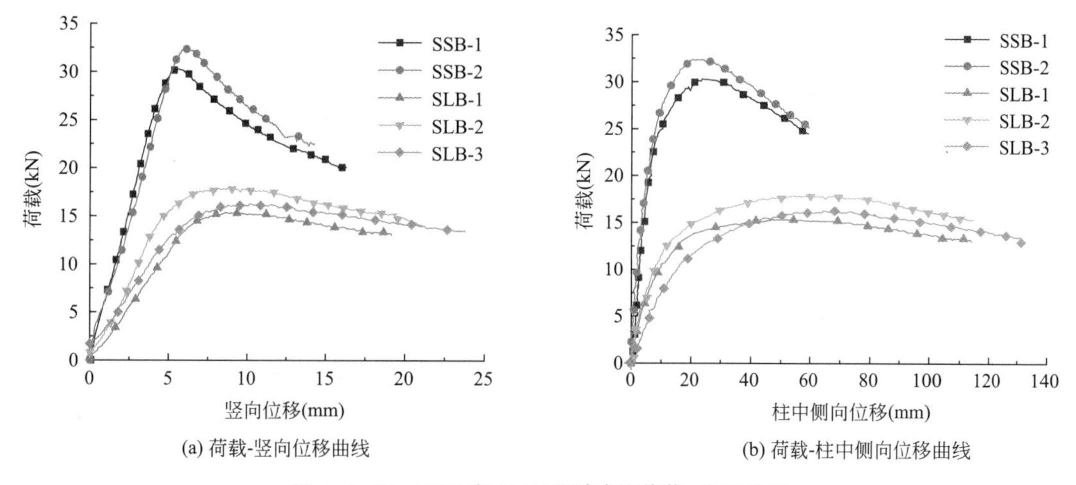

图4.1-43　SSB和SLB系列试件荷载-位移曲线

由图4.1-43（a）可知，SSB类试件的轴向抗压刚度大于SLB类试件的，说明试件的长细比越小，其在抵抗轴向变形方面的能力越强。同时，从图中可以看出，SSB类试件的极限荷载较SLB类试件的极限荷载有明显的提升且提升了89.16%，究其原因是两类试件均发生整体失稳破坏，试件长细比越小，越不容易发生失稳现象，故更接近强度破坏。通过对比分析两类试件的荷载-竖向位移曲线中的下降段可知，SSB类试件在荷载在达到峰值后下降的速度快于SLB类试件的下降速度，说明SSB类试件的延性较差，故试件的延性随着长细比的增大而增大。

由图4.1-43（b）可知，SSB类试件的极限荷载大于SLB类试件的，说明试件的长细比越小，其承载力越高，究其原因是试件的长细比减小，试件破坏由整体失稳破坏向强度破坏过渡，可以充分发挥原竹材料本身的力学性能，故会以轴向变形为主，侧向变形较小。

（2）喷涂复合砂浆

通过对比SLB、SLC系列试件之间的荷载-竖向位移曲线和荷载-柱中侧向位移曲线，可以探究喷涂复合砂浆对长柱轴压性能的影响，如图4.1-44所示。

由图4.1-44（a）可知，SLC类试件的轴向抗压刚度大于SLB类试件的，说明在原竹

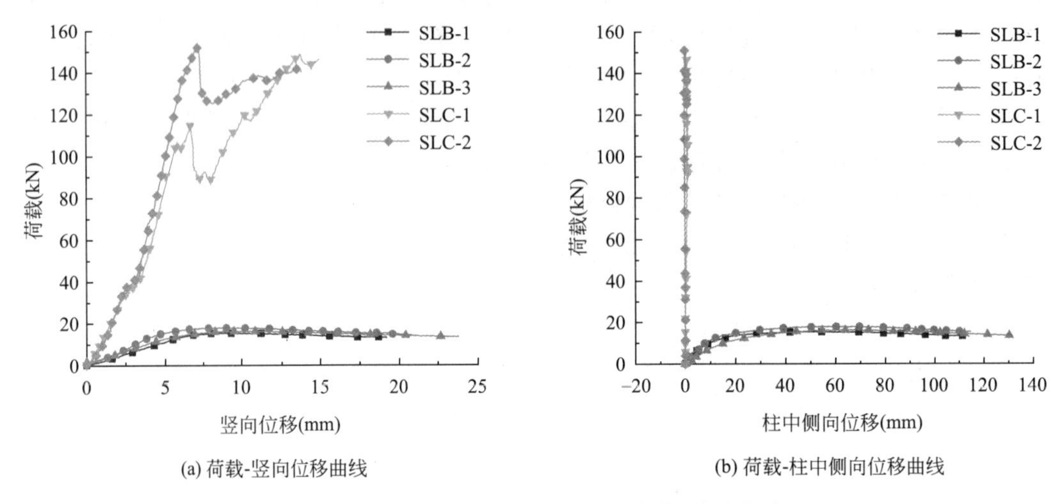

(a) 荷载-竖向位移曲线

(b) 荷载-柱中侧向位移曲线

图 4.1–44 SLB 和 SLC 系列试件荷载–位移曲线

表面喷涂复合砂浆后在抵抗轴向变形方面的能力增强。同时，从图中可以看出，SLC 类试件的极限荷载较 SLB 类试件的极限荷载有明显的提升，由此可见，在原竹表面喷涂复合砂浆对原竹的约束作用十分显著，可以进一步改变试件的破坏模式：由整体失稳破坏转变为接近强度破坏。通过对比分析两类试件的荷载-竖向位移曲线中的下降段可知，SLC 类试件在荷载达到峰值后突降，而 SLB 类试件则缓慢下降，说明 SLC 类试件的延性较差，故在原竹表面喷涂复合砂浆后，试件的延性变差。

由图 4.1-44（b）可知，SLC 类试件的极限荷载远大于 SLB 类试件的，说明喷涂复合砂浆后的试件承载能力增强，原因是喷涂复合砂浆可以有效约束原竹，改善原竹过柔导致出现整体失稳破坏，试件更加接近强度破坏，故会以轴向变形为主，基本无侧向变形。

4.2 有限元分析及验证

4.2.1 有限元模型的建立

为预测原竹柱和组合柱在轴向荷载作用下的承载力，利用 ABAQUS 软件进行有限元分析。有限元模型考虑了单元类型、边界条件、接触界面和初始缺陷的影响。原竹、复合砂浆和水泥砂浆均采用 C3D8R 实体单元。原竹和复合砂浆的作用界面，法线方向定义为硬接触，切向采用库仑摩擦模型，摩擦系数为 0.3。复合砂浆和水泥砂浆间无位移。将原竹顺纹受压本构模型简化为三折线模型，其中，顺纹受压弹性模量为 14GPa、泊松比为 0.3。而复合砂浆和抗裂砂浆采用混凝土塑性损伤模型进行模拟，泊松比为 0.2，如图 4.2-1 所示。

复合砂浆和抗裂砂浆的塑性参数输入如下表 4.2-1 所示。

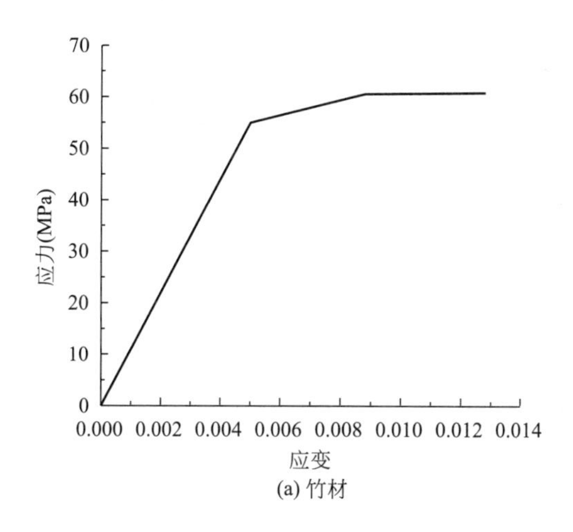

(a) 竹材

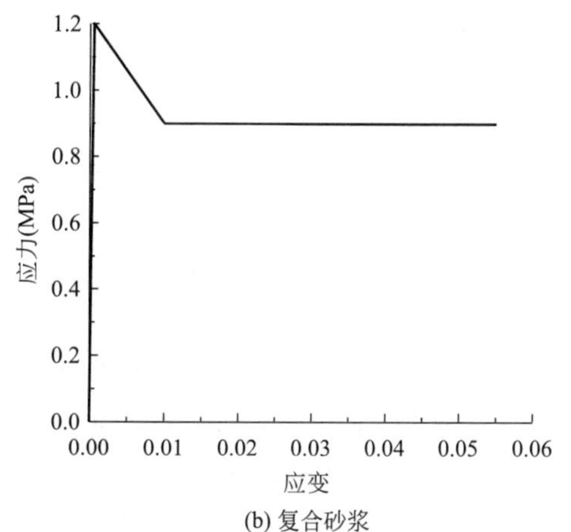

(b) 复合砂浆

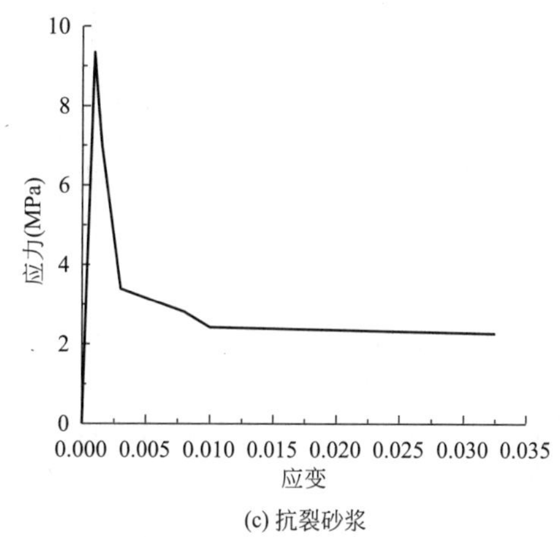

(c) 抗裂砂浆

图 4.2-1　材料应力-压应变曲线

复合砂浆和抗裂砂浆的塑性指标　**表 4.2-1**

剪胀角	偏心率	f_{b0}/f_{c0}	K	黏滞系数
38	0.1	1.1	0.667	0.005

荷载与边界条件根据试验实际的边界条件进行设置。对于短柱，上端为固定端，下端为球铰；对于长柱，原竹柱上下端边界条件均为初弯曲平面内的单向铰，而组合柱的两端则为球铰。

4.2.2　有限元与试验验证

原竹短柱和组合短柱分别选典型试件说明问题。原竹短柱以试件 SB-2 为例进行说明。图 4.2-2（a）列出了试件 SB-2 的有限元应力云图，由图可知，试件 SB-2 的破坏为上部端头发生局部腰鼓、压溃，且上半部分竹材应力达到屈服，模拟结果与试验结果基本吻合。从图 4.2-2（b）的荷载-位移曲线对比可以看出，有限元模拟与试验的变化趋势基本一致，二者轴向抗压刚度和极限荷载吻合较好。

组合短柱以试件 SSU-1 为例进行说明。图 4.2-3 列出了试件 SSU-1 的有限元应力云

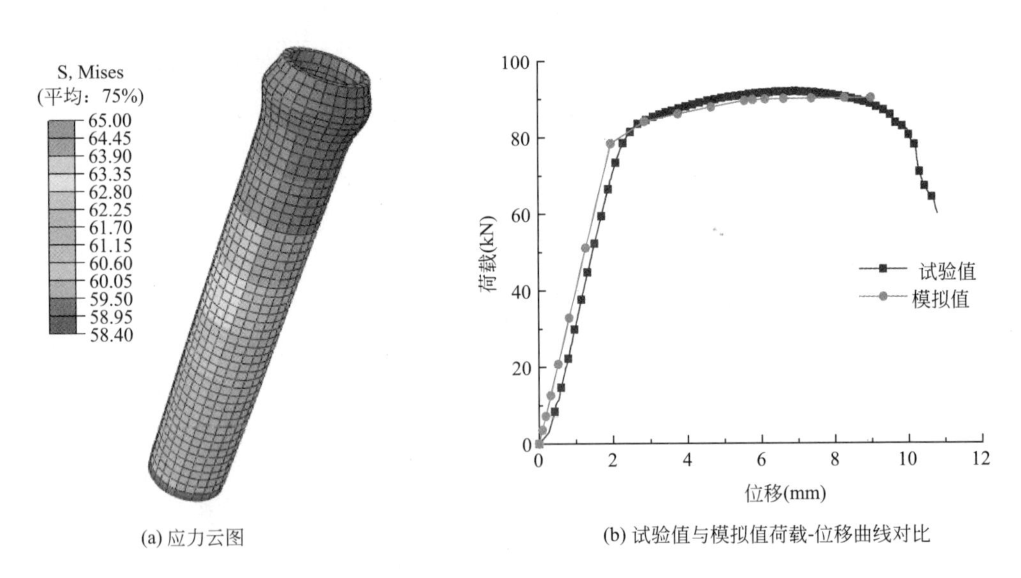

(a) 应力云图

(b) 试验值与模拟值荷载-位移曲线对比

图 4.2-2 试件 SB-2 有限元结果

图，由图 4.2-3（a）~（c）可知，试件 SSU-1 的复合砂浆与抗裂砂浆的上部端头均有轻微外鼓，并且原竹在上部端头部位附近区域发生局部外鼓、压溃，有限元的破坏和试验比较吻合。从图 4.2-3（d）中可以看出，试件 SSU-1 的有限元模拟与试验的变化趋势基本一致，二者轴向抗压刚度、极限荷载基本吻合。

原竹长柱和组合长柱分别选典型试件说明问题。原竹长柱以试件 SLB-2 为例进行说明。图 4.2-4 列出了试件 SLB-2 的有限元应力云图，由图可知，试件 SLB-2 的破坏出现在原竹柱中下部，发生整体失稳，该有限元模型的破坏现象与试验现象基本一致。从图 4.2-5 的荷载-位移曲线对比可以看出，有限元模拟与试验的变化趋势基本一致，且二者极限荷载比较接近，故模型与试验基本吻合。

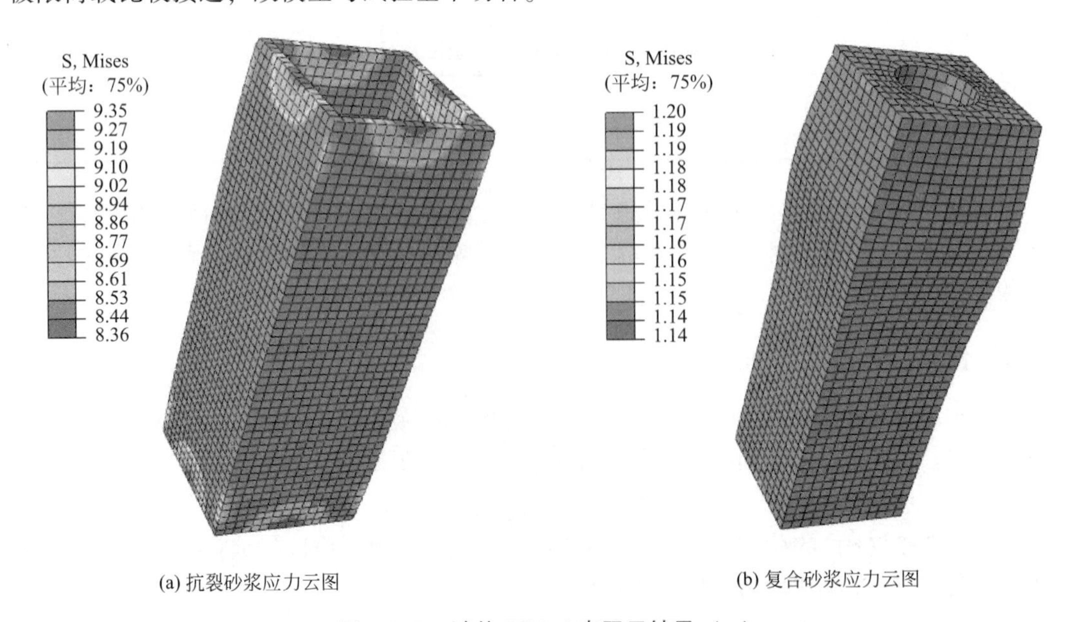

(a) 抗裂砂浆应力云图

(b) 复合砂浆应力云图

图 4.2-3 试件 SSU-1 有限元结果（一）

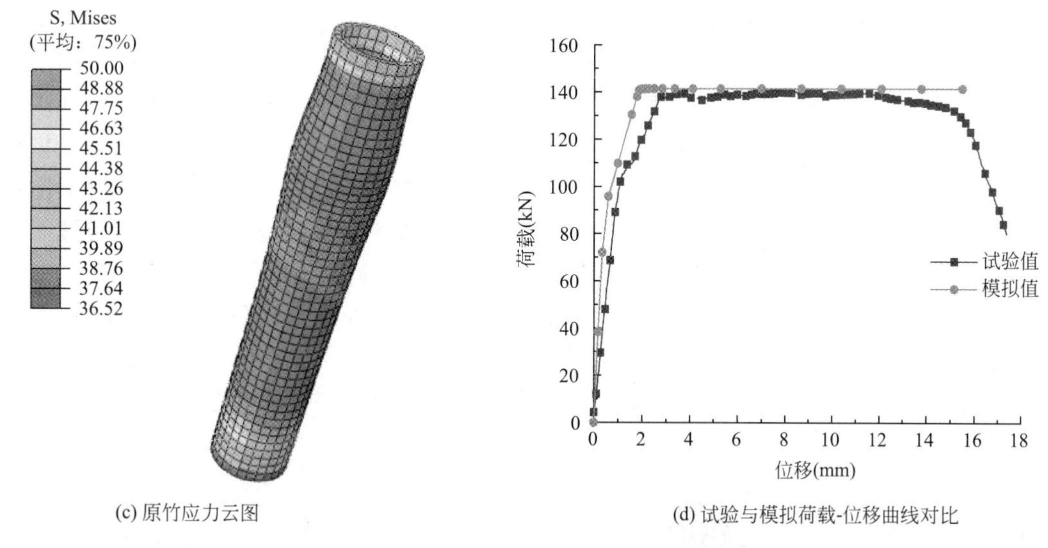

(c) 原竹应力云图

(d) 试验与模拟荷载-位移曲线对比

图 4.2-3　试件 SSU-1 有限元结果（二）

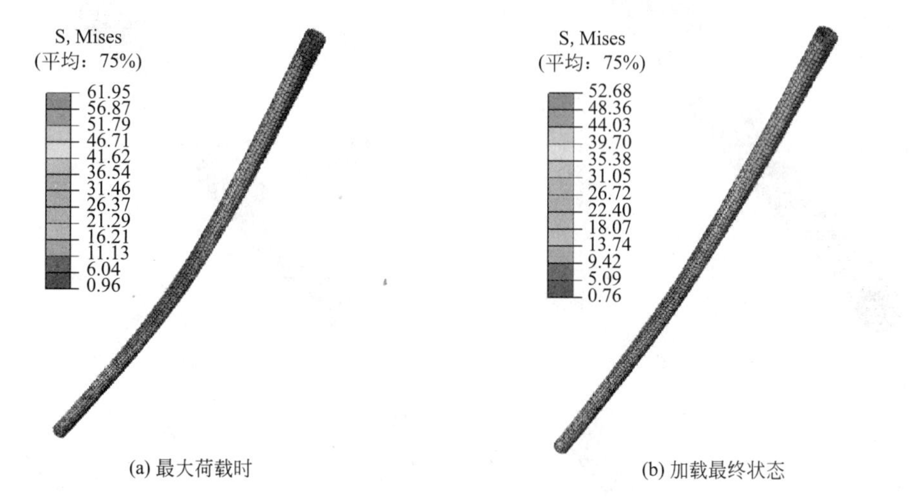

(a) 最大荷载时

(b) 加载最终状态

图 4.2-4　试件 SLB-2 模型应力云图

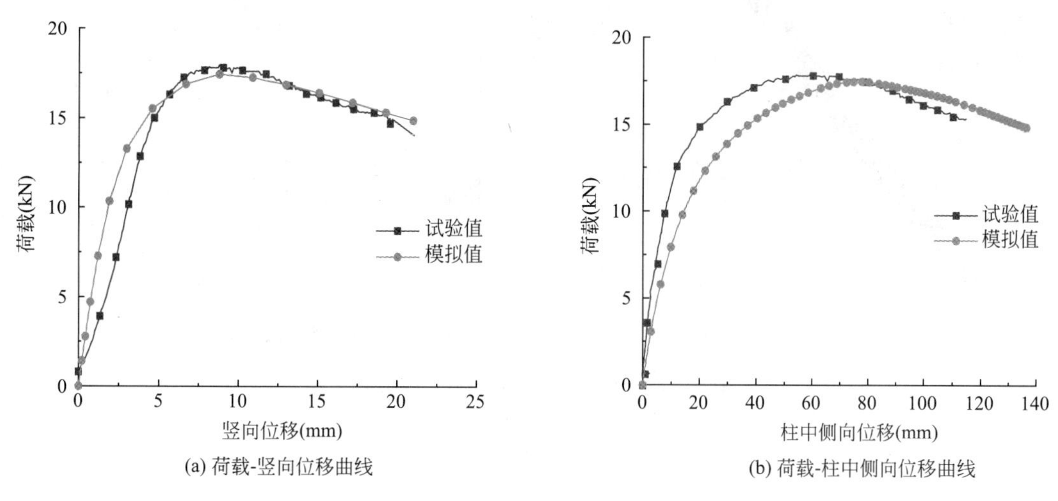

(a) 荷载-竖向位移曲线

(b) 荷载-柱中侧向位移曲线

图 4.2-5　试件 SLB-2 试验与模拟荷载-位移曲线对比

组合长柱以试件 SLC-1 为例进行说明。图 4.2-6（a）~（c）列出了试件 SLC-1 的有限元应力云图，由图可以看出，试件 SLC-1 发生整体失稳，复合砂浆与抗裂砂浆的破坏均由柱两端向中间发展，而原竹的侧向位移较大处是中下部，该有限元模型的破坏现象与试验现象基本一致。从图 4.2-6（d）的荷载-竖向位移曲线对比可以看出，有限元模拟与试验曲线整体趋势基本一致，都呈先下降后上升的趋势，荷载下降的原因是发生一定程度的整体失稳，而荷载上升是由于上部球铰转动后抵住加载设备到达极限转角后导致不能继续转动，从而边界条件从铰接变为固定导致试件长细比减小，从而荷载继续增加。在加载初期，由于试件没有压实和端面不平齐导致的初始刚度偏小，当荷载超过 40.0kN 后，试验的轴向抗压刚度和模拟的基本一致，且二者的极限荷载基本相同，再考虑去除加载初期试件没有压实导致的多余竖向位移，二者的竖向位移也基本一致，故有限元模型基本可靠。

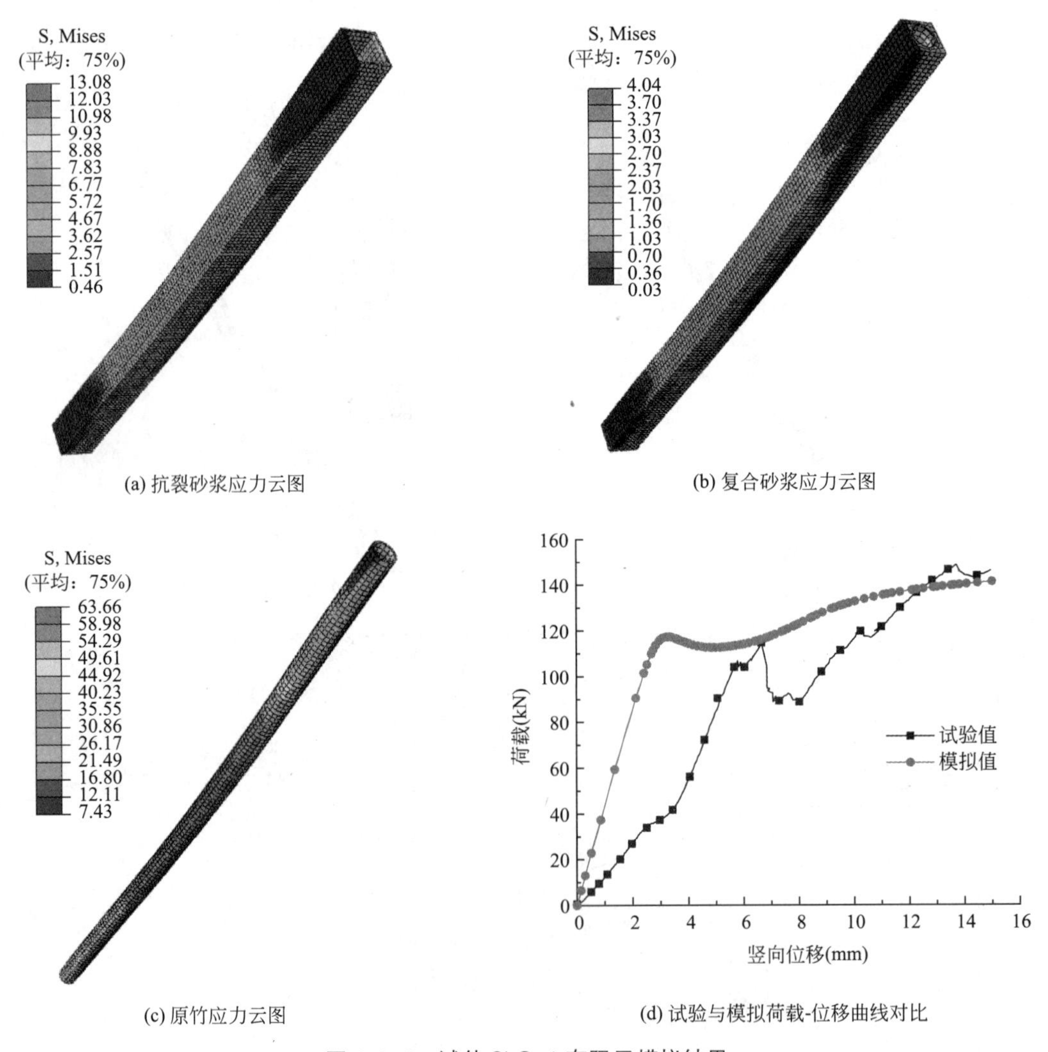

(a) 抗裂砂浆应力云图

(b) 复合砂浆应力云图

(c) 原竹应力云图

(d) 试验与模拟荷载-位移曲线对比

图 4.2-6 试件 SLC-1 有限元模拟结果

4.3 有限元参数分析

4.3.1 模型几何参数

通过上述试验与有限元模型的对比分析，说明了该建模方法的有效性。在前面的基础上，通过对原竹柱和组合柱进行参数分析，进一步探究柱高、喷涂复合砂浆厚度以及原竹初弯曲等因素对试件轴压力学性能的影响，并设计3类试件，其几何尺寸及参数变化如表4.3-1~表4.3-3所示。

HB和HC系列试件编号及参数变化 **表4.3-1**

编号	分类	试件高度 h(mm)	原竹初弯曲 v_0(mm)	喷涂厚度 t(mm)	原竹壁厚 t(mm)		原竹外径 D(mm)		是否喷涂
					t_1	t_2	D_1	D_2	
HB-1	HB系列	600	(6/1000)·h	—	6.40	6.69	80.00	83.60	否
HB-2		1100	(6/1000)·h	—	6.40	6.93	80.00	86.60	否
HB-3		1700	(6/1000)·h	—	6.40	7.22	80.00	90.20	否
HB-4		2300	(6/1000)·h	—	6.40	7.50	80.00	93.80	否
HB-5		2900	(6/1000)·h	—	6.40	7.79	80.00	97.40	否
HB-6		3600	(6/1000)·h	—	6.40	8.13	80.00	101.60	否
HB-7		4200	(6/1000)·h	—	6.40	8.42	80.00	105.20	否
HB-8		4900	(6/1000)·h	—	6.40	8.75	80.00	109.40	否
HC-1	HC系列	600	(6/1000)·h	30	6.40	6.69	80.00	83.60	是
HC-2		1100	(6/1000)·h	30	6.40	6.93	80.00	86.60	是
HC-3		1700	(6/1000)·h	30	6.40	7.22	80.00	90.20	是
HC-4		2300	(6/1000)·h	30	6.40	7.50	80.00	93.80	是
HC-5		2900	(6/1000)·h	30	6.40	7.79	80.00	97.40	是
HC-6		3600	(6/1000)·h	30	6.40	8.13	80.00	101.60	是
HC-7		4200	(6/1000)·h	30	6.40	8.42	80.00	105.20	是
HC-8		4900	(6/1000)·h	30	6.40	8.75	80.00	109.40	是

注：t_1 和 t_2 分别为原竹小头和大头的壁厚；D_1 和 D_2 分别为原竹小头和大头的外径。

S系列试件编号及参数变化 **表4.3-2**

编号	分类	试件高度 h(mm)	原竹初弯曲 v_0(mm)	喷涂厚度 t(mm)	原竹壁厚 t(mm)		原竹外径 D(mm)		是否喷涂
					t_1	t_2	D_1	D_2	
S-1	S系列	2700	(6/1000)·h	25	6.82	7.83	78.66	97.45	是
S-2		2700	(6/1000)·h	30	6.82	7.83	78.66	97.45	是
S-3		2700	(6/1000)·h	35	6.82	7.83	78.66	97.45	是
S-4		2700	(6/1000)·h	40	6.82	7.83	78.66	97.45	是
S-5		2700	(6/1000)·h	45	6.82	7.83	78.66	97.45	是
S-6		2700	(6/1000)·h	50	6.82	7.83	78.66	97.45	是

注：t_1 和 t_2 分别为原竹小头和大头的壁厚；D_1 和 D_2 分别为原竹小头和大头的外径。

WB 和 WC 系列试件编号及参数变化 表 4.3-3

编号	分类	试件高度 h(mm)	原竹初弯曲 v_0(mm)	喷涂厚度 t(mm)	原竹壁厚 t(mm)		原竹外径 D(mm)		是否喷涂
					t_1	t_2	D_1	D_2	
WB-1	WB系列	2700	(1/1000)·h	—	6.82	7.83	78.66	97.45	否
WB-2		2700	(2/1000)·h	—	6.82	7.83	78.66	97.45	否
WB-3		2700	(3/1000)·h	—	6.82	7.83	78.66	97.45	否
WB-4		2700	(4/1000)·h	—	6.82	7.83	78.66	97.45	否
WB-5		2700	(5/1000)·h	—	6.82	7.83	78.66	97.45	否
WB-6		2700	(6/1000)·h	—	6.82	7.83	78.66	97.45	否
WB-7		2700	(7/1000)·h	—	6.82	7.83	78.66	97.45	否
WB-8		2700	(8/1000)·h	—	6.82	7.83	78.66	97.45	否
WB-9		2700	(9/1000)·h	—	6.82	7.83	78.66	97.45	否
WC-1	WC系列	2700	(1/1000)·h	30	6.82	7.83	78.66	97.45	是
WC-2		2700	(2/1000)·h	30	6.82	7.83	78.66	97.45	是
WC-3		2700	(3/1000)·h	30	6.82	7.83	78.66	97.45	是
WC-4		2700	(4/1000)·h	30	6.82	7.83	78.66	97.45	是
WC-5		2700	(5/1000)·h	30	6.82	7.83	78.66	97.45	是
WC-6		2700	(6/1000)·h	30	6.82	7.83	78.66	97.45	是

注：t_1 和 t_2 分别为原竹小头和大头的壁厚；D_1 和 D_2 分别为原竹小头和大头的外径。

4.3.2 参数分析计算结果

（1）柱高

通过建立不同高度的原竹柱与组合柱，可以探究柱高对试件轴压力学性能的影响。HB 系列试件均发生整体失稳，而 HC 系列试件中除 HC-1 和 HC-2 发生强度破坏外，其余试件均发生整体失稳。HB 系列试件与 HC 系列试件的荷载-位移曲线分别如图 4.3-1 和图 4.3-2 所示。根据图 4.3-1（a）和图 4.3-3（a）可知，HB 系列试件随着柱高的增加，

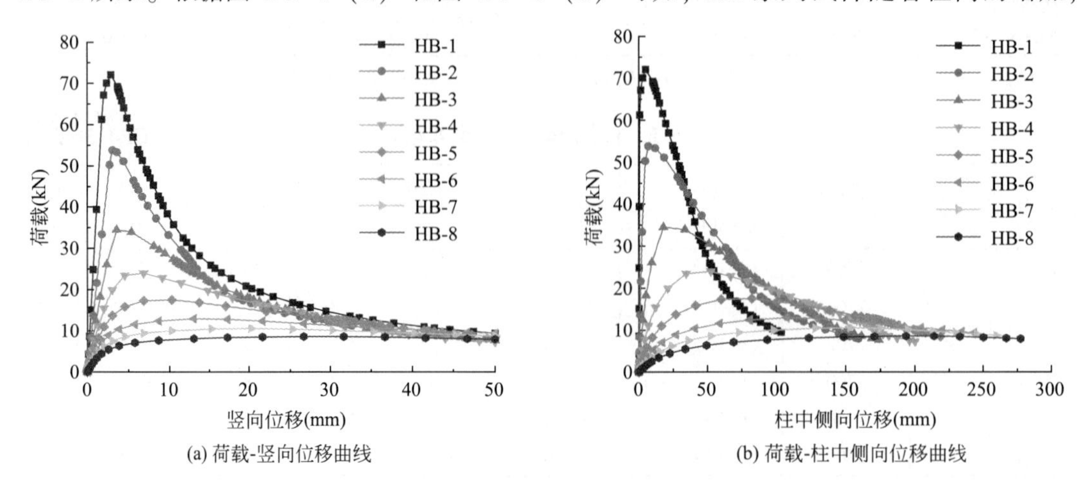

(a) 荷载-竖向位移曲线
(b) 荷载-柱中侧向位移曲线

图 4.3-1 HB 系列试件荷载-位移曲线

其轴向抗压刚度和极限荷载减小，而荷载的下降速度逐渐减缓，说明延性逐渐增大。同样根据图 4.3-1（b）可以发现，HB 系列试件随着柱高的增加，试件的长细比逐渐增大，越容易发生失稳破坏即极限荷载越低，同时，其抵抗侧向变形的能力越弱，侧向位移越大。

根据图 4.3-2（a）和图 4.3-3（b）可知，HC 系列试件随着柱高的增加，其轴向抗压刚度逐渐减小，极限荷载减小但不显著，而荷载的下降速度逐渐加快，说明延性逐渐减小。同样根据图 4.3-2（b）可以发现，HC 系列试件随着柱高的增加，其极限荷载减小，柱中侧向位移逐渐减小。

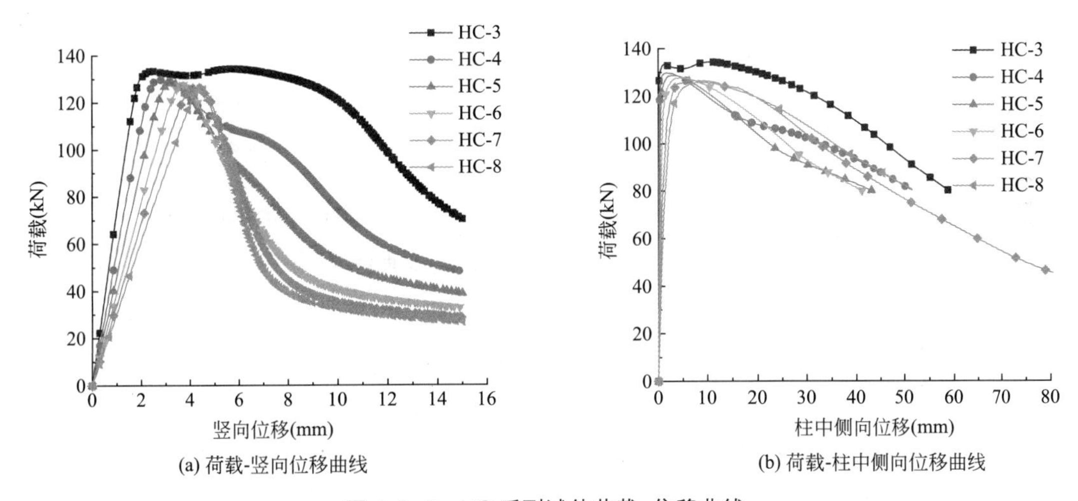

图 4.3-2　HC 系列试件荷载-位移曲线

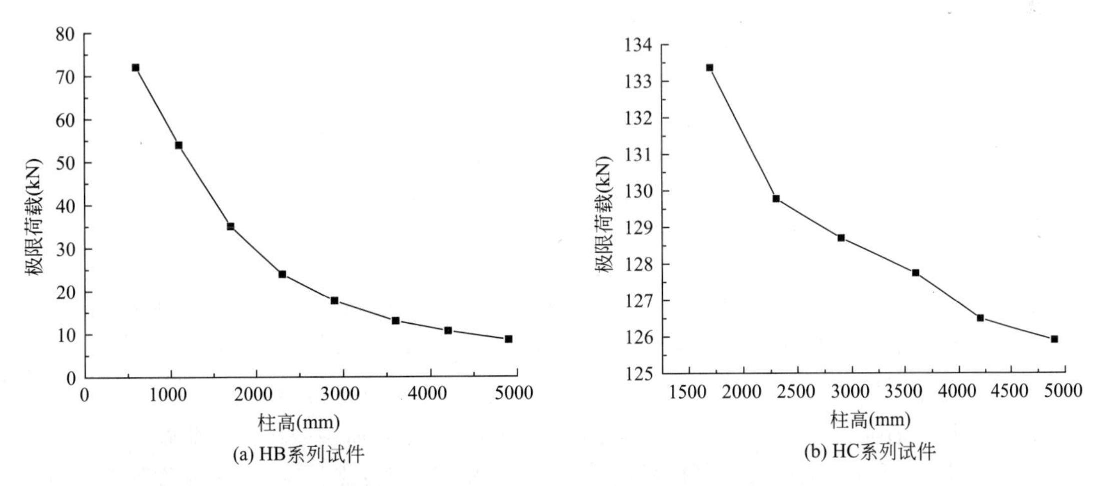

图 4.3-3　HB 和 HC 系列试件极限荷载-柱高曲线

（2）喷涂复合砂浆厚度

通过建立不同喷涂复合砂浆厚度的组合柱，可以探究喷涂厚度对试件轴压力学性能的影响。S 系列试件均发生整体失稳。S 系列试件的荷载-位移曲线和极限荷载-喷涂厚度曲线分别如图 4.3-4 和图 4.3-5 所示。根据图 4.3-4（a）和图 4.3-5 可知，S 系列试件随着喷涂厚度的增加，其轴向抗压刚度和极限荷载逐渐增大，延性基本不变。同样根据

图 4. 3-4（b）可以发现，S 系列试件随着喷涂厚度的增加，试件的长细比减小，越不容易发生失稳破坏，故其极限荷载增大。

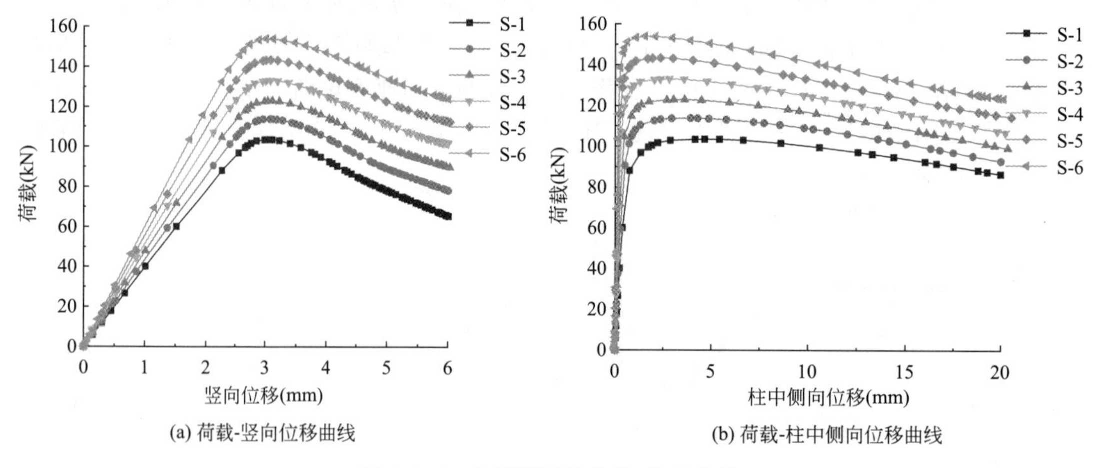

图 4. 3-4 S 系列试件荷载-位移曲线

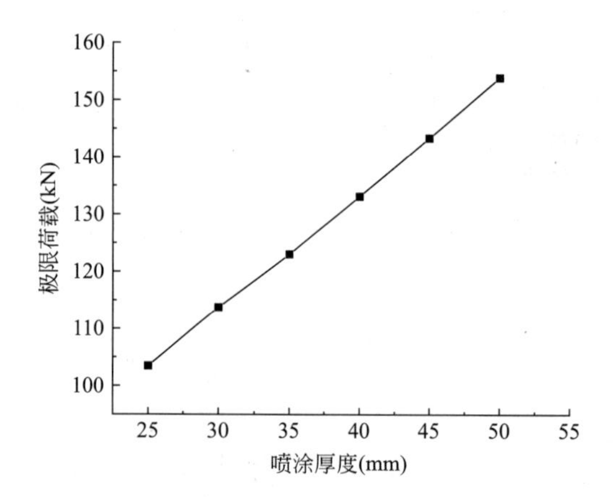

图 4. 3-5 S 系列试件极限荷载-喷涂厚度曲线

（3）原竹初弯曲

通过建立不同原竹初弯曲的原竹柱与组合柱，可以探究原竹初弯曲对试件轴压力学性能的影响。WB 系列试件和 WC 系列试件均发生整体失稳。WB 系列试件与 WC 系列试件的荷载-位移曲线分别如图 4. 3-6 和图 4. 3-7 所示。根据图 4. 3-6（a）和图 4. 3-8（a）可知，WB 系列试件随着原竹初弯曲的增加，其轴向抗压刚度、极限荷载减小，而荷载的下降速度逐渐减缓，说明延性逐渐增大。同样根据图 4. 3-6（b）可以发现，WB 系列试件随着原竹初弯曲的增加，由初弯曲产生的附加弯矩增大，越容易发生失稳破坏，故其极限荷载减小。

根据图 4. 3-7（a）和图 4. 3-8（b）可知，WC 系列试件随着原竹初弯曲的增加，其轴向抗压刚度不变，极限荷载减小但不显著，延性基本不变。同样根据图 4. 3-7（b）可以发现，WC 系列试件随着原竹初弯曲的增加，极限荷载减小但不显著，其原因是由原竹初弯曲产生的附加弯矩增大，极限荷载会有降低，但原竹受到了喷涂复合砂浆的包裹，其可以很好地为原竹提供侧向约束，越不容易发生失稳破坏，故极限荷载减小并不显著。

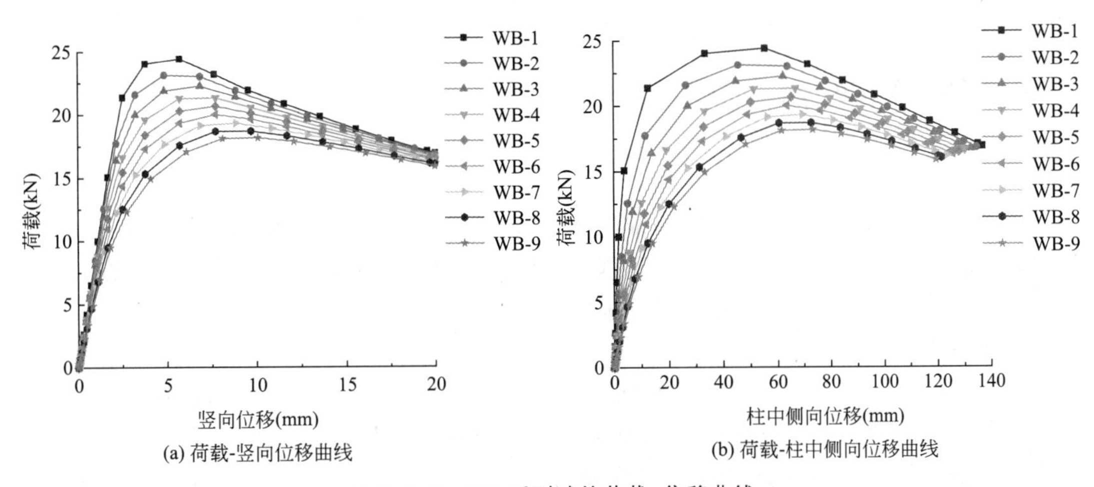

图 4.3-6　WB 系列试件荷载-位移曲线

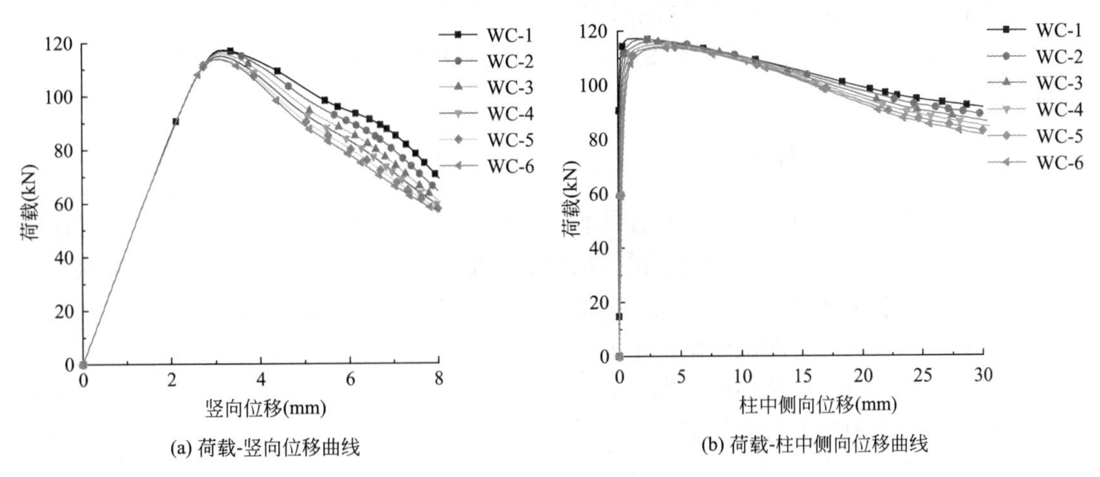

图 4.3-7　WC 系列试件荷载-位移曲线

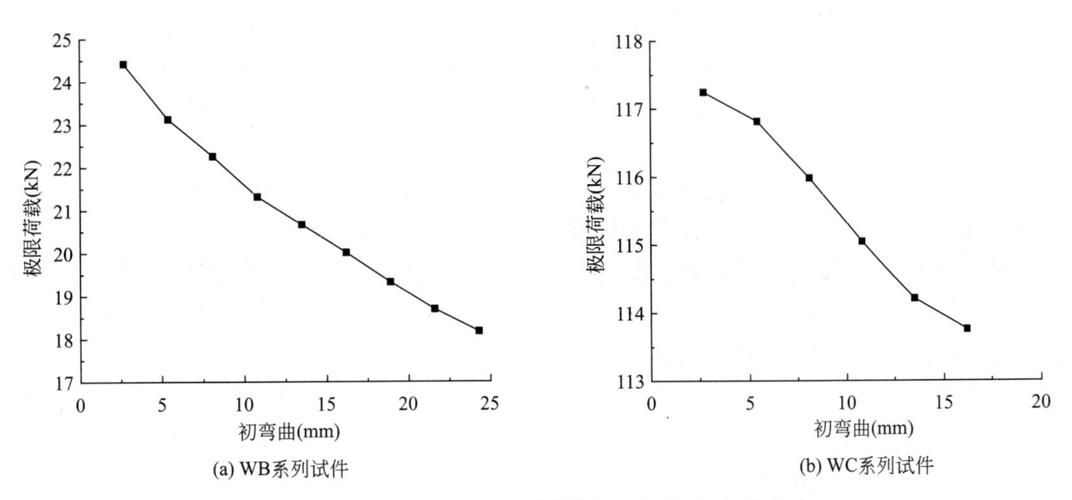

图 4.3-8　WB 和 WC 系列试件极限荷载-初弯曲曲线

4.4 原竹柱和组合柱承载力计算

通过上述试验与有限元模型的验证以及参数分析，可以更加深入了解试件的受力过程和破坏机制，而对于承载力方面并无深入的分析。在前面的基础上，通过对短柱的抗压承载力计算和长柱稳定问题的理论分析，给出原竹柱和组合柱的承载力计算方法，同时进一步验证试验的可靠性。

通过对短柱受力过程的简化，并提出以弹性极限状态作为承载力的设计标准，考虑到叠加原理和原竹、复合砂浆及抗裂砂浆三种材料在轴压时的变形不同步这一问题，推导出短柱的抗压承载力计算公式，并验证其可靠性。通过对原竹长柱计算模型的简化，可以得到变截面、变厚度的薄壁原竹杆件的屈曲临界荷载，通过等效屈曲荷载的原则，再进一步推导考虑初弯曲后的等效截面构件的稳定系数公式。并将组合长柱进行了参数转化，统一组合长柱和原竹长柱的稳定系数公式，并与试验、有限元变参数模型进行验证。

4.4.1 短柱抗压承载力计算

从短柱的轴压试验可以发现，短柱的轴压过程简单地可以划分为两个过程：弹性阶段和塑性强化阶段。在塑性强化阶段，试件的承载力随着竖向位移的增加并无显著提高。故可以将弹性极限状态作为承载力的设计标准，忽略塑性阶段其承载力的提高，可以将其视为安全储备。并且从上述的试验结果中还可以发现，复合砂浆对原竹短柱并没有良好的约束作用，因此，可以采取叠加原理来计算抗压承载力，故提出原竹短柱和喷涂复合砂浆组合短柱的抗压承载力计算公式如下：

$$N_c = \mu N_s = \mu(f_{c,b}A_b + f_{c,c}A_c + f_{c,a}A_a) \tag{4.4-1}$$

式中　N_c——原竹短柱和组合短柱的计算承载力；

N_s——原竹短柱和组合短柱中三种材料各自抗压承载力的简单求和；

μ——强度折减系数，主要用于平衡原竹、复合砂浆和抗裂砂浆这三种材料受力、变形不同步以及中空薄壁构件可以忽略径向受力传力的问题；

$f_{c,b}$、$f_{c,c}$ 和 $f_{c,a}$——原竹的顺纹抗压强度以及复合砂浆和抗裂砂浆的抗压强度；

A_b、A_c 和 A_a——原竹、复合砂浆和抗裂砂浆的横截面积。

对于强度折减系数 μ 的取值问题，下面做出一些讨论。由于考虑强度折减系数 μ 是为了解决原竹、复合砂浆以及抗裂砂浆这三种材料在轴压过程中受力与变形不同步以及中空薄壁构件可以忽略径向受力传力的问题，故需要对原竹柱与组合柱进行分类讨论。进一步具体分析，可以将短柱分为三类：①B 系列试件；②SC、RC 系列试件；③SU、RU 系列试件。下面主要对这三类试件进行数据拟合，如图 4.4-1 所示。以第二类试件为例进行具体分析，首先将 SC、RC 系列试件中各个试件三种材料的抗压承载力的和 N_s 求出，然后根据试验求出弹性极限荷载 N_e，形成一组有效实数对（N_s，N_e），从而对这些试验点进行

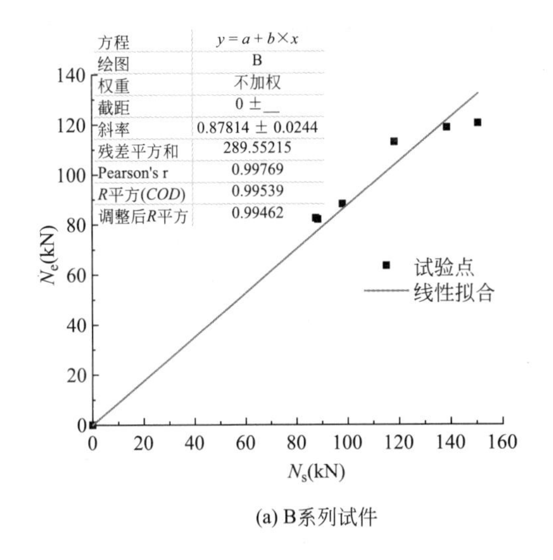

(a) B系列试件

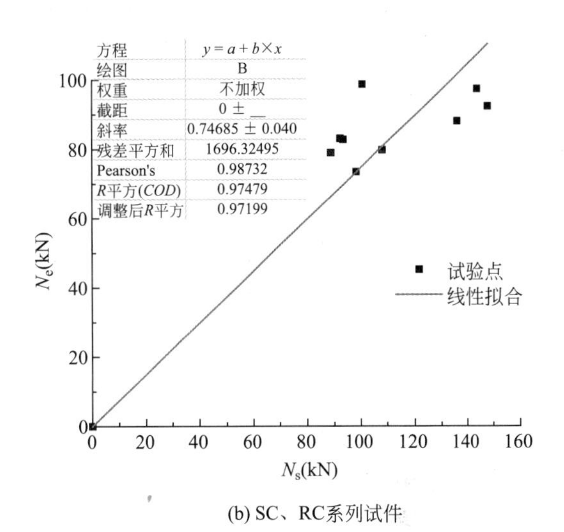

(b) SC、RC系列试件

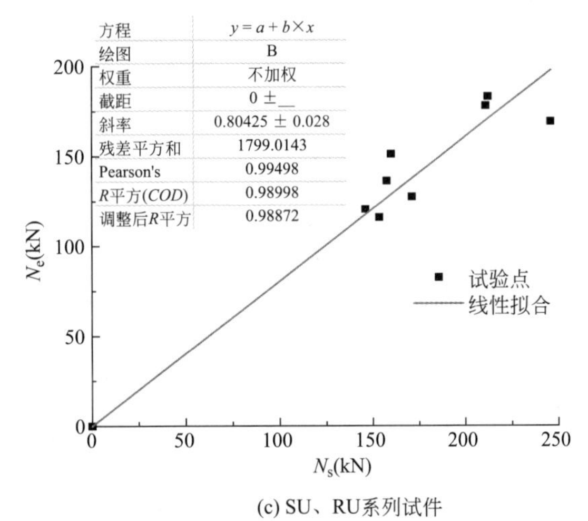

(c) SU、RU系列试件

图 4.4-1　短柱试件的强度折减系数的拟合

注：N_e 为各试件的弹性极限承载力。

线性拟合形成一条直线，其决定系数 R^2 为 0.975，拟合程度较好，则该直线的斜率即为强度折减系数 μ。

从图 4.4-1 中可以看出，短柱试件在不同受力状态下有着不同的强度折减系数，对于 B 系列试件，μ 为 0.878；对于 SC 和 RC 系列试件，μ 为 0.747；对于 SU 和 RU 系列试件，μ 为 0.804。通过这样取值的相关系数误差满足要求。

通过公式（4.4-1）可以计算出所有短柱的计算承载力，如表 4.4-1 所示。通过试验弹性极限承载力和计算承载力的对比可知，对 B 系列试件和 SU、RU 系列试件而言，二者误差较小，说明该公式计算结果较为可靠。而对 SC 和 RC 系列试件而言，由于该类试件的破坏大多数是刚度突变截面处原竹的破坏，这种破坏具有离散性和复杂性，故此类试件计算结果与试验结果误差相对较大但基本在 20%之内，说明该公式的计算结果仅具有一定的可靠度。

短柱试件承载力汇总表 表 4.4-1

分类	试件	A_b(mm^2)	A_c(mm^2)	A_a(mm^2)	N_c(kN)	N_e(kN)	N_c/N_e
SB	SB-1	1555.81	—	—	86.06	88.20	0.98
	SB-2	1390.35	—	—	76.91	82.60	0.93
	SB-3	1404.01	—	—	77.66	82.10	0.95
TB	TB-1	2200.73	—	—	121.73	118.80	1.02
	TB-2	2391.60	—	—	132.29	120.50	1.10
	TB-3	1877.75	—	—	103.87	113.10	0.92
SSC	SSC-1	1409.78	—	—	66.35	79.00	0.84
	SSC-2	1717.90	—	—	80.85	79.80	1.01
	SSC-3	1481.79	—	—	69.73	82.80	0.84
TSC	TSC-1	2158.13	—	—	101.56	88.10	1.15
	TSC-2	2281.63	—	—	107.38	97.40	1.10
	TSC-3	2347.68	—	—	110.48	92.40	1.20
SSU	SSU-1	1331.41	14718.16	6000.00	126.74	136.30	0.93
	SSU-2	1370.58	14611.08	6000.00	128.62	151.20	0.85
	SSU-3	1558.61	14123.35	6000.00	137.68	127.50	1.08
TSU	TSU-1	2017.39	18017.73	6800.00	170.69	183.10	0.93
	TSU-2	2007.10	17546.85	6800.00	169.71	178.00	0.95
	TSU-3	2566.36	17077.34	6800.00	197.59	169.20	1.17
SRC	SRC-1	1559.36	—	—	73.39	73.50	1.00
	SRC-2	1463.89	—	—	68.89	83.10	0.83
	SRC-3	1596.82	—	—	75.15	98.70	0.76
SRU	SRU-1	1426.66	10145.58	4712.39	117.48	120.50	0.97
	SRU-2	1558.64	9406.69	4712.39	123.45	115.90	1.07

4.4.2 长柱稳定承载力计算

1. 原竹长柱

对于原竹长柱 SLB 和 SSB 系列试件而言，其受力状态简化为两端铰接的带初弯曲的变截面变厚度的轴心受压薄壁杆件。先考虑无初弯曲的情况，其简化计算模型如图 4.4-2 所示。

在压力 P 作用下，根据构件屈曲时存在微小弯曲变形的条件，先建立平衡微分方程，后求解构件的分岔屈曲荷载。在建立弯曲平衡方程时做如下基本假定：

（1）构件是理想的变截面、变厚度挺直薄壁杆件；

（2）压力沿构件原来的轴线作用；

（3）材料符合胡克定律，即应力与应变呈线性关系；

（4）构件变形前的平截面在弯曲变形之后仍为平面；

（5）构件的弯曲是微小的，曲率可以近似地用变形的二次微分表示，即 $\Phi=-y''$。

用中性平衡法计算构件的分岔屈曲荷载时，通过取隔离体，作用于截面的外弯矩为 $M_e=Py$，内力矩即为截面的抵抗力矩 $M_i=E_bI_{(x)}\Phi=-E_bI_{(x)}y''$，平衡方程为 $M_i=M_e$ 即

$$E_bI_{(x)}y''+Py=0,\ l_1\leqslant x\leqslant l_2 \tag{4.4-2}$$

式中　E_b——竹材的顺纹抗压弹性模量；

$I_{(x)}$——构件的截面惯性矩；

y——平面内的弯曲挠度。

$$\begin{cases}D_{(x)}=\alpha x\\ t_{(x)}=\beta D_{(x)}\\ I_{(x)}=\dfrac{\pi\alpha^4[1-(1-2\beta)^4]}{64}x^4\end{cases} \tag{4.4-3}$$

式中　$D_{(x)}$——原竹的外径；

$t_{(x)}$——原竹的壁厚；

α——外径随 x 轴的变化率；

β——壁厚随外径的变化率。

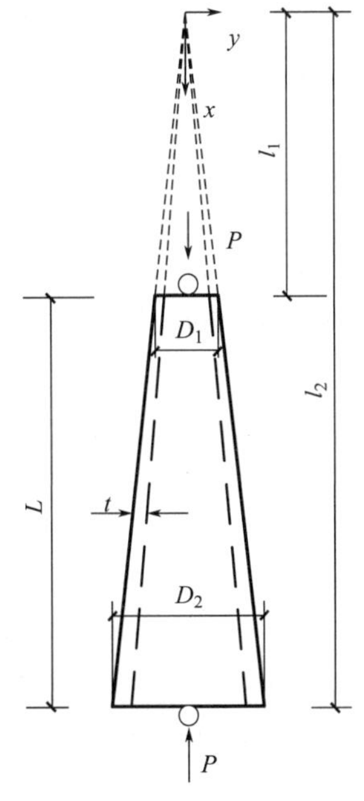

图 4.4-2　原竹长柱简化计算模型示意图

引入 $\eta=\pi\alpha^4[1-(1-2\beta)^4]/64$，$k^2=\dfrac{P}{E_b\eta}$ 后，公式（4.4-2）可以简化为

$$y''+\frac{k^2}{x^4}y=0 \tag{4.4-4}$$

式（4.4-4）的通解为

$$y=x\left[M\times\cos\left(\frac{k}{x}\right)+N\times\sin\left(\frac{k}{x}\right)\right] \tag{4.4-5}$$

式中有两个未知数 M、N 和待定值 k，有两个独立的边界条件 $y_{(l_1)}=0$ 和 $y_{(l_2)}=0$，以此代入式（4.4-5），可得

$$\begin{cases}M\times l_1\times\cos\left(\dfrac{k}{l_1}\right)+N\times l_1\times\sin\left(\dfrac{k}{l_1}\right)=0\\ M\times l_2\times\cos\left(\dfrac{k}{l_2}\right)+N\times l_2\times\sin\left(\dfrac{k}{l_2}\right)=0\end{cases} \tag{4.4-6}$$

故式（4.4-7）有非零解

$$\begin{vmatrix}l_1\times\cos\left(\dfrac{k}{l_1}\right) & l_1\times\sin\left(\dfrac{k}{l_1}\right)\\ l_2\times\cos\left(\dfrac{k}{l_2}\right) & l_2\times\sin\left(\dfrac{k}{l_2}\right)\end{vmatrix}=0 \tag{4.4-7}$$

进一步简化为

$$\tan\left(\frac{k}{l_1}\right)=\tan\left(\frac{k}{l_2}\right) \tag{4.4-8}$$

由于构件具有多个自由度，故解之得

$$k/l_1 = k/l_2 + n\pi \tag{4.4-9}$$

当 $n = 1$ 时才是构件具有中性平衡状态时的最小荷载，即分岔屈曲荷载 P_{cr}。

$$P_{cr} = \frac{\pi^2 E_b \sqrt{I_1 I_2}}{L^2} \tag{4.4-10}$$

根据等效屈曲荷载的原则，原竹长柱可以等效为等截面构件（截面惯性矩为 $\sqrt{I_1 I_2}$），则等效构件的几何特性应满足以下公式：

$$\begin{cases} I_{eq} = \sqrt{I_1 I_2} \\ A_{eq} = \sqrt{A_1 A_2} \\ D_{eq} = \sqrt{D_1 D_2} \end{cases} \tag{4.4-11}$$

式中 I_{eq} ——等效截面构件的截面惯性矩；

A_{eq} ——等效截面构件的面积；

D_{eq} ——等效截面的外径。

假定初弯曲为原竹长柱的一阶屈曲模态并满足以下等式：

$$y_0 = \nu_0 \sin\left(\frac{(x - l_1)\pi}{L}\right) \tag{4.4-12}$$

在轴心压力 P 和初弯曲产生的二阶弯矩 $\dfrac{P\nu_0}{1 - P/P_E}$ 的共同作用下，算出此构件中央截面的边缘纤维开始屈服时的荷载 P_e'，并以此作为稳定计算的准则。用构件的平均应力 $\sigma_{cr} = P_e'/A$ 作为边缘纤维屈服准则的临界应力时，则稳定系数 $\varphi = \sigma_{cr}/f_y$ 可以具体推导为：

$$\varphi = \psi \frac{1}{2\bar{\lambda}^2}\left[1 + \varepsilon_0 + \bar{\lambda}^2 - \sqrt{(1 + \varepsilon_0 + \bar{\lambda}^2)^2 - 4\bar{\lambda}^2}\right] \tag{4.4-13}$$

式中 $\bar{\lambda}$ ——等效截面的相对长细比；

ε_0 ——等效截面的相对初弯曲；

ψ ——等效截面的调整系数。

$$\bar{\lambda} = \frac{\lambda_{eq}}{\pi}\sqrt{\frac{f_{c,b}}{E_b}} \tag{4.4-14}$$

$$\varepsilon_0 = \nu_0 \frac{A_{eq}}{W_{eq}} \tag{4.4-15}$$

式中 λ_{eq} ——等效截面的长细比；

W_{eq} ——等效截面的截面抵抗矩。

$$\lambda_{eq} = \mu l / \sqrt{I_{eq}/A_{eq}} \tag{4.4-16}$$

$$W_{eq} = 2I_{eq}/D_{eq} \tag{4.4-17}$$

式中 μ——构件的计算长度系数。

2. 组合长柱

利用换算截面法，可以将组合柱中各材料的参数等效转化为抗裂砂浆的参数，可以将原竹长柱和组合长柱进行统一如下式所示：

$$\begin{cases} I' = I_a + \xi_c I_c + \xi_b I_b \\ A' = A_a + \xi_c A_c + \xi_b A_b \\ \xi_c = E_c / E_a \\ \xi_b = E_b / E_a \end{cases} \tag{4.4-18}$$

式中 I' ——统一等效成抗裂砂浆的截面惯性矩；

I_a、I_c ——抗裂砂浆、复合砂浆的截面惯性矩；

I_b ——原竹的等效截面的截面惯性矩 I_{eq}；

A_a、A_c ——抗裂砂浆、复合砂浆的截面面积；

A_b ——原竹的等效截面的截面面积 A_{eq}；

E_a、E_c ——抗裂砂浆、复合砂浆的弹性模量。

$\frac{\lambda}{\pi}$长柱的稳定系数可以根据式（4.4-13）、式（4.4-19）~式（4.4-21）进行计算：

$$\bar{\lambda}' = \frac{\lambda'}{\pi}\sqrt{\frac{f_{c,a}}{E_a}} \tag{4.4-19}$$

$$\lambda' = \frac{l}{i'} = l\sqrt{\frac{A'}{I'}} \tag{4.4-20}$$

$$\varepsilon'_0 = \frac{lA'}{nW'} = \frac{\lambda' i' A'}{n\rho W'} = \frac{hlA'}{2nI'} \tag{4.4-21}$$

式中 $\bar{\lambda}'$ ——统一等效截面的相对长细比；

ε'_0 ——统一等效截面的相对初弯曲；

h——统一等效截面的截面高度，组合柱取为 $\sqrt{A'}$ 而原竹柱取为 D_{eq}；

n——构件的长度与初弯曲的比值。

统一等效截面的修正系数 ψ' 不仅和是否喷涂复合砂浆有关，还与构件本身的几何缺陷有关。对于原竹柱而言，由于材料单一，故修正系数一般取为 0.886；而对于组合柱而言，则需分类讨论：HC 系列试件取为 0.950，S 系列试件取为 0.850，WC 系列试件取为 0.742。

可以进一步推导出长柱的轴心受压屈曲承载力为：

$$N_c = \varphi f_a A' \tag{4.4-22}$$

通过上述计算理论的推导可以计算出原竹柱及组合柱的屈曲荷载，并与试验及有限元结果进行对比分析，见表 4.4-2～表 4.4-4。下面通过计算参数分析中柱高这一参数的理论计算值，进一步验证该计算理论的有效性。

可以将试验所测得的材料参数代入式（4.4-13）和式（4.4-19），则可以计算出统一等效截面的相对长细比 $\bar{\lambda}'$，并将试验中的屈曲极限荷载 $P_{e,u}$ 和截面发生强度破坏时的荷载 P_s（以三种材料各自的强度破坏为准）代入式（4.4-23），即可求得稳定系数 φ，从而形成多组有效实数对（$\bar{\lambda}'$，φ）。

$$\varphi = \frac{P_{e,u}}{P_s} \tag{4.4-23}$$

并且通过有限元变参数分析所得的屈曲极限荷载 $P_{e,u}$ 及其对应的截面发生强度破坏时的荷载 P_s，求出不同材料参数的稳定系数 φ。同时，根据式（4.4-19）计算出统一等效截面的相对长细比 $\overline{\lambda}'$，从而形成多组有效实数对（$\overline{\lambda}'$，φ）。

同时可以由式（4.4-13）绘制出 φ 关于 $\overline{\lambda}'$ 的一条计算值曲线，将由试验、有限元变参和理论公式三者的稳定系数 φ 和统一等效截面的相对长细比 $\overline{\lambda}'$ 绘制如图 4.4-3 所示。同样可以做出极限荷载-统一等效截面的长细比 λ' 曲线如图 4.4-4 所示。

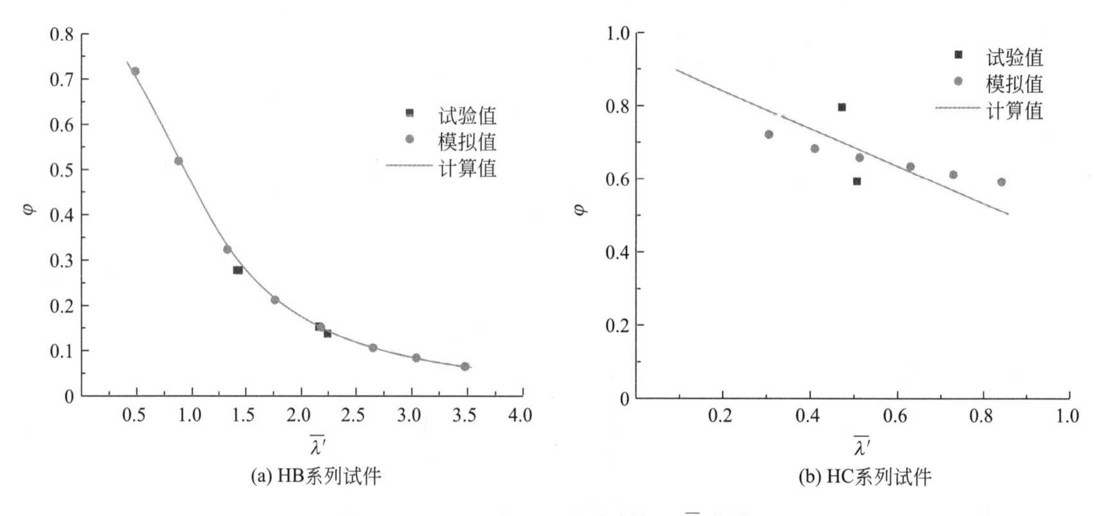

图 4.4-3　HB 和 HC 系列试件 φ-$\overline{\lambda}'$曲线

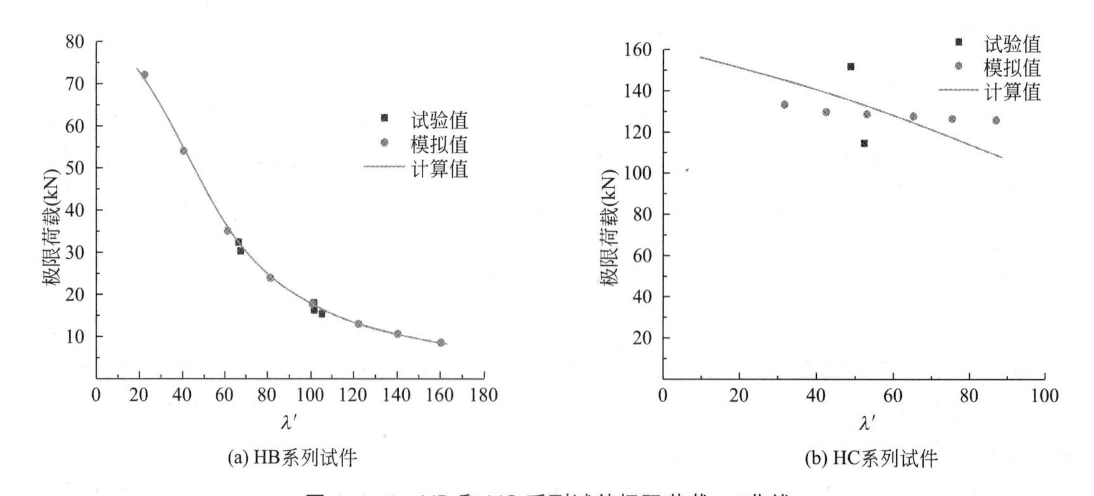

图 4.4-4　HB 和 HC 系列试件极限荷载-λ'曲线

通过图 4.4-3（a）和图 4.4-4（a）可知，HB 系列试件的试验值、模拟值和计算值三者的变化趋势基本吻合，证明该计算公式适合 HB 系列试件的稳定系数与极限荷载的计算。在图 4.4-3（b）和图 4.4-4（b）中，HC 系列试件的试验值、模拟值和计算值不是完全吻合，其原因在于该试验值是在试件的边界约束条件有变动时得出的，并不是理想的铰接条件，故与有限元模拟值有一定差距；而由于理论的计算假定是对真实复杂的受力状况进行简化，而有限元中模拟三种材料之间的接触关系也比较复杂，必然带来计算值和模拟值的差异。模拟值与计算值的变化趋势基本一致，都呈下降趋势，二者的稳定系数和极限荷载的误差基本符合要求，见表 4.4-2。

从表 4.4-3 和表 4.4-4 可知，对参数分析中的 S 系列、WB 系列、WC 系列试件而言，极限荷载的理论计算值和有限元模拟值基本吻合，误差在 10%以内，说明该理论计算公式的有效性。

HB 和 HC 系列试件稳定系数和极限荷载汇总　　表 4.4-2

编号	分类	长细比 λ'	相对长细比 $\bar{\lambda}'$	相对初弯曲 ε_0' (mm)	稳定系数 φ_1	稳定系数 φ_2	极限荷载 P_1 (kN)	极限荷载 P_2 (kN)	P_1/P_2
HB-1	HB 系列	22.47	0.49	0.21	0.72	0.80	72.07	70.98	1.02
HB-2		40.48	0.88	0.37	0.52	0.59	54.03	54.74	0.99
HB-3		61.29	1.33	0.56	0.32	0.37	35.08	36.01	0.97
HB-4		81.32	1.76	0.75	0.21	0.24	23.95	24.38	0.98
HB-5		100.62	2.18	0.92	0.15	0.17	17.70	17.65	1.00
HB-6		122.30	2.65	1.12	0.11	0.12	12.98	13.02	1.00
HB-7		140.22	3.04	1.29	0.08	0.09	10.61	10.50	1.01
HB-8		160.42	3.48	1.47	0.07	0.07	8.56	8.51	1.01
HC-3	HC 系列	31.69	0.31	0.19	0.72	0.79	133.37	145.14	0.92
HC-4		42.47	0.41	0.26	0.68	0.73	129.77	139.15	0.93
HC-5		53.05	0.51	0.32	0.66	0.68	128.70	132.70	0.97
HC-6		65.17	0.63	0.40	0.63	0.62	127.74	124.62	1.03
HC-7		75.37	0.73	0.46	0.61	0.57	126.49	117.38	1.08
HC-8		87.06	0.84	0.53	0.59	0.51	125.90	108.83	1.16

注：1 和 2 分别为有限元模拟值和理论计算值。

S 系列试件稳定系数和极限荷载汇总　　表 4.4-3

编号	分类	长细比 λ'	相对长细比 $\bar{\lambda}'$	相对初弯曲 ε_0' (mm)	稳定系数 φ_1	稳定系数 φ_2	极限荷载 P_1 (kN)	极限荷载 P_2 (kN)	P_1/P_2
S-1	S 系列	55.75	0.54	0.36	0.56	0.59	103.46	109.34	0.95
S-2		52.36	0.51	0.33	0.59	0.61	113.72	117.00	0.97
S-3		49.34	0.48	0.31	0.61	0.62	123.00	124.64	0.99
S-4		46.65	0.45	0.29	0.64	0.64	133.10	132.29	1.01
S-5		44.23	0.43	0.27	0.66	0.65	143.34	139.97	1.02
S-6		42.05	0.41	0.25	0.69	0.66	153.88	147.69	1.04

注：1 和 2 分别为有限元模拟值和理论计算值。

WB 和 WC 系列试件稳定系数和极限荷载汇总 表 4.4-4

编号	分类	长细比 λ'	相对长细比 $\bar{\lambda}'$	相对初弯曲 ε_0' (mm)	稳定系数		极限荷载		P_1/P_2
					φ_1	φ_2	P_1 (kN)	P_2 (kN)	
WB-1	WB 系列	94.78	2.06	2.7	0.204	0.201	24.42	24.06	1.01
WB-2		94.78	2.06	5.4	0.193	0.193	23.12	23.10	1.00
WB-3		94.78	2.06	8.1	0.186	0.186	22.26	22.23	1.00
WB-4		94.78	2.06	10.8	0.178	0.179	21.32	21.43	0.99
WB-5		94.78	2.06	13.5	0.173	0.173	20.67	20.70	1.00
WB-6		94.78	2.06	16.2	0.167	0.167	20.01	20.03	1.00
WB-7		94.78	2.06	18.9	0.161	0.162	19.32	19.40	1.00
WB-8		94.78	2.06	21.6	0.156	0.157	18.69	18.82	0.99
WB-9		94.78	2.06	24.3	0.152	0.153	18.17	18.28	0.99
WC-1	WC 系列	52.36	0.51	0.06	0.61	0.69	117.24	133.76	0.88
WC-2		52.36	0.51	0.11	0.60	0.65	116.81	125.59	0.93
WC-3		52.36	0.51	0.17	0.60	0.61	115.98	118.57	0.98
WC-4		52.36	0.51	0.22	0.60	0.58	115.05	112.43	1.02
WC-5		52.36	0.51	0.28	0.59	0.55	114.21	106.99	1.07
WC-6		52.36	0.51	0.33	0.59	0.53	113.76	102.13	1.11

注：1 和 2 分别为有限元的模拟值和理论计算值。

4.5 本章小结

本章对喷涂复合砂浆-原竹组合柱和原竹柱的轴压性能进行研究，得出以下结论：

（1）原竹短柱的破坏模式为竹材的整体破坏，主要是沿顺纹的劈裂破坏；组合短柱的破坏模式为局部破坏，主要是竹子小头的局部压溃和端头喷涂复合砂浆的开裂。原竹长柱的破坏模式为原竹的整体失稳，而组合长柱的破坏为不明显的整体失稳。

（2）原竹短柱的延性随着直径的增加而减小，组合短柱则与之相反；均匀加载的组合短柱轴向抗压刚度与极限荷载均大于原竹短柱，而进行集中加载的则与之相反，但二者延性均有提高；均匀加载的方形截面组合短柱的轴向抗压刚度、极限荷载以及延性均大于圆形截面组合短柱，而集中加载的圆形截面组合短柱的轴向抗压刚度大于方形截面的，二者极限荷载、延性基本相同；均匀加载的方形截面组合短柱的轴向抗压刚度、极限荷载以及延性均大于集中加载的，而均匀加载的圆形截面组合短柱的轴向抗压刚度、极限荷载均大于集中加载的，但是延性与之相反。

（3）原竹长柱的延性随着长细比的增大而增大，而轴向抗压刚度和极限荷载均有所降低，越容易发生整体失稳。在原竹表面喷涂复合砂浆之后，试件的轴向抗压刚度和极限荷载会有极大的提高，但延性会有所降低。

（4）有限元计算结果与试验结果基本一致，说明本次有限元模型的有效性，精度符合要求。通过参数分析发现，原竹柱和组合柱随着柱高的增加，二者轴向抗压刚度和极限荷载均减小，原竹柱的延性增大而组合柱则与之相反。随着喷涂厚度的增加，组合柱的轴向抗压刚度和极限荷载均增大，而延性基本不变。随着原竹初弯曲的增加，原竹柱和组合柱的极限荷载均减小，原竹柱的轴向抗压刚度减小、延性增大，而组合柱的轴向抗压刚度与延性基本不变。

（5）利用叠加原理推导出短柱抗压承载力计算公式，并通过对比发现承载力的计算值和试验值吻合良好。同时提出基于 Perry-Robertson 公式的统一稳定系数计算公式，进一步提出长柱轴压屈曲承载力计算公式，并将极限荷载的计算值与试验值、有限元模拟值进行对比，发现三者吻合良好。

参考文献

[1] Tian L M, Kou Y F, Hao J P, Axial compressive behaviour of sprayed composite mortar-original bamboo composite columns [J]. Construction and Building Materials, 2019, 215: 726-736.

[2] 靳贝贝．喷涂复合砂浆-原竹组合柱轴压力学性能研究［D］．西安：西安建筑科技大学，2020.

[3] Tian L M, Kou Y F, Hao J P. Flexural behavior of sprayed lightweight composite mortar-original bamboo composite beams-Experimental study [J]. BioResources, 2019, 14 (1): 500-517.

[4] 田黎敏，郝际平，寇跃峰，等．原竹-保温材料界面粘结滑移性能试验研究［J］．建筑材料学报，2018，21（01）：65-70.

[5] 田黎敏，郝际平，寇跃峰．喷涂保温材料-原竹骨架组合墙体抗震性能研究［J］．建筑结构学报，2018，39（06）：102-109.

[6] ISO. Bamboo structures—Determination of physical and mechanical properties of bamboo culms-Test methods: ISO 22157—2019 [S]. Switzerland: International Organization for Standardization, 2019.

[7] 吴波，赵新宇，张金锁．薄壁圆钢管再生混合中长柱的轴压与偏压试验研究［J］．土木工程学报，2012，45（05）：65-77.

[8] 戴云飞．炎帝陵大殿结构抗震性能研究［D］．北京：北京建筑大学，2016.

[9] 徐海俭．复式钢管混凝土短柱轴压性能的研究［D］．哈尔滨：哈尔滨工业大学，2015.

[10] 陈骥．钢结构稳定理论与设计［M］．北京：科学出版社，2014.

[11] Chen W F, Lui E M. Structural Stability—Theory and Implementation [M]. Elsevier, New York, 1987.

第5章　喷涂复合砂浆-原竹组合楼板力学性能

喷涂复合砂浆-原竹组合楼板（组合楼板）是喷涂复合砂浆-原竹组合结构体系中的重要构件。由于复合砂浆的作用，组合楼板能够有效阻止上下房间的冷热交换，具有出色的保温隔热功能。本章重点对喷涂复合砂浆-原竹组合楼板的抗弯性能进行研究，通过试验获取组合楼板在不同工况下的竖向变形和承载力，分析组合楼板的破坏过程，研究其破坏机理，随后根据应变数据分析楼板内力分布情况，提出计算模型，预测楼板的挠度变形。

5.1　试验研究

5.1.1　试件设计与制作

为确定组合楼板的抗弯性能，设计了两个1：1足尺模型，分别为原竹楼板和组合楼板。试件编号、构造及尺寸见表5.1-1。

试件主要参数　　　　**表5.1-1**

试件编号	试件构造	试件尺寸(mm)		
		板长	板宽	板厚
ZGJ-1	原竹骨架	3000	1200	90
ZSP-1	原竹骨架+复合砂浆			170

试件ZGJ-1由8根长为3000mm的原竹（平均胸径约为90mm，壁厚为8mm）沿板长并排布置。原竹轴心间距为150mm，两端用横向细原竹（平均直径约为40mm，壁厚为8mm）固定，纵向原竹与横向细原竹通过M8的螺栓连接。为抵消原竹尖削度的影响，相邻纵向原竹按竹根与竹梢间隔布置。在纵向原竹外侧，按对角方向安装宽度为30mm的竹片，竹片和楼板原竹用ST2.9自攻自钻螺钉连接，试件设计与构造见图5.2-1。

试件ZSP-1是在试件ZGJ-1的原竹骨架基础上，在竹片外侧铺设10mm × 10mm × 0.8mm的轧花钢丝网，用复合砂浆喷实间隙后，在原竹骨架上下表面继续喷涂30mm厚复合砂浆，最后抹10mm厚水泥砂浆制成，如图5.1-2所示。试件制作过程如图5.1-3所示。

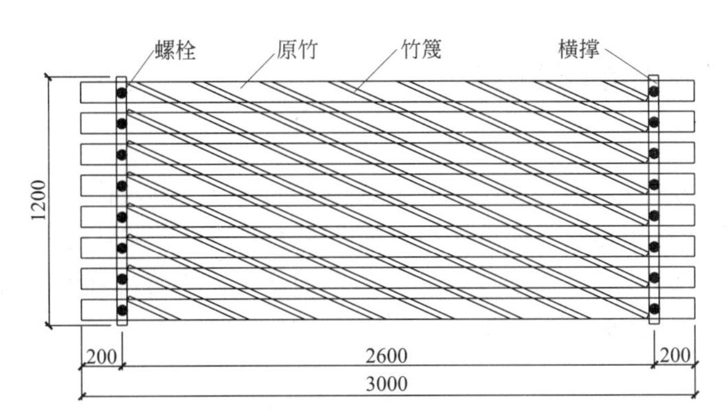

图5.1-1 原竹骨架

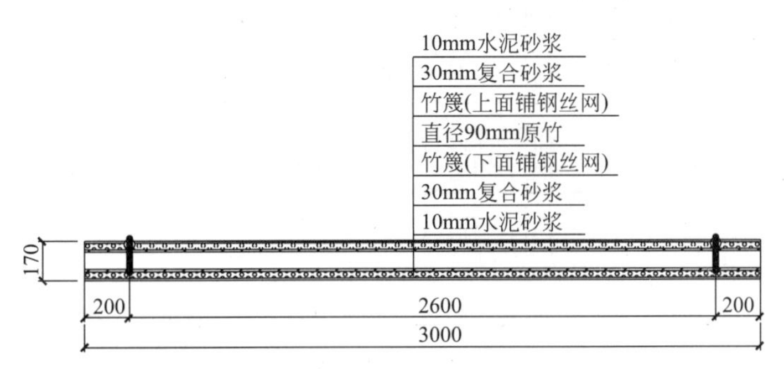

图5.1-2 组合楼板剖面图

图5.1-3 试件制作过程

5.1.2 试验装置及测量加载方案

1. 静载试验

试验用配重块模拟楼面活荷载，按照 0.8kN/m^2、1.6kN/m^2、2.0kN/m^2、2.5kN/m^2 和 3.0kN/m^2 分五级逐步加载。配重块布置如图 5.1-4 所示，实际配重块配置见表 5.1-2。各级荷载下均采用以下两种工况：①两边自由两边简支；②两边自由两边简支，并在两简支边上匀布 8 个 40kg 配重块，模拟上侧墙体传下的荷载。

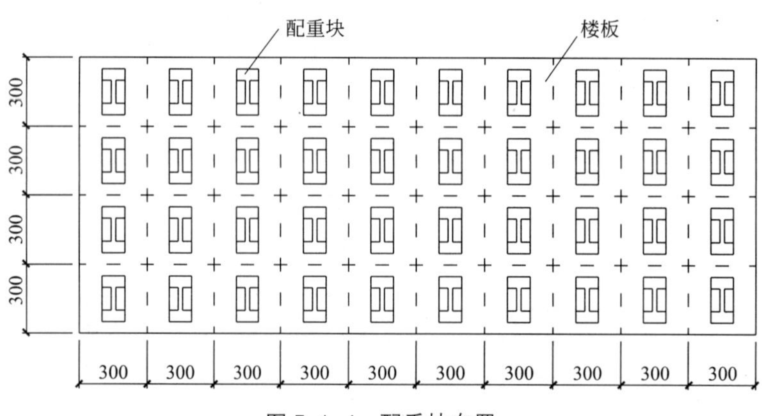

图 5.1-4 配重块布置

配重块配置 **表 5.1-2**

活荷载设计值(kN/m^2)	配重块数目(个)	荷载实际值(kN/m^2)
0.8	20×10kg+20×5kg	0.83
1.6	20×20kg+20×10kg	1.66
2.0	30×20kg+20×5kg	1.94
2.5	40×20kg+10×10kg	2.5
3.0	50×20kg	2.78

2. 抗弯承载力试验

对上述两个楼板进行四点抗弯试验，楼板两端简支，加载设备为 50t 千斤顶，千斤顶施加的荷载通过一级分配梁传递给二级分配梁，荷载通过二级分配梁传递给楼板，每根分配梁的刚度足够大（忽略加载过程中分配梁的变形），加载装置如图 5.1-5 所示。以加载装置的自重作为第一级荷载，持续 3min。随后通过荷载控制进行加载，首先预加荷载为预估极限承载力的 10%~20%，抵消系统误差。正式加载每级增量为 2kN，每一级荷载加载完毕后维持荷载 2min 左右，当某级荷载加载过程中使试件的位移、应变发生较大变化时，以位移控制进行加载，每级加载 5mm，直至试件破坏。

3. 测点布置及测量内容

试验测点布置如图 5.1-6 所示。D1~D11 为测量位移计，D1~D5 测量楼板竖向位移，其中 D3 和 D2、D4 分别用于测量楼板跨中和分配梁加载点竖向位移。D6 和 D8 测量楼板

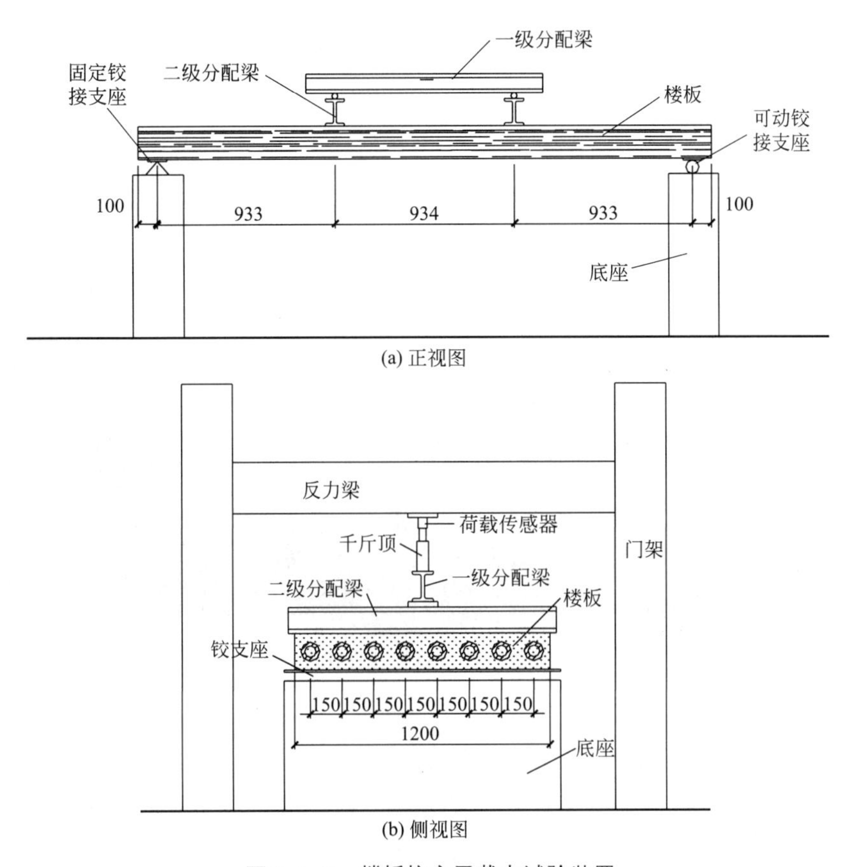

图 5.1-5 楼板抗弯承载力试验装置

支座处竖向位移，D7、D10 和 D9、D11 用于测量楼板端部水平位移以及原竹和复合砂浆之间的相对滑移。应变片布置如图 5.1-6（b）所示，各测点应变片布置在原竹上下侧，主要用于测量在加载过程中关键位置原竹的应变情况。

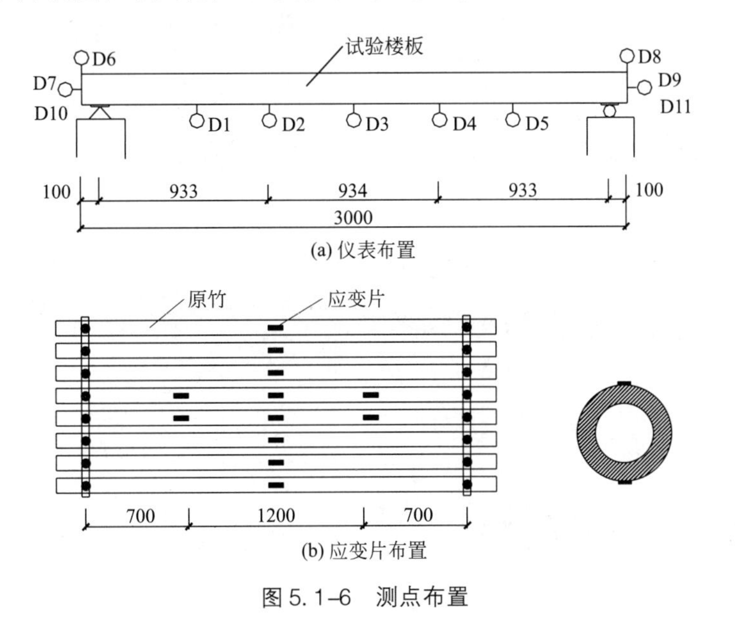

图 5.1-6 测点布置

5.1.3 试验现象

1. 试件 ZGJ-1

在静载试验中，试件 ZGJ-1 在两种工况下开始加载时的挠曲并不明显，之后随荷载增加，楼板挠曲逐渐增大。撤去配重块后楼板随即恢复平整，加载过程未见竹身原有细小裂缝扩展，如图 5.1-7 所示。

图 5.1-7 静载试验现象

在承载力试验中，初期无明显现象；加载至 10kN 时，楼板跨中挠度达到 $l_0/250$（11.2mm）；加载至 30kN 时，竹身原有细裂缝扩展明显，见图 5.1-8（a）；加载至 35kN 时，第三根原竹一侧端部裂缝开展严重，见图 5.1-8（b）；荷载达到峰值 45kN 时，楼板整体挠曲严重，见图 5.1-8（c），卸载后楼板残余变形不明显，见图 5.1-8（d）。

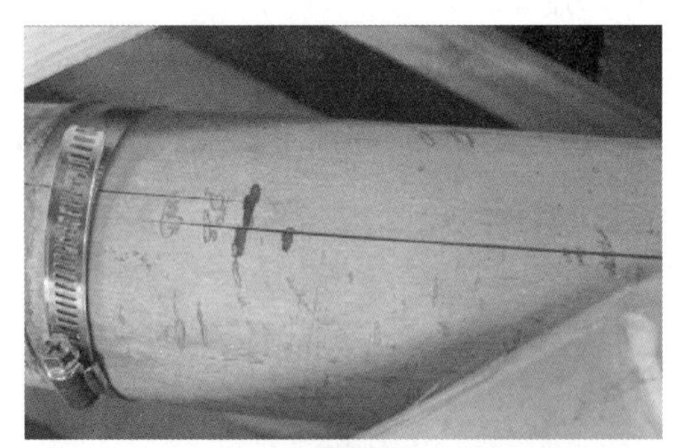

(a) 裂缝延伸

(b) 端头原竹劈裂

(c) 整体挠曲严重

(d) 卸载后变形基本恢复

图 5.1-8 试件 ZGJ-1 的破坏模式

2. 试件 ZSP-1

在静载试验中，两种工况下，试件 ZSP-1 在整个加载过程中跨中挠曲均不明显，上下板面完整，没有出现裂缝，如图 5.1-9 所示。

图 5.1-9　试件 ZSP-1 静载试验现象

在承载力试验中，加载至 18kN 左右，楼板跨中和分配梁正下方开始出现微裂缝，见图 5.1-10（a）；加载至 26kN 时，在跨中位置出现沿板宽方向的贯通细裂缝，随荷载增加，贯通缝变宽，并伴有"嘣嘣"声响；至 40kN 时板底贯通缝最宽处约 4mm，见图 5.1-10（b）；加载至 56kN 时侧面水平裂缝宽度达到 5mm 左右，见图 5.1-10（c）；加载至 73kN 时，裂缝开展迅速，挠曲加快；加载至 98mm（92kN）时，楼板发出一声巨响，分配梁下方南侧一根原竹被拉断，见图 5.1-10（d），最终楼板变形严重，试验结束，见图 5.1-10（e）。板端原竹和复合砂浆之间滑移明显，见图 5.1-10（f），卸载后楼板变形部分恢复。

(a) 跨中附近出现裂缝

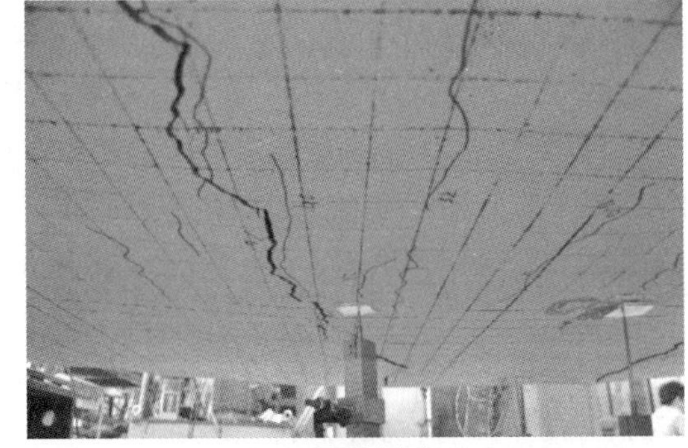

(b) 贯通缝变宽

(c) 侧面裂缝

(d) 原竹拉断

图 5.1-10　试件 ZSP-1 的破坏模式（一）

(e) 试件整体挠曲

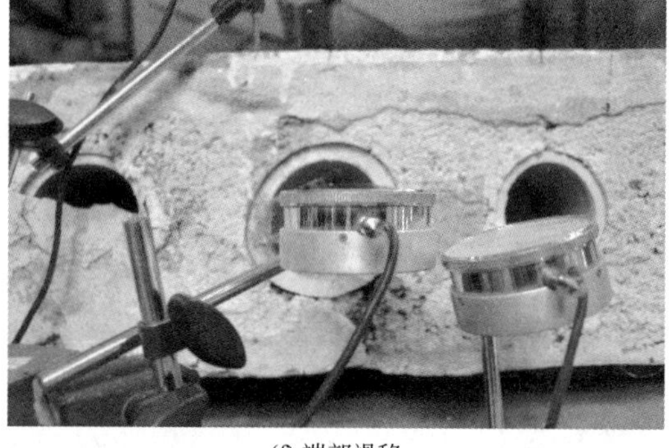
(f) 端部滑移

图 5.1-10 试件 ZSP-1 的破坏模式（二）

5.2 试验结果分析

5.2.1 荷载-位移曲线

图 5.2-1 为试件 ZGJ-1 和 ZSP-1 分别在各级均布荷载作用下，两种不同边界条件时各测点的位移值。图中横坐标为沿楼盖长度方向各测点的位置，纵坐标为位移计读数（向下为正）。由曲线可以看出，在相同荷载作用下，改变试件的支座形式，对楼盖各测点的位移值影响不大。

图 5.2-2 为试件 ZSP-1 和 ZGJ-1 的荷载-跨中挠度曲线。可知在相同荷载下，试件 ZGJ-1 的跨中位移远远大于 ZSP-1 的跨中位移，说明复合砂浆和原竹的组合作用明显；试件 ZGJ-1 的荷载位移曲线在到达极限荷载前基本呈线弹性。

5.2.2 荷载-应变曲线

各试件同一截面处的原竹应变趋势一致，图 5.2-3 给出了试件 ZGJ-1 和 ZSP-1 典型的荷载-跨中原竹应变曲线。

5.2.3 破坏过程分析

图 5.2-4 给出原竹楼板在承载力试验中，跨中原竹上下边缘纤维应变在不同荷载下的变化情况。由图可知，截面中性轴始终在水平对称轴附近，后期接近峰值荷载时中性轴略向下移动，这是由加载后期原竹受压侧裂缝不断延长、变宽造成的。

组合楼板在加载过程中受力可分为三个阶段：①加载初期，原竹和复合砂浆以及钢丝网片应力水平较低，处于线弹性阶段，相互之间滑移较小；②随着荷载增加，复合砂浆开裂，钢丝网片逐根拉断，竹片逐渐从复合砂浆中拔出，原竹与复合砂浆之间滑移明显，楼板挠曲加快；③荷载进一步增加，原竹变形过大，原竹上侧复合砂浆与原竹的粘结界面破坏，受压侧原竹和复合砂浆通过相互之间的挤压和摩擦协同工作，原竹下侧复合砂浆被剥

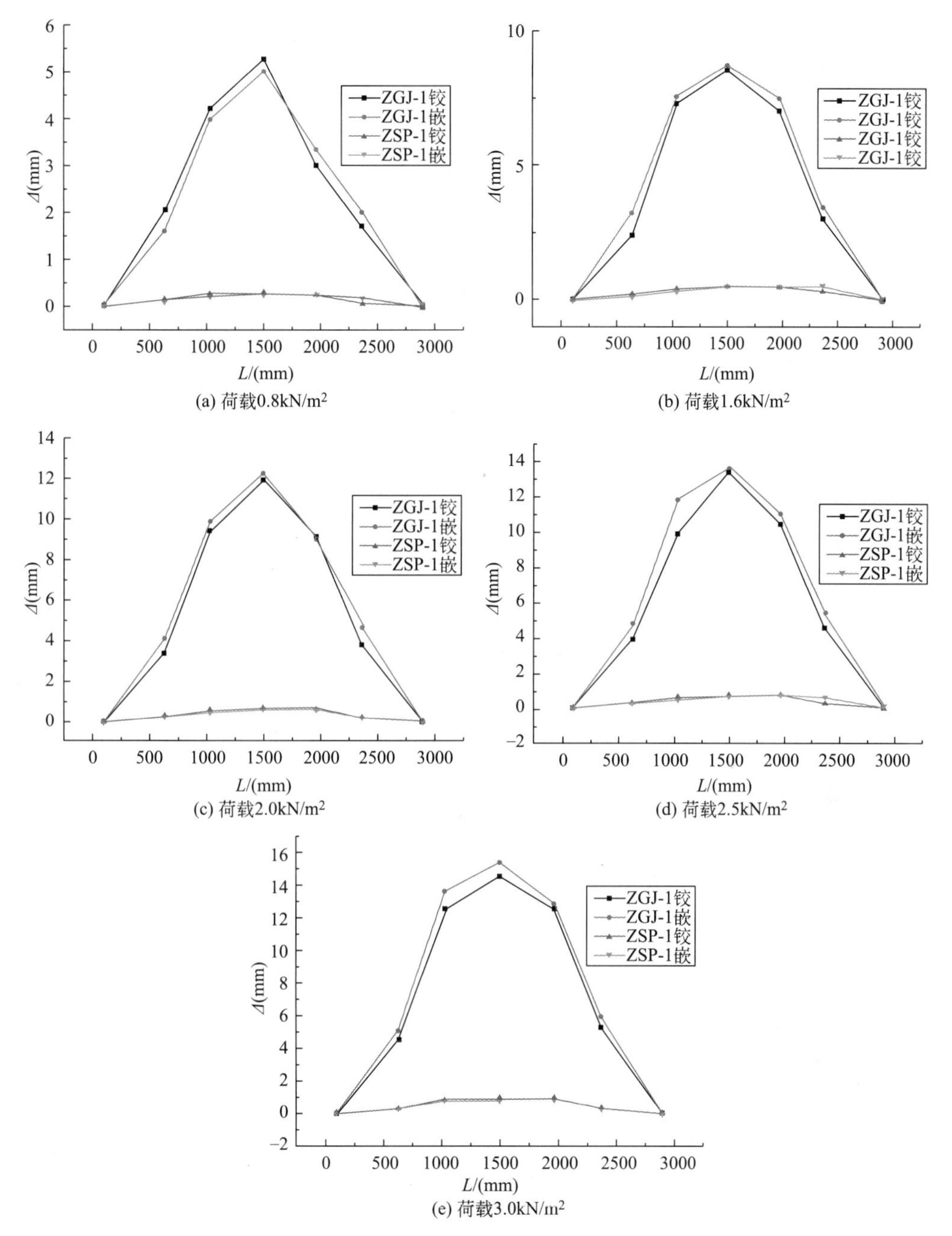

图 5.2-1　不同荷载下试件 ZSP-1 和 ZGJ-1 各测点位移

注：铰—指工况（1）；嵌—指工况（2）。

离，楼板主要靠原竹下侧受拉。

图 5.2-5 给出组合楼板抗弯承载力试验中跨中原竹上下边缘纤维的应变，描述了不同荷载等级下变化规律。可知在竖向荷载达到 30kN（约为 9.8kN/m²）前，截面中性轴在原竹下侧边缘附近，说明钢丝网作用明显。随后钢丝网逐根断裂，中性轴逐渐上移，但处于原竹水平对称轴下侧，表明楼板上侧复合砂浆与原竹协同作用效果较好。最后因其中一根原竹拉断，截面内力重分布，中性轴移至对称轴上侧附近。

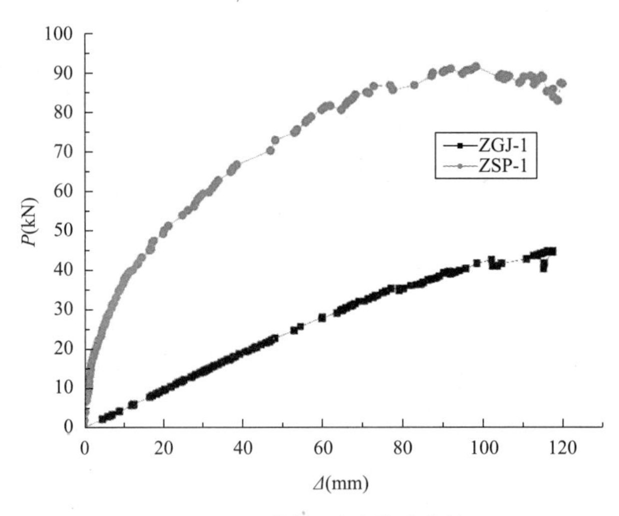

图 5.2-2 荷载-跨中挠度曲线

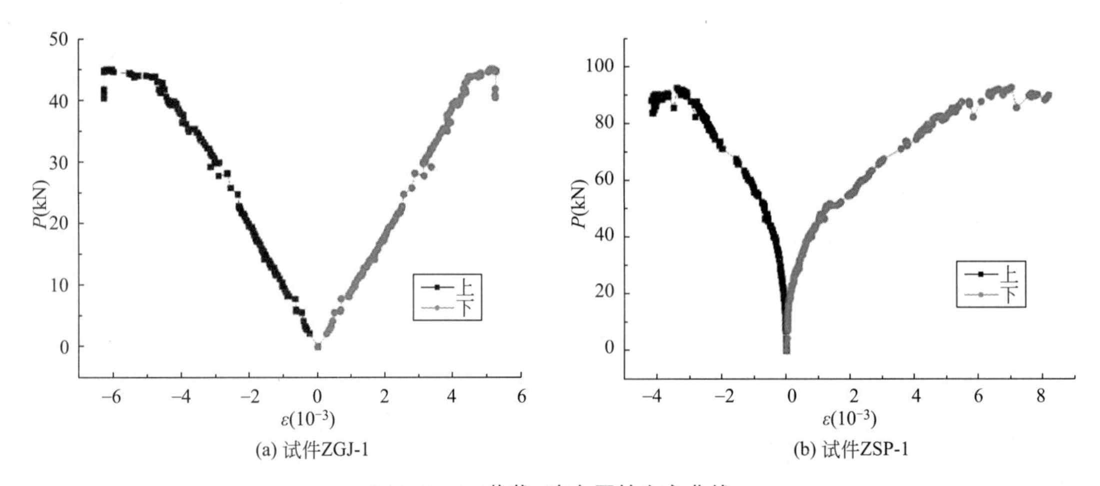

图 5.2-3 荷载-跨中原竹应变曲线

5.2.4 变形计算

原竹楼板与组合楼板在加载过程中表现出较强的变形能力。在达到极限承载力前，跨中出现较大挠度，这将影响楼板的正常使用，且过大的变形易导致组合楼板的复合砂浆脱落，从而降低组合楼板刚度和承载力。因此验算楼板变形具有重要意义。

1. 静荷载试验曲线

试件 ZGJ-1 和 ZSP-1 在静荷载试验中荷载-跨中挠度曲线如图 5.2-6 所示，可知：

（1）在正常使用阶段原竹楼板和组合楼板均处于弹性状态，组合楼板的整体工作性能得到保证，可按弹性的整体构件来进行计算；

（2）板端线荷载（板上墙体传递给楼板的荷载）对楼板挠度影响不明显，楼板挠度可以按照简支梁模型进行计算；

（3）组合楼板抗弯性能较原竹楼板有明显改善，其整体抗弯刚度约为原竹楼板的 17 倍。

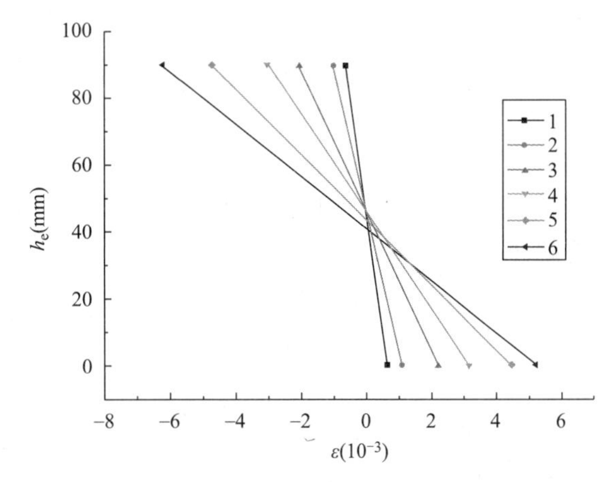

图 5.2-4　试件 ZGJ-1 跨中原竹应变变化

注：h_e 为原竹截面高度；曲线 1~6 分别表示试件 ZGJ-1 在荷载为 5.6kN、9.8kN、20.0kN、30.2kN、40.0kN、45.5kN 时测点应变。

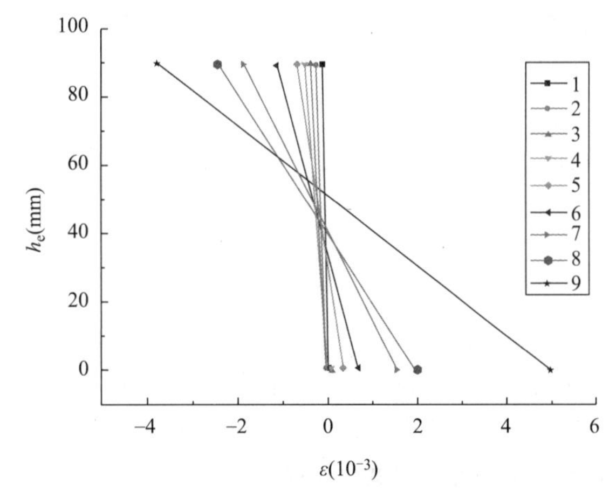

图 5.2-5　试件 ZSP-1 跨中原竹应变变化

注：曲线 1~9 分别表示试件 ZSP-1 在荷载为 10kN、20kN、30~90kN 时测点应变。

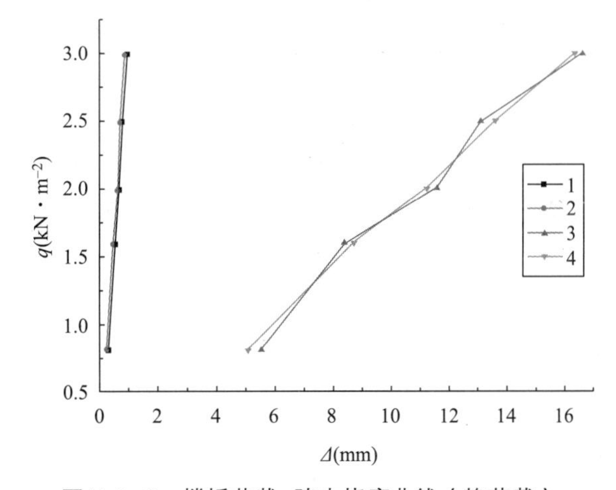

图 5.2-6　楼板荷载-跨中挠度曲线（静荷载）

注：曲线 1~2、3~4 分别为试件 ZSP-1 和 ZGJ-1 在工况（1）和（2）条件下的荷载-跨中挠度曲线。

2. 楼板挠度

现计算楼板正常使用状态下的挠度，做出如下假设：

（1）忽略竹片对楼板刚度的影响；

（2）原竹为等截面直杆，忽略原竹初始裂缝的影响；

（3）截面应变符合平截面假定，原竹楼板截面中性轴为原竹截面水平对称轴，组合楼板截面中性轴为通过原竹截面下侧纤维水平轴；

（4）原竹与复合砂浆之间没有相对滑移，同时也不考虑受拉侧复合砂浆和砂浆的作用。

根据以上假设，按照材料力学方法分别计算原竹楼板、组合楼板的抗弯刚度 B 如下所示：

$$B_1 = E_b \times I_{b1} \tag{5.2-1}$$

$$B_2 = E_b \times I_{b2} + E_{c,s} \times I_s + E_{c,w} \times I_w \tag{5.2-2}$$

式中 I_{b1}——原竹楼板截面惯性矩；

I_{b2}——组合楼板截面内原竹绕中性轴惯性矩；

I_s——组合楼板截面内上侧水泥砂浆绕中性轴惯性矩；

I_w——组合楼板截面内复合砂浆绕中性轴惯性矩；

E_b——竹材弹性模量；

$E_{c,s}$——砂浆弹性模量；

$E_{c,w}$——喷涂层弹性模量。

由于钢丝网横截面积较小且距中性轴较近，忽略其绕中性轴惯性矩。按照式 5.2-3 计算楼板跨中挠度。

$$\Delta = \frac{5qtl_0^4}{384B} \tag{5.2-3}$$

试验值和理论计算值对比见表 5.2-1。原竹楼板在荷载为 0.8kN/m^2 时，试验值和计算值相差 8%，这是因为荷载较小，难以抵消原竹初始弯曲以及竹片和原竹之间相互协调的影响。组合楼板试验值普遍大于计算值，最大相差 19%，说明钢丝网和复合砂浆、复合砂浆和原竹之间存在部分滑移，楼板刚度有所降低。

楼板跨中挠度 **表 5.2-1**

试件编号	荷载（kN·m^{-2}）	试验值（mm）	计算值（mm）	试验值/计算值
ZGJ-1	0.8	4.63	5.03	0.92
	1.6	8.71	8.72	1.00
	2.0	11.58	11.26	1.03
	2.5	14.11	13.67	1.03
	3.0	17.00	16.45	1.03
ZSP-1	0.8	0.26	0.22	1.19
	1.6	0.49	0.43	1.15
	2.0	0.64	0.54	1.18
	2.5	0.70	0.67	1.04
	3.0	0.90	0.81	1.11

5.3　本章小结

通过对喷涂复合砂浆–原竹组合楼板进行抗弯性能试验，得到了荷载–挠度的关系曲线、荷载–应变的关系曲线以及受弯承载力情况，得出以下结论：

（1）原竹楼板抗弯刚度较低，难以满足正常使用要求，在原竹基础上喷涂复合砂浆使这种状况得到改善。在正常使用荷载作用下，组合楼板的挠度值能够满足规范要求。

（2）在正常使用阶段，楼板的组合方式比较理想，组合楼板抗弯性能较原竹楼板提升明显，其抗弯刚度约为原竹楼板的 17 倍。

（3）组合楼板极限承载力约为原竹楼板极限承载力的 2 倍。

（4）组合楼板在其正常使用条件下的承载力应由其变形条件控制，楼板整体处于弹性阶段。

参考文献

[1] 田黎敏，寇跃峰，郝际平，等．喷涂保温材料–原竹组合楼板抗弯性能研究［J］．华中科技大学学报（自然科学版），2017，45（11）：41–45.

[2] 郝际平，寇跃峰，田黎敏，等．喷涂复合材料–密布原竹组合楼板抗弯性能试验研究［J］．西安建筑科技大学学报（自然科学版），2018，50（4）：471–476.

[3] 田黎敏，靳贝贝，郝际平，等．原竹骨架喷涂复合材料多功能组合构件力学性能试验研究［J］．农业工程学报（自然科学版），2018，34（13）：95–104.

第 6 章　喷涂复合砂浆-原竹组合墙体力学性能

本章重点研究喷涂复合砂浆-原竹组合墙体的轴压性能与抗震性能，分析竖向荷载的传力路径与斜撑的抗剪贡献，以期为组合结构体系设计提供基本理论依据。

6.1　试件设计

为了使组合墙体的竖向传力更加明确，忽略斜撑对组合墙体的承压贡献。轴压试件的尺寸为 2590mm×3000mm×250mm（宽×高×厚）。原竹骨架由 9 根立柱和 6 根横撑组成，通过直径为 10mm 的螺栓进行连接。原竹立柱及横撑分别采用平均直径约为 90mm（平均壁厚约 10mm）和 50mm（平均壁厚约 5mm）的原竹段（取跨中截面进行分析）。采用 ST4.8 自攻螺钉将水泥纤维板固定在横撑上，随后喷涂复合砂浆完全包裹原竹骨架，试件的几何尺寸及构造如图 6.1-1 所示。

(a) 原竹骨架

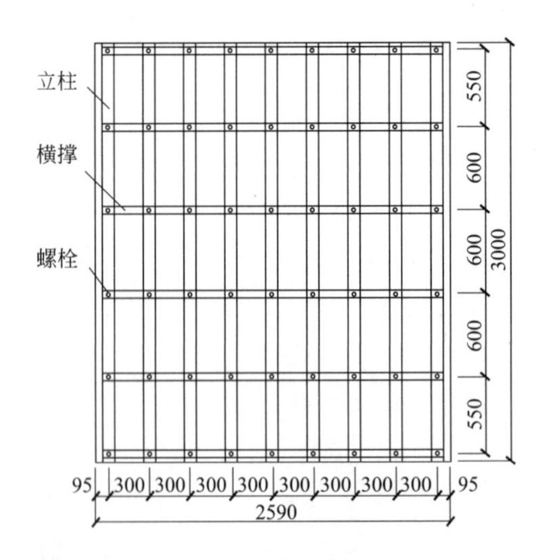

(b) 平面图

图 6.1-1　轴压试件的几何尺寸及构造（单位：mm）（一）

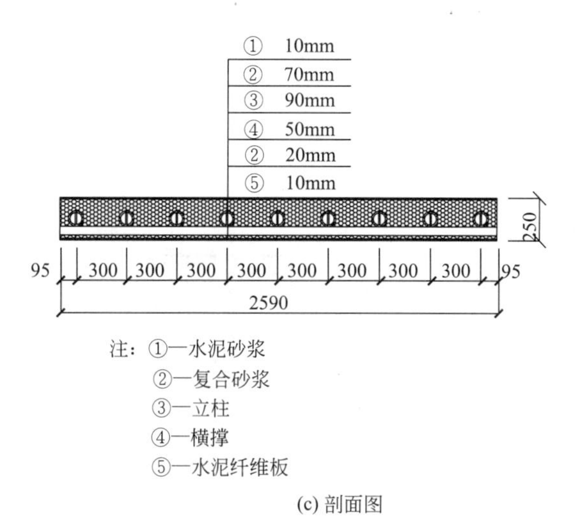

(c) 剖面图

图 6. 1-1　轴压试件的几何尺寸及构造（单位：mm）（二）

分别将原竹与竹篾作为斜撑，分析组合墙体的抗震性能。原竹交错斜撑式组合墙体的几何尺寸及构造如图 6. 1-2 所示。墙体尺寸为 2590mm×3000mm×250mm（宽×高×厚）。原竹骨架由 9 根竖向立柱、4 根横撑及两面各 7 道斜撑组成，立柱与横（斜）撑分别采用平均直径约为 90mm（平均壁厚约 10mm）和 50mm（平均壁厚约 5mm）的原竹段，立柱的间距为 300mm。原竹件之间均采用 M8 的螺栓固定，并在立柱的顶部及底部节点附近加设钢箍，以防止其在螺栓连接处开裂。为方便施工，试件单侧外挂水泥纤维板（采用自攻螺钉将板与横向原竹连接），并通过垫块将 M12 螺栓固定在底部横撑上，最终通过螺栓将试验墙体固定于底梁。

竹篾交错斜撑式组合墙体的几何尺寸及构造如图 6. 1-3 所示。墙体尺寸为 2500mm×2000mm×200mm（宽×高×厚）。原竹骨架由 24 根立柱及斜向竹篾组成，原竹立柱的截面平均外径为 50mm，平均壁厚为 5mm。竹构件之间均采用螺栓固定，水泥纤维板用自攻螺钉与横向原竹连接，在竹篾与立柱的空隙中喷涂复合砂浆，使原竹被其完全包裹。在原竹骨架外侧直接喷涂 40mm 厚的复合砂浆和 10mm 厚的外墙抹灰，墙体厚度总计为 200mm。

(a) 原竹骨架

图 6. 1-2　原竹交错斜撑式组合墙体几何尺寸及构造（单位：mm）（一）

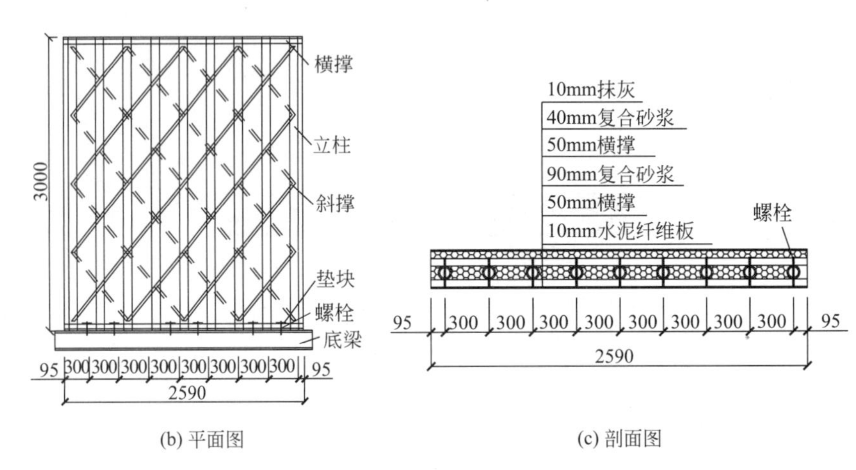

(b) 平面图 (c) 剖面图

图 6.1-2 原竹交错斜撑式组合墙体几何尺寸及构造（单位：mm）（二）

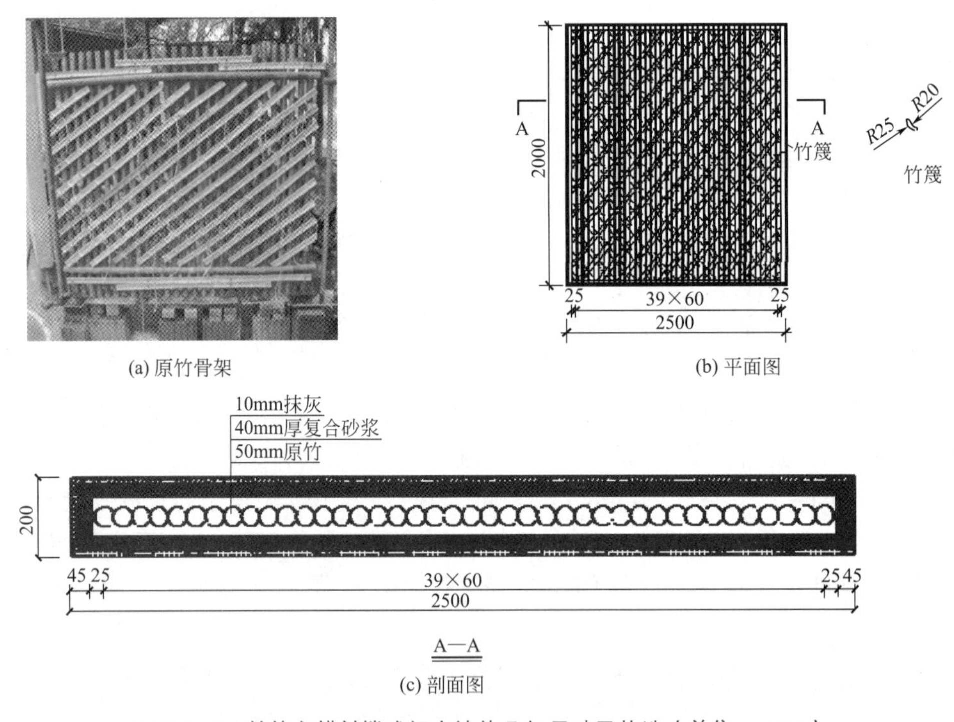

(a) 原竹骨架 (b) 平面图

(c) 剖面图

图 6.1-3 竹篾交错斜撑式组合墙体几何尺寸及构造（单位：mm）

6.2 组合墙体的立柱轴压性能

本节通过对组合墙体立柱轴压性能进行足尺试验，研究其传力过程、承载能力、破坏模式及复合砂浆对原竹骨架的增强作用。

6.2.1　材料与方法

1. 材料

所用竹材为4年生浙江毛竹，所取竹材立地条件一致。根据《建筑用竹材物理力学性能试验方法》JG/T 199—2007相关规定对其进行材性试验，测得其顺纹抗压弹性模量为11.50GPa，顺纹抗压强度为46.20MPa。依据《建筑砂浆基本性能试验方法标准》JGJ/T 70—2009的有关规定，对复合砂浆、墙体抹灰的抗压强度和弹性模量进行测试，测得复合砂浆的弹性模量为1.86GPa，抗压强度为1.35MPa；墙体抹灰的弹性模量为12.76GPa，抗压强度为14.85MPa。

2. 试验方法

(1) 加载装置

试验装置如图6.2-1(a)所示。本试验通过三分点对称加载，竖向荷载采用100t液压千斤顶通过分配梁施加，以模拟均布荷载，如图6.2-1(b)所示。由于复合砂浆抗压强度较低，为防止其提前受压破坏，保证墙体前期的整体性，在每根原竹立柱上端增设一块120mm×120mm×20mm的平整钢板，分配梁通过钢板与各立柱连接。在试件顶部两侧架设足够刚度的侧向支撑，限制其侧倾，如图6.2-1(c)所示。

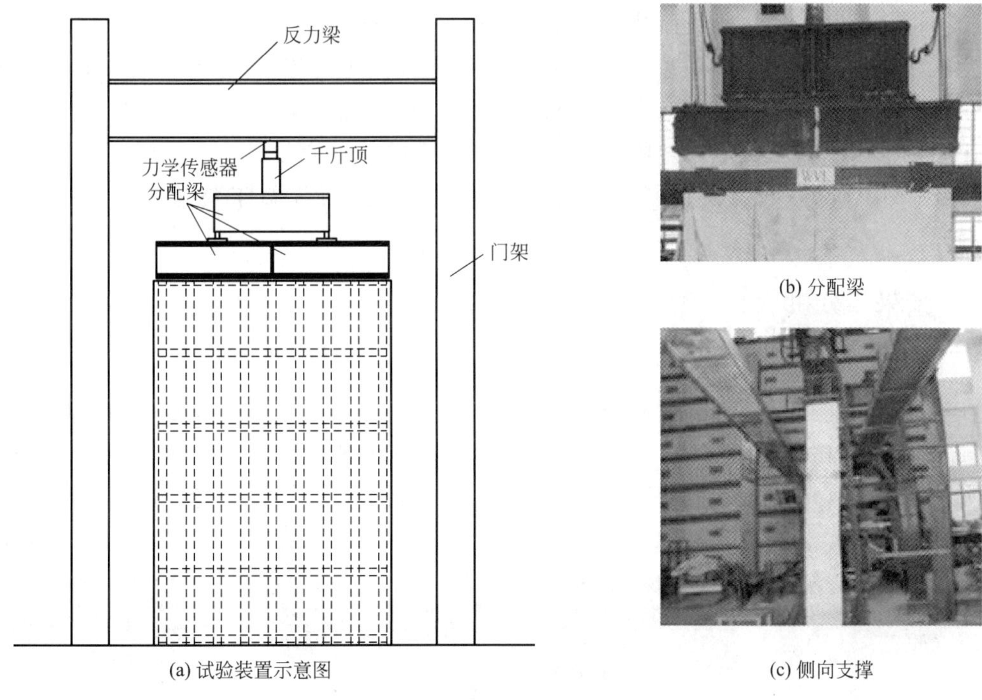

(a) 试验装置示意图　(b) 分配梁　(c) 侧向支撑

图6.2-1　组合墙体立柱试验加载装置图

(2) 测点布置

共设置10个位移计（采用YHD-100位移传感器，量程为50~50mm）测点，对称布置于一侧墙面，用于检测墙体关键部位的变形。位移计D1、D2、D3分别竖向布置在试件顶部分配梁的下翼缘左端、中部和右端，用于测量试件的轴向位移；D6、D7、D8水平布置在墙体高度方向的中部并与 D1、D2、D3 对应，用于测量墙体中部的面外位移；D4、D5 和 D9、D10 则分别水平布置在墙体上下两端距端面 1/4 高度处，与 D1、D2 对应，用于测量墙体上下两端 1/4 处的面外位移。位移计测点布置如图 6.2-2 所示。

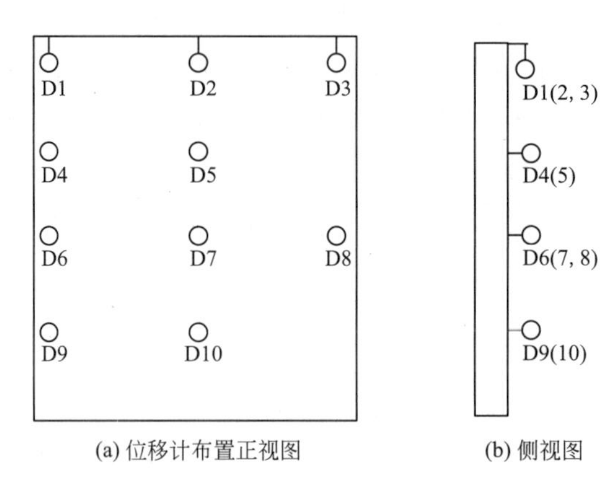

(a) 位移计布置正视图　　(b) 侧视图

图 6.2-2　位移计及测点布置图

（3）加载制度及测量

试验采用荷载控制方法，进行单调竖向加载，加载初期每级荷载增量为 5kN，并对荷载和位移进行实时采集。每级荷载加载完毕，维持荷载 2min。当某级荷载使立柱的轴向位移变化较大时，应减缓加载速度并对荷载、位移等数据进行连续采集。试验由 TDS-602 数据采集系统采集数据，位移与荷载指标均用电测传感器量测。试验测试及观察项目包括：①结构极限承载力及最终破坏模式；②典型位置的位移变化量；③加载过程中结构的破坏情况；④原竹骨架与复合砂浆共同工作的情况；⑤组合墙体裂缝的产生以及开展过程。

6.2.2　结果与分析

1. 破坏模式

在加载初期，试件外观无明显变化。当荷载达到 450kN 时，加载端复合砂浆与水泥纤维板开始脱离，如图 6.2-3（a）所示。当荷载达到 650kN 时，墙体侧面开始出现竖向裂缝，如图 6.2-3（b）所示。继续加载，裂缝扩展并增多，当荷载达到 750kN 时，墙体底部两端部分复合砂浆被压碎，如图 6.2-3（c）所示，说明原竹立柱通过二者之间的粘结

(a) 纤维板与复合砂浆脱离

(b) 竖向裂缝

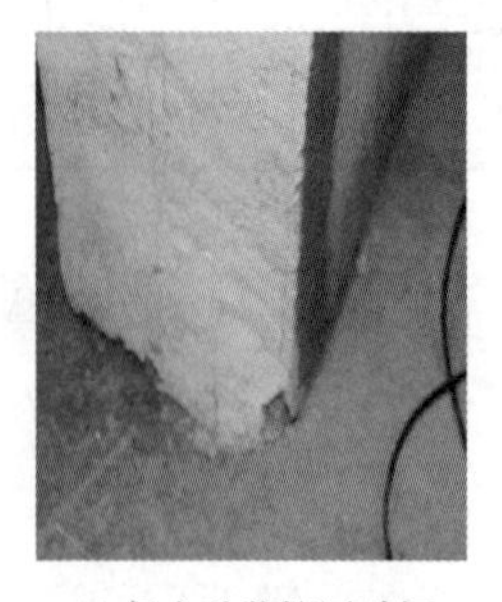

(c) 复合砂浆挤压破坏

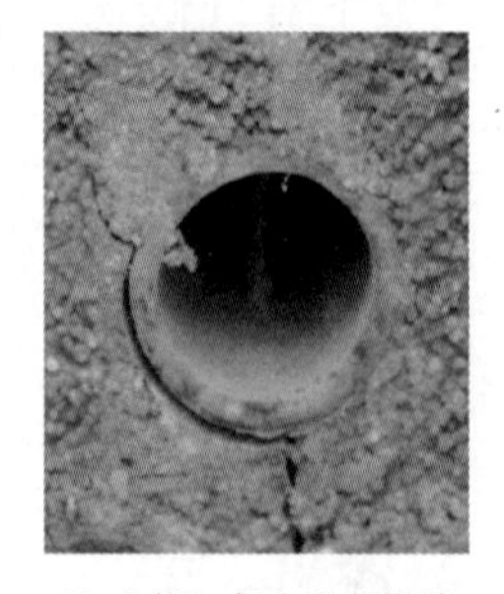

(d) 立柱与复合砂浆滑移

图 6.2-3　组合墙体破坏模式

力将部分轴向荷载传至复合砂浆。继续加载至870kN时，试件的荷载-轴向位移曲线达到峰值，裂缝扩大，此时荷载开始下降，位移继续增加。当荷载降到700kN时，考虑到安全问题停止加载。卸去加载装置后，可以看到原竹立柱与复合砂浆之间滑移严重且周围出现多条裂缝，如图6.2-3（d）所示。

2. 荷载-轴向位移曲线

墙体的荷载-轴向位移曲线如图6.2-4所示，其中横坐标为墙体顶部竖向变形（取三个竖向位移计D1、D2、D3的平均值），纵坐标为墙体平均每根立柱所承受的竖向荷载（总荷载除以立柱根数）。由图6.2-4可知，初始阶段墙体刚度较大，轴向位移较小，曲线近似呈线性关系，达到极限荷载96.70kN后，荷载开始缓慢减小，而轴向位移快速增加。试件破坏模式为墙体侧立面包裹原竹立柱的复合砂浆沿墙高方向开裂，复合砂浆与原竹滑移、脱离，进而复合砂浆对原竹立柱约束作用减弱，最终导致其受压失稳破坏。

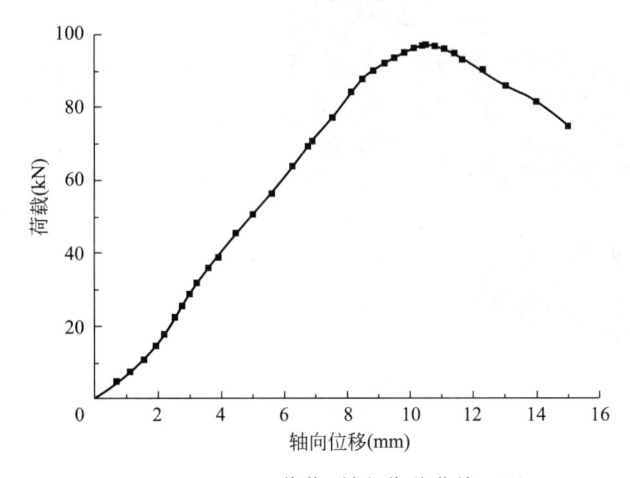

图6.2-4　荷载-轴向位移曲线

3. 不同计算方法的对比

为探究组合作用对单根立柱承载力的提高，本节将不同方法得到的单根立柱承载力进行对比。按照《圆竹结构建筑技术规程》CECS 434—2016（考虑腹板和格构效应，取0.8）计算，单根立柱承载力为20.60kN（立柱轴心受压强度破坏的极限承载力可达116.10kN）。与上述单根立柱稳定承载力计算结果相比，试验中平均每根立柱的承载能力（96.70kN）提高了3.7倍，说明喷涂复合砂浆能够为原竹立柱提供良好的约束作用，大大提高了其稳定承载能力。墙体的组合作用明显，但相较于原竹立柱达到抗压强度时的破坏，该极限承载力仍有一定差距。组合墙体对原竹立柱在设计及施工过程中的应用与推广有重要意义。

6.2.3　有限元分析

1. 模型建立

（1）单元选择及网格划分

图6.2-5为组合墙体的有限元模型，忽略构造及装饰部分（抹灰、水泥纤维板）。有限元模型中的原竹骨架参考试验试件尺寸进行建立，墙体立柱所用原竹尺寸为90mm×

70mm×3100mm（外径×内径×长度），横撑所用原竹尺寸为50mm×40mm×2590mm，原竹采用SOLID45单元，复合砂浆采用SOLID65单元建立。由于立柱与横撑连接处建立砂浆模型会有犄角，对网格划分造成不便，因此在有限元模型中不再建立立柱和横撑相接触一侧的复合砂浆，如图6.2-5（b）、图6.2-5（c）所示。原竹顺纹抗压强度为46.20MPa，顺纹抗压弹性模量为11.50GPa，泊松比为0.325，采用双线性等向强化模型（Bilinear Isotropic Strengthening Model）进行模拟。对复合砂浆进行轴心抗压试验时，发现其在加载初期处于线弹性阶段，达到材料极限抗压强度后，荷载并没有迅速下降，而是在0.8倍极限荷载处保持稳定，材料的变形能力较大。由于在加载后期可能会出现材料的开裂与压碎，因此采用多线性等向强化模型（Multilinear Isotropic Strengthening Model）进行模拟。

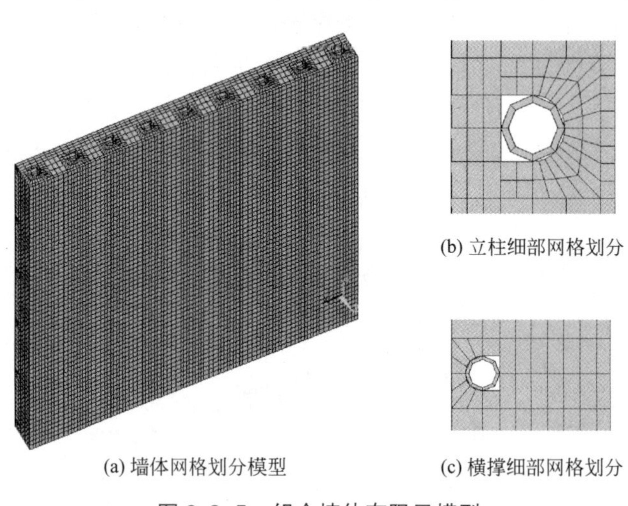

(a) 墙体网格划分模型　(b) 立柱细部网格划分　(c) 横撑细部网格划分

图6.2-5　组合墙体有限元模型

（2）螺栓连接及粘结效应

数值模拟采用位移加载控制。由于螺栓强度远大于竹材的强度，且剖开加载完成后的组合墙体发现螺栓连接处并未发生明显变化，即认为螺栓使立柱和横撑具有相同位移，因此可以用耦合节点的方式模拟螺栓连接。此外，粘结滑移效应是连续均匀分布的，为保证原竹骨架与复合砂浆间节点对应，在模型中原竹立柱与复合砂浆间弹簧间距取为100mm，横撑与复合砂浆间弹簧间距取为300mm。有限元中可通过粘结应力与单个弹簧间距粘结面积的乘积作为弹簧荷载，并输入弹簧的荷载-滑移量曲线。复合砂浆与原竹骨架的粘结作用，通过非线性弹簧单元COMBIN39实现。原竹立柱、横撑与复合砂浆间弹簧单元粘结滑移本构关系如图6.2-6所示。

2. 有限元分析结果与验证

对比组合墙体有限元分析与试验结果发现，二者破坏模式一致。在达到极限荷载后，墙体向无横撑一侧发生面外变形，可达20.63mm，如图6.2-7所示。这是因为立柱在平面内包裹复合砂浆的厚度远大于其平面外包裹厚度，平面内对立柱的支撑作用较强，且横撑使墙体在该面的侧向刚度大，进而向无横撑一侧发生面外变形。

图6.2-8为单根立柱平均荷载-轴向位移曲线试验与有限元计算结果的对比。由图6.2-8可知，在加载初期，组合墙体位移增加较快，这是由试件底部与地面接触不紧密造成的。当位移达到2mm时，曲线趋于正常，二者的变形规律趋于一致。当轴向位移达

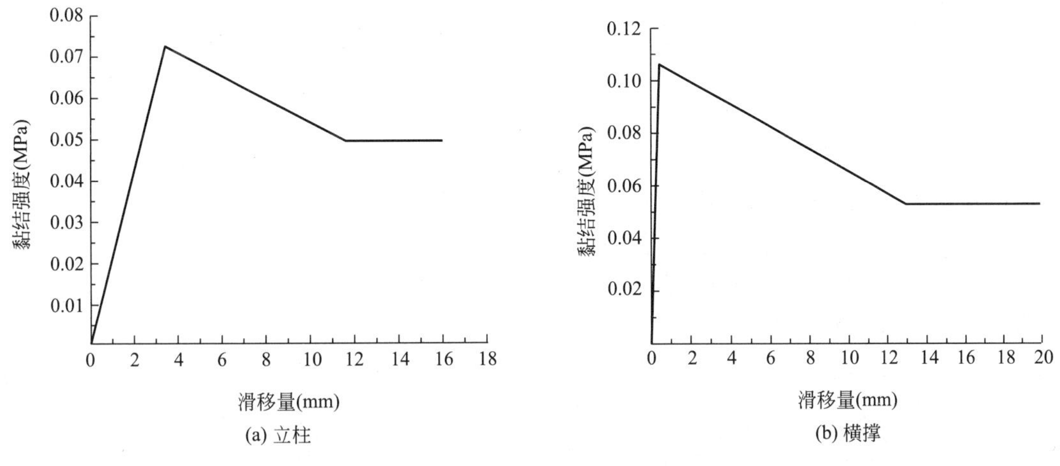

图 6.2-6　弹簧单元本构关系

(a) 试验中组合墙体整体失稳

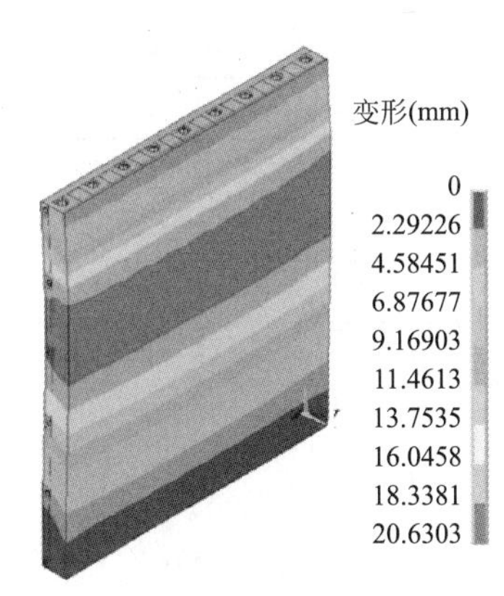

(b) 有限元模型中组合墙体整体失稳

图 6.2-7　组合墙体立柱破坏模式对比

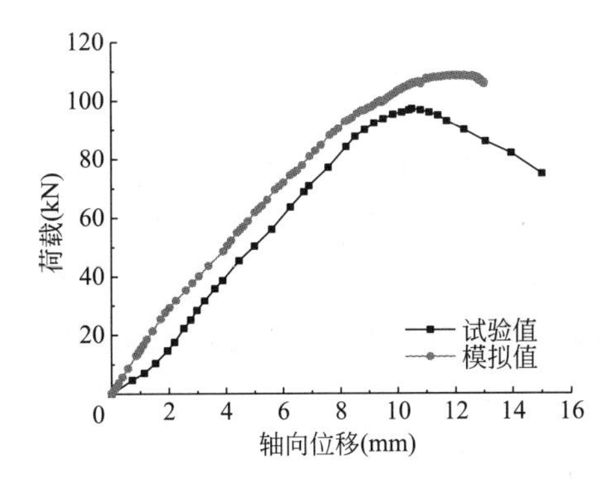

图 6.2-8　立柱平均荷载-轴向位移曲线对比

到 10.41mm 时，试验结果达到极限荷载 96.70kN；当轴向位移达到 12.03mm 时，有限元结果才达到极限荷载 108.60kN。对比二者峰值点荷载和轴向位移，发现试验结果略小于有限元结果，但总体来看，二者荷载-轴向位移曲线吻合较好，有限元模拟准确可靠。有

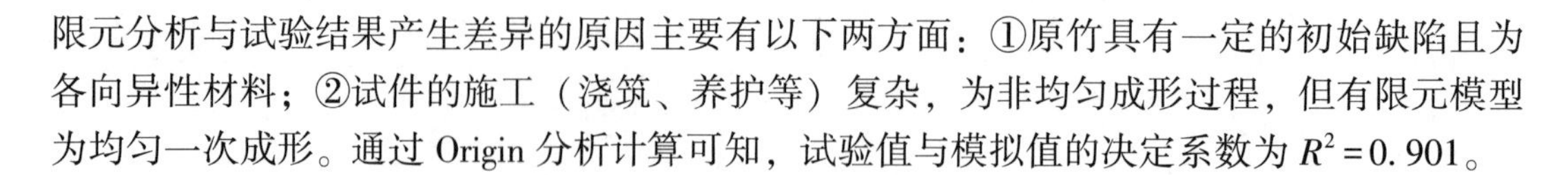

限元分析与试验结果产生差异的原因主要有以下两方面：①原竹具有一定的初始缺陷且为各向异性材料；②试件的施工（浇筑、养护等）复杂，为非均匀成形过程，但有限元模型为均匀一次成形。通过 Origin 分析计算可知，试验值与模拟值的决定系数为 $R^2=0.901$。

6.2.4 有限元参数分析

1. 立柱数目对组合墙体平均承载力的影响

墙体立柱间距一定的情况下，墙体宽度越大，所需立柱数目相应也会越多。考虑到具体施工操作以及墙体建筑模数的要求，在墙体立柱轴心间距为 300mm 的前提下，3 根、6 根和 9 根立柱墙体的宽度（最外侧两根立柱轴线间距）分别为 600mm、1500mm、2400mm，已经基本满足低层原竹建筑的设计需求。鉴于此，本节在保证其他条件一致的情况下，分别对由 3 根、6 根和 9 根立柱组成的组合墙体进行统一均匀加载有限元分析，研究立柱数目对组合墙体平均承载力的影响。组合墙体立柱平均承载力计算结果和墙体最终破坏模式对比如表 6.2-1 所示，墙体立柱平均荷载–轴向位移曲线如图 6.2-9 所示。

立柱数目对组合墙体平均承载力的影响　　表 6.2-1

立柱数目	墙体尺寸(高×宽×厚)(m)	平均承载力(kN)	破坏模式
3	3.10×0.79×0.23	106.6	整体失稳
6	3.10×1.69×0.23	110.8	
9	3.10×2.59×0.23	108.6	

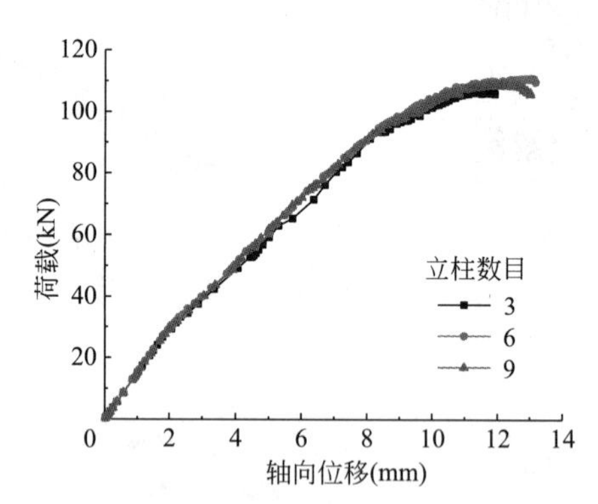

图 6.2-9　不同立柱数目的组合墙体平均荷载–轴向位移曲线

注：立柱间距为 300mm，加载方式为统一加载。

由以上分析可以看出，与 6 根立柱组合墙体相比，3 根立柱组合墙体的平均每根立柱极限承载力降低了 4%，9 根立柱组合墙体则降低 2%。因此，组成墙体立柱数目少于 6 根时，组成墙体的立柱数目越多，墙体平均每根立柱的轴压承载力越大；但组成墙体立柱数目超过 6 根时，墙体平均每根立柱的极限承载力随立柱数目的增多反而有降低的风险。因此，在实际工程中，应依据组成墙体立柱数目进行不同轴压承载力的设计。

2. 立柱间距对组合墙体平均承载力的影响

实际工程中，一定宽度内组成墙体的立柱数目，通常由墙体所承受的荷载决定。墙体承受荷载越大，所需立柱数目越多，立柱间距则越小。为研究立柱间距对平均每根立柱承载力的影响，参考传统原竹结构形式，对立柱间距分别为 200mm、300mm 和 500mm 的完整 3 立柱组合墙体进行有限元分析（选用 3 根立柱即可考虑周边立柱对中间立柱组合效应的影响）。表 6.2-2 给出墙体立柱平均承载力计算结果对比及组合墙体的破坏模式。墙体立柱平均荷载-轴向位移曲线如图 6.2-10 所示。

立柱间距对组合墙体平均承载力的影响　　**表 6.2-2**

立柱间距(mm)	平均承载力(kN)	破坏模式
300	106.6	整体失稳
200	103.0	
500	111.4	

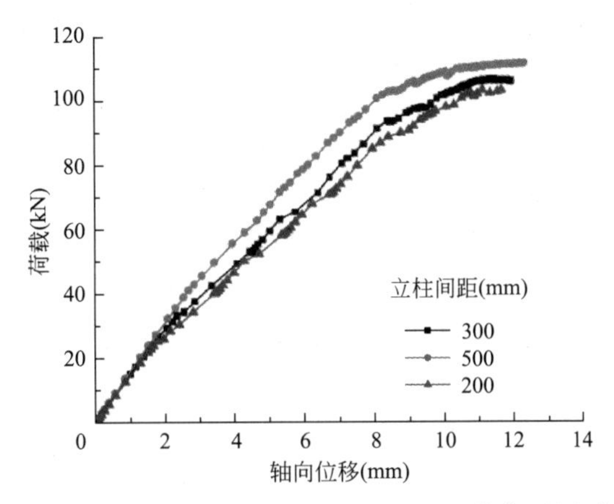

图 6.2-10　不同立柱间距的组合墙体立柱平均荷载-轴向位移曲线

注：立柱数目为 3 根，加载方式为统一加载。

由以上分析可以看出，与柱距 300mm 组合墙体立柱相比，柱距 200mm 的组合墙体立柱平均承载力比其低 3%，柱距 500mm 的组合墙体立柱平均承载力比其高 5%。因此，在 200~500mm 范围内，墙体立柱间距越大，其立柱平均承载力越高。随着墙体立柱间距的增大，喷涂复合砂浆对立柱的约束作用越强，破坏形式由失稳破坏向强度破坏过渡，因此立柱承载力有所提高。但考虑到结构的经济性以及喷涂复合砂浆的方便性，在工程应用中，建议把立柱间距设为 300~500mm。

3. 加载方式对组合墙体平均承载力的影响

试验研究的墙体立柱加载方式为对多根墙体立柱统一均匀加载，但实际使用中墙体在某些情况下会承受局部荷载。因此，将组合墙体立柱间距设为 300mm，对统一均匀加载和中间立柱单根加载进行有限元对比分析。墙体立柱平均承载力计算结果及墙体破坏模式对比如表 6.2-3 所示，墙体立柱平均荷载-轴向位移曲线如图 6.2-11 所示。

加载方式对组合墙体平均承载力的影响　　**表 6.2-3**

加载方式	平均承载力(kN)	破坏模式
统一加载	106.6	整体失稳
单根加载	105.3	柱顶局部压坏

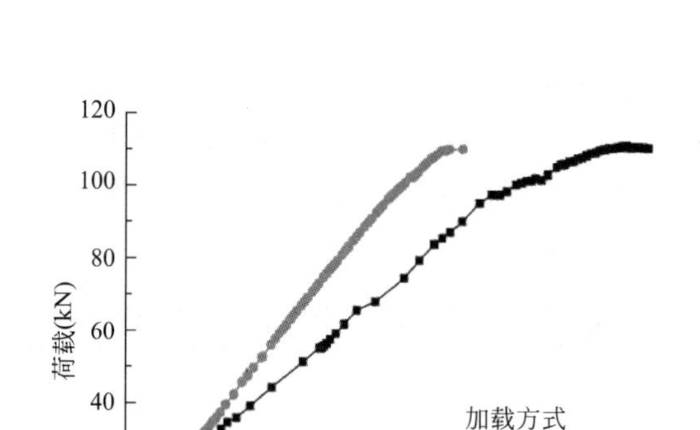

图 6.2-11　不同加载方式下组合墙体平均荷载-轴向位移曲线

注：立柱间距为 300mm，立柱数目为 3 根。

由以上分析可以看出，两种加载方式下墙体破坏模式有较大差异。统一加载时，墙体发生整体失稳破坏；而单根加载时，墙体表现为中间立柱柱顶局部压溃。虽然两种加载方式下单根墙体立柱极限承载力相差不大，但单根加载时的刚度却大于立柱统一加载。这是因为在单根加载时，两侧立柱只承受由中间立柱通过横撑传递的荷载，受力较小，不会产生和中间立柱相协调的面外变形。因此，在实际工程中，应依据墙体加载方式的区别进行不同轴压承载力的设计。

6.2.5　小结

（1）组合墙体的轴压破坏模式为墙体侧立面包裹原竹的复合砂浆开裂，原竹与复合砂浆之间出现滑移、粘结失效。继而复合砂浆对立柱的约束作用减弱，最终墙体失稳破坏。

（2）复合砂浆的连续喷涂提高了墙体的整体性，并对立柱起到了很好的约束作用。组合墙体单根立柱的稳定承载力较考虑格构效应的原竹骨架立柱理论值提高了约 3.7 倍，但相较于原竹抗压强度破坏时的极限承载力仍存在差距。

（3）组合墙体立柱数目少于 6 根时，立柱数目越多，墙体平均每根立柱的轴压承载力越大，但组合墙体立柱数目超过 6 根时，墙体平均每根立柱的极限承载力随立柱数目的增多反而有降低的风险；墙体立柱间距在 200~500mm 范围内，间距越大，其立柱平均承载力越高。此外，不同的加载方式会引起不同的破坏模式：对多根墙体立柱统一均匀加载时，整个墙体会发生整体失稳破坏，而对中间立柱单根加载时，其顶部出现局部压溃现象。

6.3　原竹交错斜撑式组合墙体的抗震性能

通过对原竹交错斜撑式组合墙体进行低周反复加载试验，分析了组合墙体的受力过程和破坏形态，研究了其滞回曲线、骨架曲线、承载能力、抗侧刚度及延性等抗震性能，并通过有限元分析比较了组合墙体和原竹骨架的抗侧承载能力，最后将试验结果与已有喷涂保温材料的冷弯薄壁型钢组合墙体的试验数据进行了对比分析。

6.3.1 材料与方法

1. 材料

所用竹材为4年生浙江毛竹，分别依据《建筑用竹材物理力学性能试验方法》JG/T 199—2007和ISO 22157—2004的有关规定对竹材的顺纹力学性能进行测试，结果如表6.3-1所示。

竹材顺纹力学性能 表6.3-1

弹性模量(MPa)	平均抗拉强度(MPa)	平均抗压强度(MPa)	平均密度(kg·m^{-3})
1.10×10^4	122.20	49.90	610.00

表6.3-2为原竹表面所包裹材料的性能。其中，复合砂浆、外墙抹灰的抗压强度依据《建筑砂浆基本性能试验方法标准》JGJ/T 70—2009的有关规定进行测试。水泥纤维板的抗折强度、密度分别为25MPa、1520.00kg/m^3。原竹交错斜撑式组合墙体总质量约为1.4t。

包裹材料力学性能 表6.3-2

材料种类	弹性模量(GPa)	抗压强度(MPa)	密度(kg·m^{-3})
复合砂浆	2.25	1.61	806.27
外墙抹灰	10.13	11.97	1845.83

2. 试验装置及测点布置

竖向荷载和水平反复荷载分别通过油压千斤顶和MTS作动器施加。在试件顶梁两侧均安装可随试件同步水平移动的侧向支撑，用以限制墙体的面外变形。此外，在各立柱的端部以及螺栓连接处均布置有垫板，试件底部两侧设置抗拔件，试验加载装置如图6.3-1所示。

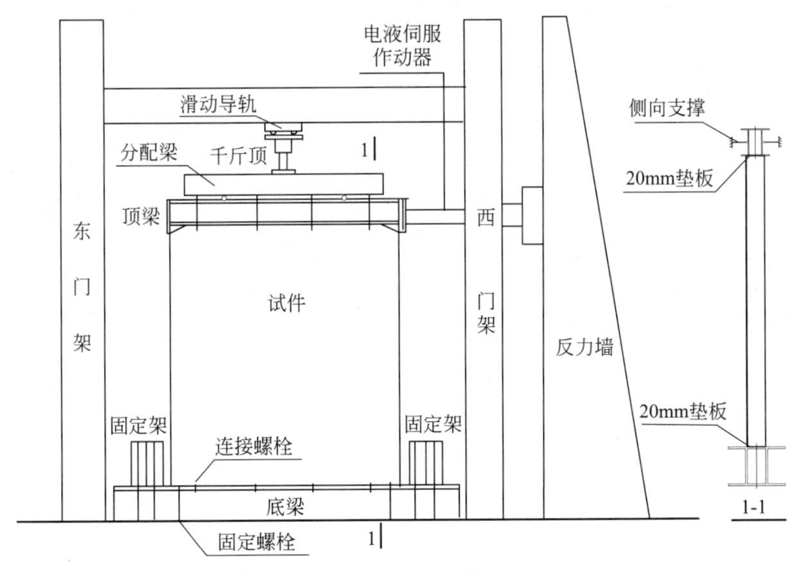

图6.3-1 试验加载装置

位移计和应变片布置如图 6.3-2 所示。其中 D1、D2 分别测量试件的水平位移，D3、D4 用于测量试件与加载底梁间的相对滑动位移，D5、D6 分别测量试件垂直方向相对底梁的位移，D7、D8 用于测量底梁垂直方向相对地面的位移，D9 测试试验中墙体发生的面外变形。应变片主要测量立柱、斜撑的应变变化情况。

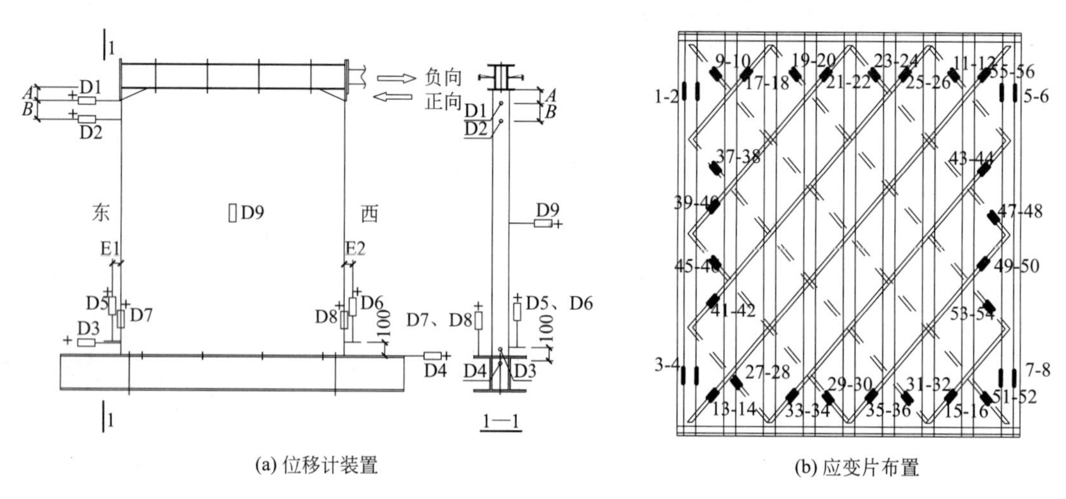

(a) 位移计装置 (b) 应变片布置

图 6.3-2 测点布置

3. 加载方案

试件施加的竖向荷载为 30kN，一次加载完成。依据《建筑抗震试验规程》JGJ/T 101—2015，水平荷载采用力和位移联合控制的加载方式，在试件开裂前，采用荷载控制，以 3kN 为增量，每级荷载循环 1 次；试件开裂后，采用位移控制，以开裂位移 δ_c 的 1/2 为级差，每级荷载循环 3 次，待荷载降至极限荷载的 85%时，停止加载。

6.3.2 试验现象

试件在加载初期无明显现象，在水平荷载加载至 36kN 时，墙体发出轻微的响声。加载至 39kN 时，墙体远离加载端一侧出现第 1 条斜裂缝（由斜撑限制作用造成，非剪切破坏），如图 6.3-3（a）所示。此后改由位移加载。位移加至 $+2\delta_c$（24mm）时，远离加载端墙体底部横撑附近出现横向裂缝，如图 6.3-3（b）所示。位移反向加载至 $-2\delta_c$ 时，墙体靠近加载端一侧的纤维板与复合砂浆间出现缝隙，且该侧墙体底部出现横向裂缝。加载至 $-3\delta_c$（-36mm）时，出现两条斜裂缝，加载至 $-3.5\delta_c$（-42mm）时，墙体底部横向裂缝贯通，底部复合砂浆被压坏。继续加载，斜裂缝继续延伸，墙体底部与地梁连接处连续发出响声，墙体底部横向贯通裂缝变宽，如图 6.3-3（c）所示。加载结束后，去掉墙体底部的外侧复合砂浆和抹灰，发现边立柱局部出现挤压破坏，如图 6.3-3（d）所示，其中竹材内复合砂浆是由施工中溢进竹筒造成的，连接处螺栓和栓孔均完好。

6.3.3 试验结果及其分析

1. 应变发展

以测点 1、6、9 和测点 55 为例，分析各级荷载下推向和拉向（加载至最大值时）各测点应变，结果如图 6.3-4 所示。由图可知，试件保持左右对称，开裂前试件处于弹性状

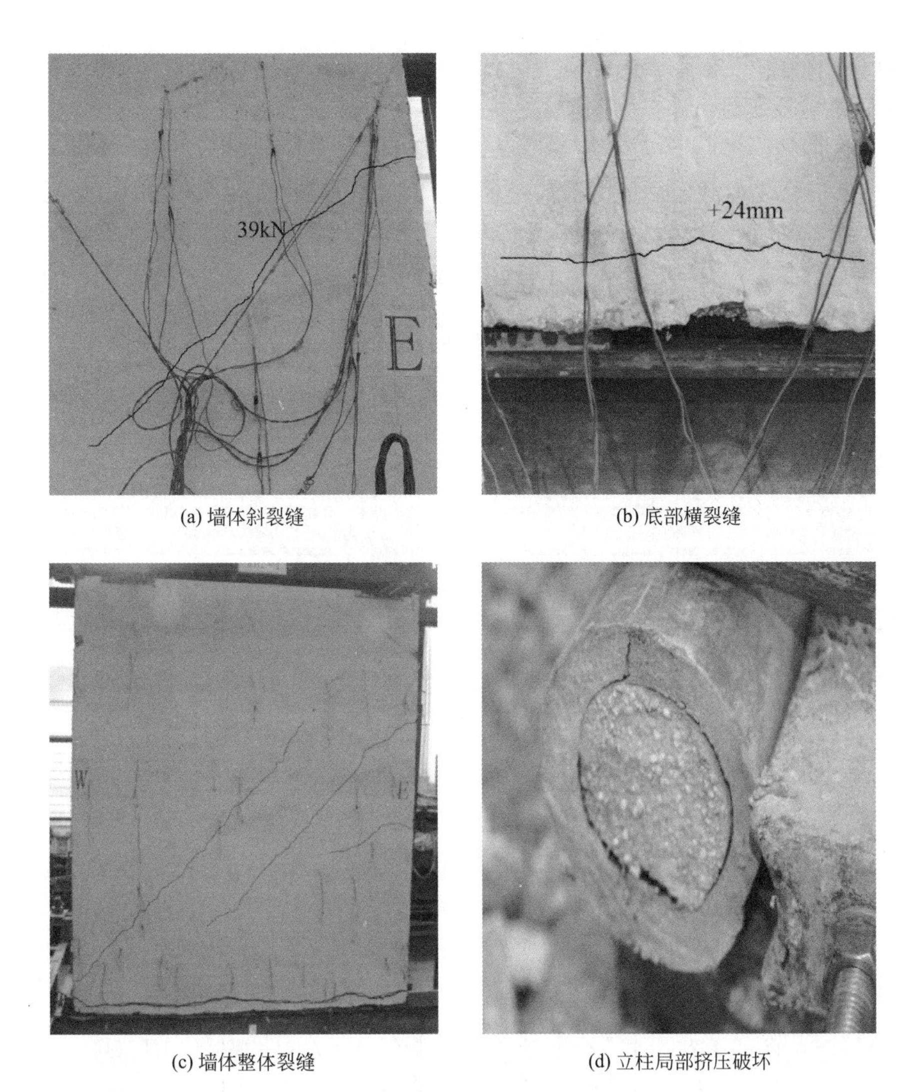

(a) 墙体斜裂缝　(b) 底部横裂缝

(c) 墙体整体裂缝　(d) 立柱局部挤压破坏

图 6.3-3　试件破坏形态

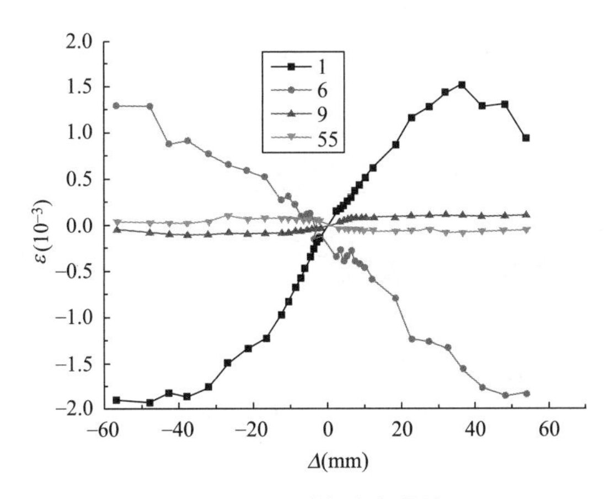

图 6.3-4　测点应变曲线

态；开裂后，原竹骨架松弛，内部应力降低。

2. 滞回性能及延性

（1）滞回曲线

试件在低周反复荷载作用下的荷载–位移滞回曲线见图 6.3–5。其中，位移为墙体顶部的净侧移 Δ（剪切变形，图 6.3–6），即：

$$\Delta = \Delta_0 - \Delta_\varphi - \Delta_l \quad (6.3\text{–}1)$$

$$\Delta_0 = \frac{HD_1/(H-A) + HD_2/(H-A-B)}{2} \quad (6.3\text{–}2)$$

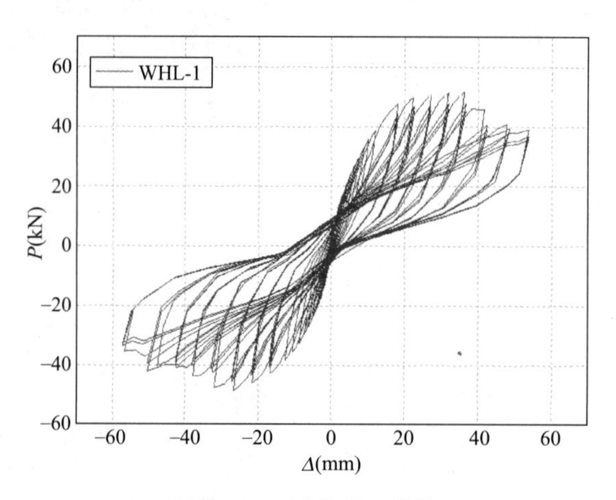

图 6.3–5 试件滞回曲线

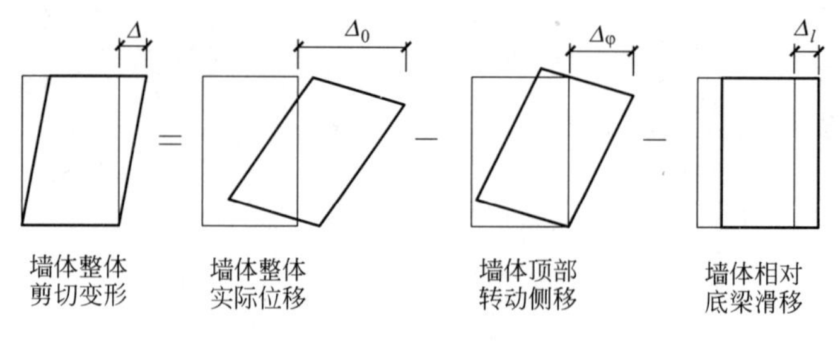

图 6.3–6 墙体实际剪切变形

式中 Δ_0——试验过程中墙体顶部实测的侧移；

D_1、D_2——位移计 D1、D2 所测结果（其余类推）；

H——墙体高度；

A——墙体顶部至位移计 D1 的距离；

B——位移计 D1、D2 之间的距离；

Δ_l——墙体相对底梁的滑移，$\Delta_l = D_3 - D_4$；

Δ_φ——墙体顶部转动侧移，按图 6.3–7 所示计算。

$$\Delta_\varphi = H\Delta_\alpha/(L - E_1 - E_2) \quad (6.3\text{–}3)$$

式中 L——墙体宽度；

$\Delta_\alpha = (D_6 - D_8) - (D_5 - D_7)$；

E_1、E_2——位移计D5、D6距墙体端部的距离，如图6.3-2（a）所示。

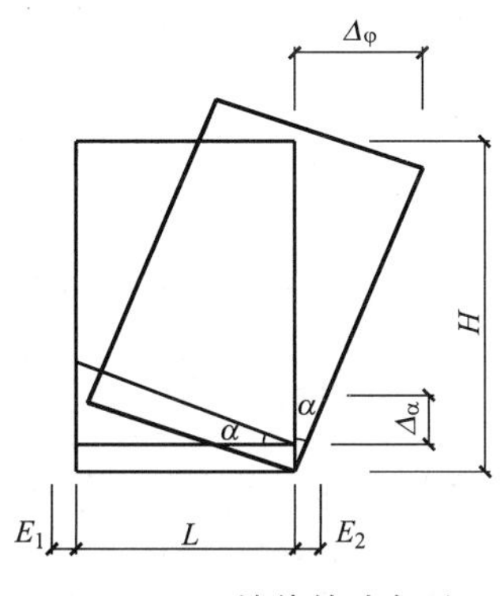

图6.3-7　墙体转动变形

由图6.3-5可知，该组合墙体滞回曲线具有以下特征：

1）加载初期，试件处于弹性工作状态，试件具有较好的整体性能，滞回曲线呈直线上升趋势，刚度不变。

2）随着荷载的增加，试件从弹性工作状态进入弹塑性工作状态，滞回曲线呈梭形，滞回环的面积增大，卸载至零时出现残余应变，刚度退化。荷载继续增加，滞回曲线呈弓形，滞回环面积继续增大，并出现一定的“捏拢”现象。

3）试件屈服后，滞回环面积更加饱满，滞回曲线由弓形向反S形发展，“捏拢”现象更加明显，在同级荷载下，滞回曲线随荷载循环次数的增加面积减小，承载力降低。

4）超过极限荷载后，试件刚度及承载力退化现象更加显著，滑移现象和滞回环的“捏拢”现象也较明显。

（2）骨架曲线

试件的骨架曲线如图6.3-8所示，从图中可以看出，组合墙体整体性较好，具有较高的受剪承载力和抗侧刚度。

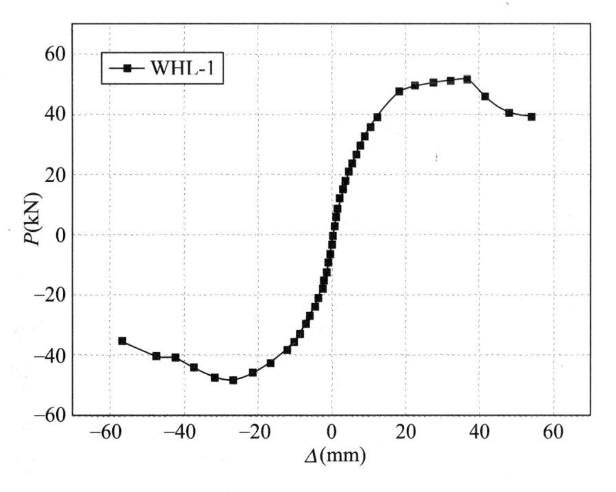

图6.3-8　试件骨架曲线

依据《建筑抗震试验规程》JGJ/T 101—2015的规定，试件的极限荷载P_{max}及Δ_{max}即为试件的P-Δ骨架曲线上荷载最大值及其对应的侧移；破坏荷载P_u和相应侧移Δ_u取荷载降至极限荷载的 85%时相应的荷载和侧移。由于试验所得到的 P–Δ 骨架曲线没有明显的屈服点，因此屈服荷载 P_y 按照骨架曲线的能量等效面积方法确定，相应的侧移 Δ_y 即为屈服位移。表 6.3–3 给出了部分试验结果。由表 6.3–3 可知，试件的位移延性系数 μ = 2.75，表明该组合墙体具有较好的塑性变形能力。

主要阶段试验结果 **表 6.3–3**

加载方向	屈服点		极限荷载点		破坏点		P'_y (kN·m^{-1})	$\mu=\Delta_u/\Delta_y$
	P_y (kN)	Δ_y (mm)	P_{max} (kN)	Δ_{max} (mm)	P_u (kN)	Δ_u (mm)		
正向	46.03	16.66	52.12	36.32	44.32	43.32	19.18	2.61
负向	40.56	14.07	48.56	26.63	41.28	41.11	16.90	2.92
均值	43.30	15.37	50.34	31.48	42.8	42.27	18.04	2.75

注：P'_y 为单位长度屈服荷载。

（3）承载力退化

根据《建筑抗震试验规程》JGJ/T 101—2015 的规定，采用承载力退化系数 λ_i 来描述等幅荷载作用下的承载力稳定性，λ_1 为第 2 次循环加载峰值荷载与第 1 次的比值，λ_2 为第 3 次循环加载峰值荷载与第 2 次的比值，以此类推。试件在各级加载位移下的承载力退化系数见表 6.3–4。

试件承载力退化系数 **表 6.3–4**

加载位移	$2.0\delta_c$	$2.5\delta_c$	$3.0\delta_c$	$3.5\delta_c$	$4.0\delta_c$	$4.5\delta_c$	$5.0\delta_c$
λ_1	0.93	0.94	0.93	0.92	0.89	0.92	0.94
λ_2	0.97	0.99	0.96	0.96	0.96	1.04	0.97

由表 6.3–4 可知，在往复荷载作用下，试件的承载力退化系数基本在 0.9 以上，承载力退化不明显，表明组合墙体具有稳定的承载力，不会发生突然破坏。由表 6.3–3 可知，$P_{max}/P_y=1.16$，承载力安全储备约为 20%。

（4）刚度退化

采用割线刚度对试件在往复荷载作用下的刚度退化进行评价。将墙体的弹性刚度作为初始刚度 $K_{0.4P}$，即取试验骨架曲线上 $0.4P_{max}$ 点处对应的割线刚度，相应位移为 $\Delta_{0.4P}$，刚度退化曲线如图 6.3–9 所示。

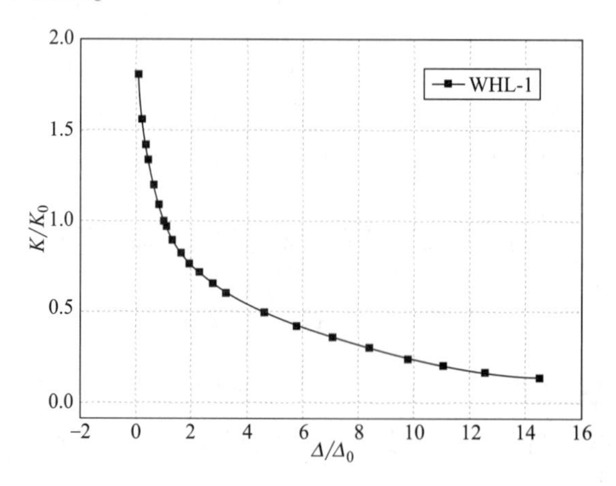

图 6.3–9 试件刚度曲线

由图 6.3-9 曲线可知，试件有较高的初始侧向刚度，加载初期，刚度退化较严重，而加载后期，刚度退化逐渐趋于平缓，且组合墙体的刚度退化速率均匀，表明该结构在往复荷载作用下具有较好的延性。

(5) 耗能能力

根据《建筑抗震试验规程》JGJ/T 101—2015 的规定，采用耗能值 E 和耗能系数 η 衡量结构在地震作用下的耗能能力。试件在各荷载级第 1 循环的 E 与 η 见表 6.3-5。

试件的耗能能力　　**表 6.3-5**

加载级别	E(kN·mm)	η
3kN	0.32	0.29
6kN	1.49	0.33
9kN	3.68	0.34
12kN	7.82	0.37
15kN	15.09	0.42
18kN	26.54	0.47
21kN	41.15	0.48
24kN	50.75	0.42
27kN	78.47	0.49
30kN	107.88	0.49
33kN	135.93	0.47
36kN	171.25	0.46
39kN	242.51	0.51
$1.5\delta_c$	474.58	0.60
$2.0\delta_c$	596.03	0.56
$2.5\delta_c$	768.76	0.57
$3.0\delta_c$	907.61	0.57
$3.5\delta_c$	1061.80	0.60
$4.0\delta_c$	1246.90	0.68
$4.5\delta_c$	1317.30	0.68
$5.0\delta_c$	1583.00	0.77

由表 6.3-5 可知，随着荷载不断增加，试件滞回环所包围的面积逐渐增大，耗能也不断增加。此外，试件的耗能系数总体呈现逐渐增大的趋势，达到最大荷载时的耗能系数为 0.6，说明试件具有较好的滞回耗能能力。

该试件在加载过程中的耗能情况为：试件屈服前处于弹性工作状态，主要依靠墙体内少量裂缝的发展来耗能，耗能极小；随着荷载的增加直至达到极限荷载，复合砂浆开裂，耗能逐渐增多；超过极限荷载之后，试件主要依靠裂缝的开展及墙体内部少量斜撑耗能，直至墙体破坏，耗能量大。但在加载过程中，由于墙体裂缝错动、宽度加大，墙体之间的咬合能力减弱等原因，导致试件丧失了承载能力。

6.3.4　有限元分析

有限元分析的重点在于研究复合砂浆与原竹骨架的组合作用，且抹灰、水泥纤维板与复合砂浆的刚度相差较大，加载初期即发生破坏，此外，不考虑次要部分的作用将得到更为保守的分析结果，因此有限元模型忽略抹灰及水泥纤维板部分。图 6.3-10 中给出原竹交错斜撑式组合墙体的有限元模型。复合砂浆与原竹骨架之间设置切向无摩擦法向硬接触属性，竖向立柱与横撑及斜撑通过绑定约束模拟螺栓连接。复合砂浆与竖向立柱均采用 C3D8R 实体单元建模，而横撑及斜撑通过 B31 梁单元进行模拟。为了便于分析组合墙体的受力机理，材料属性均简化成理想弹塑性模型，具体参数设置依据实测结果（表 6.3-1 和表 6.3-2）。顶部的竖向及水平往复循环荷载通过运动耦合的方式实现，加载制度与试验过程保持一致。

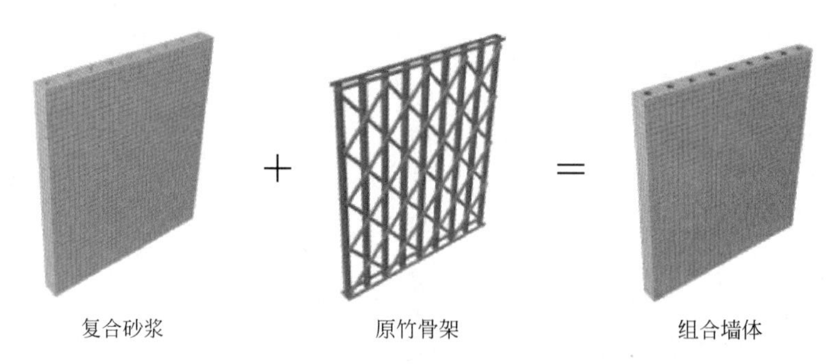

复合砂浆　　原竹骨架　　组合墙体

图 6.3-10　组合墙体有限元模型

图 6.3-11 为有限元模型应力云图，将有限元计算结果与试验进行对比发现，加载至+2δ_c（24mm）时，墙体底部两端的复合砂浆达到极限抗压强度，如图 6.3-11（a）所示，与试验结果图 6.3-3（b）一致。当加载至-3.5δ_c（-42mm）时，墙体底部基本均处于承载能力极限状态，如图 6.3-11（b）所示，此时试验中的组合墙体底部出现贯通的横向裂缝，如图 6.3-3（c）所示，二者吻合较好。加载至最终破坏位移时，竖向立柱的应力云图，见图 6.3-11（c），显示边缘立柱底部发生局部破坏，与图 6.3-3（d）趋势一致。

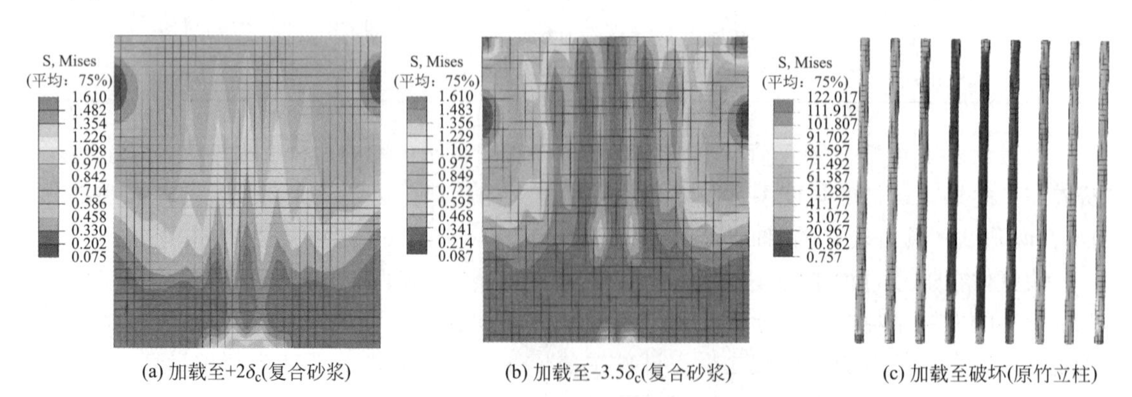

(a) 加载至+2δ_c(复合砂浆)　(b) 加载至-3.5δ_c(复合砂浆)　(c) 加载至破坏(原竹立柱)

图 6.3-11　有限元模型破坏情况

上述分析表明，有限元模型能够较好地模拟复合砂浆与原竹骨架的受力特性。依据上述模型，对纯原竹骨架进行有限元滞回分析，研究复合砂浆与原竹骨架的组合作用。增加复合砂浆后，墙体的抗侧承载力增加了190%。图6.3-12为组合墙体与纯原竹骨架墙体达到破坏位移时的应力云图，由图可知，增加复合砂浆后，原竹骨架应力分布更加均匀，且复合砂浆能够充分发挥作用。纯原竹骨架仅在墙体弯曲应力较大位置被充分利用，其余位置均处于弹性工作状态，整个墙体基本不耗能。因此，复合砂浆能够提升原竹骨架的耗能能力，且复合砂浆自身也能为组合墙体耗散较多能量。

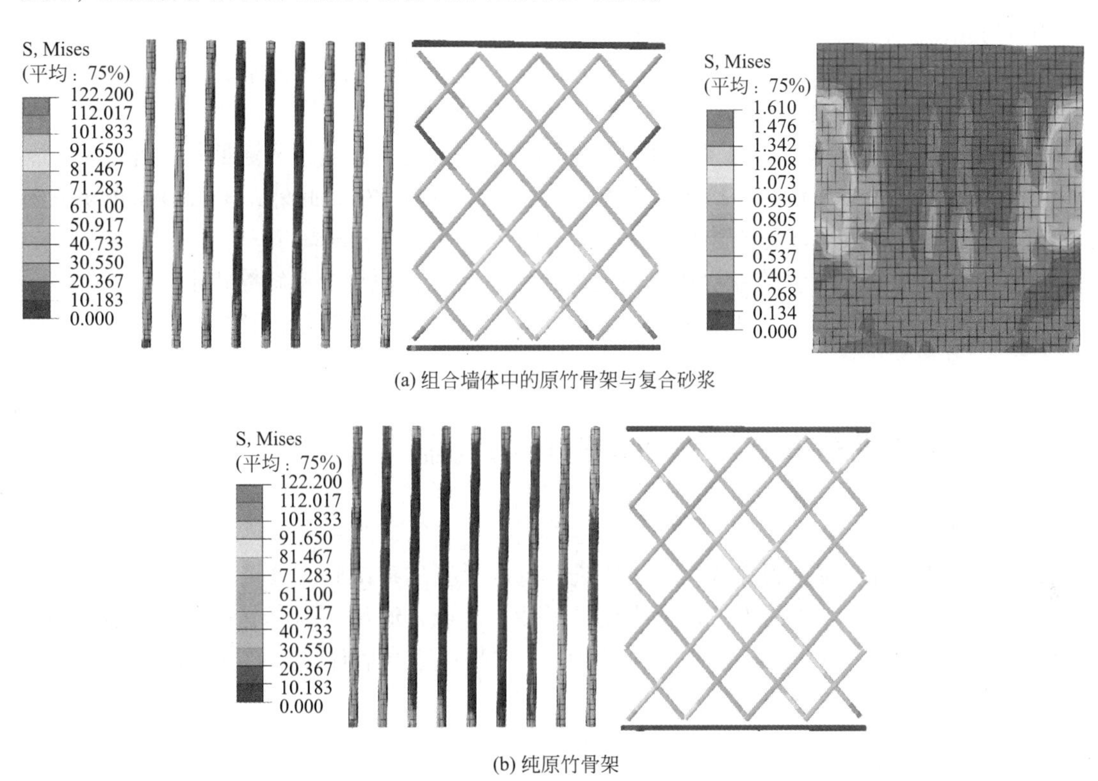

(a) 组合墙体中的原竹骨架与复合砂浆

(b) 纯原竹骨架

图6.3-12 应力云图对比

6.3.5 与其他组合墙体的对比

鉴于原竹交错斜撑式组合墙体与喷涂保温材料的冷弯薄壁型钢组合墙体均为应用于低层建筑的新型绿色环保墙体，且本书中试验墙体与喷涂保温材料的冷弯薄壁型钢组合墙体二者尺寸、施加荷载、复合砂浆基本相同，因此，将本书中的试验结果与喷涂保温材料的冷弯薄壁型钢组合墙体的试验结果进行对比分析，结果见表6.3-6。

本书试验结果与文献［13］结果对比 **表6.3-6**

数据来源	墙宽（m）	墙高（m）	竖向荷载（kN）	P'_y（$kN \cdot m^{-1}$）	P'_{max}（$kN \cdot m^{-1}$）	Δ_y（mm）	Δ_{max}（mm）	μ
本书	2.59	3.00	30.00	18.04	20.98	15.37	31.48	2.75
文献[13]	2.40	3.00	30.00	19.52	23.13	11.23	25.49	3.13

注：P'_{max}为单位长度极限荷载。

由表 6.3-6 对比结果可知，与喷涂保温材料的冷弯薄壁型钢组合墙体相比，原竹交错斜撑式组合墙体的受剪承载力和抗侧刚度略小，但总体上相差不大，表明该组合墙体具有一定的推广价值。

6.3.6 小结

（1）由于复合砂浆对原竹骨架的完全包裹作用，增强了原竹骨架的节点连接效应，使原竹交错斜撑式组合墙体具有较高的受剪承载力和抗侧刚度，该墙体平均单位屈服荷载为 18.04kN/m，单位受剪承载力为 20.98kN/m。

（2）在往复荷载作用下，原竹交错斜撑式组合墙体具有稳定的承载力，安全储备较高（约 20%），不易发生突然破坏。

（3）原竹交错斜撑式组合墙体具有较好的塑性变形能力、延性和滞回耗能性能。

（4）增加复合砂浆后，墙体的抗侧承载能力增加了 190%。此外，复合砂浆能够提升原竹骨架的耗能能力，且复合砂浆自身也能为组合墙体耗散较多能量。

（5）与喷涂保温材料的冷弯薄壁型钢组合墙体相比，原竹交错斜撑式组合墙体的受剪承载力和抗侧刚度略小，但总体上相差不大，认为该组合墙体具有一定的推广价值。

6.4 竹篾交错斜撑式组合墙体的抗震性能

本节通过对竹篾交错斜撑式组合墙体进行低周反复加载试验，分析试件的受力过程和破坏模式，对试件的承载能力、抗侧刚度、延性、承载力退化、刚度退化以及耗能性能等力学特征进行研究，并将试验结果与压型钢板-竹胶板组合墙体、原竹交错斜撑式组合墙体的试验数据进行对比分析。

6.4.1 试验概况

试验装置、试件的位移计布置与原竹交错斜撑式组合墙体相同。依据《建筑抗震试验规程》JGJ/T 101—2015，水平荷载采用力和位移联合控制的加载方式。试验具体加载制度如下：试件开裂前采用荷载控制，以 2kN 为增量且每级荷载循环 1 次；而试件开裂后，试验采用位移控制加载，以 $0.5\Delta_y$ 为级差且每级荷载循环 3 次，直至荷载降至峰值的 85% 时，试验结束。

6.4.2 试验现象

加载初期无明显现象，当水平荷载加载至 18kN 时，墙体正面中部出现第一条斜裂缝，此后改由位移控制加载。位移加至-6mm 时，西侧墙体正面顶部出现斜向裂缝；加载至-10mm，西侧墙体正面下部出现斜裂缝；加至+12mm 时，西侧墙体正面底部出现裂缝，东侧墙体正面底脚处出现斜裂缝，反向加载，东侧墙体背面底部出现斜裂缝。位移加载至+14mm 时，西侧墙体背面底部出现斜裂缝，反向加载，东侧墙体正面顶部出现斜裂缝。加载至+16mm 时，西侧墙体正面底部出现斜裂缝，加至-16mm 时，西侧墙

体正面底部出现裂缝。位移加载至+24mm 时，裂缝延伸。加载至-24mm 时，墙体正面中部出现一条斜向裂缝，墙体背面出现一条斜裂缝。继续加载，裂缝不断变大，加载至 38mm 时，东侧墙体正面底部出现多条斜裂缝，如图 6.4-1（a）所示，且墙体正面底部与地梁连接处连续发出响声，墙体底部抗拔件被拉出，墙体底脚破坏，如图 6.4-1（b）所示。墙体正面裂缝发展如图 6.4-1（c）所示，墙体背面裂缝发展如图 6.4-1（d）所示。

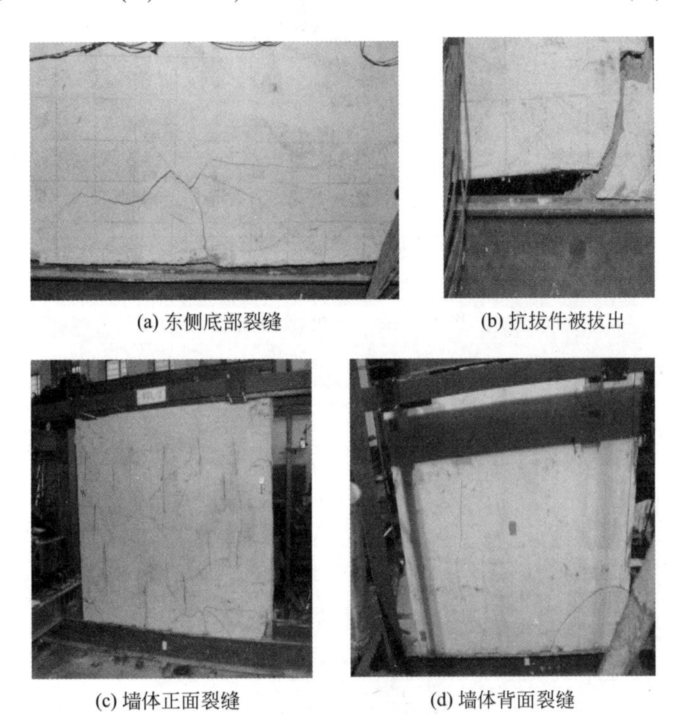
(a) 东侧底部裂缝　(b) 抗拔件被拔出
(c) 墙体正面裂缝　(d) 墙体背面裂缝

图 6.4-1　试件破坏情况

6.4.3　结果分析

1. 滞回性能

试件的滞回曲线如图 6.4-2 所示。在加载初期处于弹性阶段，随后进入弹塑性阶段，滞回曲线呈梭形。当荷载卸载至零时试件开始出现残余变形。荷载继续增加，滞回曲线向弓形发展，并出现一定的“捏拢”现象。当试件屈服后，滞回曲线由弓形向反 S 形发展，“捏拢”现象更加明显。当达到峰值荷载后，试件外部复合砂浆与内部竹骨架出现滑移，导致曲线由反 S 形向 Z 形转变，滞回环的“捏拢”现象也更加严重，并表现出明显的刚度退化及承载力退化。

2. 骨架曲线及延性

试件的骨架曲线如图 6.4-3 所示，组合墙体骨架曲线的弹性段较短，在加载初期表现出较强的非线性，且无明显的屈服点。达到峰值荷载后，试件的骨架曲线略有下降，在塑性阶段，墙体整体侧移可达 36.8mm。

由于试验所得到的曲线没有明显的屈服点，因此，按照《建筑抗震试验规程》JGJ/T 101—2015 采用能量等效面积法确定屈服荷载 P_y 和屈服位移 Δ_y，如图 6.4-4 所示。具体

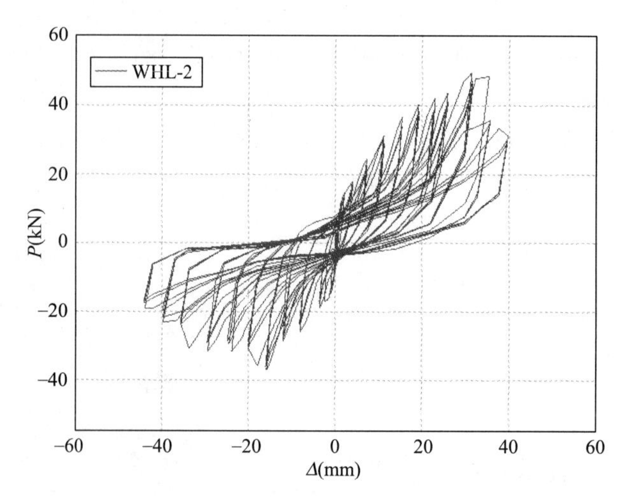

图 6.4–2 试件滞回曲线

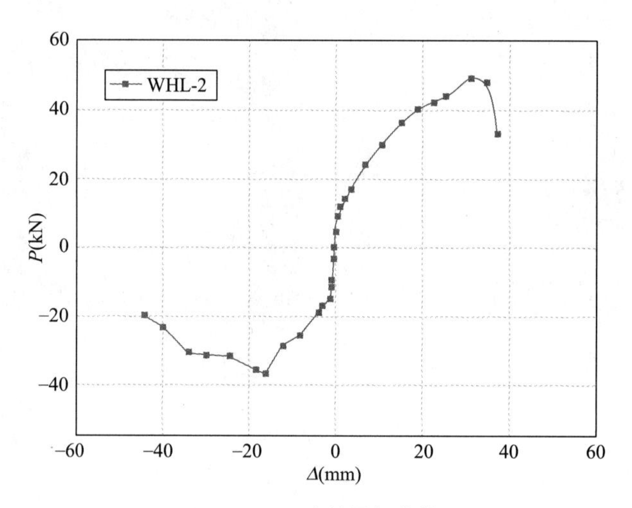

图 6.4–3 试件骨架曲线

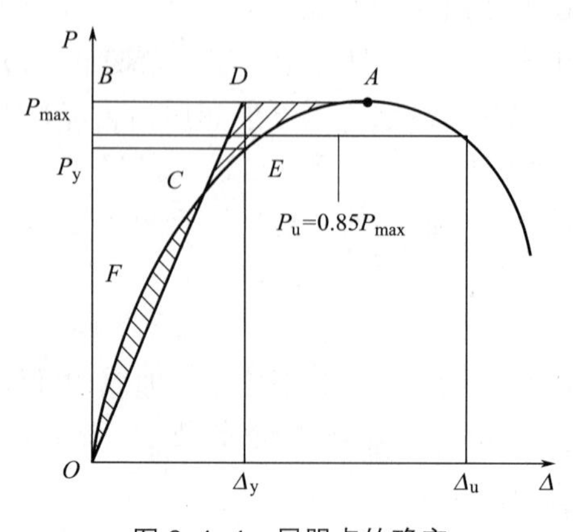

图 6.4–4 屈服点的确定

做法为：过 P_{max} 做一水平线 AB，再过原点 O 做割线 OD 与 AB 交于点 D，当面积 ADCA 与面积 CFOC 相等时，过点 D 做垂线交曲线 OA 于点 E，则 E 点对应的荷载为屈服荷载，相应的侧移 Δ_y 为屈服位移。

试件的主要抗震性能指标见表 6.4–1。由表 6.4–1 可知，试件的位移延性系数μ= 2.22。该组合墙体的延性系数相比于文献［14］、文献［5］中的偏小，一方面是由竹材本身的延性所决定的，另一方面，试验过程中抗拔件被拉出，墙体底部发生破坏，后期承载力下降较快，导致试件承载力未能充分发挥。综合来看，该组合墙体基本具有较好的延性。

需要注意的是，组合墙体在正向、反向加载方向下，其屈服荷载、极限荷载及破坏荷载值相差较大，这是由东侧抗拔件提前失效导致的。

试件主要抗震性能指标　　**表 6.4–1**

加载方向	屈服荷载		极限荷载		破坏荷载		单位墙长屈服荷载	延性系数
	P_y(kN)	Δ_y(mm)	P_{max}(kN)	Δ_{max}(mm)	P_u(kN)	Δ_u(mm)	P'_y(kN/m)	$\mu=\Delta_u/\Delta_y$
正向	41.18	20.67	49.56	31.37	42.13	37.19	17.16	1.80
负向	27.33	10.49	37.07	15.86	31.51	31.82	11.39	3.03
均值	34.26	15.58	43.32	23.62	36.82	34.51	14.28	2.22

3. 刚度与承载力退化

试件的刚度退化曲线如图 6.4–5 所示：整个刚度衰减比较均匀，没有明显的刚度突变。在试验加载初期，刚度退化速率较快，随着位移的增加，塑性变形不断发展，刚度退化速率降低，逐渐趋于平缓。

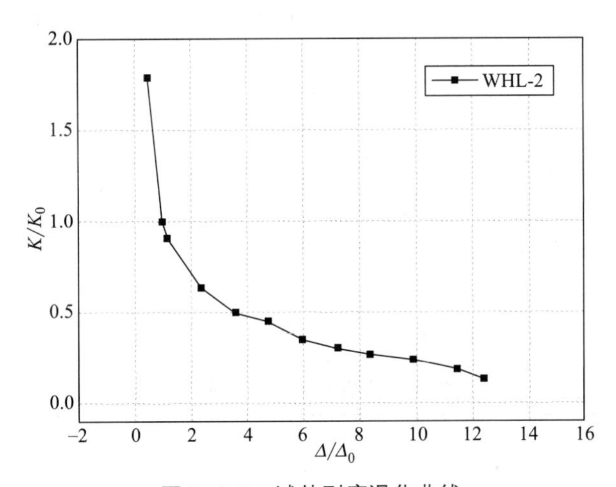

图 6.4–5　试件刚度退化曲线

注：K_0 为初始刚度，将墙体的弹性刚度作为初始刚度，即取为试验骨架曲线上 0.4P_{max} 点处对应的割线刚度；Δ_0 为初始位移，取试验骨架曲线上 0.4P_{max} 点处对应的位移值作为初始位移。

各级加载位移下的承载力退化系数如表 6.4–2 所示。

试件承载力退化系数 表 6.4-2

加载位移	2.0Δ_y	2.5Δ_y	3.0Δ_y	3.5Δ_y	4.0Δ_y	4.5Δ_y
λ_1	0.93	0.95	0.93	0.95	0.74	0.90
λ_2	0.99	0.97	0.97	0.97	0.97	0.97

由以上结果可知，在往复荷载作用下，试件的承载力退化系数大多均在 0.9 以上，墙体的抗剪承载力较为稳定。

4. 耗能性能

该墙体在各荷载级第一循环的 E 与 η 如表 6.4-3 所示。

试件的耗能能力 表 6.4-3

加载级别	E(kN·mm)	η
2kN	0.64	0.75
4kN	1.09	0.55
6kN	1.81	0.31
8kN	6.07	0.56
10kN	17.73	0.77
12kN	53.75	0.96
14kN	64.71	0.95
16kN	157.78	0.82
18kN	268.35	0.86
1.5δ_y	384.22	0.67
2.0δ_y	503.63	0.72
2.5δ_y	550.05	0.64
3.0δ_y	617.58	0.86
3.5δ_y	685.27	0.57
4.0δ_y	803.21	0.61
4.5δ_y	694.81	0.67

由表 6.4-3 可知，试件的平均能量耗散系数高达 0.7，因此该组合墙体具有较好的耗能能力。

5. 试验结果与文献结果对比

将本书的试验结果与压型钢板-竹胶板组合墙体、原竹交错斜撑式组合墙体的试验结果进行对比分析，结果如表 6.4-4 所示。

本书试验结果与文献结果对比 表 6.4-4

数据来源	墙宽(m)	墙高(m)	P'_y(kN/m)	P'_{max}(kN/m)	Δ_y (mm)	Δ_{max} (mm)	μ
本书	2.5	2.0	14.28	18.05	15.58	23.62	2.22
文献[17]:W-2	1.2	1.4	19.53	23.35	8.95	19.10	2.12
文献[17]:W-3	1.2	1.4	25.03	30.00	10.77	13.96	1.30
文献[18]	2.5	3.0	18.04	20.98	15.37	31.48	2.75

注：文献［17］中 W-2、W-3 的差别为竹胶板的厚度不同。

由表 6.4–4 对比结果可知，竹篾交错斜撑式组合墙体的单位墙宽抗剪承载力（此处用极限荷载）分别比压型钢板–竹胶板组合墙体 W–2、W–3 低 22.70%和 39.83%。但考虑到墙高不同，在墙体底部能承受相同承载力的前提下，墙体越高，能承受的水平侧向力越小（该试验简化模型为悬臂梁，固定端弯矩等于水平侧向力与墙高的乘积）。由于本文中墙体的高度高于文献［17］中的墙体 W–2、W–3，故二者单位墙长抗剪承载力总体上相差不大，但是该组合墙体的延性明显好于前者，表明竹篾交错斜撑式组合墙体的塑性变形能力较强，具有更好的抗震性能和耗能能力。

与原竹交错斜撑式组合墙体相比，竹篾交错斜撑式组合墙体的竖向原竹直径小，且没有竖向力作用，因此该组合墙体单位墙长的抗剪承载力略小。采用竹篾作为交错斜撑可使组合墙体的总体厚度减小，节材经济，具有较高的推广价值。

6.4.4　小结

通过对竹篾交错斜撑式组合墙体在反复水平荷载作用下的试验研究，得出以下结论：

（1）竹篾交错斜撑式组合墙体的主要破坏模式为墙体底部破坏，具体表现为底部抗拔件被拉出。当试件处于极限状态时，组合墙体出现裂缝，但其整体结构较为完好。

（2）竹篾交错斜撑式组合墙体具有较大的抗剪承载力和初始抗侧刚度，单位屈服荷载为 14.28kN/m，单位受剪承载力为 18.05kN/m，且具有较好的延性和耗能能力。

（3）与压型钢板–竹胶板组合墙体相比，竹篾交错斜撑式组合墙体的单位墙长抗剪承载力略小，但总体上相差不大，但是竹篾交错斜撑式组合墙体的塑性变形能力较强，具有更好的抗震性能和耗能能力；与原竹交错斜撑式组合墙体相比，竹篾交错斜撑式组合墙体的承载力与延性略小，但整体相差不大且经济性较好，同样具有较高的推广价值。

6.5　本章小结

本章对喷涂复合砂浆–原竹组合墙体的轴压与抗震性能进行了研究，得出以下结论：

（1）喷涂复合砂浆对立柱提供了较好的约束作用，使其轴压承载力提高 3.7 倍，但与立柱达到抗压强度破坏时的极限承载能力相比低 16.7%。

（2）原竹交错斜撑式组合墙体具有较高的受剪承载力、抗侧刚度以及良好的抗震性能；组合墙体的抗侧承载能力为原竹骨架的 2.9 倍；与喷涂保温材料的冷弯薄壁型钢组合墙体相比，原竹交错斜撑式组合墙体受剪承载力和抗侧刚度略有降低，但该组合墙体同样具有一定的推广价值。

（3）竹篾交错斜撑式组合墙体的延性和耗能能力较好，且具有较高的抗剪承载力和初始抗侧刚度。与压型钢板–竹胶板组合墙体相比，竹篾交错斜撑式组合墙体具有更好的抗震性能和耗能能力。与原竹交错斜撑式组合墙体相比，竹篾交错斜撑式组合墙体经济性好，同样具有较高的推广价值。

（4）喷涂复合砂浆–原竹组合墙体有良好的轴压与抗震性能，可以作为喷涂复合砂浆–原竹组合结构体系中的重要受力构件。

参考文献

[1] 建设部．建筑用竹材物理力学性能试验方法：JG/T 199—2007 [S]．北京：中国建筑工业出版社，2007.

[2] 住房和城乡建设部．建筑砂浆基本性能试验方法标准：JGJ/T 70—2009 [S]．北京：中国建筑工业出版社，2009.

[3] 中国工程建设标准化协会．圆竹结构建筑技术规程：CECS 434—2016 [S]．北京：中国计划出版社，2016.

[4] 刘可为，奥利弗·弗里斯．全球竹建筑概述—趋势和挑战 [J]．世界建筑，2013 (12)：27-34.

[5] 肖宇，赵桂平，何保康，等．冷弯薄壁型钢低层房屋墙板对立柱轴压性能影响的研究 [J]．建筑结构，2009，39 (06)：68-71，104.

[6] 秦雅菲，张其林，秦中慧，等．冷弯薄壁型钢墙柱骨架的轴压性能试验研究和设计建议 [J]．建筑结构学报，2006 (03)：34-41.

[7] 郝际平，王奕钧，刘斌，等．喷涂式冷弯薄壁型钢轻质砂浆墙体立柱轴压性能试验研究 [J]．西安建筑科技大学学报（自然科学版），2014，46 (05)：615-621.

[8] 吕东鑫．轻钢灌浆墙结构竖龙骨、立柱与墙体受压试验及其力学性能研究 [D]．北京：北京交通大学，2017.

[9] 张其林，秦雅菲．轻钢住宅墙柱体系轴压性能的理论和试验研究 [J]．建筑钢结构进展，2007 (04)：23-29.

[10] ISO. Bamboo-determination of physical and mechanical properties：ISO 22157-2004 [S]．Switzerland：International Organization for Standardization，2004.

[11] 住房和城乡建设部．外墙用非承重纤维增强水泥板：JG/T 396—2012 [S]．北京：中国标准出版社，2013.

[12] 住房和城乡建设部．建筑抗震试验规程：JGJ/T 101—2015 [S]．北京：中国建筑工业出版社，2015.

[13] 刘斌，郝际平，钟炜辉，等．喷涂保温材料冷弯薄壁型钢组合墙体抗震性能试验研究 [J]．建筑结构学报，2014，35 (1)：85-92.

[14] 姜楠楠，屈俊童．云南民居传统木质隔墙抗侧移性能的改进研究 [J]．地震研究，2012，35 (01)：128-132.

[15] 郑维，刘杏杏，陆伟东．胶合木框架-剪力墙结构抗侧力性能试验研究 [J]．地震工程与工程振动，2014，34 (02)：104-112.

[16] 石宇．水平地震作用下多层冷弯薄壁型钢结构住宅的抗震性能研究 [D]．西安：长安大学，2008.

[17] 李玉顺，沈煌莹，张王丽，等．压型钢板-竹胶板组合墙体抗震性能试验研究 [J]．工程力学，2010，27 (SI)：108-112，126.

[18] 田黎敏，郝际平，寇跃峰．喷涂保温材料-原竹骨架组合墙体抗震性能研究 [J]．建筑结构学报，2018，39 (6)：102-109.

第 7 章　节点连接

在建筑结构中，节点起承受和传递荷载的作用，其性能关系到建筑物的安全与可靠性。原竹不规则的空心锥体形状和易劈裂的构造使得竹结构中的连接节点问题较多。一旦解决了连接问题，将极大促进竹结构的发展。

如绪论所述，国内外原竹建筑的节点，其构造形式大致可分为六类：棕绳（篾笆）捆绑节点、穿斗式节点、灌浆节点、螺栓连接节点、钢构件连接节点及钢板连接节点等。基于上述节点形式，学者开始对其进行改进，出现了一些新型原竹连接节点形式，如防止竹材打孔处开裂的 FRP-螺栓连接节点、可调节式螺杆节点、可增加强度的螺栓垫片节点等，此处不再赘述。在喷涂复合砂浆-原竹组合结构体系中，虽然原竹间的连接形式多样，但其连接主要是基于销连接计算理论，因此探究竹筒销连接计算理论很有必要。本章重点介绍组合结构中几种常用的节点构造形式并开展相关连接理论分析和试验研究工作，以期为组合结构体系节点设计提供依据。

7.1　节点构造

原竹连接中常常遇到圆竹交叉的情况，即形成 T 形、K 形、十字形及一字形节点。圆竹可以直接通过气钉、螺栓或者金属件进行连接，常用方法如图 7.1-1 所示。

梁柱往往通过螺栓或金属件进行连接，如浆料填充与螺栓组合式连接、高强竹节与螺栓组合式连接及十字形半刚性节点连接等，如图 7.1-2 所示。

在墙梁板连接处，可将预先制作好的墙、梁、板两两相互垂直，采用金属螺栓加弧形垫片的方式固定，如图 7.1-3 所示。

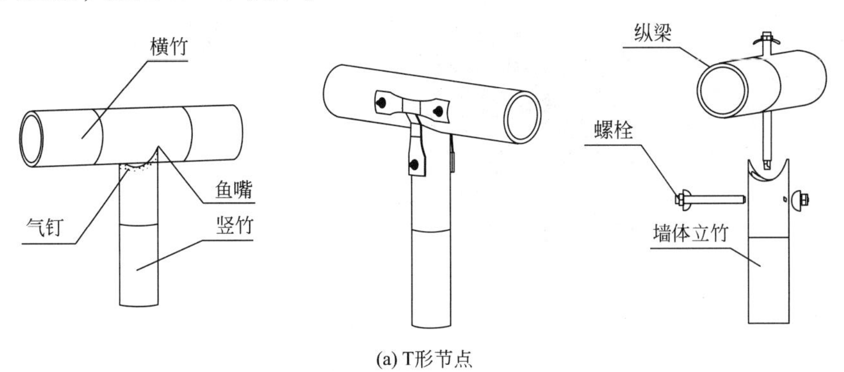

图 7.1-1　T 形、 K 形、十字形及一字形节点（一）

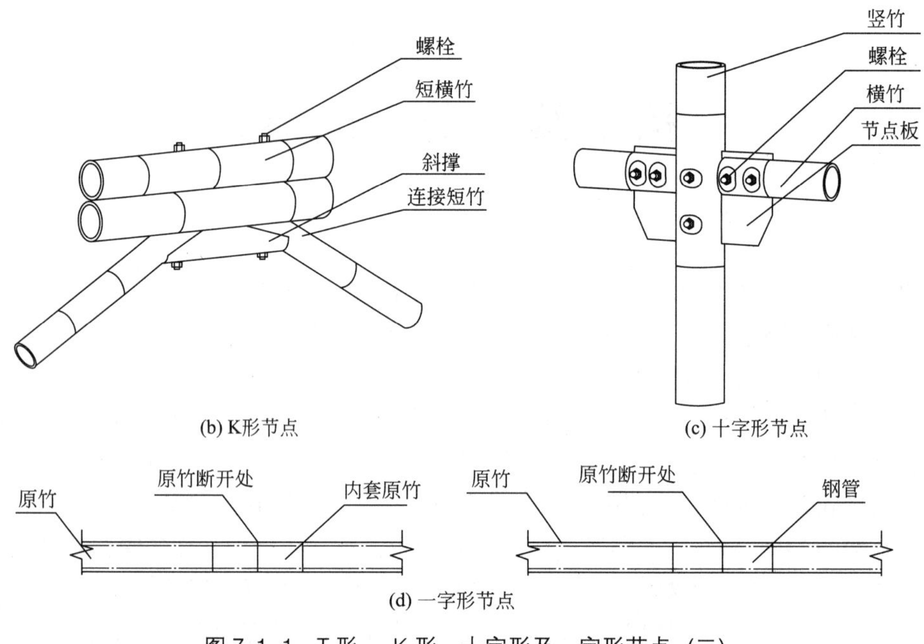

(b) K形节点 (c) 十字形节点

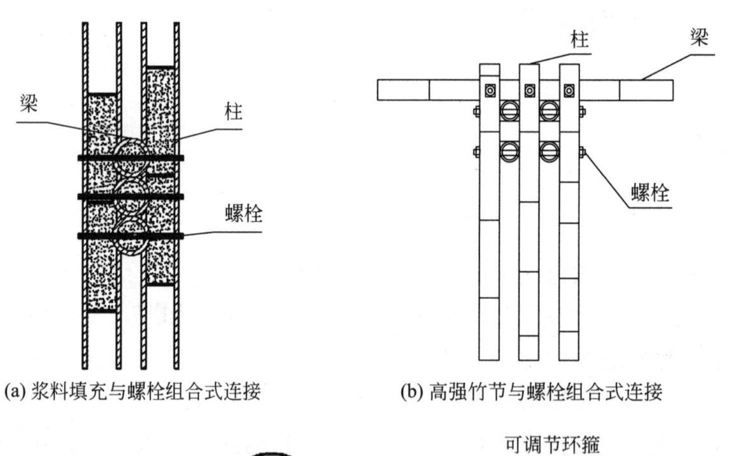

(d) 一字形节点

图 7.1-1 T形、K形、十字形及一字形节点（二）

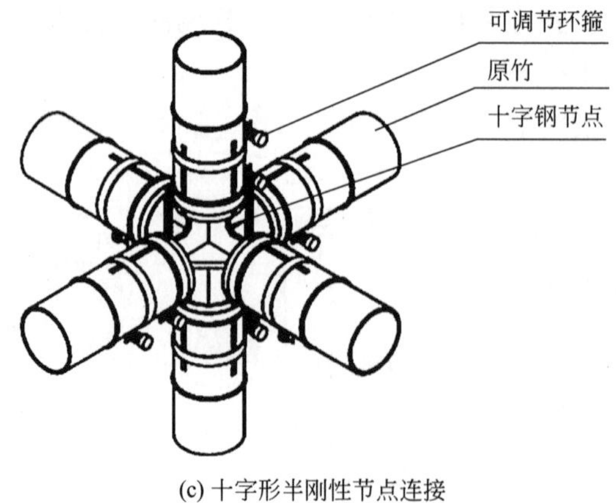

(a) 浆料填充与螺栓组合式连接 (b) 高强竹节与螺栓组合式连接

(c) 十字形半刚性节点连接

图 7.1-2 梁柱连接节点

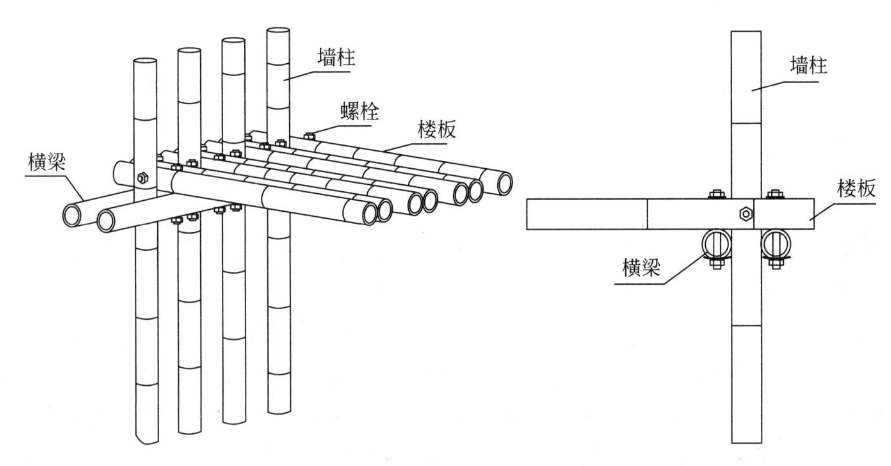

图 7. 1–3　墙梁板的连接做法

圆竹立柱与基础通过预埋钢构件进行连接，其中可用的预埋件有钢筋、钢管及弧形钢板等，还可以通过弧形片 L 形件连接，常见连接构造如图 7. 1–4 所示。

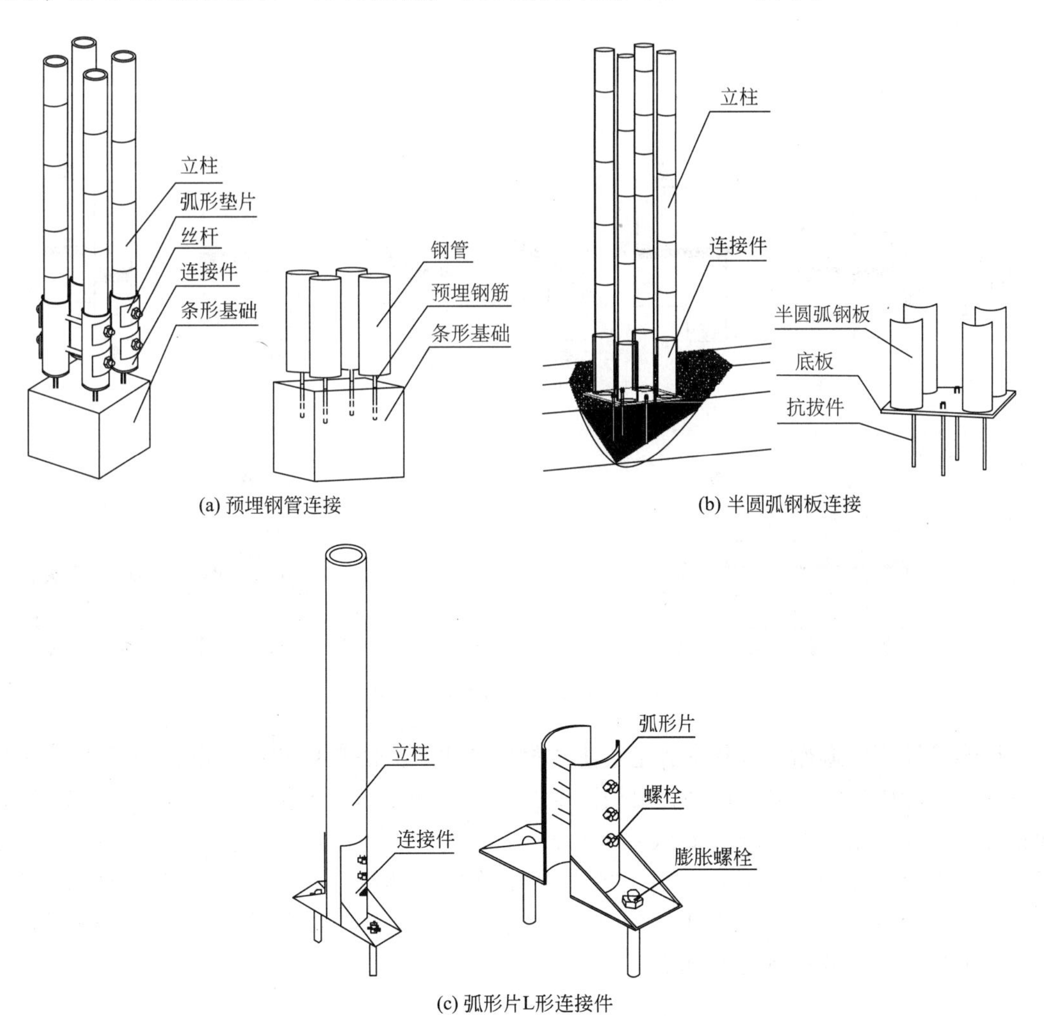

图 7. 1–4　柱基础连接节点

7.2 销连接概念

螺钉和销、钉等细而长的杆状连接件统称为销轴连接件。它们的力学特点是承受的荷载与连接件本身长度方向垂直，以销发生弯曲和销槽木材受压为基础，故称抗“剪”连接。Johanse 提出的“屈服理论”，即欧洲屈服模式（EYM），已被广泛用于销连接承载能力计算理论，并在各国现行木结构设计标准中应用，如中国《木结构设计标准》GB 50005—2017、美国 NDS-2018、欧洲 Eurocode 5 等。EYM 假设木材销槽承压和销承弯的应力-应变关系均为刚塑性模型，并以连接产生 0.05d（d 为销直径）塑性变形为承载力极限状态的标志。木结构螺栓连接设计计算中区分单剪螺栓连接和双剪螺栓连接，根据对称性可知，双剪螺栓连接承载力是与其破坏模式相同的单剪螺栓连接的 2 倍。以单剪螺栓连接为例，图 7.2-1 为不同厚度和强度下木构件典型单剪连接的屈服模式，包括销槽承压屈服和销屈服。

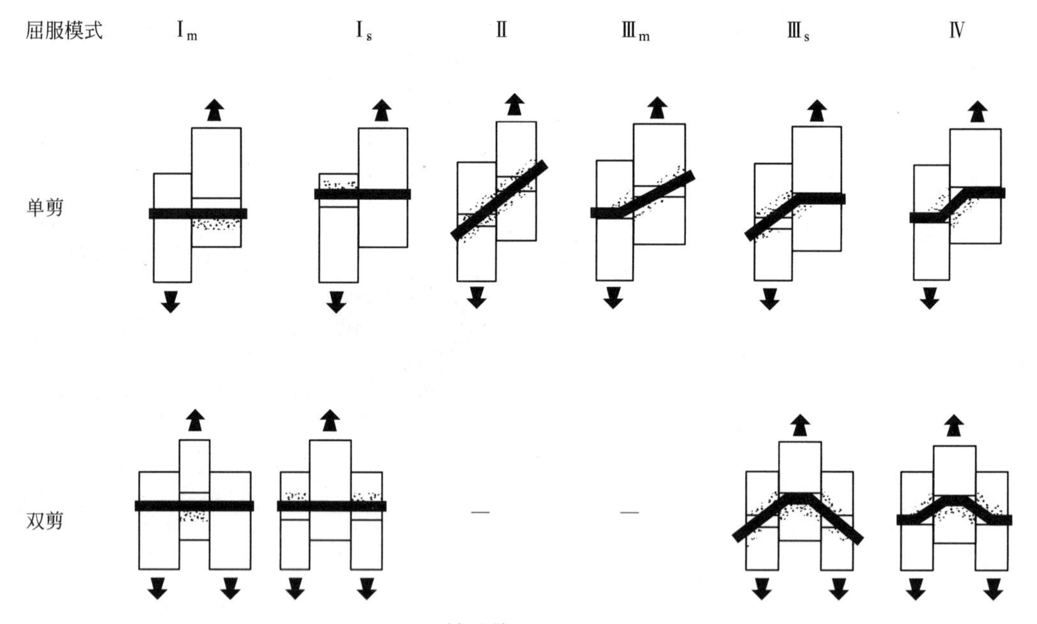

图 7.2-1 销连接 Johanse 屈服模式

销连接计算应遵循如下基本假定：①竹材可产生较大的挤压塑性变形，当发生竹材承压或钢销承弯破坏时，应力达到各自极限值并保持不变，而变形仍能继续发展。②销在出现塑性铰之前，销轴始终保持直线；在出现塑性铰之后，销轴以塑性铰为界形成分段直线。③由于竹壁较薄且销孔和销径存在间隙，竹构件外侧销孔无法阻止销的自由转动。④单剪连接时，由于外力和挤压力的合力不在同一直线上，由此所产生的弯矩可不予考虑，且销与销槽间的摩擦力也可忽略。

7.3　原竹螺栓连接

表 7.3-1 为不同强度和厚度下，原竹螺栓连接的典型单剪、对称双剪连接屈服模式（注：竹构件不允许发生端部剪出和劈裂破坏）。其中，销槽承压与销承弯各包含 3 种屈服模式。

销连接的屈服模式　　　　**表 7.3-1**

屈服模式		单剪连接		对称双剪连接
		1	2	
Ⅰ	1	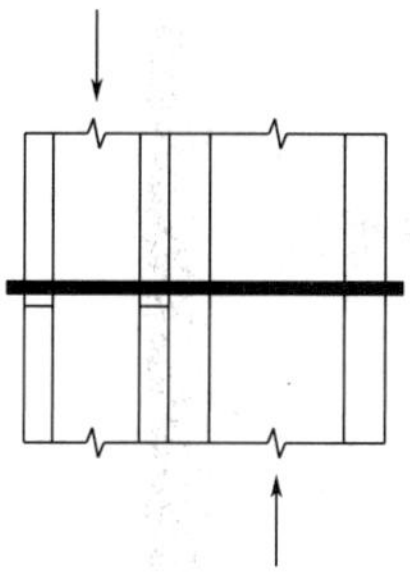	—	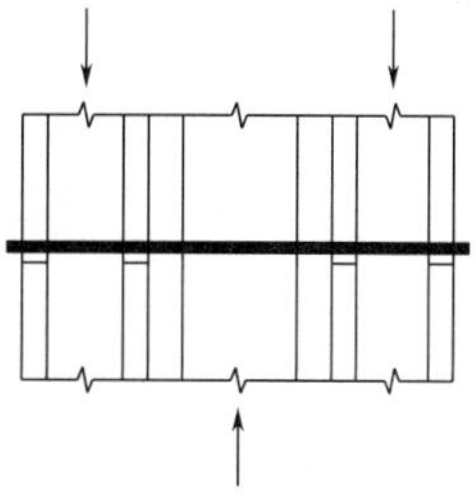
	2	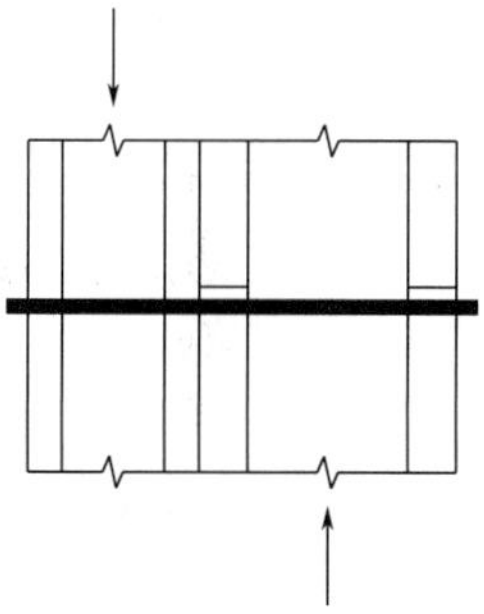	—	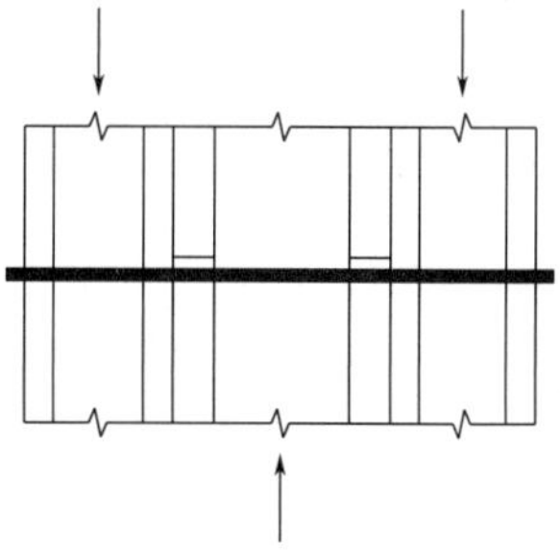
Ⅱ		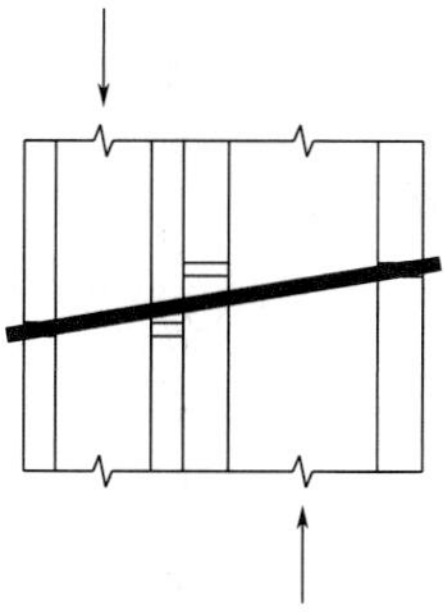	—	—

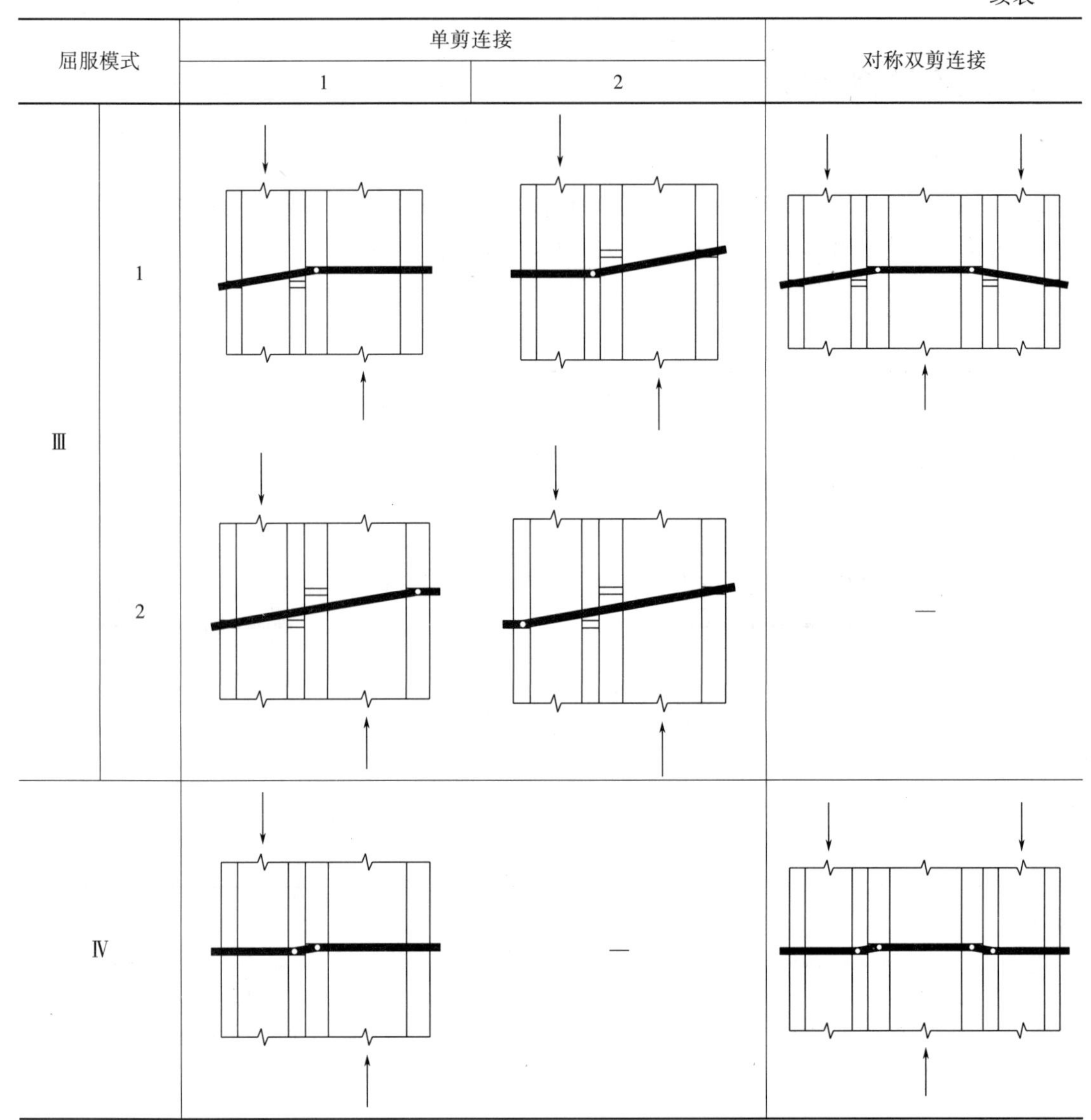

7.4 原竹螺栓单剪连接的 Johansen 极限荷载

推导公式时采用了下列符号：

d_h——销轴类紧固件的直径（mm）；

d_s——竹壁较薄构件或边部构件的直径（mm）；

d_m——竹壁较厚构件或中部构件的直径（mm）；

t——构件的壁厚（mm）；

f_{es}——竹壁较薄构件或边部构件销槽承压强度标准值（N/mm^2）；

f_{em}——竹壁较厚构件或中部构件销槽承压强度标准值（N/mm^2）；
R_d——每一剪面的设计抗力（N）；
x_s——竹壁较薄构件或边部构件中竹壁单向承压屈服的长度（mm）；
x_m——竹壁较厚构件或中部构件中竹壁单向承压屈服的长度（mm）；
α——为 f_{em}/f_{es}；
β——为 d_m/d_s；
γ——为 t/d；
f_{yk}——销轴类紧固件屈服强度标准值（N/mm^2）；
$M_{y,d}$——销轴类紧固件抗弯屈服弯矩（N·mm），$M_{y,d}=\frac{\pi}{32}k_w f_{yk} d_h^3$，考虑塑性并不充分发展，取 $k_w\approx1.4$；
k_{ep}——弹塑性强化系数。当采用Q235钢等具有明显屈服性能的钢材时，取 $k_{ep}=1.0$；当采用其他钢材时，应按具体的弹塑性强化性能确定，其强化性能无法确定时，仍应取 $k_{ep}=1.0$。

7.4.1 销槽承压屈服

1. 屈服模式 Ⅰ₁

若单剪连接中竹壁较薄构件（壁厚 γd_s）的销槽承压强度较低，而竹壁较厚构件（壁厚 γd_m）的销槽承压强度较高（双剪连接中壁厚 γd_s 为边部构件、壁厚 γd_m 为中部构件），且竹壁较厚构件对销有足够的钳制力不使其转动，则竹壁较薄构件将沿销槽全长 $2\gamma d_s$ 均达到销槽承压强度 f_{es} 而失效，为屈服模式 I_1，如图7.4-1及式（7.4-1）所示。

$$R_d=2\gamma f_{es}d_s d_h \tag{7.4-1}$$

2. 屈服模式 Ⅰ₂

若两构件的销槽承压强度相同或竹壁较厚构件的销槽承压强度较低，较薄构件对销有足够的钳制力不使其转动，则竹壁较厚构件将沿销槽全长 $2\gamma d_m$ 均达到销槽承压强度 f_{em} 而失效，为屈服模式 I_2，如图7.4-2及式（7.4-2）所示。

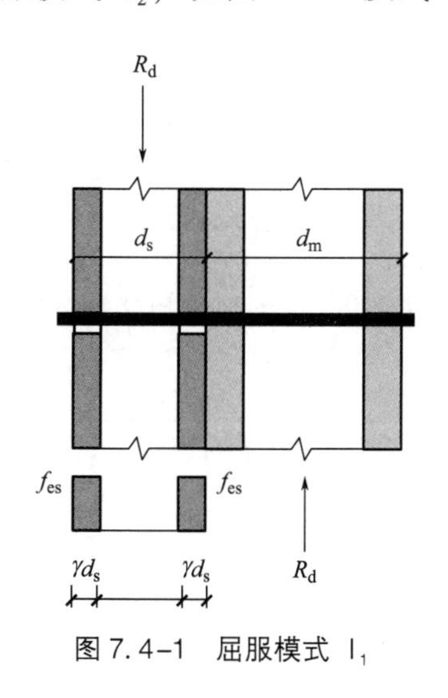

图7.4-1 屈服模式 Ⅰ₁

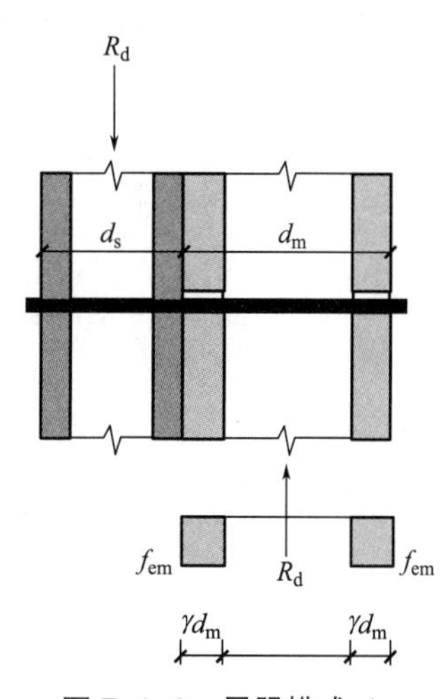

图7.4-2 屈服模式 Ⅰ₂

$$R_d = 2\alpha\beta\gamma f_{es} d_s d_h \tag{7.4-2}$$

3. 屈服模式 Ⅱ

若竹壁较厚构件的壁厚 γd_m 不足或较薄构件的销槽承压强度较低，两者对销均无足够的钳制力，销发生刚体转动，导致竹壁较薄、较厚构件均有部分长度的销槽达到承压强度 f_{es}、f_{em} 而失效，为屈服模式 Ⅱ，如图 7.4-3 及式（7.4-3）所示。

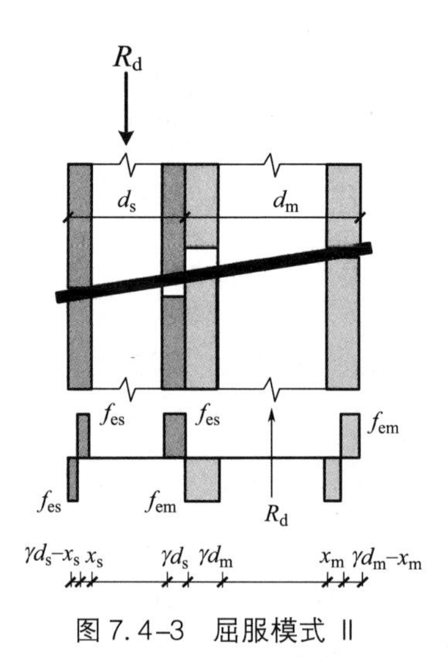

图 7.4-3 屈服模式 Ⅱ

$$R_d = f_{es}(\gamma d_s + x_s)d_h - f_{es}(\gamma d_s - x_s)d_h = f_{em}(\gamma d_m + x_m)d_h - f_{em}(\gamma d_m - x_m)d_h \tag{7.4-3}$$

解之得

$$x_s = \alpha x_m \tag{7.4-4}$$

$$\begin{aligned}\text{界面处弯矩} &= f_{es}(\gamma d_s - x_s)d_h\left[d_s - \frac{1}{2}(\gamma d_s - x_s)\right] - f_{es}x_s d_h\left(d_s - \gamma d_s + \frac{x_s}{2}\right) - \frac{f_{es}}{2}d_h\gamma^2 d_s^2 \\ &= \frac{f_{em}}{2}d_h\gamma^2 d_m^2 + f_{em}x_m d_h\left(d_m - \gamma d_m + \frac{x_m}{2}\right) - f_{em}(\gamma d_m - x_m)d_h\left[d_m - \frac{1}{2}(\gamma d_m - x_m)\right]\end{aligned} \tag{7.4-5}$$

将 $x_m = \dfrac{x_s}{\alpha}$，$\alpha = \dfrac{f_{em}}{f_{es}}$ 代入后得

$$\left(1 + \frac{1}{\alpha}\right)x_s^2 + 2d_s(1-\gamma)(1+\beta)x_s - (\gamma - \gamma^2 - \alpha\beta\gamma^2 + \alpha\beta\gamma)d_s^2 = 0 \tag{7.4-6}$$

解之求 x_s 得

$$x_s = \frac{-(1-\gamma)(1+\beta) + \sqrt{(1-\gamma)^2(1+\beta)^2 + \left(1 + \frac{1}{\alpha}\right)(1+\alpha\beta^2)(1-\gamma)\gamma}}{1 + \frac{1}{\alpha}}d_s \tag{7.4-7}$$

由前述知 $R_d = f_{es}(\gamma d_s + x_s)d_h - f_{es}(\gamma d_s - x_s)d_h = 2f_{es}x_s d_h$，故

$$R_d = 2\frac{-(1-\gamma)(1+\beta)+\sqrt{(1-\gamma)^2(1+\beta)^2+\left(1+\frac{1}{\alpha}\right)(1+\alpha\beta^2)(1-\gamma)\gamma}}{1+\frac{1}{\alpha}}f_{es}d_sd_h \tag{7.4-8}$$

7.4.2 销承弯屈服

1. 屈服模式 Ⅲ$_{1,1}$， Ⅲ$_{1,2}$

若竹壁较薄构件的销槽承压强度较低且壁厚较薄，而竹壁较厚构件销槽承压强度较高且壁厚较厚，则竹壁较厚构件对销有足够的钳制力，销在竹壁较厚构件的内壁出现塑性铰，为屈服模式 Ⅲ$_{1,1}$，如图 7.4-4 及式（7.4-9）所示。

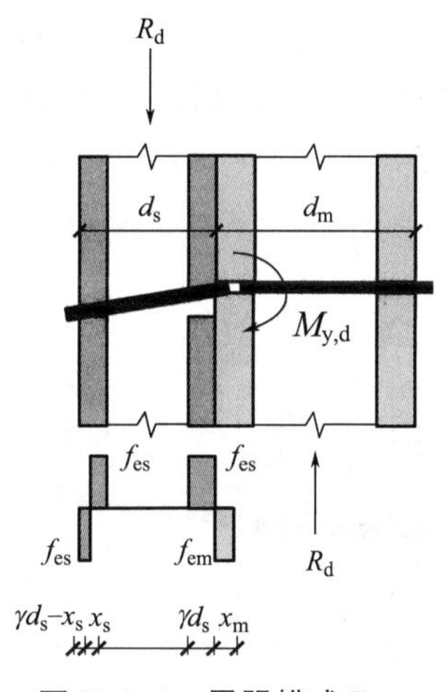

图 7.4-4 屈服模式 Ⅲ$_{1,1}$

在最大弯矩处切力等于 0，因此

$$f_{es}(\gamma d_s - x_s)d_h - f_{es}x_sd_h - f_{es}\gamma d_sd_h + f_{em}x_md_h = 0 \tag{7.4-9}$$

将 $\alpha = \frac{f_{em}}{f_{es}}$ 代入后得

$$x_s = \frac{\alpha}{2}x_m \tag{7.4-10}$$

$$M_{y,d} = -f_{es}(\gamma d_s - x_s)d_h\left[x_m + d_s - \frac{1}{2}(\gamma d_s - x_s)\right] + f_{es}x_sd_h\left(x_m + d_s - \gamma d_s + \frac{x_s}{2}\right) + f_{es}\gamma d_sd_h\left(\frac{\gamma d_s}{2} + x_m\right) - \frac{f_{em}}{2}d_hx_m^2 \tag{7.4-11}$$

$$M_{y,d} = 0.137k_{ep}f_{yk}d_h^3 \tag{7.4-12}$$

由上面两式相等，并代入 $x_m = \frac{2}{\alpha}x_s$，$\alpha = \frac{f_{em}}{f_{es}}$ 后得

$$\left(1+\frac{2}{\alpha}\right)x_s^2 - 2d_s(\gamma - 1)x_s - \gamma d_s^2 + \gamma^2d_s^2 - 0.137k_{ep}\frac{d_h^2f_{yk}}{d_s^2f_{es}} = 0 \tag{7.4-13}$$

解之求 x_s 得

$$x_s = \frac{\gamma - 1 + \sqrt{(\gamma - 1)^2 + \left(1 + \frac{2}{\alpha}\right)\left[\gamma(1 - \gamma) + 0.137k_{ep}\frac{d_h^2 f_{yk}}{d_s^2 f_{es}}\right]}}{1 + \frac{2}{\alpha}} d_s \quad (7.4-14)$$

由前述知 $R_d = -f_{es}(\gamma d_s - x_s)d_h + f_{es}x_s d_h + f_{es}\gamma d_s d_h = 2f_{es}x_s d_h$，故

$$R_d = 2\frac{\gamma - 1 + \sqrt{(\gamma - 1)^2 + \left(1 + \frac{2}{\alpha}\right)\left[\gamma(1 - \gamma) + 0.137k_{ep}\frac{d_h^2 f_{yk}}{d_s^2 f_{es}}\right]}}{1 + \frac{2}{\alpha}} f_{es}d_s d_h$$

(7.4-15)

若竹壁较薄构件的销槽承压强度较高，而竹壁较厚构件销槽承压强度较低且壁厚与竹壁较薄构件的壁厚相近，则竹壁较薄构件对销有足够的钳制力，销在竹壁较薄构件的内壁出现塑性铰，为屈服模式 Ⅲ$_{1,2}$，如图 7.4-5 及式（7.4-16）所示。

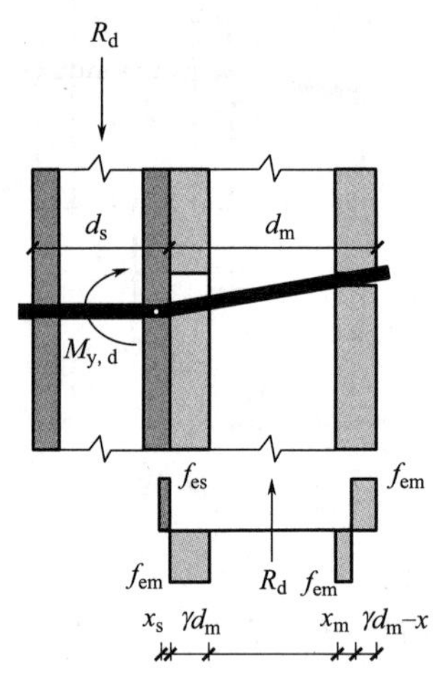

图 7.4-5 屈服模式 Ⅲ$_{1,2}$

在最大弯矩处切力等于 0，因此

$$f_{es}x_s d_h - f_{em}\gamma d_m d_h - f_{em}x_m d_h + f_{em}(\gamma d_m - x_m)d_h = 0 \quad (7.4-16)$$

将 $\alpha = \frac{f_{em}}{f_{es}}$ 代入后得

$$x_s = 2\alpha x_m \quad (7.4-17)$$

$$M_{y,d} = -\frac{f_{es}}{2}d_h x_s^2 + f_{em}\gamma d_m d_h\left(\frac{\gamma d_m}{2} + x_s\right) + f_{em}x_m d_h\left(x_s + d_m - \gamma d_m + \frac{x_m}{2}\right) - f_{em}(\gamma d_m - x_m)d_h\left[x_s + d_m - \frac{1}{2}(\gamma d_m - x_m)\right] \quad (7.4-18)$$

$$M_{y,d} = 0.137k_{ep}f_{yk}d_h^3 \quad (7.4-19)$$

由上面两式相等，并代入 $x_m = \dfrac{x_s}{2\alpha}$，$\alpha = \dfrac{f_{em}}{f_{es}}$ 后得

$$\left(\frac{1}{2}+\frac{1}{4\alpha}\right)x_s^2 - \beta(\gamma-1)d_s x_s - \left(\alpha\beta^2\gamma - \alpha\beta^2\gamma^2 + 0.137k_{ep}\frac{d_h^2 f_{yk}}{d_s^2 f_{es}}\right)d_s^2 = 0 \quad (7.4\text{-}20)$$

解之求 x_s 得

$$x_s = \frac{\beta(\gamma-1) + \sqrt{\beta^2(\gamma-1)^2 + 4\left(\frac{1}{2}+\frac{1}{4\alpha}\right)(1-\gamma)\gamma\alpha\beta^2 + 0.137k_{ep}\frac{d_h^2 f_{yk}}{d_s^2 f_{es}}}}{2\left(\frac{1}{2}+\frac{1}{4\alpha}\right)}d_s$$

(7.4-21)

由前述知 $R_d = f_{es}x_s d_h$，故

$$R_d = \frac{\beta(\gamma-1) + \sqrt{\beta^2(\gamma-1)^2 + 4\left(\frac{1}{2}+\frac{1}{4\alpha}\right)(1-\gamma)\gamma\alpha\beta^2 + 0.137k_{ep}\frac{d_h^2 f_{yk}}{d_s^2 f_{es}}}}{2\left(\frac{1}{2}+\frac{1}{4\alpha}\right)}f_{es}d_s d_h$$

(7.4-22)

2. 屈服模式 $Ⅲ_{2,1}$，$Ⅲ_{2,2}$

若竹壁较薄构件的销槽承压强度较低，而竹壁较厚构件销槽承压强度较高且两构件的壁厚相近，则竹壁较厚构件对销有足够的钳制力，销在竹壁较厚构件的外壁出现塑性铰，为屈服模式 $Ⅲ_{2,1}$，如图 7.4-6 及式（7.4-23）所示。

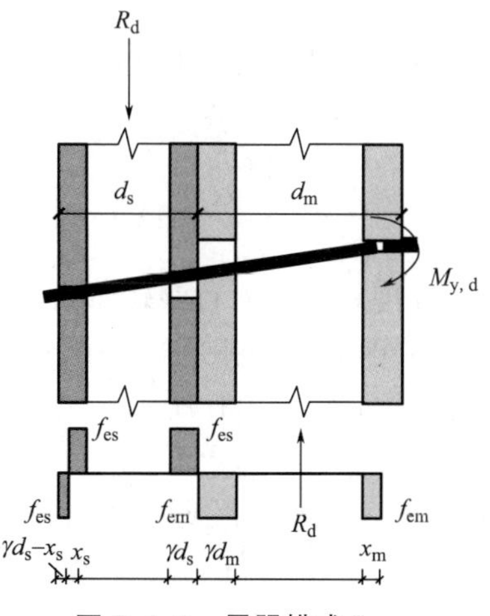

图 7.4-6 屈服模式 $Ⅲ_{2,1}$

在最大弯矩处切力等于 0，因此

$$f_{es}(\gamma d_s - x_s)d_h - f_{es}x_s d_h - f_{es}\gamma d_s d_h + f_{em}\gamma d_m d_h + f_{em}x_m d_h = 0 \quad (7.4\text{-}23)$$

将 $\alpha = \dfrac{f_{em}}{f_{es}}$ 代入后得

$$x_m = \frac{2}{\alpha}x_s - \gamma\beta d_s \tag{7.4-24}$$

$$\begin{aligned} M_{y,d} = & -f_{es}(\gamma d_s - x_s)d_h\left[d_s - \frac{1}{2}(\gamma d_s - x_s) + d_m - \gamma d_m + x_m\right] \\ & + f_{es}x_s d_h\left(d_s - \gamma d_s + \frac{x_s}{2} + d_m - \gamma d_m + x_m\right) + f_{es}\gamma d_s d_h\left(\frac{\gamma d_s}{2} + d_m - \gamma d_m + x_m\right) \\ & - f_{es}x_s d_h + f_{em}\gamma d_m d_h\left(d_m - \frac{\gamma d_m}{2} + x_m - \gamma d_m\right) - \frac{f_{em}d_h x_c^2}{2} \end{aligned} \tag{7.4-25}$$

$$M_{y,d} = 0.137k_{ep}f_{yk}d_h^3 \tag{7.4-26}$$

由上面两式相等，并代入 $x_m = \frac{2}{\alpha}x_s - \gamma\beta d_s$，$\alpha = \frac{f_{em}}{f_{es}}$ 后得

$$\left(1 + \frac{2}{\alpha}\right)x_s^2 - 2d_s(\gamma - 1 - \beta + 2\beta\gamma)x_s - \left(\gamma - \gamma^2 + \alpha\beta^2\gamma - 2\alpha\beta^2\gamma^2 + 0.137k_{ep}\frac{d_h^2 f_{yk}}{d_s^2 f_{es}}\right)d_s^2 = 0 \tag{7.4-27}$$

解之求 x_s 得

$$x_s = \frac{(\gamma-1-\beta+2\beta\gamma) + \sqrt{(\gamma-1-\beta+2\beta\gamma)^2 + \left(1+\frac{2}{\alpha}\right)\left[\gamma(1-\gamma) + \alpha\beta^2\gamma(1-2\gamma) + 0.137k_{ep}\frac{d_h^2 f_{yk}}{d_s^2 f_{es}}\right]}}{1+\frac{2}{\alpha}}d_s \tag{7.4-28}$$

由前述知 $R_d = -f_{es}(\gamma d_s - x_s)d_h + f_{es}x_s d_h + f_{es}\gamma d_s d_h = 2f_{es}x_s d_h$，故

$$R_d = 2\frac{(\gamma-1-\beta+2\beta\gamma) + \sqrt{(\gamma-1-\beta+2\beta\gamma)^2 + \left(1+\frac{2}{\alpha}\right)\left[\gamma(1-\gamma) + \alpha\beta^2\gamma(1-2\gamma) + 0.137k_{ep}\frac{d_h^2 f_{yk}}{d_s^2 f_{es}}\right]}}{1+\frac{2}{\alpha}}f_{es}d_s d_h \tag{7.4-29}$$

若竹壁较薄构件的销槽承压强度较高，而竹壁较厚构件销槽承压强度较低且两构件的壁厚相近，则竹壁较薄构件对销有足够的钳制力，销在竹壁较薄构件的外壁出现塑性铰，为屈服模式 $Ⅲ_{2,2}$，如图 7.4-7 及式（7.4-30）所示。

在最大弯矩处切力等于 0，因此

$$f_{es}x_s d_h + f_{es}\gamma d_s d_h - f_{em}\gamma d_m d_h - f_{em}x_m d_h + f_{em}(\gamma d_m - x_m)d_h = 0 \tag{7.4-30}$$

将 $\alpha = \frac{f_{em}}{f_{es}}$ 代入后得

$$x_s = 2\alpha x_m - \frac{\gamma}{\beta}d_m \tag{7.4-31}$$

$$\begin{aligned} M_{y,d} = & -\frac{f_{es}d_h x_s^2}{2} - f_{es}\gamma d_s d_h\left(x_s + d_s - 2\gamma d_s + \frac{\gamma d_s}{2}\right) + f_{em}\gamma d_m d_h\left(d_s - \gamma d_s + x_s + \frac{\gamma d_m}{2}\right) \\ & + f_{em}x_m d_h\left(d_s - \gamma d_s + x_s + d_m - \gamma d_m + \frac{x_m}{2}\right) \end{aligned}$$

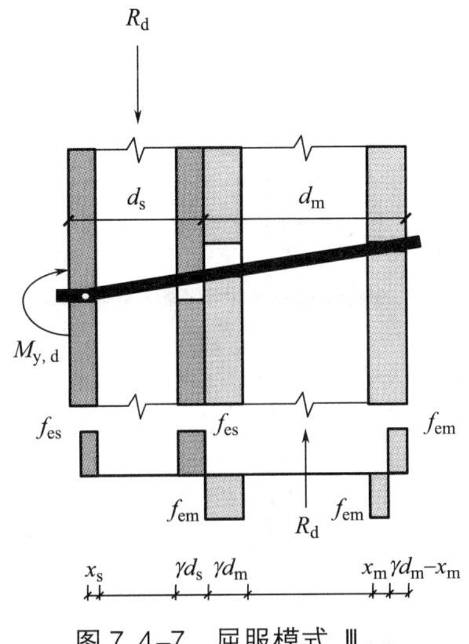

图 7.4-7 屈服模式 Ⅲ$_{2,2}$

$$-f_{em}(\gamma d_m - x_m)d_h\left(d_s - \gamma d_s + x_s + d_m - \frac{\gamma d_m - x_m}{2}\right) \tag{7.4-32}$$

$$M_{y,d} = 0.137k_{ep}f_{yk}d_h^3 \tag{7.4-33}$$

由上面两式相等，并代入 $x_s = 2\alpha x_m - \frac{\gamma}{\beta}d_m$，$\alpha = \frac{f_{em}}{f_{es}}$ 后得

$$(1+2\alpha)x_m^2 - \left(-\frac{2}{\beta} + \frac{4\gamma}{\beta} - 2 + 2\gamma\right)d_m x_m - \left(\frac{\gamma}{\alpha\beta^2} - \frac{2\gamma^2}{\alpha\beta^2} - \gamma^2 + \gamma + 0.137k_{ep}\frac{d_h^2 f_{yk}}{d_m^2 f_{em}}\right)d_m^2 = 0 \tag{7.4-34}$$

解之求 x_m 得

$$x_m = \frac{-\left(\frac{1}{\beta} - \frac{2\gamma}{\beta} + 1 - \gamma\right) + \sqrt{\left(\frac{1}{\beta} - \frac{2\gamma}{\beta} + 1 - \gamma\right)^2 - (1+2\alpha)\left[\frac{\gamma}{\alpha\beta^2}(2\gamma-1) + \gamma(\gamma-1) - 0.137k_{ep}\frac{d_h^2 f_{yk}}{d_m^2 f_{em}}\right]}}{1+2\alpha}d_m \tag{7.4-35}$$

由前述知 $R_d = f_{em}\gamma d_m d_h + f_{em}x_m d_h - f_{em}(\gamma d_m - x_m)d_h = 2f_{em}x_m d_h$，故

$$R_d = 2\frac{\frac{1}{\beta} - \frac{2\gamma}{\beta} + 1 - \gamma + \sqrt{\left(\frac{1}{\beta} - \frac{2\gamma}{\beta} + 1 - \gamma\right)^2 - (1+2\alpha)\left[\frac{\gamma}{\alpha\beta^2}(2\gamma-1) + \gamma(\gamma-1) - 0.137k_{ep}\frac{d_h^2 f_{yk}}{d_m^2 f_{em}}\right]}}{1+2\alpha}f_{em}d_m d_h \tag{7.4-36}$$

3. 屈服模式 Ⅳ

若两构件的销槽承压强度均较高，或销的直径 d_h 较小，则两构件的内壁中均出现塑性铰而失效，为屈服模式 Ⅳ，如图 7.4-8 及式（7.4-37）所示。

在最大弯矩处切力等于 0，因此

$$f_{es}x_s d_h - f_{em}x_m d_h = 0 \tag{7.4-37}$$

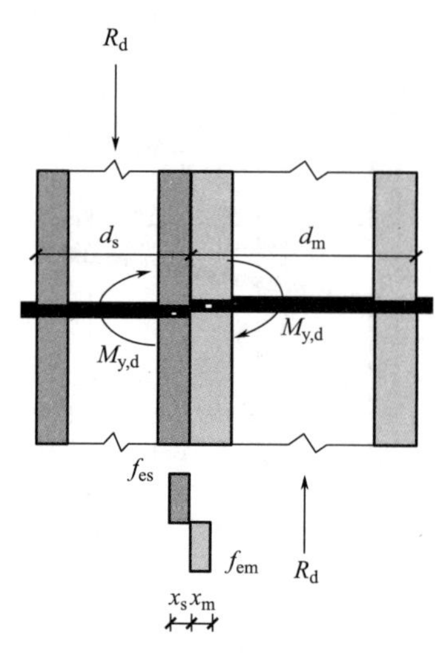

图 7.4–8　屈服模式 Ⅳ

将 $\alpha = \dfrac{f_{em}}{f_{es}}$ 代入后得

$$x_m = \frac{x_s}{\alpha} \tag{7.4-38}$$

$$M_{y,d} + M_{y,d} = f_{es} x_s d_h \left(\frac{x_s}{2} + x_m \right) - \frac{f_{em} d_h x_m^2}{2} \tag{7.4-39}$$

代入 $x_m = \dfrac{x_s}{\alpha}$，$\alpha = \dfrac{f_{em}}{f_{es}}$ 后解得

$$x_s = \sqrt{\frac{0.548 \dfrac{k_{ep} f_{yk} d_h^2}{f_{es}}}{1 + \dfrac{1}{\alpha}}} \tag{7.4-40}$$

由前述知 $R_d = f_{es} x_s d_h$，故

$$R_d = \sqrt{\frac{0.548 \dfrac{k_{ep} f_{yk} d_h^2}{f_{es}}}{1 + \dfrac{1}{\alpha}}} f_{es} d_h \tag{7.4-41}$$

7.5　原竹螺栓对称双剪连接的 Johansen 极限荷载

对于对称双剪连接，由于对称受力，仅有 Ⅰ$_1$、Ⅰ$_2$ 和Ⅱ、Ⅲ等 4 种屈服模式。

7.5.1 销槽承压屈服

屈服模式 Ⅰ$_1$，Ⅰ$_2$

若对称双剪连接中边部构件（壁厚 γd_s）的销槽承压强度较低，而中部构件（壁厚 γd_m）的销槽承压强度较高，且边部构件对销有足够的钳制力不使其转动，则边部构件将沿销槽全长 $2\gamma d_s$ 均达到销槽承压强度 f_{es} 而失效，为屈服模式Ⅰ$_1$，如图7.5-1及式（7.5-1）所示。

$$R_d = 2\gamma f_{es} d_s d_h \tag{7.5-1}$$

若三个构件的销槽承压强度相同或中部构件的销槽承压强度较低，边部构件对销有足够的钳制力不使其转动，则中部构件将沿销槽全长 $2\gamma d_m$ 均达到销槽承压强度 f_{em} 而失效，为屈服模式 Ⅰ$_2$，如图7.5-2及式（7.5-2）所示。

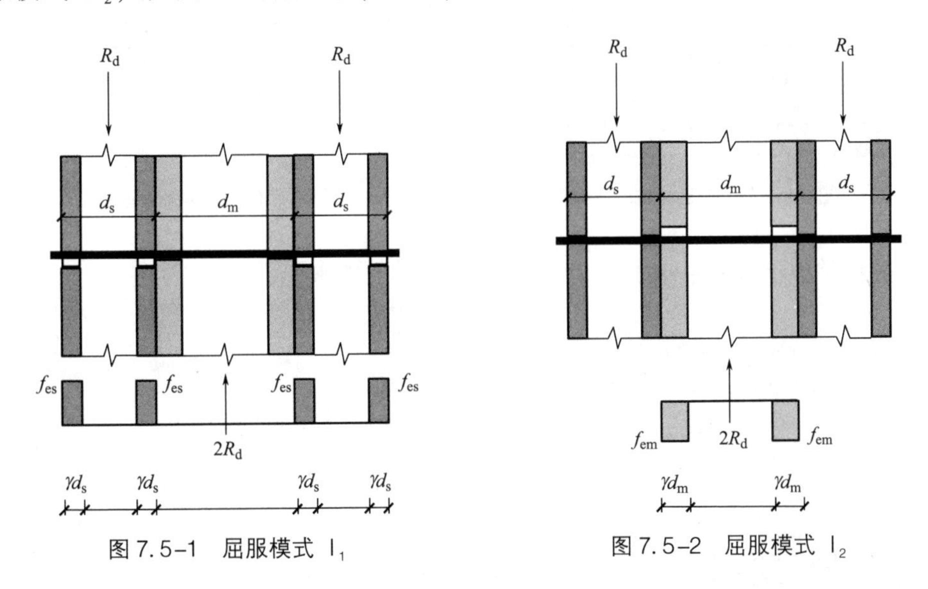

图7.5-1 屈服模式 Ⅰ$_1$

图7.5-2 屈服模式 Ⅰ$_2$

$$R_d = \alpha\beta\gamma f_{es} d_s d_h \tag{7.5-2}$$

7.5.2 销承弯屈服

1. 屈服模式 Ⅱ

若边部构件的销槽承压强度较低且壁厚较薄，而中部构件销槽承压强度较高且壁厚较厚，则中部构件对销有足够的钳制力，销在中部构件的内壁出现塑性铰，为屈服模式Ⅱ，如图7.5-3及式（7.5-3）所示。

公式推导类似于式（7.4-15）

$$R_d = 2\frac{\gamma - 1 + \sqrt{(\gamma-1)^2 + \left(1+\dfrac{2}{\alpha}\right)\left[\gamma(1-\gamma) + 0.137k_{ep}\dfrac{d_h^2 f_{yk}}{d_s^2 f_{es}}\right]}}{1+\dfrac{2}{\alpha}} f_{es} d_s d_h \tag{7.5-3}$$

2. 屈服模式Ⅲ

若两构件的销槽承压强度均较高，或销的直径 d_h 较小，则三个构件中均出现塑性铰而失效，为屈服模式Ⅲ，如图 7.5-4 及式（7.5-4）所示。

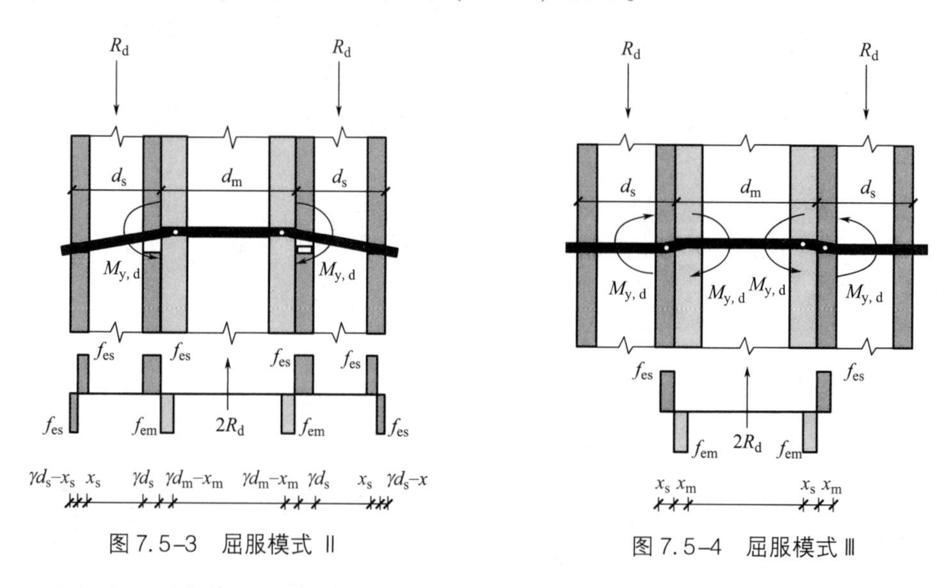

图 7.5-3　屈服模式 Ⅱ　　　图 7.5-4　屈服模式 Ⅲ

公式推导类似于（7.4-41）

$$R_d = \sqrt{\frac{0.548\dfrac{k_{ep} f_{yk} d_h^2}{f_{es}}}{1 + \dfrac{1}{\alpha}}} f_{es} d_h \tag{7.5-4}$$

7.6 原竹螺钉连接

由于对原竹进行钻孔并进行螺栓连接存在局限性，简单易行的螺钉连接开始受到学术和工程界的广泛关注。该提案是对 ISO 22156 中全秆竹结构不允许使用螺钉或钉子规定的突破。Harries 等和 Trujillo 等研究了螺钉嵌入竹壁后的拔出能力，为原竹螺钉连接提供了一些有用的结论。然而，目前尚无原竹螺钉连接中抗侧性能的相关研究。本节基于准静态单调拉剪试验，明确破坏机理和荷载-滑移关系，研究螺钉直径和类型、预钻孔、钢板厚度和竹板厚度对连接屈服强度、极限强度及延性的影响规律，并与现有承载力设计模型的预测进行了比较，提出了新的承载力预测公式。此外，比较了 Folz 模型预测原竹钉接的荷载滑移关系准确性。

7.6.1 原竹螺钉连接试验

1. 试件设计

由于目前尚无原竹钉连接的测试标准，参考木结构、重组竹结构及冷弯薄壁型钢结构中螺钉连接抗侧性能的测试方法，研究螺钉类型、螺钉直径、钢板厚度对连接抗剪性能的影响。对两种连接类型（第1类为原竹与原竹连接，第2类为原竹与钢板连接）的27个试件进行单剪抗侧承载力试验。各组试件的关键参数见表7.6-1。BBT-3、BBT-4、BBT-5和BBT-6组试件均采用自攻螺钉（STS），除了螺钉直径分别为3mm、4mm、5mm和6mm外，其余参数相同。为了避免竹片劈裂，在BBT-5和BBT-6组试件的竹片上分别预钻4mm、5mm的钉孔。BBD-4.2和BBD-4.8组使用的螺钉分别为直径4.2mm和4.8mm的自钻自攻螺钉（SDS）。在BSD-4.2-0.8、BSD-4.2-1.5和BSD-4.2-3.0组中研究了原竹与不同厚度钢板间的连接。由于STS无法钻透钢板，因此BSD类试件中采用SDS。试验竹片实测厚度在6.0~8.0mm范围之间，表7.6-1中标准试件的部件尺寸为名义值。

试件设计参数 **表7.6-1**

试件编号	连接类型	连接部件1	连接部件2	螺钉类型	试件数目
BBT-3-1,2,3	竹与竹	原竹	原竹	STS-3	3
BBT-4-1,2,3				STS-4	3
BBT-5-1,2,3				STS-5	3
BBT-6-1,2,3				STS-6	3
BBD-4.2-1,2,3				SDS-4.2	3
BBD-4.8-1,2,3				SDS-4.8	3
BSD-4.2-0.8-1,2,3	竹与钢		钢	SDS-4.2	3
BSD-4.2-1.5-1,2,3				SDS-4.2	3
BSD-4.2-3.0-1,2,3				SDS-4.2	3

注：BBT-3-1表示第1个直径3mm的STS连接原竹与原竹的试件，BSD-4.2-0.8-1为第1个直径4.2mm的SDS连接原竹与0.8mm厚钢板的试件，以此类推。

螺钉边距和端距的取值在参考木材连接基础上，进一步保守取值，以保证原竹不发生劈裂破坏。最终设置连接板件的宽为40mm，长度为300mm。螺钉在板宽中间，距板端65mm。在原竹与钢板连接中，螺钉从钢板穿向原竹。试件详情见图7.6-1。

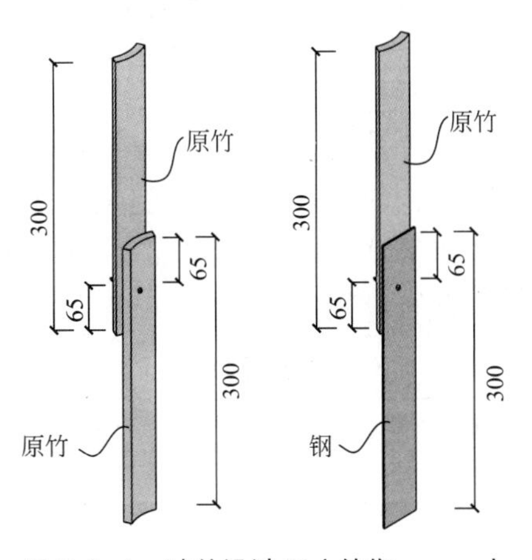

图7.6-1 试件设计图（单位：mm）

2. 试验材料

自钻自攻钉（SDS）与自攻钉（STS）的区别是前者端部有钻头，可对材料进行预钻孔。二者其余几何特性相似，如图 7.6-2 和表 7.6-2 所示。通过将不同直径螺钉分别钉入一段完整原竹上，发现除非预钻孔，直径超过 5mm 的 STS 将导致原竹劈裂，而直径 3.0~6.3mm 的 SDS 均未导致原竹劈裂。预钻孔或用带有钻头的钉子是避免原竹劈裂的有效措施。螺钉材质为 304 不锈钢，根据 ASTM F1575 测得屈服弯矩 M_y， 根据文献［13］中的方法测量了各螺钉对应销槽承压强度和握钉强度，结果见表 7.6-2。

螺钉性能 **表 7.6-2**

编号	l (mm)	D (mm)	D_h (mm)	D (mm)	l_p (mm)	l_s (mm)	预钻孔 (mm)	M_y (N·mm)	销槽承压强度 (MPa)	握钉强度 (MPa)
STS-3	31.75	3.02	5.20	1.96	1.04	0	无	2575.3	54.3	53.4
STS-4	32.00	3.85	7.20	2.35	1.37	0	无	4590.0	68.3	
STS-5	32.80	4.90	8.95	3.36	1.63	0	4.0	13476.1	67.1	
STS-6	34.00	6.02	12.00	4.2	1.80	0	5.0	26103.4	62.5	
SDS-4.2	38.87	4.04	7.35	2.74	1.40	5.60	无	5307.8	67.7	
SDS-4.8	40.04	4.75	9.20	3.23	1.60	6.30	无	8650.0	68.2	

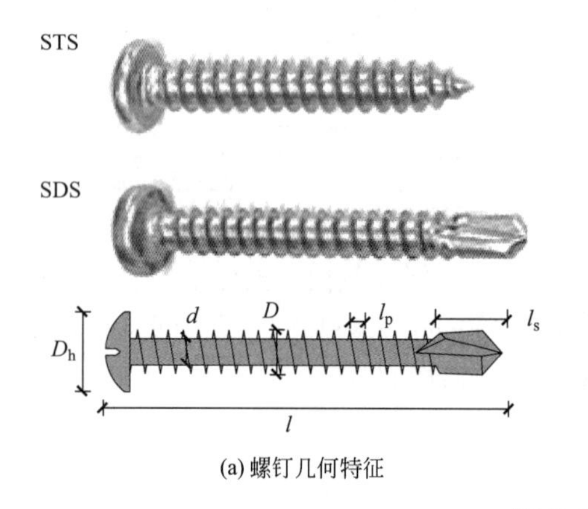

(a) 螺钉几何特征

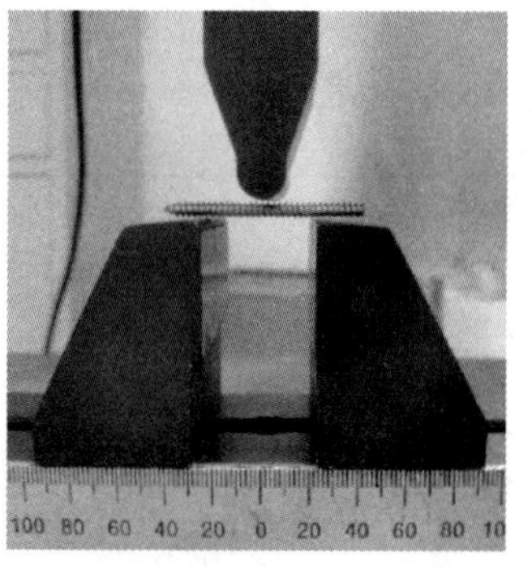

(b) 螺钉抗弯强度

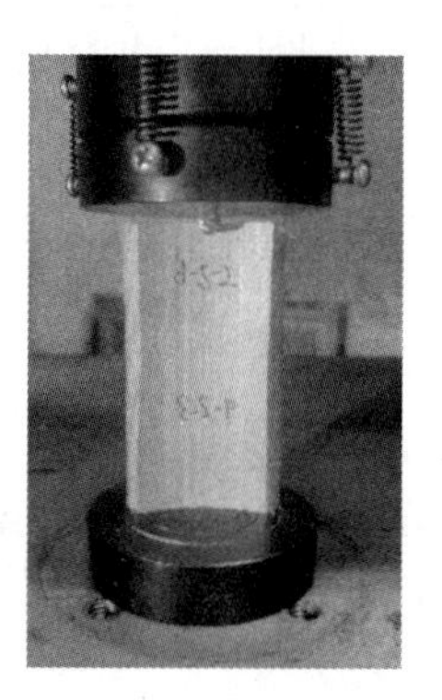

(c) 原竹销槽承压强度

图 7.6-2 螺钉特性

将中国安吉毛竹经硼砂硼酸溶液煮后再晾干制成试件。样品的直径范围为 80~100mm。根据 ASTM D143-14 和 ISO 22157 对原材料进行了材料测试，试验装置见图 7.6-3（a）和（b），结果见表 7.6-3。

原竹基本物理力学性能 **表 7.6-3**

密度(kg/m^3)	顺纹抗拉强度(MPa)	顺纹抗压强度(MPa)	含水率(%)	弹性模量(GPa)
740	162.1	58.4	18.2	10.6

钢板为热镀锌钢，符合文献［21］和文献［22］（Q235 级）的相关标准。根据文献［23］进行测定，试验装置见图 7.6-3（c），主要力学性能见表 7.6-4。安装使用 SDS 螺钉时，无需在钢板上预钻。

钢材性能　　表 7.6-4

编号	屈服强度(MPa)	抗压强度(MPa)	弹性模量(GPa)	断后伸长率(%)
S-0.8	277.0	350.7	196.6	39.4%
S-1.5	304.3	359.0	208.7	33.5%
S-3.0	266.0	360.5	198.6	32.4%

(a) 原竹抗拉

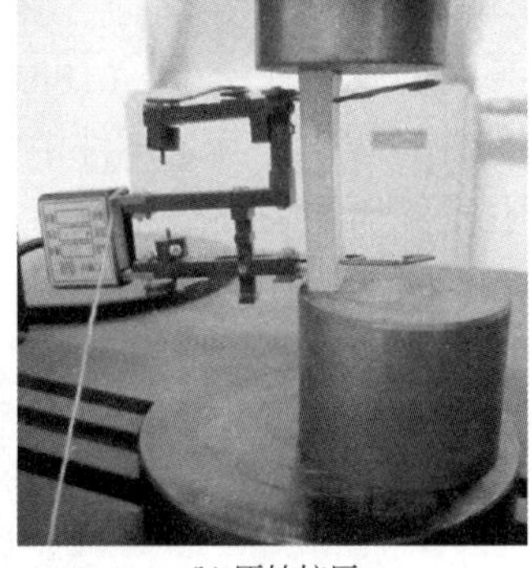

(b) 原竹抗压

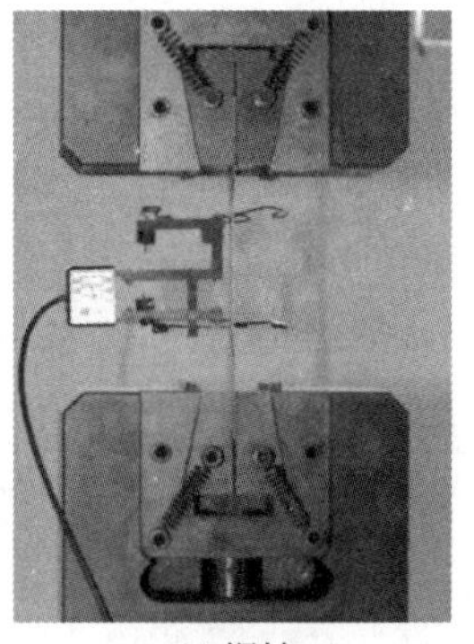

(c) 钢材

图 7.6-3　原竹和钢材力学性能测试

3. 试验方案

参考木材、竹层压材和冷弯薄壁型钢的螺钉连接抗侧承载力试验方法，使用 MTS 通用电子试验机系统对连接进行测试，如图 7.6-4 所示。为防止原竹被试验机夹坏，设计了弧形夹板连接头，原竹和连接头通过 6 颗 M10 螺栓连接。为减少搭接连接的固有偏心，通过调整夹具的横向位置，使连接滑动面和电子试验机施力单元与测力元件的中心线同轴。

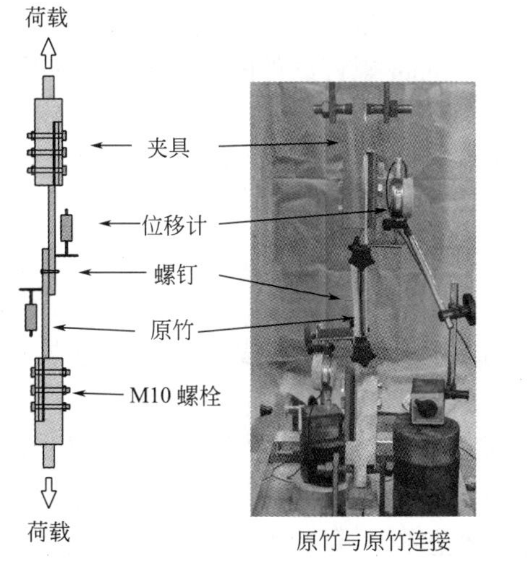

原竹与原竹连接

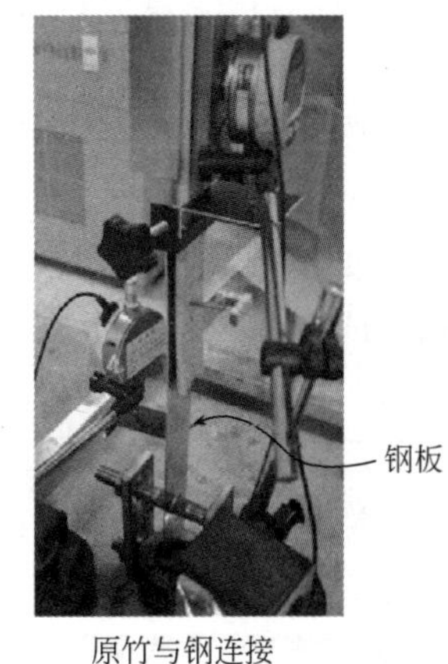

原竹与钢连接

图 7.6-4　试验装置

试验中测量的数据包括：施加的荷载，连接器连接两板之间的相对滑移。使用 2 个量程为 15mm 的线性可变差动换向器（LVDT）分别测量 2 个被连接板的竖向位移。被连接板的相对滑移为 2 个 LVDT 测量值之差。试件加载采用位移控制，以 2.5mm/min 速度加载至试件破坏。

4. 试验结果

两类连接中的各组试件破坏模式具有相似性。原竹与原竹连接中，在加载初始阶段，滑移量与加载量呈线性关系。随着滑移增加，螺钉倾斜明显，并能清晰听到竹板逐渐破碎的声音。孔壁被压溃，竹板局部被钉帽挤压，见图 7.6-5（a）。继而螺钉逐渐被拔出，但荷载仍呈非线性上升。荷载达到峰值时，两竹片分开，见图 7.6-5（b），试件快速丧失承载力。值得注意的是，个别使用 4mm 螺钉的测试样品，在荷载呈非线性上升阶段中，竹板法兰开裂，见图 7.6-5（c）。原竹与钢板连接中，0.8mm 厚钢板试件中的钢板在连接处弯折，见图 7.6-5（d），螺钉倾斜并被拔出。其余试件中钉子倾斜程度相对较小，最终螺钉在钢板嵌固处发生断裂，钢板孔壁无明显变形，见图 7.6-5（e）。此外，原竹与钢板连接中未见测试样品有竹板法兰开裂的情况。

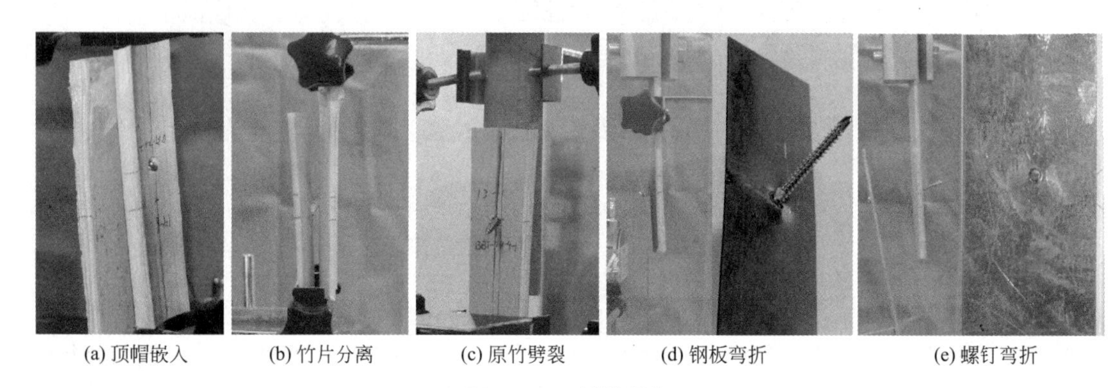

(a) 顶帽嵌入 (b) 竹片分离 (c) 原竹劈裂 (d) 钢板弯折 (e) 螺钉弯折

图 7.6-5 试验现象

图 7.6-6 显示在试验中观察到的典型破坏模式。所有试件中嵌固在竹板中的螺钉出现了刚体转动，原竹片对螺钉嵌固作用较弱，销槽与螺钉抵承的部位出现了一定程度的压缩变形。需要注意的是，竹与竹连接试件中，3mm 螺钉试件的连接器出现一定的塑性弯曲变形，表明竹板对细直径螺钉的紧固作用增强。原竹与 1.5mm 和 3.0mm 钢板连接试件中，螺钉出现明显塑性弯曲变形，最终在钢板附近断裂。此外，嵌在螺纹间的竹纤维随着螺钉横向转动，为螺纹抵抗连接器转动提供了作用。

图 7.6-7 绘制了各组试件的荷载相对滑移曲线。采用 3mm 和 4mm 螺钉的原竹与原竹连接试件，其响应曲线为两折线上升模式，分为 3 个阶段：弹性阶段，线性强化阶段和下降阶段。加载开始时，随着相对滑移量的增大，荷载呈现线性增加的趋势，并达到一个明显的屈服拐点。随后曲线继续呈近似线性上升，但曲线斜率（刚度）变小，直至达到螺钉抗拔极限。最终，当达到峰值荷载时，荷载-滑移曲线开始下降，触发螺钉完整拔出破坏。在曲线达到屈服点前，螺钉受剪转动，原竹发生销槽强度破坏。屈服点后，螺钉倾斜被拔出，依靠原竹的握钉能力（类似于欧洲规范 EC5 介绍的有垫片螺栓连接中的“绳索效应”），荷载二次上升。可惜的是，4mm 螺钉试件中原竹的劈裂导致其二次上升过程并不明显。5mm、6mm、4.2mm 和 4.8mm 螺钉的原竹与原竹连接试件的响应曲线屈服点不明显，上升和下降非线性趋势明显。这是由于此类试件经预钻后，螺钉螺纹及内径杆和原竹接触不紧密。

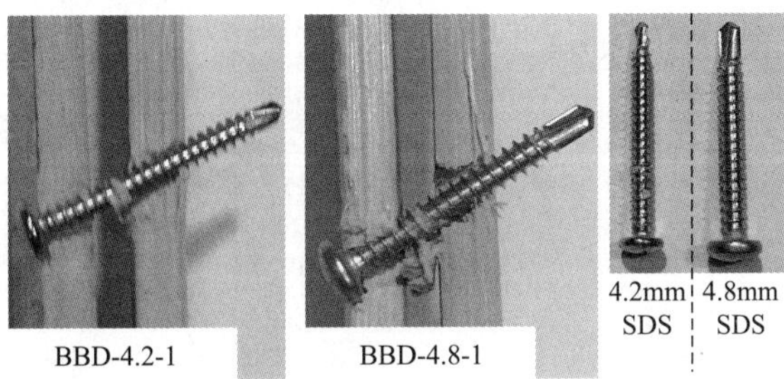

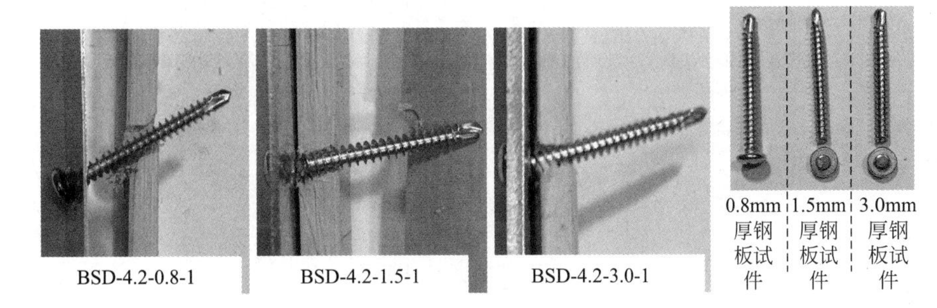

图7.6-6　各组试件破坏现象

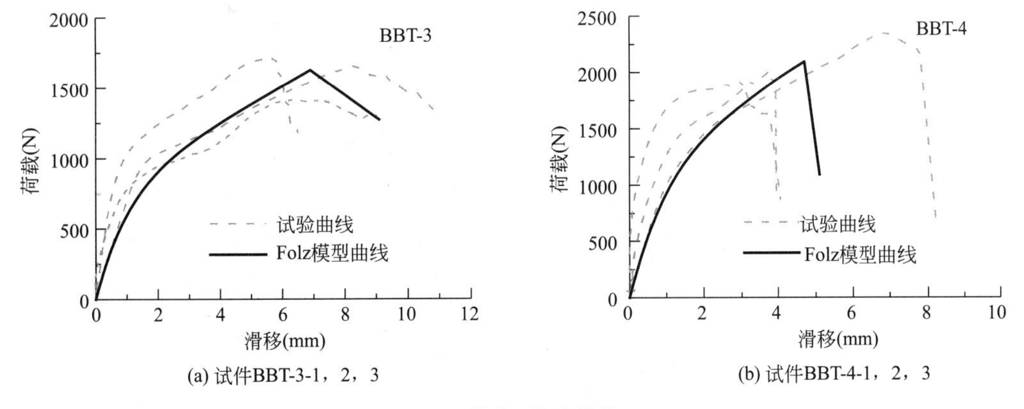

图7.6-7　荷载–滑移曲线（一）

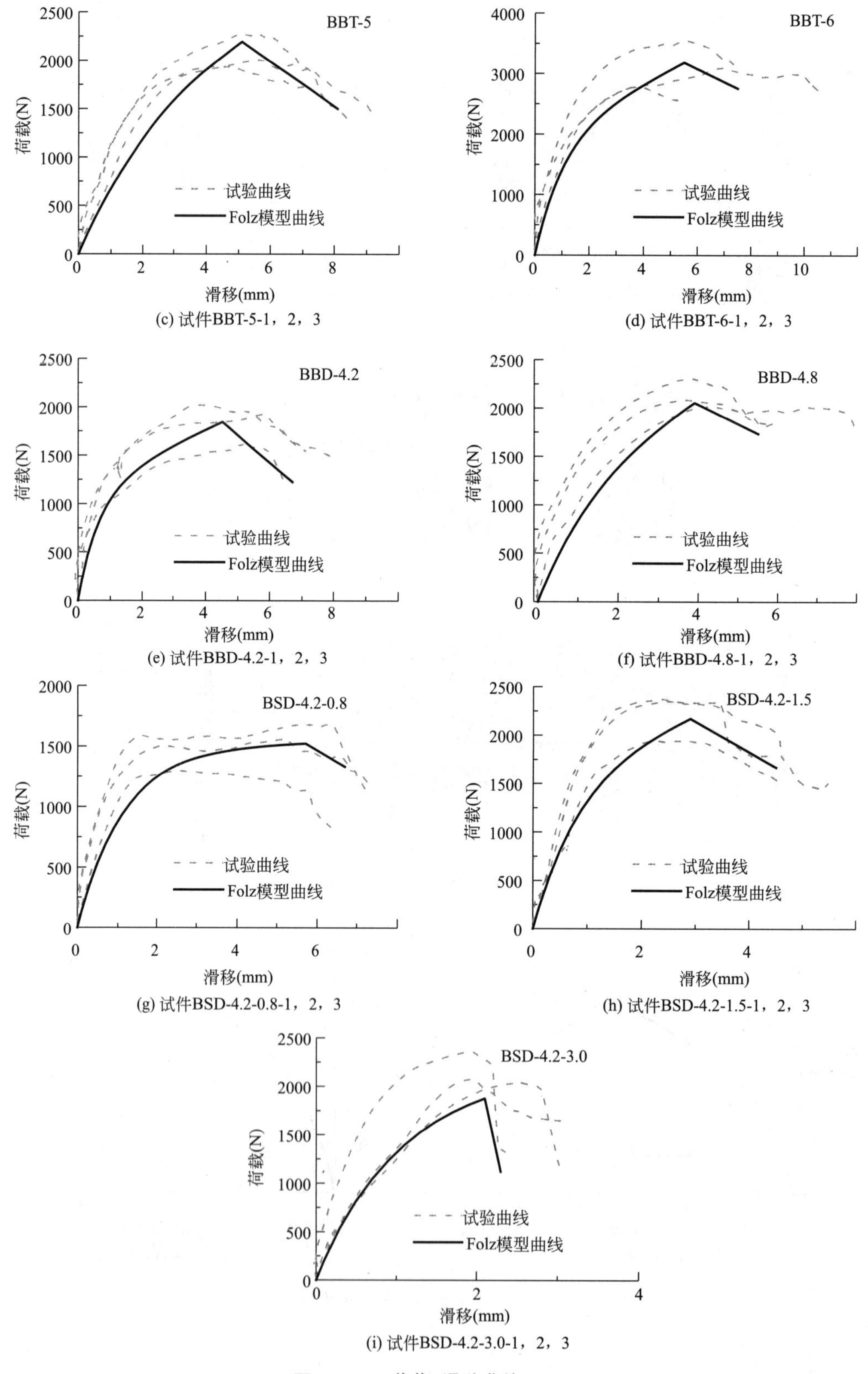

(c) 试件BBT-5-1，2，3

(d) 试件BBT-6-1，2，3

(e) 试件BBD-4.2-1，2，3

(f) 试件BBD-4.8-1，2，3

(g) 试件BSD-4.2-0.8-1，2，3

(h) 试件BSD-4.2-1.5-1，2，3

(i) 试件BSD-4.2-3.0-1，2，3

图 7.6-7　荷载–滑移曲线（二）

原竹与钢材连接试件的荷载-滑移曲线以近似线性达到屈服荷载，随后维持一段水平状态后开始下降。当试件承载力达到屈服荷载时，钢板在螺钉嵌固处弯折或螺钉在钢板嵌固侧弯折，同时屈服平台长度随着钢板厚度增加而缩小。总之，钢板对螺钉的嵌固程度决定了节点承载力屈服变形的能力。

值得注意的是，在原竹和原竹连接部分试件的响应曲线中，初期存在无滑移阶段。即由于螺栓的紧固后张作用产生了原竹之间的摩擦，起始滑移荷载在200~800N间。由于螺栓后张力的不确定性，其分布无明显统计规律，具有一定随机性。但仍能发现，预钻试件的起始滑移荷载明显高于未预钻试件。钻孔后，螺钉易上紧，更易施加较大的后张力（类似现象也发生在木结构钉连接试验中）。

公式（7.6-1）是Folz基于模拟木结构螺钉连接非线性荷载-滑移关系的Foschi模型的改进模型。Folz模型还可拟合荷载-滑移关系的下降段，已广泛用于预测各种类型连接的行为。

$$P=\begin{cases}(P_0+K_1\Delta)(1-e^{-K\Delta/P_0}) & \Delta<\Delta_{max}\\ P_m+K_2(\Delta-\Delta_m) & \Delta_{max}\leqslant\Delta<\Delta_u\\ 0 & \Delta_u<\Delta\end{cases}\tag{7.6-1}$$

式中　P——施加的荷载；

P_0——屈服后渐近线在Y轴的截距；

K_1——屈服后刚度；

K——弹性刚度；

K_2——退化刚度。

式7.6-1中各参数的物理定义如图7.6-8所示。

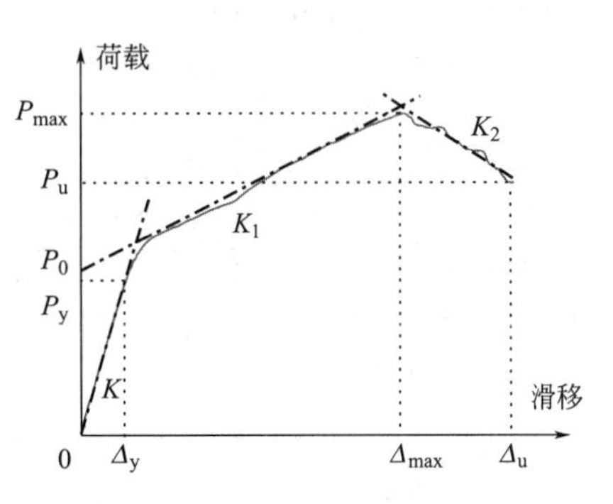

图7.6-8　式7.6-1中各参数的定义

对各试件的荷载-滑移曲线进行处理，取每组三个试件参数的平均值作为各组的代表值。式7.6-1拟合的曲线与试验曲线比较见图7.6-7。结果表明，拟合曲线与试验结果一致。值得注意的是，初始无滑移阶段的试验曲线高于它们的预测曲线。但总的来说，Folz公式可以很好地反映试验荷载-荷滑移曲线初始弹性阶段和屈服后的非线性行为，以及承载力下降阶段。

5. 性能分析

各试件的屈服荷载P_y及其相应的屈服滑移Δ_y、最大荷载P_{max}及其对应的滑移Δ_{max}以及延性系数μ见表7.6-5。屈服点采用ASTM 5764中5%D偏移法确定，即将实测的荷载-滑移曲线弹性段沿横坐标轴向右平移5%销栓直径的距离，取该直线和荷载-位移曲线交点作为屈服点，如图7.6-9所示。通常延性系数μ定义为极限滑移Δ_u与Δ_y的比值，由于试验中固定在下侧板的竖向位移在荷载达到峰值后有一个快速不稳定回撤（图7.6-10），因此不考虑峰值荷载后试件滑移对延性的影响，采用Δ_{max}与屈服滑移Δ_y的比值。

试验与理论结果总结 **表 7.6-5**

试件	P_y (N)	Δ_y (mm)	P_{max} (N)	Δ_{max} (mm)	μ	屈服模式	NDS-2018 (N)	误差 (%)	式(7.6-5) (N)	误差 (%)
BBT-3-1	945.8	1.50	1655.4	8.32	5.55	III_m	704.3	-25.5	814.1	-13.9
BBT-3-2	946.5	0.81	1716.3	5.72	7.06		703.6	-25.7	813.3	-14.1
BBT-3-3	792.9	1.04	1418.6	6.43	6.18		697.9	-12.0	806.7	1.7
BBT-4-1	1197.4	1.37	2349.0	6.88	8	Ⅱ	645.8	-46.1	1085.0	-9.4
BBT-4-2	1281.7	1.21	2015.0	3.78	—		626.2	-51.1	1063.2	-17.0
BBT-4-3	1320.0	0.80	1923.4	3.03	—		622.3	-52.9	1058.8	-19.8
BBT-5-1	1658.3	2.68	2007.0	5.69	2.12		735.4	-55.7	1348.4	-18.7
BBT-5-2	1623.7	1.90	2270.5	5.09	2.68		758.8	-53.3	1371.7	-15.5
BBT-5-3	1594.8	1.91	1933.6	4.61	2.41		772.6	-51.6	1385.4	-13.1
BBT-6-1	2159.9	1.62	3102.2	6.86	4.23		913.4	-57.7	1984.7	-8.1
BBT-6-2	2263.12	1.85	2783.5	3.92	2.12		1029.1	-54.5	2085.7	-7.8
BBT-6-3	2501.3	1.43	3550.0	5.50	3.85		1020.0	-59.2	2077.5	-16.9
BBD-4.2-1	1030.1	0.95	1612.5	5.09	5.36		623.3	-47.2	954.4	-7.4
BBD-4.2-2	1258.9	0.84	2018.2	4.03	4.80		650.7	-48.3	1064.2	-15.5
BBD-4.2-3	1343.4	1.01	1940.7	5.86	5.80		652.8	-50.7	1066.5	-19.4
BBD-4.8-1	1584.9	1.41	2083.6	3.68	2.61		739.0	-53.4	1348.0	-14.9
BBD-4.8-2	1553.5	2.08	2014.1	4.16	2.00		749.8	-51.7	1358.5	-12.6
BBD-4.8-3	1692.0	1.32	2304.1	3.83	2.90		761.6	-55.0	1369.9	-19.0
BSD-0.8-4.2-1	1405.3	1.12	1676.0	5.51	4.92		983.8	-30.0	1187.4	-15.5
BSD-0.8-4.2-2	1206.1	1.34	1247.7	4.20	3.13		935.4	-22.4	1135.4	-5.9
BSD-0.8-4.2-3	1266.0	1.05	1557.0	5.13	4.89		932.4	-26.3	1132.2	-10.6
BST-1.5-4.2-1	1770.2	1.53	1940.6	2.88	1.88		1672.5	-5.5	1822.6	3.0
BST-1.5-4.2-2	1951.3	1.15	2312.5	3.27	2.84		1671.3	-14.4	1835.8	-5.9
BST-1.5-4.2-3	1856.7	1.01	2360.2	2.52	2.50		1672.8	-9.9	1838.7	-1.0
BST-3.0-4.2-1	2110.2	1.01	2357.3	1.91	1.89		1671.3	-18.5	1835.8	-10.5
BST-3.0-4.2-2	2036.5	1.75	2077.9	1.93	1.10		1677.9	-17.6	1847.3	-9.3
BST-3.0-4.2-3	1799.6	1.69	2046.1	2.55	1.51		1669.0	-7.3	1830.1	1.7

注：因试件 BBT-4-2 和 BBT-4-3 的原竹劈裂，未计算它们的延展系数。

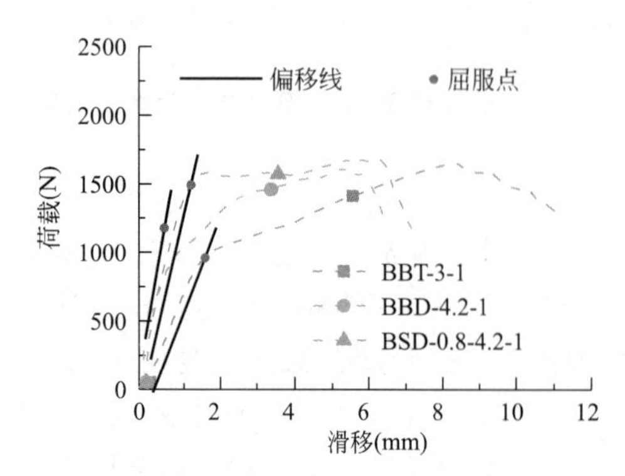

图 7.6-9 主要参数的确定（以试件 BBT-3-1，BBD-4.2-1 和 BSD-0.8-4.2-1 为例）

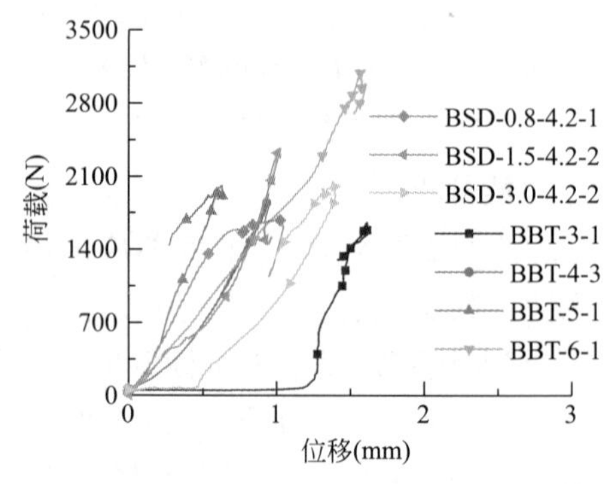

图 7.6-10 下部部件的位移

试件的极限荷载和屈服荷载与螺钉直径、竹片厚度和钢板厚度密切相关。原竹与原竹连接试件中，随着螺钉直径的增大，屈服荷载和极限荷载基本呈线性增加，尤其是屈服荷载变化规律与线性函数的决定系数达到 0.90。极限荷载的决定系数为 0.71，相对略弱，见图 7.6-11（a）。对比可发现，预钻孔除了对荷载-滑移响应曲线有一定影响，对承载力并无影响。对于 4.2mm 自钻自攻螺栓连接的原竹与钢板试件，随着钢板厚度的增加，试件的屈服荷载和极限荷载增长，但速率变缓。1.5mm 和 3.0mm 钢板试件破坏模式为螺钉弯折，其承载力主要由螺钉的抗弯强度决定，故当均用 4.2mm 直径的螺钉件时，二者承载差别不明显，见图 7.6-11（b）。所有原竹与原竹试件，极限荷载较屈服荷载平均提升了约 48.9%，而对于原竹与钢板连接试件提升了 13.7%。

如图 7.6-11c 所示，原竹与原竹连接试件的延性系数随着螺钉直径增大而减小，虽然 6mm 螺钉试件的延性较 5mm 螺钉试件有所增强，但仍维持在相对低水平。原竹对大直径螺钉的嵌固能力相对较弱。原竹与钢板连接试件的延性则随着钢板厚度增加而减小，厚钢板对螺钉转动的限制不利于连接的变形。据 Smith 按延性系数 μ 对木结构销连接节点的延性划分，所有试验中，1.5mm 钢板和 3.0 钢板连接试件属于脆性（$\mu \leq 2$）。可见钢材这种刚性材料的参与，提高了材料利用率，但同时降低了安全储备。

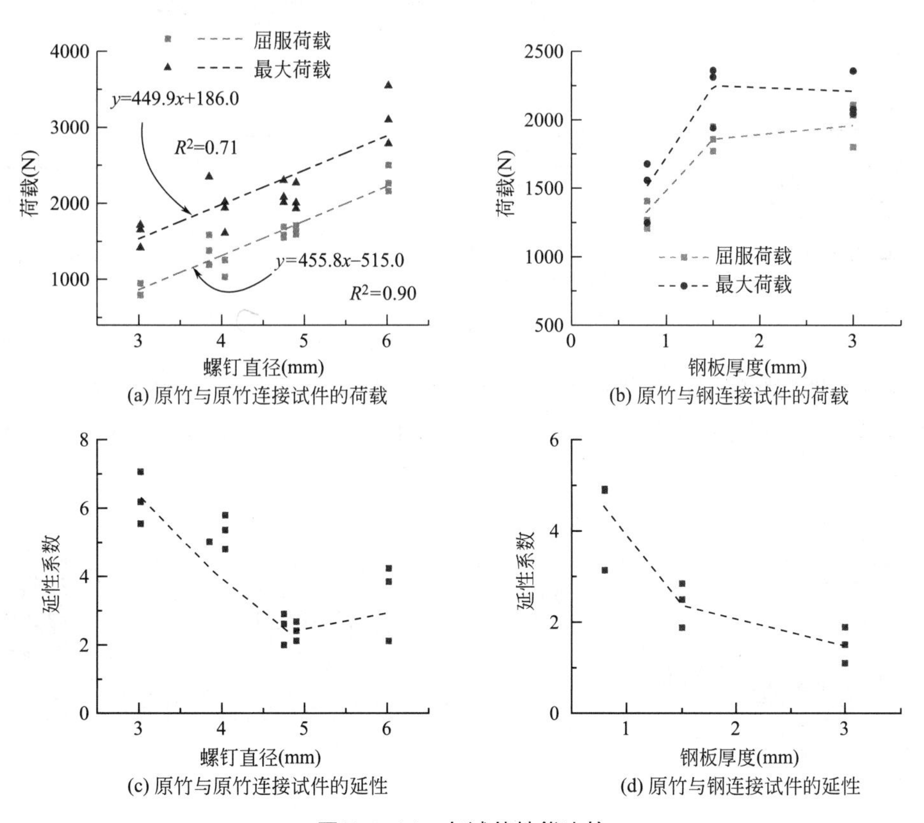

(a) 原竹与原竹连接试件的荷载　(b) 原竹与钢连接试件的荷载

(c) 原竹与原竹连接试件的延性　(d) 原竹与钢连接试件的延性

图 7.6-11　各试件性能比较

7.6.2　原竹螺钉连接承载力计算

与 NDS-2018 中给出的屈服模式（EYM）分类相比，表 7.6-4 总结了最适合试件的屈服模式，并采用相应方法计算试件的承载能力。为了避免设计安全系数的影响，将其设置为1。通过误差计算式（7.6-2），比较试验结果与NDS-2018结果，见表7.6-4。

$$误差 = \frac{理论 - 试验}{试验} \times 100\% \tag{7.6-2}$$

比较发现，方程NDS-2018的误差计算结果较试验相对保守。除试件BBT-3为11.2%~25.7%外，其余原竹与原竹连接试件在46.1%~59.2%之间，而所有的原竹与钢连接试件在7.3%~30.0%之间。螺钉的螺纹和顶帽也参与的了抗力，但NDS-2018并未考虑这些有益作用。考虑螺纹和顶帽的影响，各类破坏模式试件中螺钉上的应力分布如图7.6-12所示。图中F_{es}为边部构件销槽承压强度，F_{em}为中部构件销槽承压强度，r_{thr}为螺纹单元抗力，r_{hea}为顶帽抗力，$M_{y,scr}$为螺钉弯曲强度，$M_{y,ste}$为钢板弯曲强度。

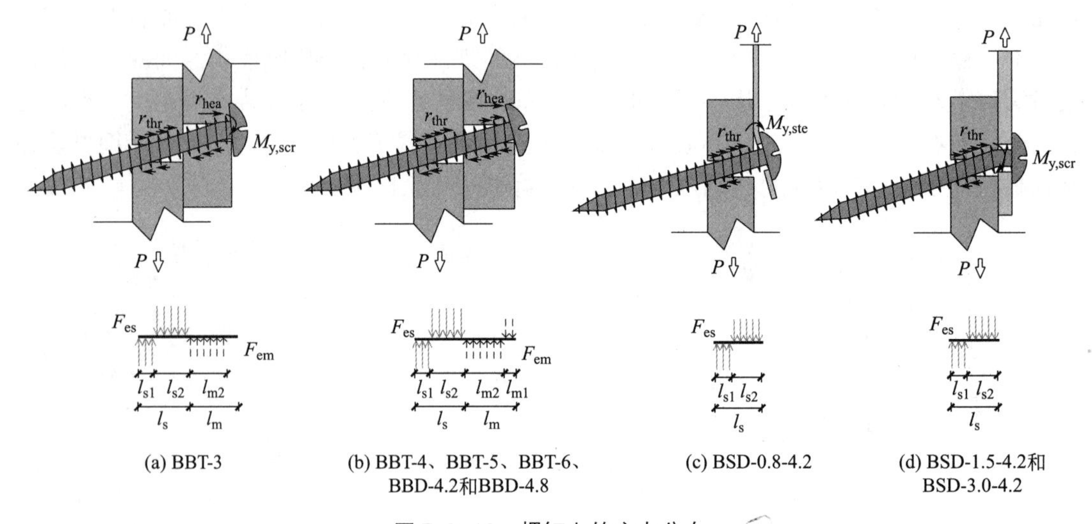

图7.6-12 螺钉上的应力分布

当螺杆刚性旋转时，螺杆横截面的一半嵌入原竹中，另一半与原竹分离。因此，只有半圆形螺钉与竹子相互作用。原竹作用于螺纹和钉帽上的应力如图7.6-13所示。图中$f_{b,w}$为作用在螺钉上的应力，f_b为作用在钉帽上的应力。

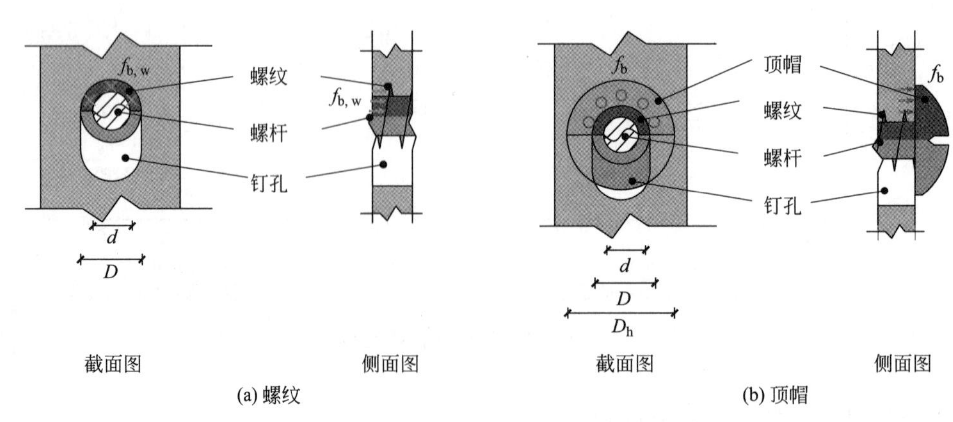

图7.6-13 螺纹和顶帽上的应力

螺纹和顶帽上的应力作用在螺钉横截面轴线的弯矩如式（7.6-3）和式（7.6-4）所示。

$$r_{\mathrm{thr,M}} = \frac{2f_{\mathrm{b,w}}(D^3 - d^3)}{3} \tag{7.6-3}$$

$$r_{\mathrm{hea,M}} = \frac{2f_{\mathrm{b}}(D_{\mathrm{h}}^3 - d^3)}{3} \tag{7.6-4}$$

根据螺杆上弯矩和剪力的平衡，可以得到试件承载力理论表达式如式（7.6-5）和式（7.6-6）所示。

$$P = \begin{cases} \dfrac{F_{\mathrm{es}}dl_{\mathrm{s}}}{3}\left[\sqrt{(1 - B_1)^2 + 3\left(1 + 2B_1 + \dfrac{4M_{\mathrm{y}}}{F_{\mathrm{es}}dl_{\mathrm{s}}^2}\right)} - 1 + B_1\right] & \text{(a)} \\ F_{\mathrm{es}}dl_{\mathrm{s}}\dfrac{\sqrt{R_{\mathrm{e}} + 2R_{\mathrm{e}}^2(1 + R_{\mathrm{t}} + R_{\mathrm{t}}^2) + R_{\mathrm{e}}^3R_{\mathrm{t}}^2 + (R_{\mathrm{e}} + R_{\mathrm{e}}^2)B_2} - R_{\mathrm{e}}(1 + R_{\mathrm{t}})}{1 + R_{\mathrm{e}}} & \text{(b)} \\ F_{\mathrm{es}}dl_{\mathrm{s}}\left(\sqrt{2 + \dfrac{4(M_{\mathrm{y,ste}} + B_3)}{F_{\mathrm{es}}dl_{\mathrm{s}}^2}} - 1\right) & \text{(c)} \\ F_{\mathrm{es}}dl_{\mathrm{s}}\left(\sqrt{2 + \dfrac{4(M_{\mathrm{y,scr}} + B_3)}{F_{\mathrm{es}}dl_{\mathrm{s}}^2}} - 1\right) & \text{(d)} \end{cases} \tag{7.6-5}$$

$$P = \begin{cases} B_1 = \dfrac{2r_{\mathrm{thr,M}}}{F_{\mathrm{es}}dl_{\mathrm{s}}l_{\mathrm{p}}} \\ B_2 = \dfrac{4\left(r_{\mathrm{thr,M}}\dfrac{l_{\mathrm{s}} + l_{\mathrm{m}}}{l_{\mathrm{p}}} + r_{\mathrm{hea,M}}\right)}{F_{\mathrm{es}}dl_{\mathrm{s}}^2} \\ B_3 = r_{\mathrm{thr,M}}\dfrac{l_{\mathrm{s}}}{l_{\mathrm{p}}} \end{cases} \tag{7.6-6}$$

式（7.6-5）中各子式与图7.6-12对应，其计算结果见表7.6-5。虽然结果与试验值相比仍然是保守的，但是误差提升至20%以内。

7.7　本章小结

本章基于目前原竹结构常用的连接节点，重点给出喷涂复合砂浆-原竹组合结构体系中常采用的节点构造形式，随后推导出Johansen螺栓连接的承载力计算方法，从而为组合结构体系中的节点设计提供理论依据。此外，开展了原竹螺钉连接抗侧承载力试验研究，并提出螺钉连接承载力计算方法，得出以下结论：

（1）原竹与原竹连接试件的破坏模式为螺钉刚体转动和原竹销槽承载破坏。采用3mm直径螺钉试件的螺钉发生弯曲。原竹与钢连接试件均发生弯曲破坏，其中0.8mm厚钢板试件在钢板处弯曲，1.5mm 和 3.0mm 厚钢板试件在螺钉处弯曲。

（2）原竹螺钉连接的峰值荷载和屈服荷载与螺钉直径和钢板厚度呈正相关，而延性与这些因素呈负相关。随着螺杆直径从 5.0mm 增加至 6.0mm，试件的延展系数未见明显变化。同样，随着钢板厚度从 1.5mm 增加到 3.0mm，试件的荷载增加不显著。

（3）预钻孔可以避免原竹劈裂，且不影响原竹螺钉连接的抗侧承载力。因此，建议原竹连接首选自钻自攻螺钉。

（4）基于欧洲屈服模型，并考虑螺纹和顶帽的抗力作用，提出了计算原竹螺钉连接的承载力理论公式。采用 Folz 模型有效地拟合了原竹螺钉连接的荷载-滑移非线性行为。

参考文献

[1] Hong C, Li H, Lorenzo R, et al. Review on connections for original bamboo structures [J]. Journal of Renewable Materials, 2019, 7 (8): 713-730.

[2] Janssen J J. Designing and building with bamboo-Technical Report 20 [C]. International Network for Bamboo and Rattan, Beijing, China, 2000.

[3] Widyowijatnoko A, Harries K A. Chapter 20: joints in bamboo construction, in: K. A. Harries, B. Sharma (Eds.), Nonconventional and Vernacular Construction Materials: Characterisation, Properties and Applications, 2nd ed., Woodhead (Elsevier) Publishing Series in Civil and Structural Engineering, 2019.

[4] 西安建筑科技大学．一种原竹的半刚性钢节点：中国 201811629884.1 [P]. 2018-12-28.

[5] 西安建筑科技大学．一种基于原竹骨架的楼板：中国 201420054386.X [P]. 2014-01-25.

[6] Johansen K W. Theory of timber connectors [J]. International Association of Bridges and Structural Engineering (IABSE), 1949, 9, 249-262.

[7] 陈肇元．竹、木结构中圆钢梢结合的计算 [J]. 哈尔滨工业大学学报，1957 (8): 86-98.

[8] 王振家．按容许应力计算竹结构圆钢梢结合的研究 [J]. 哈尔滨工业大学学报，1957 (4): 62-71.

[9] 王振家．按破坏阶段计算竹结构圆钢梢结合的研究 [J]. 哈尔滨工业大学学报，1957 (4): 41-61.

[10] 住房和城乡建设部．木结构设计标准：GB 50005—2017 [S]. 北京：中国建筑工业出版社，2017.

[11] ISO. Bamboo structural design: ISO 22156—2004 [S]. Switzerland: International Organization for Standardization, 2004.

[12] Harries K A, Morrill P, Gauss C, et al. Screw withdrawal capacity of full-culm P. edulis bamboo [J]. Construction and Building Materials, 2019, 216: 531-541.

[13] Trujillo D J A, Malkowska D. Empirically derived connection design properties for Guadua bamboo [J]. Construction and Building Materials, 2018, 163: 9-20.

[14] Johansen K W. Theory of timber connections [J]. Int Assoc Bridge Struct. Eng, 1949, 9: 249-262.

[15] Folz B, Filiatrault A, Cyclic analysis of wood shear walls, Journal of Structural Engineering, 2001, 127 (4): 433-441.

[16] AWC. National Design Specification for Wood Construction: NDS-2018 [S]. Leesburg: American Wood Council, 2017.

[17] EN 1995-1-1. Eurocode 5: Design of timber structures-Part 1-1: General-Common rules and rules for buildings [S]. Brussels: European committee for standardization, 2014.

[18] ASTM. Standard test method for determining bending yield moment of nails: ASTM F1575-03 [S]. West Conshohocken: American Society for Testing and Materials, 2013.

[19] ASTM. Standard test methods for small clear specimens of timber: ASTM D143-14 [S]. West Consho-

hocken：American Society for Testing and Materials，2014.

[20] ISO. Bamboo structures-Determination of physical and mechanical properties of bamboo culms-Test methods：ISO 22157—2019 [S]. Switzerland：International Organization for Standardization，2019.

[21] 住房和城乡建设部. 钢结构设计标准：GB 50017—2017 [S]. 北京：中国建筑工业出版社，2017.

[22] 国家市场监督管理总局. 连续热镀锌和锌合金镀层钢板及钢带：GB/T 2518—2019 [S]. 北京：中国标准出版社，2019.

[23] 国家市场监督管理总局. 金属材料 拉伸试验 第 1 部分：室温试验方法：GB/T 228. 1—2021 [S]. 北京：中国标准出版社，2021.

[24] ASTM. Standard test methods for mechanical fasteners in wood：ASTM D1761-12 [S]. West Conshohocken：American Society for Testing and Materials，2012.

[25] Chen G，Yang W，Zhou T，et al. Experiments on laminated bamboo lumber nailed connections [J]. Construction and Building Materials，2020，269：121321.

[26] Yang R，Li H，Lorenzo R，et al. Mechanical behaviour of steel timber composite shear connections [J]. Construction and Building Materials，2020，258：119605.

[27] Huynh M T，Cao H P，Hancock G J. Design of screwed connections in cold-formed steels in shear [J]. Thin-Walled Structures，2020，154：106817.

[28] Meghlat E M，Oudjene M，Ait-Aider H，et al. A new approach to model nailed and screwed timber joints using the finite element method [J]. Construction and Building Materials，2013，41：263-269.

[29] ASTM，D5652-15. Standard test methods for single-bolt connections in wood and wood-based products [S]. American Society for Testing and Materials，West Conshohocken，United States，2015.

[30] Foschi R O. Load-slip characteristics of nails [J]. Journal of Wood Science，1974，7 (1)：69-76.

[31] Kou Y F，Tian L M，Hao J P，et al. Lateral resistance of the screwed connections of original bamboo [J]. Journal of Building Engineering，2022，45，103601.

[32] Smith I. The Canadian approach to design of bolted timber connections [J]. Wood Design Focus，1994，5：5-8.

第 8 章　工程实例

汇总本书研究成果，实施了喷涂复合砂浆-原竹组合结构的工程示范。通过已经建成的一层办公和两层住宅竹建筑，重点介绍喷涂复合砂浆-原竹组合结构的设计与施工过程，为今后的工程应用提供参考。

8.1　西安兴梦建筑科技有限公司会议室

8.1.1　工程概况

本工程地处陕西省西安市，用作西安兴梦建筑科技有限公司会议室，共 1 层，层高 3.6m，屋顶高 4.78m，建筑面积约 17m²。结构形式为剪力墙结构，设计安全等级为二级，设计使用年限 50 年。抗震设防烈度为 8 度，设计基本地震加速度为 0.20g，设计地震分组为第二组，设计场地类别取Ⅱ，场地特征周期为 $T_g=0.40$s。地基基础设计等级为丙级，基础形式为条形基础。全年主导风向为东北风，基本风压 0.35kN/m²，地面粗糙度类别为 B 类。需要考虑雪荷载，基本雪压为 0.25kN/m²，雪荷载准永久值系数分区为Ⅱ。

图 8.1-1 和图 8.1-2 为该建筑的三维骨架与建筑平面图。

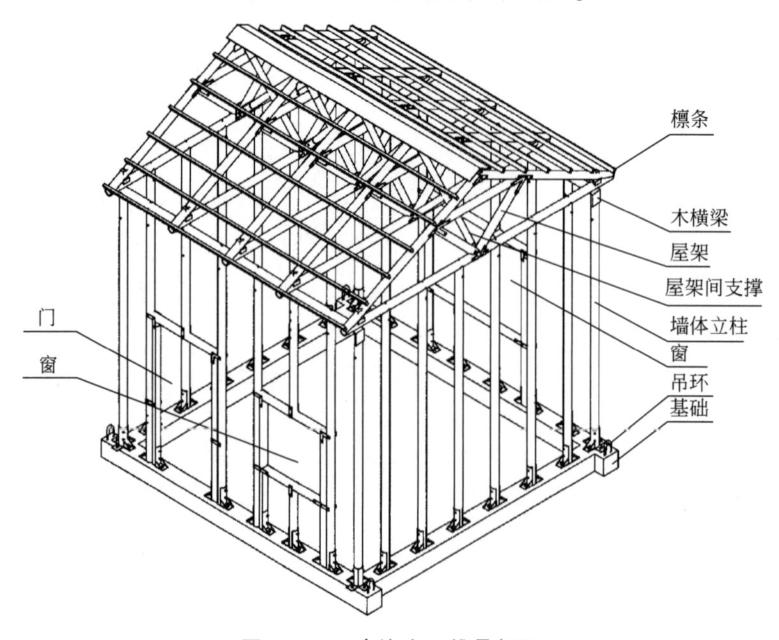

图 8.1-1　会议室三维骨架图

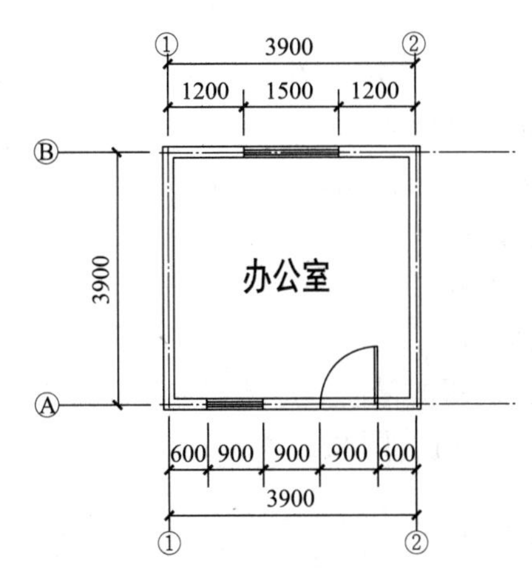

图8.1-2　会议室建筑平面图1:100（单位：mm）

8.1.2　荷载计算

1. 永久荷载

（1）屋面荷载标准值：

4mm 厚 SBS 改性沥青防水卷材	0.03kN/m^2
12mm 厚 OSB 板	0.10kN/m^2
38mm 厚 EPS 板	0.01kN/m^2
12mm 厚木工板	0.10kN/m^2
80mm 直径原竹	0.10kN/m^2
总计：	0.34kN/m^2

（2）墙体荷载标准值：

抹灰饰面	0.005kN/m^2
10mm 厚抗裂砂浆	0.20kN/m^2
40mm 厚复合砂浆	0.40kN/m^2
8mm 竹篾	0.10kN/m^2
80mm 直径原竹立柱和 EPS 板	0.20kN/m^2
8mm 竹篾	0.10kN/m^2
40mm 厚复合砂浆	0.40kN/m^2
10mm 厚抗裂砂浆	0.20kN/m^2
抹灰饰面	0.005kN/m^2
总计：	1.61kN/m^2

2. 活荷载

（1）雪荷载标准值　$s_k = \mu_r s_0 = 1.0 \times 0.25 = 0.25\text{kN/m}^2$

（2）屋面活荷载标准值　不上人屋面，活荷载为0.5kN/m^2

(3) 风荷载标准值

$$\omega_k = \beta_z \mu_s \mu_z \omega_0$$

式中 ω_k ——风荷载的标准值（kN/m^2）；

β_z ——高度 Z 处的风振系数，此处 $\beta_z = 1$；

μ_s ——风荷载体型系数；

μ_z ——风压高度变化系数；

ω_0 ——基本风压（kN/m^2）。

1）地面粗糙度为 B 类，房屋的最高点离地面的高度为 5.18m。查表得 $\mu_z = 1.0$。

2）风荷载体型系数 μ_s 的取值（图 8.1-3）：

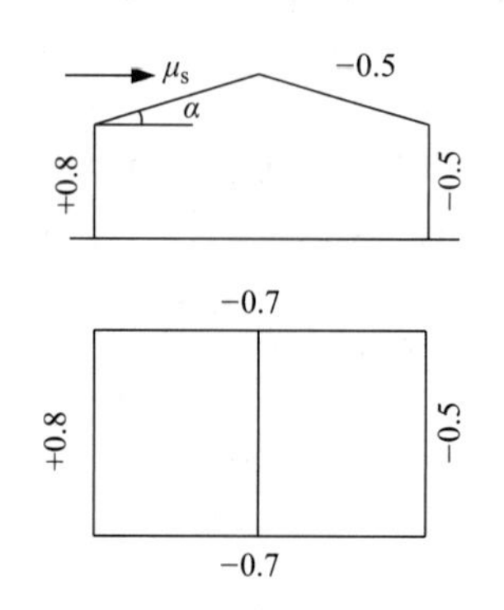

α	μ_s
≤15	-0.6
30°	0
≥60°	+0.8

中间值按插入法计算

图 8.1-3 风荷载体型系数计算

屋架的角度为 27°，查得 $\mu_s = -0.12$。

3）基本风压 $\omega_0 = 0.35kN/m^2$

则 $\omega_k = \beta_z \mu_s \mu_z \omega_0 = 1.0 \times \mu_s \times 1.0 \times 0.35 = 0.35\mu_s(kPa)$

屋盖处水平风荷载计（图 8.1-4）：

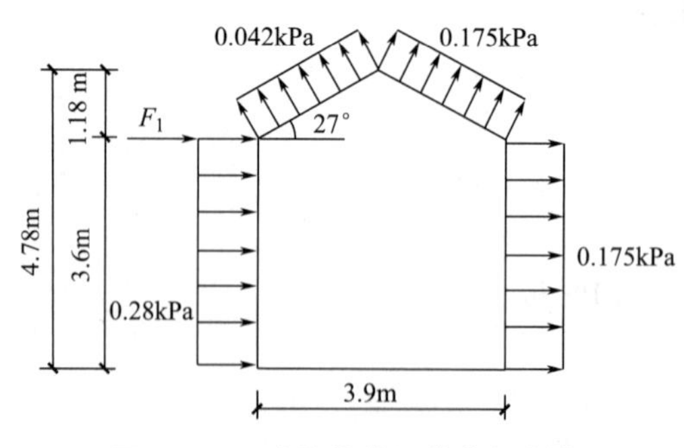

图 8.1-4 建筑物的风荷载标准值

横向：

$$F_{1\text{-}H} = \left[(0.28 + 0.175) \times \frac{3.6}{2} + (0.175 - 0.042) \times \sin 27° \times 1.18\right] \times 3.9 = 3.47kN$$

纵向：

$$F_{1\text{-}Z} = (0.28 + 0.175) \times \left(\frac{3.6}{2} + \frac{1.18}{2}\right) \times 3.9 = 4.24kN$$

（4）地震作用（采用底部剪力法计算）（图 8.1-5）

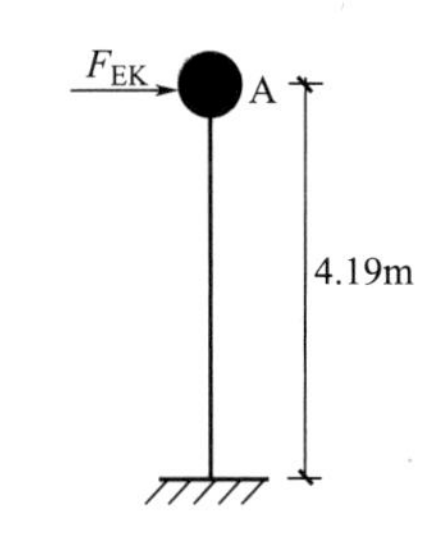

图 8.1-5　地震作用计算模型

屋面层的自由度取在坡屋面的二分之一高度处。结构水平地震作用的标准值，按以下公式进行确定：

$$F_{EK} = \alpha_1 G_{eq}$$

$$F_i = \frac{G_i H_i}{\sum_{j=1}^{n} G_i H_i} F_{EK}(1 - \delta_n)$$

式中　α_1——相应于结构基本自振周期的水平地震影响系数。

对于喷涂复合砂浆-原竹组合结构而言，可参考轻型木结构将阻尼比取 0.05，则地震影响系数曲线的阻尼调整系数 η_2 按照 1.0 取值，曲线下降段的衰减指数 γ 取 0.9，直线下降段的下降调整系数 η_1 取 0.02。结构的基本自振周期按照经验公式 $T = 0.05H^{0.75}$ 进行估算，其中，H 为基础顶面到建筑物最高点的高度（m）。

结构的基本自振周期 $T = 0.05H^{0.75} = 0.05 \times 4.19^{0.75} = 0.146$，结构的特征周期 $T_g = 0.4$，场地设防烈度为 8 度，地面加速度 0.20g，根据规范查表可得：$\alpha_{max} = 0.16$。则根据图 8.1-6 可得：$\alpha_1 = \eta_2 \alpha_{max} = 0.16$。

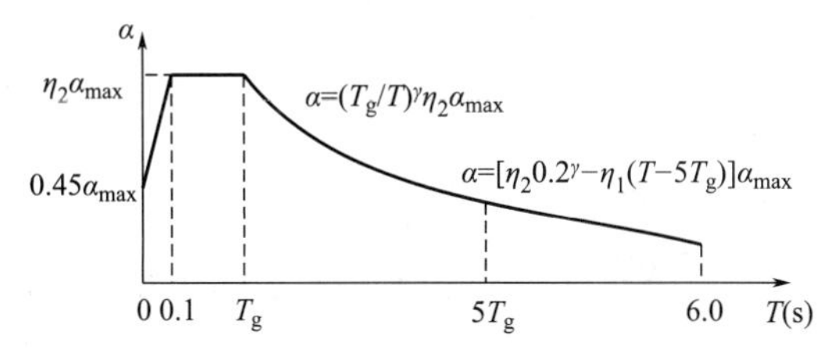

图 8.1-6　地震影响系数曲线

G_{eq} 表示结构等效总重力荷载，多质点可取总重力荷载代表值的 85%，具体计算如下：

屋盖自重：$0.34 \times \frac{1.18}{\sin 27°} \times 2 \times 3.9 = 6.89$kN

墙体自重：$1.61 \times 3.9 \times 3.6 \times 4 = 90.42$kN

各质点重力荷载代表值为楼面（或屋面）自重的标准值、50%的楼面（或屋面）活荷载标准值及上下各半层墙体自重标准值之和。

A 处质点自重：$6.89 + 0.5 \times 0.5 \times 3.9 \times 3.9 + 0.5 \times 90.42 = 55.90\text{kN}$

则，$G_{eq} = 55.90 \times 0.85 = 47.52\text{kN}$

$F_1 = 0.16 \times 47.52 = 7.60\text{kN}$

由计算可知，建筑的南北和东西方向均由地震作用控制。

8.1.3 剪力墙抗侧力计算

东西和南北方向均由两道剪力墙承受。经计算所得的一个力为：$F_1 = 7.60\text{kN}$。

墙体所受的总剪力的设计值为：$1.3 \times 7.60 = 9.88\text{kN}$，假设所产生的侧向力均匀分布，且剪力墙所承担的地震作用按面积进行分配，则：

南北方向：

侧向力：$w_f = \dfrac{9.88}{3.9} = 2.53\dfrac{\text{kN}}{\text{m}}$

① 轴剪力墙所受的剪力为：$V_1 = 0.5 \times 3.9 \times 2.53 = 4.93\text{kN}$

① 轴线剪力墙验算如下：

（1）剪力墙的抗剪验算

喷涂复合砂浆-原竹骨架剪力墙的受剪承载力设计值按下式计算：

$$V' = \sum f_d l$$

由试验数据知剪力墙单位长度屈服荷载为 18kN/m，故将剪力墙的受剪承载力设计值取为 13.85kN/m。

参考《木结构设计标准》GB 50005—2017 中的要求，当进行抗震验算时，取承载力调整系数 $\gamma_{RE} = 0.8$，则

$$V_1 = 4.93\text{kN} < \frac{V'_1}{\gamma_{RE}} = \frac{13.85 \times 3.9}{0.8} = 67.52\text{kN}$$

因此，剪力墙满足设计要求。

（2）剪力墙边界构件承载力验算

① 轴线边界构件承受的设计轴向力为

$$N_{f1} = \frac{(1.3 \times 7.60/3.9) \times 0.5 \times 3.9 \times 3.6}{3.9} = 4.56\text{kN}$$

在边界构件上采用 1 根大头外径为 80mm 的竹子，其壁厚为 6.4mm，根据前期研究可知，小头的外径为 58.4mm，其壁厚为 4.67mm。竹材的顺纹抗拉强度设计值 $f_t = 38.19\text{MPa}$，顺纹抗压强度设计值 $f_c = 22.32\text{MPa}$。

$$A_{小头} = \pi \times (58.4^2 - (58.4 - 4.67 \times 2)^2)/4 = 788.29\text{mm}^2$$

1）边界构件的受拉验算

原竹立柱的受拉承载力：$N_{t1} = 38.19 \times 788.29 = 30.10\text{kN}$

则 $N_{f1} = 4.56\text{kN} < \dfrac{N_{t1}}{\gamma_{RE}} = \dfrac{30.10}{0.8} = 37.63\text{kN}$

原竹立柱的受拉已经满足受拉验算，故组合柱满足要求。

2）边界构件的受压验算

a. 强度计算

原竹立柱的受压承载力：$N_{c1} = 22.32 \times 788.29 = 17.59\text{kN}$

则 $N_{f1} = 4.56\text{kN} < \dfrac{N_{c1}}{\gamma_{RE}} = \dfrac{17.59}{0.8} = 21.99\text{kN}$

原竹立柱的受压已经满足受压验算，故组合柱满足要求。

b. 稳定计算

竹立柱大头外径80mm，壁厚6.4mm，小头外径58.4mm，壁厚4.67mm。

大头：面积：$A_1 = \pi \times [80^2 - (80 - 6.4 \times 2)^2]/4 = 1479.82\text{mm}^2$

惯性矩：$I_1 = \pi \times [80^4 - (80 - 6.4 \times 2)^4]/64 = 1.01 \times 10^6\text{mm}^4$

抵抗矩：$W_1 = 1.01 \times 10^6/40 = 2.53 \times 10^4\text{mm}^3$

小头：面积：$A_2 = \pi \times [58.4^2 - (58.4 - 4.67 \times 2)^2]/4 = 788.29\text{mm}^2$

惯性矩：$I_2 = \pi \times [58.4^4 - (58.4 - 4.67 \times 2)^4]/64 = 2.87 \times 10^5\text{mm}^4$

抵抗矩：$W_2 = 2.87 \times 10^5/41 = 9.83 \times 10^3\text{mm}^3$

$$\begin{cases} I_{eq} = \sqrt{I_1 I_2} = \sqrt{1.01 \times 10^6 \times 2.87 \times 10^5} = 5.38 \times 10^5\text{mm}^4 \\ A_{eq} = \sqrt{A_1 A_2} = \sqrt{1479.82 \times 788.29} = 1080.06\text{mm}^2 \\ D_{eq} = \sqrt{D_1 D_2} = \sqrt{80 \times 58.4} = 68.35\text{mm} \end{cases}$$

对于原竹长柱，受力状态简化为两端铰接的带初弯曲的变截面变厚的轴心受压薄壁杆件。先考虑无初弯曲的情况，其简化计算模型如图8.1-7所示。

对于喷涂复合砂浆-原竹组合墙体，其立柱为组合柱，需要考虑复合砂浆、抗裂砂浆对原竹立柱的影响。对于组合长柱，利用换算截面法，将组合柱中各材料参数等效转化为抗裂砂浆的参数，如下式所示：

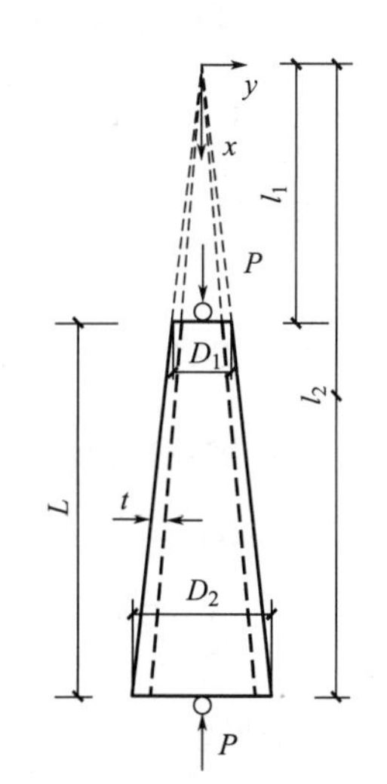

图8.1-7　原竹长柱简化计算模型示意图

$$\begin{cases} I' = I_a + \xi_c I_c + \xi_b I_b \\ A' = A_a + \xi_c A_c + \xi_b A_b \\ \xi_c = E_c/E_a \\ \xi_b = E_b/E_a \end{cases}$$

式中　I' ——等效截面惯性矩；

I_a、I_c ——抗裂砂浆、复合砂浆的截面惯性矩；

I_b ——原竹等效截面的截面惯性矩 I_{eq}；

A_a、A_c ——抗裂砂浆、复合砂浆的截面面积；

A_b ——原竹等效截面的截面面积 A_{eq}；

E_a、E_c ——抗裂砂浆、复合砂浆的弹性模量。

$$\xi_c = E_c/E_a = 2.25/10.13 = 0.22$$

$$\xi_b = E_b/E_a = 11/10.13 = 1.09$$

$$A_b = A_{eq} = 1080.06\text{mm}^2$$

$$A_c = (68.35 + 40 \times 2)^2 - \pi \times 68.35^2/4 = 18338.56\text{mm}^2$$

$$A_a = (68.35 + 50 \times 2)^2 - (68.35 + 40 \times 2)^2 = 6334\text{mm}^2$$

$$A' = A_a + \xi_c A_c + \xi_b A_b = 6334 + 0.22 \times 18338.56 + 1.09 \times 1080.06$$
$$= 11545.75\text{mm}^2$$

$$I_b = I_{eq} = 5.38 \times 10^5\text{mm}^4$$

$$I_c = (68.35 + 40 \times 2)^4/12 - \pi \times 68.35^4/64 = 3.93 \times 10^7\text{mm}^4$$

$$I_a = (68.35 + 50 \times 2)^4/12 - (68.35 + 40 \times 2)^4/12 = 2.66 \times 10^7\text{mm}^4$$

$$I' = I_a + \xi_c I_c + \xi_b I_b = 2.66 \times 10^7 + 0.22 \times 3.93 \times 10^7 + 1.09 \times 5.38 \times 10^5 = 3.58 \times 10^7\text{mm}^4$$

长柱的稳定系数：

$$\varphi = \psi \frac{1}{2\lambda^2}\left[1 + \varepsilon_0 + \lambda^2 - \sqrt{(1 + \varepsilon_0 + \lambda^2)^2 - 4\lambda^2}\right]$$

其中，等效截面的长细比：$\lambda' = l\sqrt{\frac{A'}{I'}} = 3600 \times \sqrt{\frac{11545.75}{3.58 \times 10^7}} = 64.65$

等效截面的相对长细比：$\bar{\lambda}' = \frac{\lambda'}{\pi}\sqrt{\frac{f_{c,a}}{E_a}} = \frac{64.65}{\pi}\sqrt{\frac{9.35/1.4}{10.13 \times 10^3}} = 0.53$

构件的长度与初弯曲的比值：$n = \frac{l}{0.006h} = 5555.56$

等效截面的相对初弯曲：

$$\varepsilon'_0 = \frac{hlA'}{2nI'} = \frac{\sqrt{11545.75} \times 3600 \times 11545.75}{2 \times 5555.56 \times 3.58 \times 10^7} = 0.011\text{mm}$$

则稳定系数：

$$\varphi' = \psi' \frac{1}{2\bar{\lambda}'^2}\left[1 + \varepsilon'_0 + \bar{\lambda}'^2 - \sqrt{(1 + \varepsilon'_0 + \bar{\lambda}'^2)^2 - 4\bar{\lambda}'^2}\right]$$

$$= 0.950 \times \frac{1}{2 \times 0.53^2}\left[1 + 0.011 + 0.53^2 - \sqrt{(1 + 0.011 + 0.53^2)^2 - 4 \times 0.53^2}\right]$$

$$= 0.94$$

$$N_{c1} = \varphi' f_{c,a} A' = 0.94 \times 9.35/1.4 \times 11545.75 = 72.48\text{kN} > 4.56\text{kN}$$

故稳定满足要求。

其他轴线墙体的抗侧力计算类似①轴，此处不再赘述。

8.1.4 竖向荷载作用下剪力墙立柱计算

1. 荷载

对 A 轴墙立柱进行验算，作用在剪力墙上的竖向荷载设计值为：

屋面板	$(1.3 \times 0.34 + 1.5 \times 0.5) \times \frac{1.18}{\sin 27°} = 3.10\text{kN/m}$
剪力墙	$1.3 \times 1.61 \times 3.6 = 7.53\text{kN/m}$
总计：	10.63kN/m

墙体立柱的最大间距为 600mm，故每根墙体立柱承受的荷载设计值为：

$$N=10.63\times0.6=6.38\text{kN}$$

2. 构件验算

（1）强度计算

原竹立柱的受压承载力：$N_{cA}=22.32\times778.29=17.37\text{kN}$

则 $N_{fA}=6.38\text{kN}<\dfrac{N_{cA}}{\gamma_{RE}}=\dfrac{17.37}{0.8}=21.71\text{kN}$

原竹立柱满足受压验算。

（2）稳定计算

同上计算可知，

$$N_{cA}=\varphi' f_{c,a}A'=0.94\times9.35/1.4\times11545.75=72.48\text{kN}>6.38\text{kN}$$

故稳定满足要求。

一层其他剪力墙在竖向荷载作用下立柱的计算同上，此处就不再赘述。

8.1.5　墙体与楼盖和基础的连接计算

1. 剪力墙与楼盖或基础抗拔连接件验算

以沿①轴的剪力墙为例，①轴线连接件承受的设计轴向力为 4.56kN，考虑此墙段由重力产生向下的有利作用为 $1.61\times3.9\times3.6=22.60\text{kN}$，则无需按照计算进行抗拔连接件的设计，则按照构造要求进行设计。

2. 墙体与楼盖和基础的螺栓连接的抗剪验算

以沿①轴的剪力墙为例，所受剪力为 4.93kN，该荷载可由墙体与楼盖之间设置的抗剪螺栓承受。

1 个 M12 抗剪：$N_v=\dfrac{\pi d^2}{4}f_v^b=\dfrac{\pi\times12^2}{4}\times125\times10^{-3}=14.14\text{kN}$

故该剪力墙段内采用 1 个 M12 抗剪螺栓，即可满足抗剪要求，并需根据构造要求进行合理考虑。

8.1.6　结构构造

1. 墙体构造

墙体主要由原竹立柱、EPS 板、竹篾、复合砂浆与抗裂砂浆等组成。原竹立柱主要选用平均直径为 70mm（壁厚为 5.6mm）的原竹，厂家做好防虫、矫正处理，施工现场刷防腐，涂抹防水涂料。墙体总体构造形式为：原竹立柱间距为 600mm，内填 EPS 板以达到保温、隔声性能，原竹两侧均钉有正交方向的斜向竹篾以增加整体性，在此基础上两侧各喷涂 40mm 厚复合砂浆，外挂尼龙网并抹 10mm 厚的抗裂砂浆防止开裂，总厚度约为 170mm，如图 8.1-8 所示。

2. 屋面板构造

屋面板主要由原竹、竹篾、多层整张木工板、EPS 板、OSB 板、防水透气膜与 SBS 改性沥青防水卷材等组成。屋面板骨架主要选用平均直径为 70mm（壁厚为 5.6mm）的原竹，厂家做好防虫、矫正处理，施工现场刷防腐，涂抹防水涂料。屋面板总体构造形式

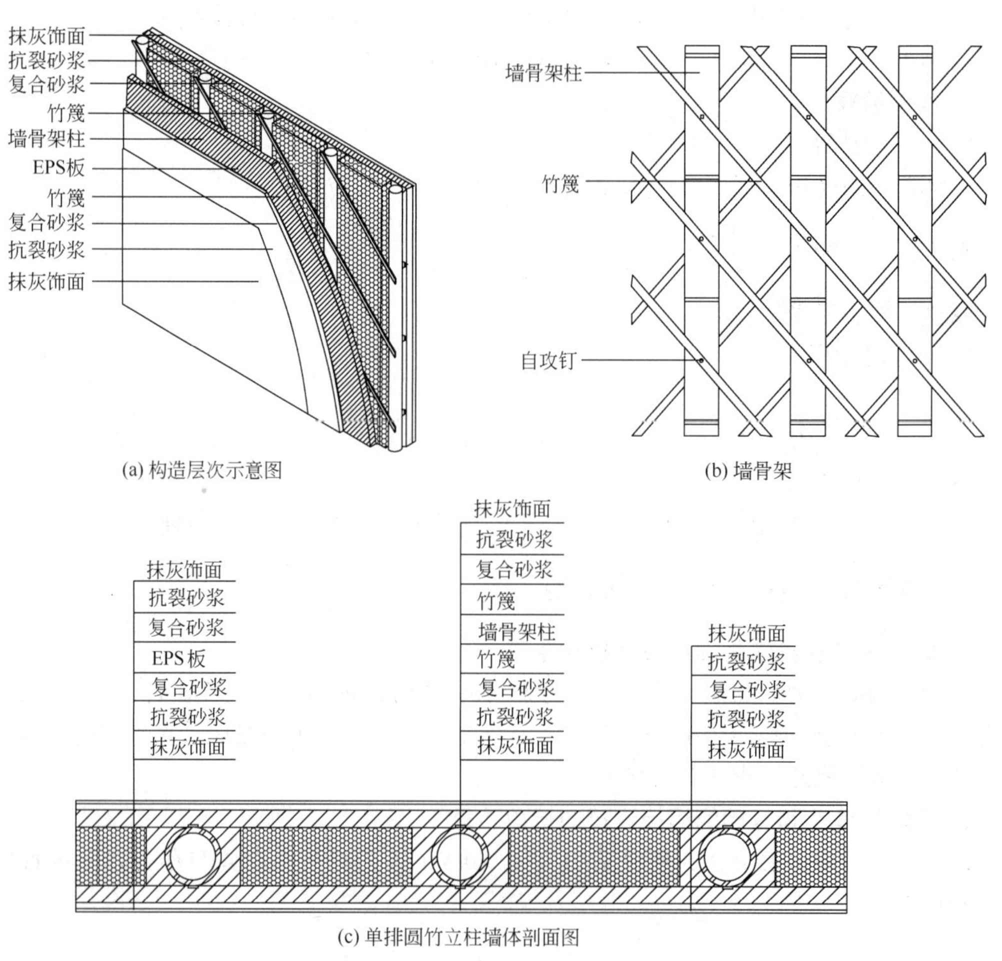

图 8.1–8 墙体构造示意图

为：用方木作为檩条连接多榀屋架骨架（方木与原竹之间铺设防水透气膜），为防止屋架面外失稳，在檩条间铺设多层整张木工板并在其上涂抹结构胶粘贴 EPS 板（铺设防水透气膜），最后铺设 OSB 板和 SBS 改性沥青防水卷材，如图 8.1–9 所示。

3. 细节构造

屋脊和屋檐的具体做法如图 8.1–10 和图 8.1–11 所示。

8.1.7 房屋施工

相对于常见的砖混结构而言，该结构的建造周期较短，整个建造过程总用工 4 人，耗时一个月。所有原竹采用螺栓或螺钉连接，圆竹交汇处辅以钢板连接件。具体搭建流程如下（图 8.1–12）：

（1）对原竹裁截、开榫、挖鱼嘴，根据施工条件提前在工厂按部件拼装后再运输至现场进行拼装。

（2）待拼装完成后，给所有原竹分两遍涂抹防水，时间间隔至少 1h。

（3）填充 EPS 板。需保证原竹和 EPS 板间缝隙大于 30mm，EPS 板厚度不超过原竹骨架。

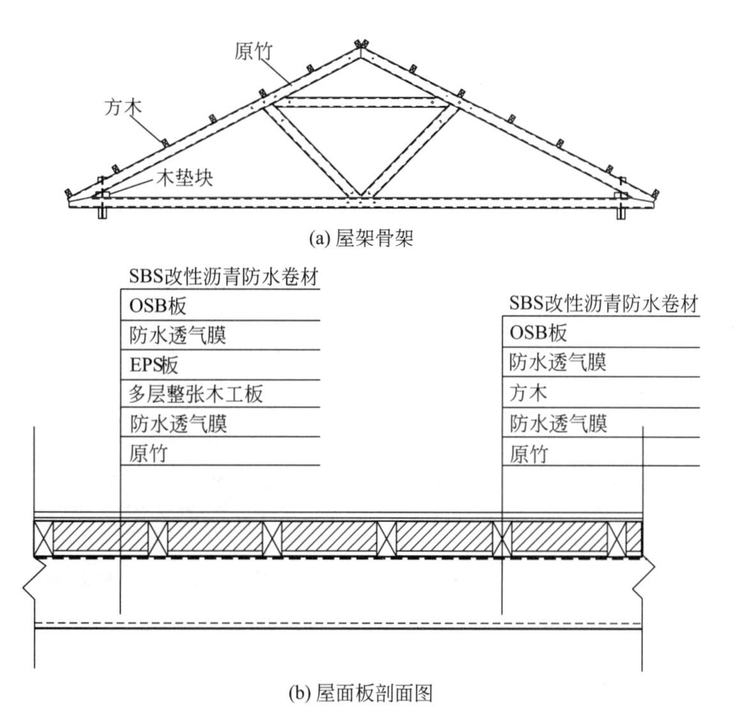

原竹
方木
木垫块

(a) 屋架骨架

SBS改性沥青防水卷材
OSB板
防水透气膜
EPS板
多层整张木工板
防水透气膜
原竹
SBS改性沥青防水卷材
OSB板
防水透气膜
方木
防水透气膜
原竹

(b) 屋面板剖面图

图 8. 1–9　屋面板构造示意图

屋脊盖板
方木檩条
聚氨酯密封胶
自攻钉
防水透气膜
OSB板
EPS板
原竹

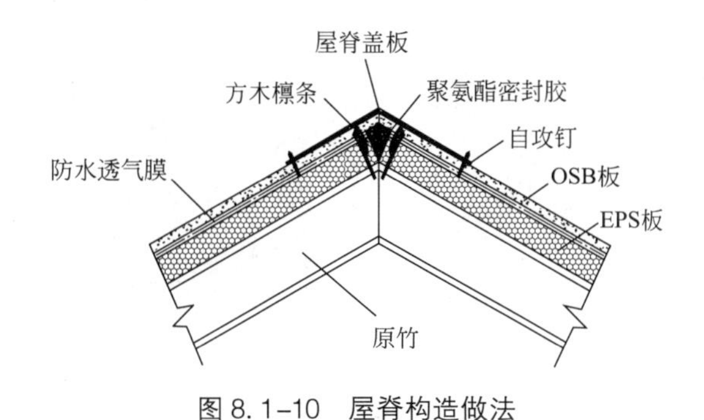

图 8. 1–10　屋脊构造做法

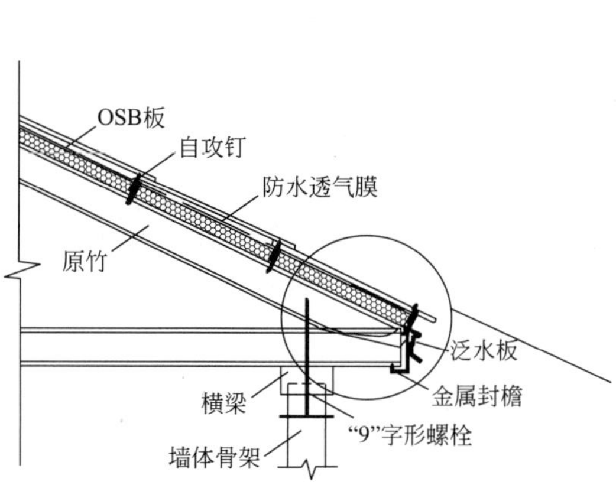

OSB板
自攻钉
防水透气膜
原竹
泛水板
金属封檐
横梁
"9"字形螺栓
墙体骨架

(a) 屋檐

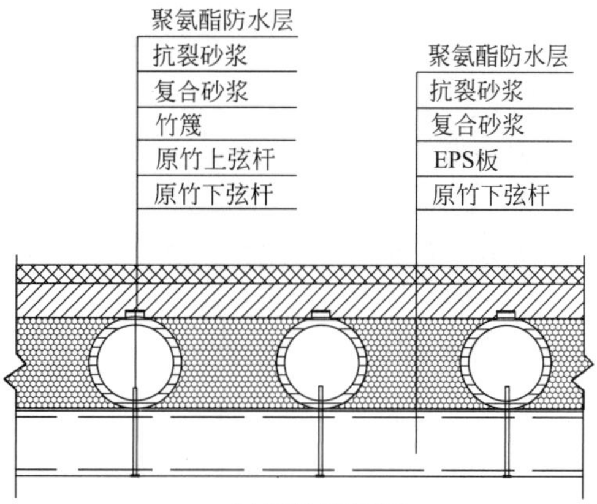

聚氨酯防水层
抗裂砂浆
复合砂浆
竹篾
原竹上弦杆
原竹下弦杆
聚氨酯防水层
抗裂砂浆
复合砂浆
EPS板
原竹下弦杆

(b) 屋檐水平封板

图 8. 1–11　屋檐构造做法

（4）使用泵送设备喷涂复合砂浆，按照从上到下，从里到表顺序喷涂，保证不留空隙。可通过设置尺杆等措施，保证喷涂厚度达标。如不便于机械施工，亦可人工涂抹。

（5）待复合砂浆凝固达到标准强度 80%时，开始房屋内外抹灰。

(a) 原竹骨架搭建及防水处理

(b) 填置EPS板

(c) 喷涂复合砂浆

(d) 墙体抹面

图 8.1-12　建造过程

组合结构基础与普通砖混或混凝土结构类似，不同的是前者需要在基础上预埋地脚螺栓，用于连接墙体固定件。地脚螺栓间距不超过 2m，且直径不小于 12mm。在原竹和基础间铺设防潮层防止原竹发生霉腐。防潮层材料可选用沥青涂层或者防水卷材等。此外，为了防止面层材料开裂，铺设一层尼龙网格布。为便于门窗安装，墙体洞口处原竹替换为方木。

喷涂复合砂浆-原竹组合结构房屋为双坡屋盖，由原竹三角屋架、檩条和屋面板组成。屋盖桁架间距不大于 1.2m，其节点通过钢连接板固定。屋盖桁架直接搭置在墙顶木梁上，通过直径不小于 10mm 的螺栓连接在一起。建造细节如图 8.1-13 所示。

竣工后的建筑如图 8.1-14 所示。

(a) 墙体竹立柱与基础连接

(b) 墙体剖视图

(c) 屋盖竹桁架

(d) 檐口

图 8.1-13　某 1 层办公竹房屋建造细节

图 8.1-14　西安兴梦建筑科技有限公司会议室全貌

8.2　西安市长安区内苑村某住宅

8.2.1　工程概况

本工程位于西安市长安区内苑村鸭池口中学附近，南侧为秦岭野生动物园，紧邻关中环线与西安外环高速。全年主导风向为东北风，基本风压 0.35kN/m²，地面粗糙度类别为B类。需要考虑雪荷载，基本雪压 0.25kN/m²，雪荷载准永久值系数分区为Ⅱ。本工程结构共2层，结构层高首层 3.2m，2层层高 3.1m，地上结构总高度为 6.3m，建筑面积约 100m²，结构形式为剪力墙结构；结构设计安全等级为二级，结构设计使用年限50年。地基基础设计等级为丙级，基础形式为条形基础。本工程按设计基本地震加速度 0.20g、设计地震分组第二组和抗震设防烈度8度，设计场地类别取Ⅱ，场地特征周期为 $T_g = 0.40$s 进行设计。

图 8.2-1 为该建筑的效果图及建筑平面图。本节中的设计步骤参考前述章节以及文献［3］~文献［9］。

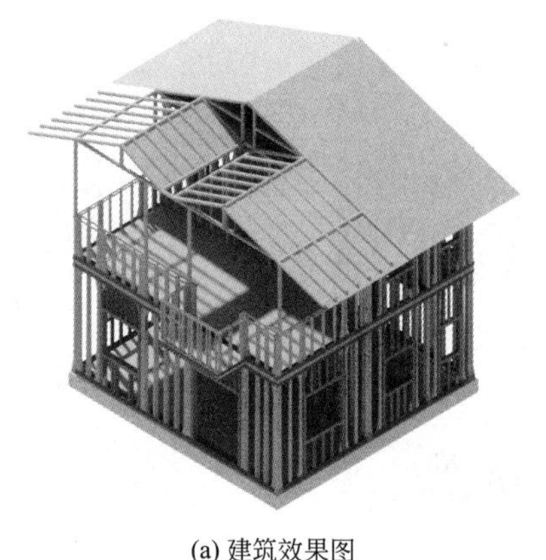

(a) 建筑效果图

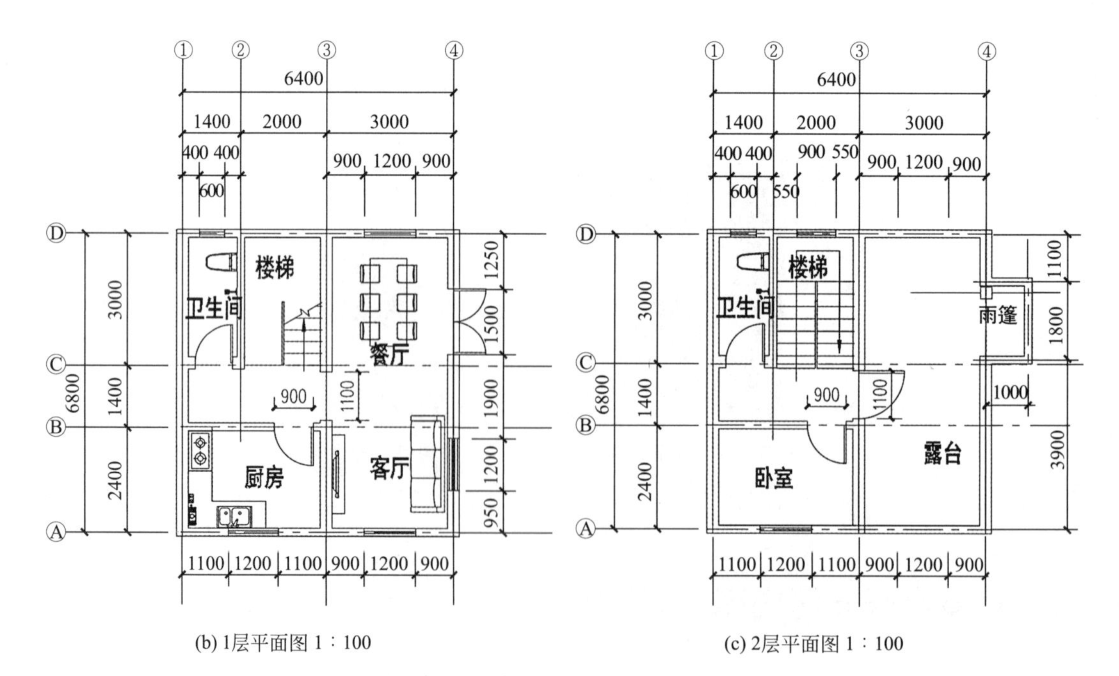

(b) 1层平面图 1∶100　　(c) 2层平面图 1∶100

图 8.2-1　某住宅建筑效果图及建筑平面图（单位：mm）

8.2.2　荷载计算

1. 永久荷载

（1）屋面荷载标准值：

30mm 厚抗裂砂浆	0.48kN/m^2
70mm 厚复合砂浆	0.60kN/m^2
8mm 厚竹篾	0.10kN/m^2
100mm 直径原竹	0.13kN/m^2
12mm 厚木工板	0.08kN/m^2
总计：	1.39kN/m^2

（2）楼面荷载标准值：

8mm 厚彩色釉面砖	0.22kN/m^2
15mm 厚 1∶2.5 水泥砂浆	0.30kN/m^2
30mm 厚抗裂砂浆	0.48kN/m^2
70mm 厚复合砂浆	0.60kN/m^2
8mm 厚竹篾	0.10kN/m^2
100mm 直径原竹	0.13kN/m^2
12mm 厚木工板	0.08kN/m^2
总计：	1.91kN/m^2

（3）承重外墙荷载标准值：

抹灰饰面	0.005kN/m^2
10mm 厚抗裂砂浆	0.20kN/m^2
40mm 厚复合砂浆	0.40kN/m^2
8mm 竹篾	0.10kN/m^2
80mm 粗原竹立柱和 EPS 板（双排）	0.40kN/m^2
8mm 竹篾	0.10kN/m^2
40mm 厚复合砂浆	0.40kN/m^2
10mm 厚抗裂砂浆	0.20kN/m^2
抹灰饰面	0.005kN/m^2
总计：	1.81kN/m^2

（4）承重内墙荷载标准值：

抹灰饰面	0.005kN/m^2
10mm 厚抗裂砂浆	0.20kN/m^2
40mm 厚复合砂浆	0.40kN/m^2
8mm 竹篾	0.10kN/m^2
100mm 粗原竹立柱和 EPS 板（双排）	0.50kN/m^2

8mm 竹篾	0. 10kN/m^2
40mm 厚复合砂浆	0. 40kN/m^2
10mm 厚抗裂砂浆	0. 20kN/m^2
抹灰饰面	0. 005kN/m^2
总计：	1. 91kN/m^2

（5）非承重墙荷载标准值：

抹灰饰面	0. 005kN/m^2
10mm 厚抗裂砂浆	0. 20kN/m^2
40mm 厚复合砂浆	0. 40kN/m^2
8mm 竹篾	0. 10kN/m^2
100mm 粗原竹立柱和 EPS 板（单排）	0. 25kN/m^2
8mm 竹篾	0. 10kN/m^2
40mm 厚复合砂浆	0. 40kN/m^2
10mm 厚抗裂砂浆	0. 20kN/m^2
抹灰饰面	0. 005kN/m^2
总计：	1. 66kN/m^2

2. 活荷载

（1）雪荷载标准值　$S_k = \mu_r S_0 = 1.0 \times 0.25 = 0.25 kN/m^2$

（2）屋面活荷载标准值　不上人屋面，活荷载为 0. 5kN/m^2

（3）楼面活荷载标准值

卧室、客厅、厨房、楼梯、走廊：2. 0kN/m^2，卫生间：2. 5kN/m^2。

（4）风荷载标准值

$$W_k = \beta_z \mu_s \mu_z W_0$$

式中　W_k ——风荷载的标准值（kN/m^2）；

β_z ——高度 Z 处的风振系数，此处 $\beta_z = 1$；

μ_s ——风荷载体型系数；

μ_z ——风压高度变化系数；

W_0 ——基本风压（kN/m^2）。

1）风压高度变化系数 μ_z 的取值：根据结构设计说明中，地面粗糙度为 B 类，房屋的最高点离地面的高度为 6. 3m。根据上面的两个条件查表得 $\mu_z = 1.0$。

2）风荷载体型系数 μ_s 的取值（图 8. 2-2）：

3）基本风压 $\omega_0 = 0.35 kN/m^2$

则 $\omega_k = \beta_z \mu_s \mu_z \omega_0 = 1.0 \times \mu_s \times 1.0 \times 0.35 = 0.35\mu_s (kPa)$

屋盖处水平风荷载计算（图 8. 2-3）：

横向：$F_{2-H} = (0.28 + 0.175) \times \dfrac{3.1}{2} \times 6.8 = 4.80 kN$

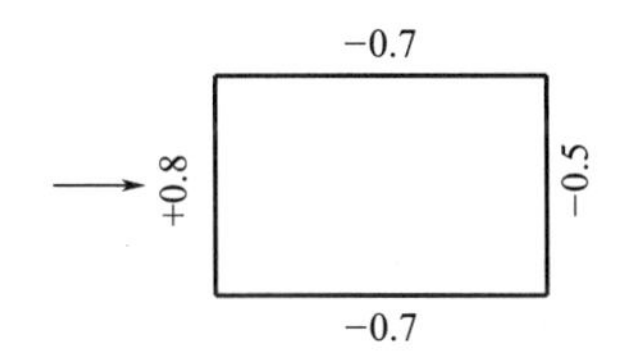

图 8.2-2　风荷载体型系数计算

纵向：$F_{2\text{-Z}} = (0.28 + 0.175) \times \frac{3.1}{2} \times 3.4 = 2.40\text{kN}$

楼盖处水平风荷载计算：

横向：$F_{1\text{-H}} = (0.28 + 0.175) \times \left(\frac{3.1}{2} + \frac{3.2}{2}\right) \times 6.8 = 9.75\text{kN}$

纵向：$F_{1\text{-Z}} = (0.28 + 0.175) \times \left(\frac{3.1}{2} + \frac{3.2}{2}\right) \times 3.4 = 4.87\text{kN}$

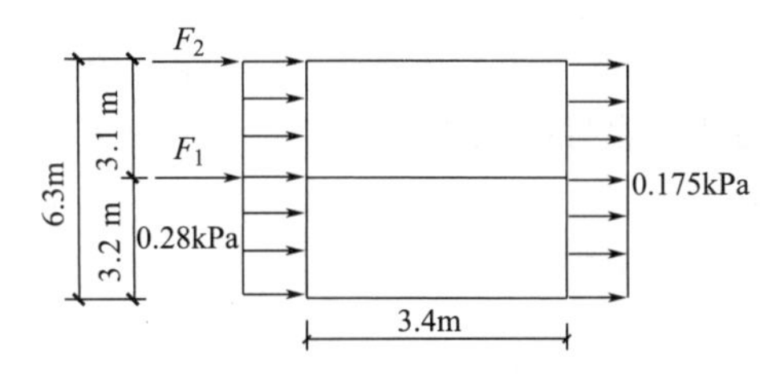

图 8.2-3　建筑物的风荷载标准值

（5）地震作用（采用底部剪力法计算）（图 8.2-4）

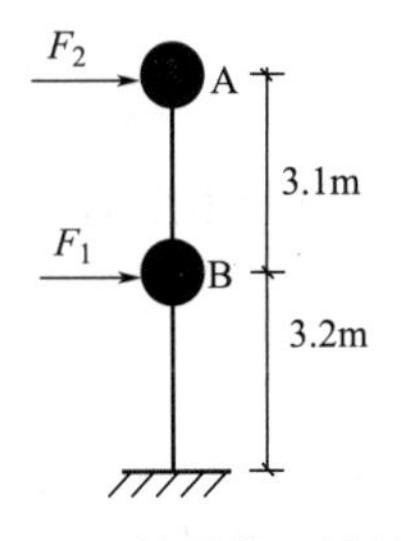

图 8.2-4　地震作用计算模型

各楼层取一个自由度，集中在每一层的楼面处，第 2 层自由度取在屋面板处。结构水平地震作用的标准值按照下式进行确定：

$$F_{EK} = \alpha_1 G_{eq}$$

$$F_i = \frac{G_i H_i}{\sum_{j=1}^{n} G_i H_i} F_{EK}(1 - \delta_n)$$

式中　α_1——相应于结构基本自振周期的水平地震影响系数。

结构阻尼比取 0.05，地震影响系数曲线的阻尼调整系数 η_2 按照 1.0 取值，曲线下降段的衰减指数 γ 取 0.9，直线下降段的下降调整系数 η_1 取 0.02。结构的基本自振周期按照经验公式 $T=0.05H^{0.75}$ 进行估算，其中，H 为基础顶面到建筑物最高点的高度（m）。

结构的基本自振周期 $T=0.05H^{0.75}=0.05\times6.3^{0.75}=0.199$，结构的特征周期 $T_g=0.4$，场地设防烈度为 8 度，地面加速度 0.20g，根据规范查表可得：$\alpha_{max}=0.16$。则根据图 8.1-6 可得：$\alpha_1=\eta_2\alpha_{max}=0.16$。

G_{eq} 表示结构等效总重力荷载，多质点可取总重力荷载代表值的 85%，其计算如下：

屋盖自重：$1.39\times6.8\times3.4=32.14$kN

楼盖自重：$1.91\times(6.8\times6.4-3\times2+1.8\times1)=75.10$kN

2 层墙体自重（露台除外）：$1.81\times3\times6.8+1.91\times3\times6.8+1.66\times3\times(3.4\times2+1.4+3.4+3)=148.60$kN

2 层露台墙体自重：$1.81\times1.2\times(6.8-1.8)+1.66\times1.2\times(3\times2+1\times2+1.8)=30.38$kN

1 层墙体自重：$1.81\times3\times(6.8\times2)+1.91\times3\times6.8+1.66\times3\times(6.4\times2+1.4+3.4+3)=215.40$kN

各质点重力荷载代表值为楼面（或屋面）自重的标准值、50%的楼面（或屋面）活荷载标准值及上下各半层墙体自重标准值之和。

A 处质点自重：$32.14+0.5\times0.25\times6.8\times3.4+0.5\times148.60=109.33$kN

B 处质点自重：$75.10+0.5\times2.0\times6.8\times6.4+0.5\times(148.60+215.40)+30.38=331.00$kN

则，$G_{eq}=(109.33+331.00)\times0.85=374.28$kN

$$F_2=\frac{109.33\times6.3}{109.33\times6.3+331.00\times3.2}\times0.16\times374.28=23.60\text{kN}$$

$$F_1=\frac{331.00\times3.2}{109.33\times6.3+331.00\times3.2}\times0.16\times374.28=36.29\text{kN}$$

由计算可知，建筑的南北和东西方向均由地震作用控制。

8.2.3 剪力墙抗侧力计算

东西向主要考虑 3 道剪力墙承受荷载，南北向由 4 道剪力墙共同承担荷载。经计算所得的两个力分别为：$F_1=36.29$kN，$F_2=23.60$kN。

1. 1 层剪力墙

1 层所受的总剪力的设计值为：$1.3\times(36.29+23.60)=77.86$kN，假设所产生的侧向力均匀分布，且剪力墙所承担的地震作用按照面积进行分配，则：

（1）南北方向：

侧向力：$w_f=\dfrac{77.86}{6.6}=11.80\dfrac{\text{kN}}{\text{m}}$

③轴剪力墙所受的剪力为：$V_3=(0.5\times3.4+0.5\times3)\times11.80=37.76$kN

③轴线剪力墙验算如下：

此段 1 层剪力墙由两段组成，长度分别为 3.0m，2.4m，假设剪力墙刚度与长度成正比，则：

3.0m 剪力墙所承受的剪力为：$V_{3-1} = \frac{3.0}{3.0 + 2.4} \times 37.76 = 20.98\text{kN}$

2.4m 剪力墙所承受的剪力为：$V_{3-2} = \frac{2.4}{3.0 + 2.4} \times 37.76 = 16.78\text{kN}$

1）剪力墙的抗剪验算

喷涂复合砂浆-原竹骨架剪力墙的抗剪承载力设计值按下式计算：

$$V' = \sum f_d l$$

由试验可知剪力墙单位长度屈服荷载为 18kN/m，故取剪力墙的抗剪承载力设计值为 13.85kN/m。

参考《木结构设计标准》GB 50005—2017 中的要求，当进行抗震验算时，取承载力调整系数 $\gamma_{RE} = 0.8$，则

$$V_{3-1} = 20.98\text{kN} < \frac{V'_{3-1}}{\gamma_{RE}} = \frac{13.85 \times 3.0}{0.8} = 51.94\text{kN}$$

$$V_{3-2} = 16.78\text{kN} < \frac{V'_{3-2}}{\gamma_{RE}} = \frac{13.85 \times 2.4}{0.8} = 41.55\text{kN}$$

故剪力墙满足设计要求。

2）剪力墙边界构件承载力验算

③轴线边界构件承受的设计轴向力为

$$N_{f1} = \frac{(1.3\times23.60/6.7)\times(0.5\times3.4+0.5\times3)\times6.3+(1.3\times36.29/6.7)\times(0.5\times3.4+0.5\times3)\times3.2}{3.0+2.4}$$

$$=30.45\text{kN}$$

在边界构件上采用两根大头外径为 100mm 原竹，其壁厚为 8mm，小头外径为 82mm，其壁厚为 6.56mm。竹材的顺纹抗拉强度设计值 $f_t = 38.19\text{MPa}$，顺纹抗压强度设计值 $f_c = 22.32\text{MPa}$。

$$A_{小头} = \pi \times [82^2 - (82 - 6.56 \times 2)^2]/4 = 1554.73\text{mm}^2$$

① 边界构件的受拉验算

原竹立柱的受拉承载力：$N_{t3} = 38.19 \times 1554.73 \times 2 = 118.75\text{kN}$

则 $N_{f3} = 30.45\text{kN} < \frac{N_{t3}}{\gamma_{RE}} = \frac{118.75}{0.8} = 148.44\text{kN}$。

原竹立柱的受拉满足受拉验算。

② 边界构件的受压验算

a. 强度计算

原竹立柱的受压承载力：$N_{c3} = 22.32 \times 1554.73 \times 2 = 69.40\text{kN}$

则 $N_{f3} = 30.45\text{kN} < \frac{N_{c3}}{\gamma_{RE}} = \frac{69.40}{0.8} = 86.75\text{kN}$。

原竹立柱的受压满足受压验算。

b. 稳定计算

竹立柱大头外径 100mm，壁厚 8mm，小头外径 82mm，壁厚 6.56mm。

大头：面积：$A_1 = \pi \times [100^2 - (100 - 8 \times 2)^2]/4 = 2312.21\text{mm}^2$

惯性矩：$I_1 = \pi \times [100^4 - (100 - 8 \times 2)^4]/64 = 2.46 \times 10^6 \text{mm}^4$

抵抗矩：$W_1 = 2.46 \times 10^6/50 = 4.92 \times 10^4 \text{mm}^3$

小头：面积：$A_2 = \pi \times [82^2 - (82 - 6.56 \times 2)^2]/4 = 1554.73 \text{mm}^2$

惯性矩：$I_2 = \pi \times [82^4 - (82 - 6.56 \times 2)^4]/64 = 1.11 \times 10^6 \text{mm}^4$

抵抗矩：$W_2 = 1.11 \times 10^6/41 = 2.71 \times 10^4 \text{mm}^3$

$$\begin{cases} I_{eq} = \sqrt{I_1 I_2} = \sqrt{2.46 \times 10^6 \times 1.11 \times 10^6} = 1.65 \times 10^6 \text{mm}^4 \\ A_{eq} = \sqrt{A_1 A_2} = \sqrt{2312.21 \times 1554.73} = 1896.01 \text{mm}^2 \\ D_{eq} = \sqrt{D_1 D_2} = \sqrt{100 \times 82} = 90.55 \text{mm} \end{cases}$$

对于喷涂复合砂浆-原竹组合墙体，其立柱为组合柱，需要考虑复合砂浆、抗裂砂浆对于原竹立柱的影响。对于组合长柱，可以利用换算截面法，将组合柱中各材料的参数等效转化为抗裂砂浆的参数，如下式所示：

$$\begin{cases} I' = I_a + \xi_c I_c + \xi_b I_b \\ A' = A_a + \xi_c A_c + \xi_b A_b \\ \xi_c = E_c/E_a \\ \xi_b = E_b/E_a \end{cases}$$

式中 I'——等效截面惯性矩；

I_a、I_c——抗裂砂浆、复合砂浆的的截面惯性矩；

I_b——原竹等效截面的截面惯性矩 I_{eq}；

A_a、A_c——抗裂砂浆、复合砂浆的截面面积；

A_b——原竹的等效截面的截面面积 A_{eq}；

E_a、E_c——抗裂砂浆、复合砂浆的弹性模量。

$$\xi_c = E_c/E_a = 2.25/10.13 = 0.22$$

$$\xi_b = E_b/E_a = 11/10.13 = 1.09$$

$$A_b = A_{eq} = 1896.01 \text{mm}^2$$

$$A_c = (90.55 + 40 \times 2)^2 - \pi \times 90.55^2/4 = 22647.59 \text{mm}^2$$

$$A_a = (90.55 + 50 \times 2)^2 - (90.55 + 40 \times 2)^2 = 7222 \text{mm}^2$$

$$A' = A_a + \xi_c A_c + \xi_b A_b = 7222 + 0.22 \times 22647.59 + 1.09 \times 1896.01 = 14271.12 \text{mm}^2$$

$$I_b = I_{eq} = 1.65 \times 10^6 \text{mm}^4$$

$$I_c = (90.55 + 40 \times 2)^4/12 - \pi \times 90.55^4/64 = 6.72 \times 10^7 \text{mm}^4$$

$$I_a = (90.55 + 50 \times 2)^4/12 - (90.55 + 40 \times 2)^4/12 = 3.94 \times 10^7 \text{mm}^4$$

$$I' = I_a + \xi_c I_c + \xi_b I_b = 3.94 \times 10^7 + 0.22 \times 6.72 \times 10^7 + 1.09 \times 1.65 \times 10^6 = 5.60 \times 10^7 \text{mm}^4$$

长柱的稳定系数：

$$\varphi = \psi \frac{1}{2\lambda^2} \left[1 + \varepsilon_0 + \lambda^2 - \sqrt{(1 + \varepsilon_0 + \lambda^2)^2 - 4\lambda^2}\right]$$

其中，等效截面的长细比：$\lambda' = l\sqrt{\frac{A'}{I'}} = 3000 \times \sqrt{\frac{14271.12}{5.60 \times 10^7}} = 47.89$

等效截面的相对长细比：$\bar{\lambda}' = \frac{\lambda'}{\pi}\sqrt{\frac{f_{c,a}}{E_a}} = \frac{47.89}{\pi}\sqrt{\frac{9.35/1.4}{10.13\times10^3}} = 0.39$

构件的长度与初弯曲的比值：$n = \frac{l}{0.006h} = 5555.56$

等效截面的相对初弯曲：

$$\varepsilon'_0 = \frac{hlA'}{2nI'} = \frac{\sqrt{14271.12}\times3000\times14271.12}{2\times5555.56\times5.60\times10^7} = 0.008\text{mm}$$

则稳定系数：

$$\varphi' = \psi'\frac{1}{2\bar{\lambda}'^2}\left[1+\varepsilon'_0+\bar{\lambda}'^2-\sqrt{(1+\varepsilon'_0+\bar{\lambda}'^2)^2-4\bar{\lambda}'^2}\right]$$

$$= 0.950\times\frac{1}{2\times0.39^2}\left[1+0.008+0.39^2-\sqrt{(1+0.008+0.39^2)^2-4\times0.39^2}\right]$$

$$= 0.94$$

$$N_{c3} = 2\varphi' f_{c,a}A' = 2\times0.94\times9.35/1.4\times14271.12 = 179.19\text{kN} > 30.45\text{kN}$$

故稳定满足要求。

①轴，②轴和④轴墙体的抗侧力计算类似③轴，此处不再赘述。

（2）东西方向：

侧向力：$w_f = \frac{77.86}{6.7} = 11.62\frac{\text{kN}}{\text{m}}$

B 轴剪力墙所受的剪力为：$V_B = (0.5\times2.35+0.5\times4.35)\times11.62 = 38.93\text{kN}$

1）剪力墙的抗剪验算

喷涂复合砂浆-原竹骨架剪力墙的受剪承载力设计值按下式计算：

$$V' = \sum f_d l$$

由试验可知剪力墙单位长度屈服荷载为 18kN/m，故取剪力墙的受剪承载力设计值为 13.85kN/m。

参考《木结构设计标准》GB 50005—2017 中的要求，当进行抗震验算时，取承载力调整系数 $\gamma_{RE} = 0.8$，则

$$V_B = 38.93\text{kN} < \frac{V'_B}{\gamma_{RE}} = \frac{13.85\times2.5}{0.8} = 43.28\text{kN}$$

故剪力墙满足设计要求。

2）剪力墙边界构件承载力验算

B 轴线边界构件承受的设计轴向力为：

$$N_{fB} = \frac{(1.3\times23.60/7)\times(0.5\times2.35+0.5\times4.35)\times6.3+(1.3\times36.29/7)\times(0.5\times2.35+0.5\times4.35)\times3.2}{2.5}$$

$$= 65.90\text{kN}$$

在边界构件上采用两根大头外径为 100mm 的竹子，其壁厚为 8mm，小头的外径为 82mm，其壁厚为 6.56mm。

$$A_{小头} = \pi\times[82^2-(82-6.56\times2)^2]/4 = 1554.73\text{mm}^2$$

① 边界构件的受拉验算

原竹立柱的受拉承载力：N_{tB} = 38. 19 × 1554. 73 × 2 = 118. 75kN

则 $N_{fB} = 65.90\text{kN} < \dfrac{N_{tB}}{\gamma_{RE}} = \dfrac{118.75}{0.8} = 148.44\text{kN}$

原竹立柱的受拉已经满足受拉验算，故组合柱满足要求。

② 边界构件的受压验算

a. 强度计算

原竹立柱的受压承载力：N_{cB} = 22. 32 × 1554. 73 × 2 = 69. 40kN

则 $N_{fB} = 65.90\text{kN} < \dfrac{N_{cB}}{\gamma_{RE}} = \dfrac{69.40}{0.8} = 86.75\text{kN}$

原竹立柱的受压已经满足受压验算，故组合柱显然满足要求。

b. 稳定计算

同上计算可知，

$$N_{cB} = 2\varphi' f_{c,a} A' = 2 \times 0.94 \times 9.35/1.4 \times 14271.12 = 179.19\text{kN} > 65.90\text{kN}$$

故稳定满足要求。

A 轴和 D 轴墙体的抗侧力计算类似 B 轴，此处不再赘述。

2. 2 层剪力墙

2 层的剪力墙抗侧力计算同 1 层剪力墙，此处不再赘述。

8.2.4 竖向荷载作用下剪力墙墙立柱设计计算

1. 荷载

1 层墙体所受荷载最大，故对 1 层墙体③轴墙立柱进行验算。

作用在 1 层内剪力墙上的竖向荷载设计值为：

屋面板	（1. 3×1. 39+1. 5×0. 5）×0. 5×3. 4＝4. 35kN/m
2 层外剪力墙	1. 3×1. 91×3. 0＝7. 45kN/m
2 层楼盖	（1. 3×1. 91+1. 5×0. 5）×（0. 5×3. 4+0. 5×3. 0）＝8. 18kN/m
总计：	19. 98kN/m

墙体立柱的最大间距为 400mm 且为双排竹立柱，故每根墙体立柱承受的荷载设计值为：

$$N = 19.98 \times 0.4/2 = 4.0\text{kN}$$

2. 构件验算

（1）强度计算

原竹立柱的受压承载力：N_{c3} = 22. 32 × 1554. 73 = 34. 70kN

则 $N_{f3} = 4.0\text{kN} < \dfrac{N_{c3}}{\gamma_{RE}} = \dfrac{34.70}{0.8} = 43.38\text{kN}$

原竹立柱的受压满足受压验算。

（2）稳定计算

$$N_{c3} = \varphi' f_{c,a} A' = 0.94 \times 9.35/1.4 \times 14271.12 = 89.59\text{kN} > 4.0\text{kN}$$

故稳定满足要求。

1 层的其他剪力墙竖向荷载作用下墙立柱的计算同上，此处不再赘述。

8.2.5　竖向荷载作用下楼盖设计计算

楼板最大跨度为 3.4m，按两端简支计算。原竹楼板骨架采用大头外径为 100mm 的竹子，其壁厚为 8mm，小头的外径为 79.6mm，其壁厚为 6.37mm。竹材的顺纹抗拉强度设计值 $f_t = 38.19\text{MPa}$，顺纹抗压强度设计值 $f_c = 22.32\text{MPa}$，顺纹抗剪强度设计值 $f_v = 4.73\text{MPa}$，抗弯强度设计值 $f_m = 37.19\text{MPa}$，抗弯弹性模量 $E = 13260\text{MPa}$。

截面特性：

$A_{小头} = 1465.47\text{mm}^2$，$I_{小头} = 989783.44\text{mm}^4$，$W_{小头} = 24868.93\text{mm}^3$。

1. 荷载

恒荷载标准值：1.91kN/m^2，活荷载标准值：2.0kN/m^2。

因原竹楼板骨架间距为 100mm，故转换为线荷载：

恒荷载标准值：0.191kN/m，活荷载标准值：0.2kN/m。

荷载组合下：

恒荷载+活荷载：　0.391kN/m

1.3 恒荷载+1.5 活荷载：　0.548kN/m

2. 一般楼盖计算

仅考虑原竹楼板骨架，按跨度为 3.4m 的简支梁计算，其上承受均布荷载为 0.391kN/m（标准值），0.548kN/m（设计值）。

弯矩最大值：　$M = \frac{1}{8}ql^2 = \frac{1}{8} \times 0.548 \times 3.4^2 = 0.79\text{kN} \cdot \text{m}$

剪力最大值：　$V = \frac{1}{2}ql = \frac{1}{2} \times 0.548 \times 3.4 = 0.93\text{kN}$

强度验算：

$$\sigma = \frac{M}{W} = \frac{0.79 \times 10^6}{24868.93} = 31.77\text{MPa} < 37.19\text{MPa}$$

$$\tau = 2\frac{V}{A} = 2 \times \frac{0.93 \times 10^3}{1465.47} = 1.27\text{MPa} < 4.73\text{MPa}$$

变形验算：

$$\omega = \frac{5ql^4}{384EI} = \frac{5 \times 0.391 \times 3400^4}{384 \times 13260 \times 989783.44} = 51.84\text{mm} > \frac{3400}{250} = 13.6\text{mm}$$

单纯用原竹计算时，变形验算不满足要求，在原竹骨架上喷涂复合砂浆后，抗弯刚度有较大提升，由此可知，喷涂复合砂浆后的楼板的变形满足要求。

8.2.6　墙体与楼盖和基础的连接计算

1. 剪力墙与楼盖或基础抗拔连接件验算

以 1 层沿③轴的剪力墙为例，③轴线方向连接件承受的设计轴向力为 30.45kN，考虑到此墙段由重力产生向下的有利作用为 1.91 × 5.4 × 3.0 = 30.942kN，则无需按照计算进

行抗拔连接件的设计，则按照构造要求进行设计。

2. 墙体与楼盖和基础的螺栓连接的抗剪验算

以 1 层沿③轴的剪力墙为例，③轴线包含两段墙：3.0m 和 2.4m，其分别承受的剪力为 20.98kN 和 16.78kN，该荷载可由墙体与楼盖之间设置的抗剪螺栓承受。

1 个 M12 受剪承载力：$N_v = \frac{\pi d^2}{4} f_v^b = \frac{\pi \times 12^2}{4} \times 125 \times 10^{-3} = 14.14\text{kN}$

故 3.0m 和 2.4m 剪力墙段内均采用 2 个 M12 抗剪螺栓，即可满足抗剪要求，并需根据构造要求进行合理布置。

8.2.7 结构构造

1. 墙体构造

墙体主要由原竹立柱、EPS 板、竹篾、复合砂浆与抗裂砂浆等组成。原竹立柱主要选用平均直径为 80mm（壁厚为 7mm）、100mm（壁厚为 9mm）的原竹，厂家做好防虫、矫正处理，施工现场刷防腐，涂抹防水涂料。墙体总体构造形式为：单排或双排原竹立柱，原竹立柱的间距为 400mm，内填 EPS 板以达到一定的保温、隔声性能，原竹两侧均钉有正交方向的斜向竹篾以增加整体性，在此基础上两侧各喷涂 40mm 厚的复合砂浆，外挂尼龙网并抹以 10mm 厚的抗裂砂浆防止开裂，总厚度约为 200~300mm，如图 8.1-8 和图 8.2-5 所示。

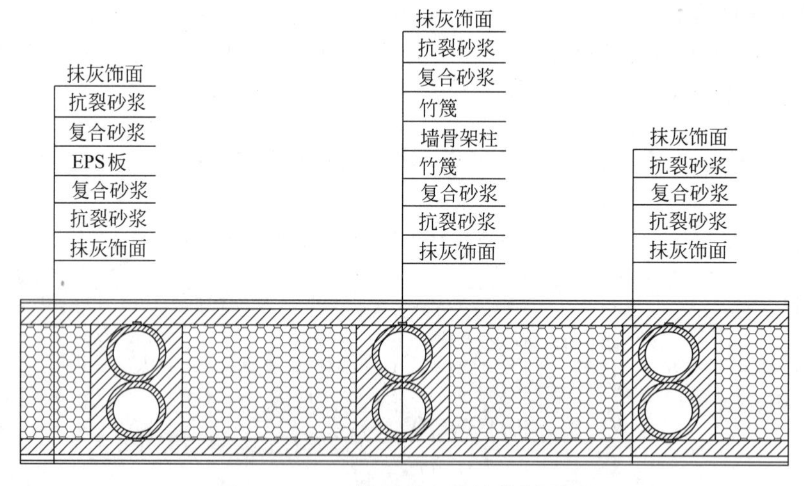

图 8.2-5 双排原竹立柱墙体剖面图

2. 楼板构造

楼板主要由楼板骨架、竹篾、复合砂浆与抗裂砂浆等组成。楼板骨架主要选用平均直径为 100mm（壁厚为 9mm）的原竹，厂家做好防虫、矫正处理，施工现场刷防腐，涂抹防水涂料。楼板总体构造形式为：楼板骨架密布，在其上侧钉正交方向的双层竹篾，其下钉木工板以增加整体性并为喷涂复合砂浆提供模板，在上侧喷涂 70mm 厚的复合砂浆，并抹以 30mm 厚的抗裂砂浆，总厚度约为 200mm，如图 8.2-6 所示。

3. 连接构造

（1）墙体与基础的连接构造（图 8.2-7）应符合下列规定：

1）墙体底梁与基础连接的抗剪锚栓设置应按计算确定，其直径不应小于 12mm，间距

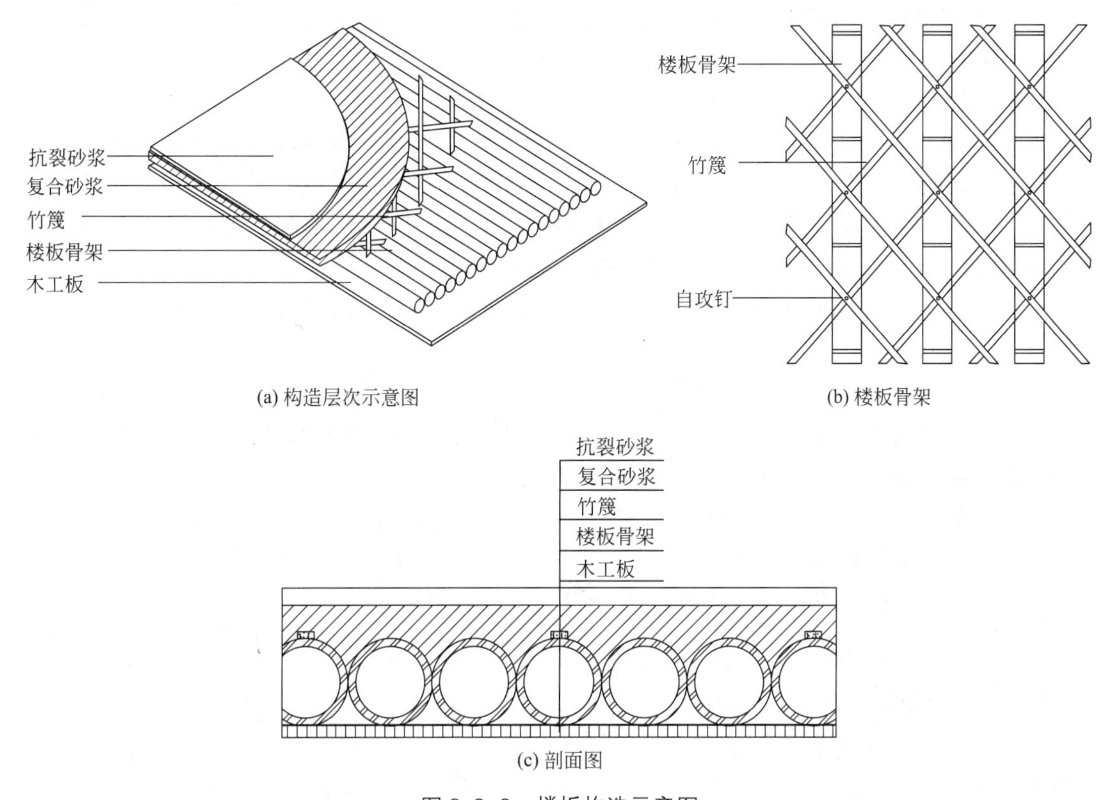

(a) 构造层次示意图 (b) 楼板骨架

(c) 剖面图

图 8.2-6 楼板构造示意图

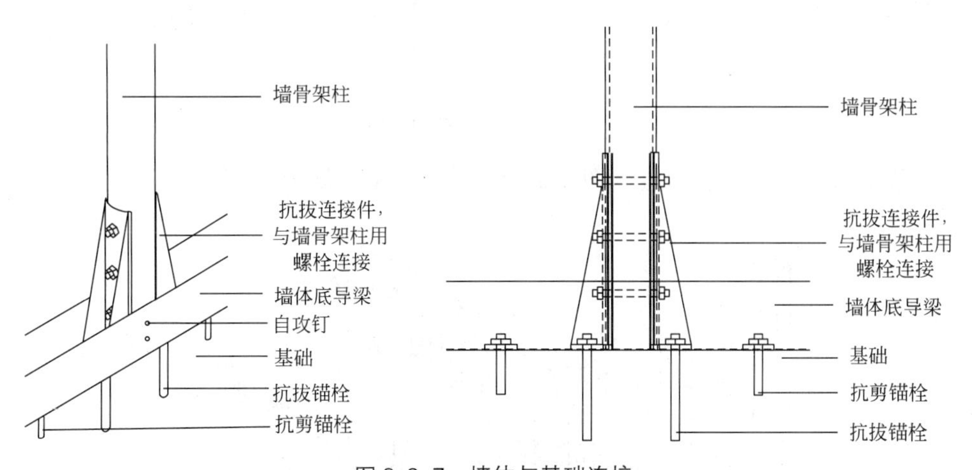

图 8.2-7 墙体与基础连接

不应大于 1200mm，抗剪锚栓距墙角或墙端部的最大距离不应大于 300mm。

2）墙体应在下列位置设置抗拔连接件和抗剪锚栓，其间距不宜大于 6m：在墙体的端部和角部；落地洞口部位的两侧；对非落地洞口，当洞口下部墙体的高度小于 900mm 时，在洞口部位的两侧。

3）抗拔连接件的立板钢板厚度不宜小于 3mm，底板钢板、垫片厚度不宜小于 6mm，与立柱连接的螺栓应计算确定，且不宜少于两个。

4）抗拔锚栓、抗拔连接件大小及所用螺栓的数量应由计算确定，抗拔锚栓的规格不宜小于 M16。

（2）上层墙体与楼盖以及下层墙体之间的连接构造（图 8.2-8）应符合下列规定：

1）上层墙体与楼盖及下层墙体之间的连接形式可采用条形连接件或抗拔连接件；条形连接件或抗拔连接件应设置在下列部位：墙体的端部以及拼接处；沿外部墙体，其间距不应大于 2m；上层墙体落地洞口部位的两侧；在上层墙体非落地洞口部位，当洞口下部墙体的高度小于 900mm 时，在洞口部位的两侧。

2）条形连接件的截面及所用螺栓的数量应由计算确定，其厚度不应小于 1.2mm，宽度不应小于 80mm。

3）条形连接件与下层墙体、楼盖或上层墙体采用螺钉连接时，螺钉数量不应少于 6 个。

4）上层墙体与下层墙体之间的连接采用抗剪锚栓连接，其直径不应小于 12mm，间距不应大于 1200mm。

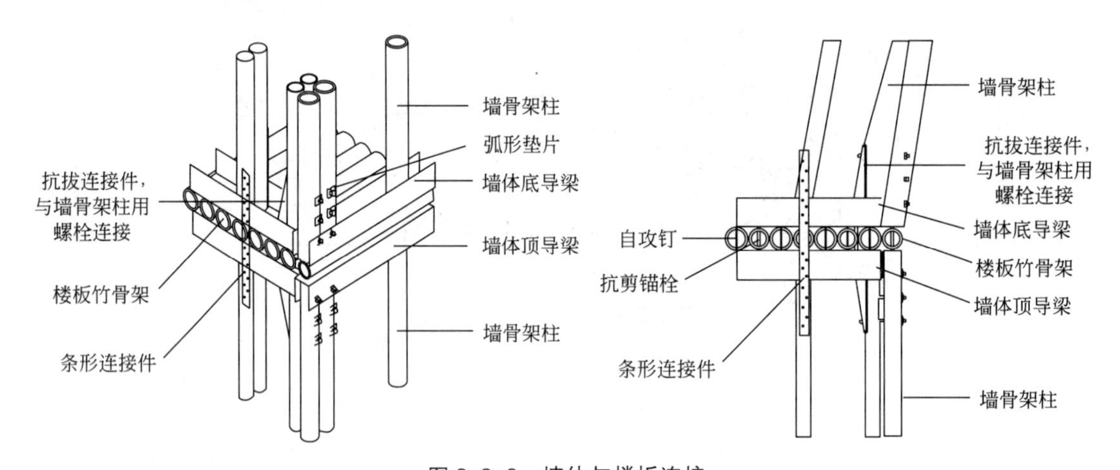

图 8.2-8　墙体与楼板连接

（3）横纵墙之间的连接构造（图 8.2-9）应符合下列规定：

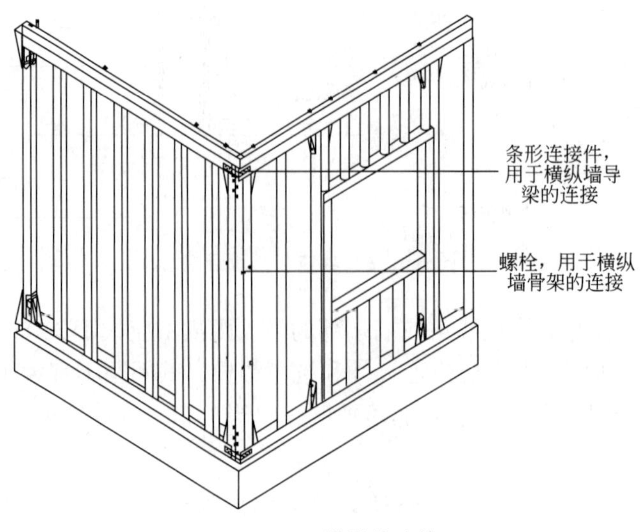

图 8.2-9　横纵墙连接

1）横纵墙之间的连接形式可采用条形连接件与螺栓混合连接。

2）用于横纵墙骨架之间连接的螺栓直径不应小于 12mm，且沿着墙体高度的布置间距不应大于 1.2m。

3）条形连接件用于连接横纵墙体的导梁，其厚度不应小于 1.2mm，宽度不应小于 80mm，在每个导梁上长度不应小于 300mm。

4）墙体与屋面板之间的连接构造（图 8.2-10）同墙体与楼板连接相同。

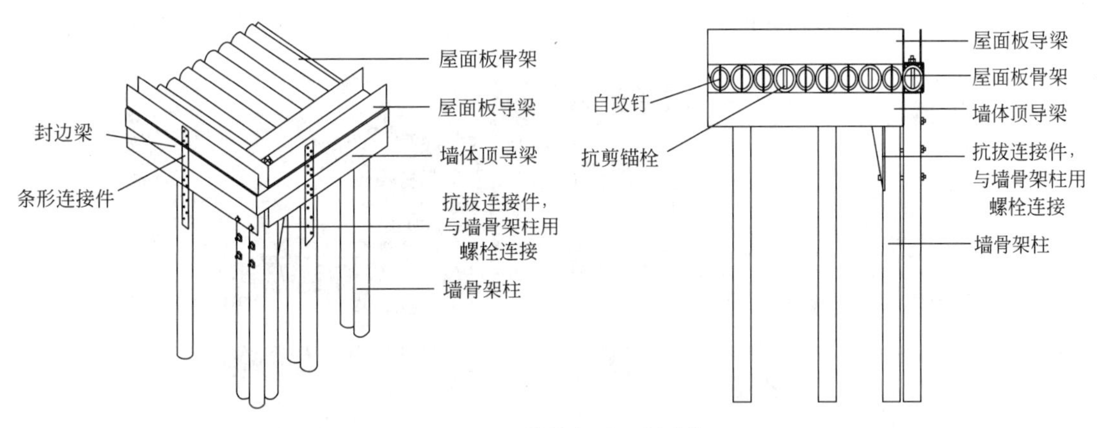

图 8.2-10　墙体与屋面板连接

8.2.8　房屋施工

住宅整个建造过程总用工 6 人，耗时一个半月。

1. 基础工程

该示范工程的地基基础施工与普通砖混房屋的地基基础施工类似，需要注意的是房屋的基础上需要预埋地脚螺栓，如图 8.2-11 所示。

(a) 地基开挖

(b) 条形基础浇筑完成

图 8.2-11　基础施工

2. 1 层房屋骨架施工

墙体主要由墙体立柱、墙体顶导梁、墙体底导梁组成。墙体立柱与导梁之间采用自攻钉连接。

墙体的施工采用平台式施工方案，利用每层楼盖平台作为上层墙体的施工平台。墙体采用半预制化设计，提前在工厂内进行墙体立柱与导梁之间的连接，施工的主要流程为：铺放墙体导梁→铺放墙体立柱和门框或窗框→将墙体立柱与导梁连接→将墙体框架调平调直角→钉单侧斜向竹篾，如图 8.2-12 所示。

图 8.2-12　一层墙体厂内预制

将在预制厂内加工完成的半预制化墙体搬运至现场拼装，如图 8.2-13 所示。

图 8.2-13　一层墙体施工

墙体立柱在拼装前涂刷防腐材料以及防水材料，确保其耐久性，如图 8.2-14 所示。在墙体安装完成后，对设置抗拔件的墙体立柱灌浆，以提升整体承载力。细节如图 8.2-15 所示。

(a) 刷防腐

(b) 刷防水

图 8.2-14 原竹的现场处理

(a) 抗拔连接件灌浆处理

(b) 抗剪件

图 8.2-15 墙体的施工细节

墙体全部连接完毕后，向墙体立柱间填充保温隔热材料（EPS 板），并钉另一侧斜向竹篾，如图 8.2-16 所示。

将 1、2 层墙体间的抗拔螺栓与抗剪螺栓提前从 1 层墙体上侧预装，随后铺设 2 层楼板，将原竹楼板骨架密铺于 1 层墙体顶导梁并用自攻钉将二者连接，再在原竹楼板骨架上钉两层斜向竹篾，为楼板提供水平刚度，如图 8.2-17 和图 8.2-18 所示。

至此，1 层房屋骨架施工结束，如图 8.2-19 所示。

3. 2 层房屋骨架施工

2 层墙体在预制厂内完全预制墙体骨架。主要流程为：铺放墙体导梁→铺放墙体立柱和门框或窗框→将墙体立柱与导梁连接→将墙体框架调平调直角→钉单侧斜向竹篾→填充 EPS 板→翻面，钉另一侧斜向竹篾，如图 8.2-20 所示。

图 8. 2-16　填充墙体 EPS 板并钉竹篾

图 8. 2-17　1、 2 层墙体连接件

图 8. 2-18　2 层楼板骨架安装

图 8. 2-19　1 层房屋骨架施工完成

图 8. 2-20　2 层墙体厂内预制

将在预制厂内加工完成的预制墙体搬运至现场，使用吊车进行每片墙体的吊装工作，实现干式连接装配房屋建造，如图 8. 2-21 所示。

在 2 层墙体安装完毕后进行屋面板的安装，并进行露台栏杆的安装与楼梯的施工，如图 8. 2-22 所示。

4. 墙体与楼板喷涂

在墙体骨架与楼板骨架安装完成后，喷涂复合砂浆，使各部分构件成为一个整体，如图 8. 2-23 和图 8. 2-24 所示。墙体喷涂的具体做法为：在墙体骨架两侧各喷涂 40mm 厚的复合砂浆，并在其上做 10mm 厚的抗裂砂浆抹面。楼板喷涂的具体做法为：先在楼板骨架下侧钉竹胶板或木工板等竹木基复合板材用作模板，随后在楼板骨架上喷涂 70mm 厚的复合砂浆，最后做 30mm 厚的抗裂砂浆找平抹面。

图 8.2-21 2 层墙体施工

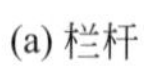
(a) 栏杆

(b) 竹楼梯

图 8.2-22 栏杆和楼梯的安装

(a) 墙体喷涂

(b) 墙体收面

(c) 复合砂浆喷涂后的墙体

(d) 抗裂砂浆抹面后的墙体

图 8. 2-23　墙体喷涂与抹面

(a) 楼板喷涂

(b) 楼板收面

(c) 复合砂浆喷涂后的楼板

(d) 抗裂砂浆抹面后的楼板

图 8. 2-24　楼板喷涂与抹面

竣工后的建筑如图 8.2-25 所示。

图 8.2-25 长安区内苑村某住宅全貌

8.3 本章小结

汇总本书研究成果，本章介绍了喷涂复合砂浆-原竹组合结构的示范工程。通过已经建成的一层办公和两层住宅竹建筑，重点介绍喷涂复合砂浆-原竹组合结构的设计与施工过程，为今后的工程应用提供参考。

参考文献

[1] 住房和城乡建设部．建筑抗震设计规范：GB 50011—2010（2016 版）[S]．北京：中国建筑工业出版社，2010.
[2] 住房和城乡建设部．建筑结构荷载规范：GB 50009—2012 [S]．北京：中国建筑工业出版社，2012.
[3] 熊海贝，康加华，何敏娟．轻型木结构 [M]．上海：同济大学出版社，2018.
[4] 高承勇，倪春，张家华，郭苏夷．轻型木结构建筑设计（结构设计分册）[M]．北京：中国建筑工业出版社，2011.
[5] 肖岩，单波．现代竹结构 [M]．北京：中国建筑工业出版社，2018.
[6] 住房和城乡建设部．低层冷弯薄壁型钢房屋建筑技术规程：JGJ 227—2011 [S]．北京：中国建筑工业出版社，2011.
[7] 住房和城乡建设部．木结构设计标准：GB 50005—2017 [S]．北京：中国建筑工业出版社，2017.
[8] 住房和城乡建设部．木结构建筑：14J924 [S]．北京：中国计划出版社，2015.
[9] 靳贝贝．喷涂复合砂浆-原竹组合柱轴压力学性能研究 [D]．西安：西安建筑科技大学，2020.